U0265272

“十四五”国家重点出版物出版规划项目

先进芯片材料与后摩尔芯片技术丛书

电子薄膜可靠性

Electronic Thin-Film Reliability

[美] 杜经宁 (King-Ning Tu) / 著

王琛　刘影夏　[美] 杜经宁 / 译

李正操　王秀梅　王传声 / 审校

清華大學出版社

北　京

北京市版权局著作权合同登记号　图字：01-2024-1251

This is a Simplified Chinese Translation of the following title published by Cambridge University Press:
***Electronic Thin-Film Reliability* ISBN 9780521516136**
This Simplified Chinese Translation for the People's Republic of China (excluding Hong Kong, Macau and Taiwan) is published by arrangement with the Press Syndicate of the University of Cambridge, Cambridge, United Kingdom.

图书在版编目（CIP）数据

电子薄膜可靠性 /（美）杜经宁著 ；王琛等译. 北京 ：清华大学出版社，2025. 1. --（先进芯片材料与后摩尔芯片技术丛书）. -- ISBN 978-7-302-67036-0

Ⅰ. TN04

中国国家版本馆 CIP 数据核字第 20248YD055 号

责任编辑： 鲁永芳
封面设计： 意匠文化・丁奔亮
责任校对： 欧　洋
责任印制： 丛怀宇

出版发行： 清华大学出版社
网　　址： https://www.tup.com.cn，https://www.wqxuetang.com
地　　址： 北京清华大学学研大厦 A 座　　**邮　　编：** 100084
社 总 机： 010-83470000　　**邮　　购：** 010-62786544
投稿与读者服务： 010-62776969，c-service@tup.tsinghua.edu.cn
质量反馈： 010-62772015，zhiliang@tup.tsinghua.edu.cn
印 装 者： 三河市东方印刷有限公司
经　　销： 全国新华书店
开　　本： 170mm×230mm　　**印　　张：** 23　　**字　　数：** 474 千字
版　　次： 2025 年 1 月第 1 版　　**印　　次：** 2025 年 1 月第 1 次印刷
定　　价： 149.00 元

产品编号：103021-01

丛书编委会

（姓氏笔画序）

王欣然　南京大学
王　振　东方晶源微电子科技有限公司
王润声　北京大学
牛新平　拓荆科技股份有限公司
文永正　清华大学
龙世兵　中国科技大学
史小平　北方华创科技集团股份有限公司
白　鹏　华虹半导体有限公司
边国栋　北方华创科技集团股份有限公司
朱　健　中国电子科技集团第五十五研究所
朱嘉琦　哈尔滨工业大学
刘峰奇　中国科学院半导体研究所
刘　琦　复旦大学
许俊豪　华为技术有限公司
孙伟峰　东南大学
孙竞博　清华大学
麦立强　武汉理工大学
杨娟玉　中国有研科技集团
杨　超　中国科学院过程工程研究所
李　炜　沪硅产业集团
李　泠　中国科学院微电子研究所
李　晨　中国电子科技集团
李　璟　浙江大学
肖湘衡　武汉大学
吴华强　清华大学
吴洪江　中国电子科技集团产业基础研究院
何　军　武汉大学
狄增峰　中国科学院上海微系统研究所
冷雨欣　中国科学院上海光学精密机械研究所
汪　玉　清华大学
汪　莱　清华大学
沈国震　北京理工大学
张　卫　复旦大学
张进成　西安电子科技大学

丛书序

芯片行业支撑起的电子信息产业是当今信息时代和当前人工智能时代的产业基石，电子信息产业的发达与否在一定程度上决定了国家的综合竞争力和未来社会发展潜力。特别是，随着芯片技术在过去六十余年的指数级发展，产业被不断涌现的新一代材料、器件、集成、制造等技术协同推动，并引发了源源不绝的新兴应用创新，从底层技术上推动人类文明至新的高度。2024 年全球半导体产值达到 4 万亿人民币，2035 年预期达到 10 万亿，2049 年有望突破 60 万亿。与此同时，芯片行业材料到制造的技术壁垒也越来越高，核心技术被少数半导体公司所掌控。我国目前相关技术与国外先进水平还有较大差距，而且面临核心材料受制于人、核心技术很难突破、专利壁垒奇高、半导体工艺整合难度大、整体差距很难短期缩小的局面。因此，在后摩尔时代，如何通过底层芯片新材料的创新推动下一代高性能芯片的高端制造，是未来 20～30 年最有挑战性的全局性问题之一。

与此同时，整个芯片领域已经持续在学界和业界布局下一代半导体材料、新型半导体器件、新一代半导体工艺和制造技术的研究，以求在后摩尔时代能够占得技术引领和产业升级的先机。工业级半导体器件的应用往往起源于对半导体材料和半导体器件的基础研究和前瞻性应用，例如 1947 年贝尔实验室发明的晶体管通过芯片制造工艺和架构的持续迭代引领了摩尔时代超过半个世纪的高速发展，1999 年英伟达公司引领的图形处理单元（GPU）在先进制造的基础上通过架构创新和生态搭建推动了当前爆发式人工智能时代的来临。回到当下，我国在后摩尔芯片基础研究和前沿应用探索方面已有众多成果，进一步强化基础研究深度，并适时推动应用研究和产业化推广是保持该领域优势的战略关键所在。但是由于芯片行业的长产业链和长期技术迭代形成的封闭特性，很大一部分科研界关注的芯片新材料、新器件和新工艺的研究立足于最终取代硅基半导体，而产业界对于新技术的引入又极为谨慎，造成较为严重的产学研脱节现象。在硅基半导体仍然具有 10～20 年技术升级的空间，当前基础芯片新材料和新器件研究对直接推动芯片行业的实质性发展尚有一定难度。为此，我国如何依托现有半导体材料和制造产业基础，有中生优，通过跨代升级发展基础原材料和先进节点技术承接下游产业需求，重点融合贯通以半导体材料和先进工艺装备为代表的电子信息材料上中游产业链；更进一步，如何瞄准全球电子信息产业发展的高线，无中生有，战略布局前沿电子信息材料和制造技术研究，融合贯通产学研的力量，打通从 Lab 到 Fab 的通路，提前 25 年为我国电子信息产业的发展谋篇蓄力是本丛书编撰的主要动因。

经过与国内众多高等院校、中科院众多相关研究所、信息领域国家重点企业和行业龙头企业等走访交流，更是坚定了编委会推动本丛书的编纂与出版。本丛书的立意也得到了清华大学相关单位的大力支持，经过清华大学出版社推荐，国家新闻出版总署审定，本丛书入选了“十四五”国家重点出版物出版规划。本丛书主编团队也凝聚了十余位行业各领域知名院士专家学者作为顾问，凝练丛书立意，优选丛书方向，汇聚行业专家，精心筛选内容，把关细节版式，力争把本丛书作为推动我国后摩尔芯片产学研深度链条融合、技术开放创新、人才培育拔高的代表性出版物。在主编团队的不懈努力和通力协作下，通过凝聚顶尖高校、知名院所、龙头企业等 60 余位知名专家作为编委的集体智慧，囊括基础新材料、新型器件、新制造工艺和装备、检测分析技术、特种芯片应用、前沿芯片探索等领域，在清华大学出版社的支持下共同推出本丛书！丛书将力图较为系统地梳理下一代芯片中的新材料—新器件—新工艺—新集成—新制造的核心研究成效和关键技术进展，为学界和业界的科研人员、青年学生和学者、技术管理人员和政策制定人员等提供系统的行业发展全景读物，并力图从底层技术脉络出发，重新梳理行业中的重点、难点和趋势，期冀丛书能在一定程度上推动我国芯片研究人才和产业人才的培育，并带动我国芯片行业高质量可持续发展，为 21 世纪中叶我国全面建成社会主义现代化强国而贡献芯片创新力量。

清华大学教授　中国工程院院士　周济

2024 年 10 月于清华园

原著者简介

杜经宁博士是享誉全球的薄膜材料科学家，目前担任香港城市大学材料学与电子工程讲席教授。自 1968 年在哈佛大学获得博士学位后，先后作为高级主管任职于国际商用机器公司沃特森研究中心，作为教授和系主任任职于美国加州大学洛杉矶分校材料科学与工程系，作为台积电讲席教授任职于台湾交通大学等。杜教授是美国物理学会会士、美国金属学会会士、美国材料学会会士、剑桥大学教堂山学院海外会士等。从集成电路诞生起，杜教授一直致力于薄膜材料在微电子器件、封装和可靠性领域的研究，半个世纪以来笔耕不辍，发表论文 500 余篇，引用超过 2.8 万次，为领域发展做出杰出贡献，是领域公认的薄膜材料世界级专家，至今年过八旬，仍然在科研一线激情满怀地解决集成电路封装可靠性与失效问题。

译者、审校者的话

《电子薄膜可靠性》一书原版由时任美国加州大学洛杉矶分校的杜经宁博士于2011年成稿并出版于剑桥大学出版社，出版十余年来成为全球芯片电子薄膜可靠性领域学生和从业者的必读书目，培育和鼓励了一大批青年学生和学者从事芯片领域的研究，包括当时是杜经宁教授所讲授课程“电子工程师和材料科学家必备的电子薄膜科学”以及“材料科学原理：固相反应”学生的王琛和刘影夏。受教于杜教授对电子薄膜研究的热爱、执着、博学、笃思，也受启发于杜教授丰富的产学研经历，王琛和刘影夏相继在芯片领域开展博士训练，并且在博士毕业后，先后入职英特尔从事芯片技术研究。当前王琛和刘影夏也都进入学术界，分别担任清华大学和香港中文大学的教职。

也正是因为译者担任教职，承担培养顶尖人才的重任，特别深刻地理解了一本好的教材对一门学科发展和学生产生兴趣并且获得技能的关键，也更深刻地理解了教授在知识传授、能力培养、价值塑造中的关键作用。为此，寻找一本领域的中文专著是授课的必需，遍览领域专著后，杜经宁教授这本书依然是经典中的经典，翻译出版此书就成为译者的信念。

该想法从一开始提出就得到了杜经宁教授的大力支持和亲自指导，全书用词也针对国内的用词用法做了针对性调整，并结合过去十余年的教学经验修订了部分细节。整本译著的翻译工作也是培育领域人才的过程，清华大学未央书院、为先书院、材料学院、集成电路学院等，香港中文大学材料科学与工程系等多个单位的多位同学参与书籍的翻译、统稿和校对工作，包括邓晓楠、姚一凡、张思勉、杜富鑫、柯声贤、沈泽生、武逸飞、王宇琪、刘佳宁、林佑均、刘颖杰、宋萌、刘甫承、潘佳铭、张君尚、迟铭、胡馨月、邹馨旎、谭艳妮、姚惠泽、杨书源、武程辉、俞源圻等。此外，本书成稿后，多位领域的资深专家，包括清华大学材料学院和未央书院李正操教授，清华大学材料学院和为先书院王秀梅教授，中国电子科技集团第四十三研究所王传声研究员等，对全书给予了详细的审校，提出了很多更适宜我国行业读者和学生阅读的选词建议和行文建议，使本书的可读性更强，更符合中文的语法与用词。也更体验到翻译不只是机械的翻译，更饱含译者和审校者的感情于其中。也希望借此书的出版能够激发更多科研工作者共同探寻未来芯片中核心的电子材料可靠性问题，努力拼搏，弦歌不断，薪火相传。

最后，本书的出版也得到了清华大学出版社的大力支持，从版权引进到排版修订，无不包含了包括庄红权社长、鲁永芳编辑等的辛勤付出。在这个互联网媒体，甚至人工智能大模型媒体迸发的时代，纸媒的分量可能只有亲自写过一本书才能体会，在此一并向所有参与本书写作和翻译的人员致以最高敬意！也祝愿杜经宁教授学术长青，童心永葆，才留青史！

王琛　刘影夏

2024年10月

原书序

本书主要面向材料科学与工程专业的一二年级的研究生，同时也能作为从事于微电子行业的工程师自学的参考书籍。本书的早期章节源自 K. N. Tu、J. W. Mayer 和 L. C. Feldman 所著的《电子薄膜科学》，该书于 1993 年由麦克米伦出版社出版。本书的内容已经在加州大学洛杉矶分校(UCLA)开设的研究生课程“薄膜材料科学”教授了超过 15 年。

薄膜研究的重点有两个方面：①发明或加工在应用中具备实用功能的新薄膜材料；②在大规模的应用场景下，提高功能薄膜材料的可靠性，例如在消费型电子产品中。为了实现这些目标，基于薄膜材料科学的理论，需要有针对于薄膜“结构—性质—加工—性能—可靠性”的相关性研究。目前有关薄膜加工的教科书已有不少，例如通过溅射、电镀和分子束外延生长等方法进行薄膜沉积。同时，还有许多关于表征技术的教科书，如扫描电子显微镜(SEM)、透射电子显微镜(TEM)、卢瑟福背散射光谱(RBS)、X 射线光电子能谱(XPS)、紫外光电子能谱(UPS)、俄歇电子能谱(AES)和扫描隧道显微镜(STM)等。然而，目前还没有论述薄膜可靠性科学的教科书。

当一项技术达到成熟并且能够大规模生产并得到广泛应用时，其可靠性问题就变得至关重要。随着电子产品的微型化进程步入纳米尺度，纳米技术的可靠性问题在不久的将来将成为一个严峻的挑战。纳米技术的可靠性可能依赖于我们在微电子技术领域积累的经验和理解。

为了得到可靠的设备，在制造设备时就要在设计和加工材料环节考虑可靠性。因此，在加工和可靠性之间有着密不可分的联系。本书的目标是融合其中的科学内容，但重点将放在可靠性上。

什么是可靠性科学？通常，我们倾向于认为设备中的微观结构会在它的使用寿命期间保持稳定。然而，事实并非如此。在大多数电子应用中，都需要施加一个电场或电流。在高的电流密度下，微观结构中会发生电子迁移，由于空穴产生导致开路或是挤压导致短路，从而导致电路的失效。高的电流密度产生的焦耳热会使温度上升，由于设备中不同材料有不同的热膨胀系数，导致在内部产生热应力。除了电迁移，应力梯度和温度梯度也可能导致原子扩散和微观结构的改变以及相变。

在应力梯度和温度梯度之下，这意味着压力和温度不是恒定的。这些变化的独特之处在于它们发生在非平衡热力学或不可逆过程的范畴内。为了理解这些可靠性问题并找到预防它们发生的方法所需的基础科学，就是可靠性科学。

在本书开头，我们将回顾在薄膜工艺和可靠性中所需的基础主题，如沉积、表面能、原子扩散以及薄膜中的弹性应力应变。不可逆过程的本质和熵产将在第10章涵盖。随后的章节将讨论电迁移、热迁移和应力迁移，并给出一些可靠性失效的例子。最后一章将基于物理和统计分析讨论故障分析。附录A至附录G涵盖了与本书相关的某些非常基础且有用的主题和数据。

值得注意的是，电迁移本身并不一定会导致微观结构失效。只有当微观结构中存在原子流的发散时，才可能发生失效。此外，即使有原子流的发散也不足以造成失效。我们需要一个体积非恒定的过程，并保证在此过程中不发生晶格位移。在没有晶格位移的情况下，非恒定的体积变化会导致额外晶格位置的产生，这解释了空洞和丘状突起(hillock)或晶须(whisker)的形成。

在准备本书的过程中，我得到了班上学生和研究小组的极大帮助。我特别要感谢加州大学洛杉矶分校的陈新萍小姐、田甜小姐和崔大春先生录入了部分文本，并修改了数字和参考文献，此外崔先生还校对了本书。我还要感谢乌克兰切尔卡西国立大学的Andriy M. Gusak教授对第10章和第15章的评述。关于电子风力推导的附录C摘自Gusak教授的课堂讲稿。感谢美国国家科学基金会、SRC、美国国家半导体公司、日立(日本)、首尔科技园(韩国)和中国台湾的日月光半导体制造股份有限公司对可靠性研究提供的资金支持。

杜经宁(King-Ning Tu)

2009年10月

目录

微电子技术中的薄膜应用

1.1 引言

分层薄膜结构常应用于微电子、光电器件、平板显示器和电子封装技术中，以下列举一些典型例子。计算机上的超大规模集成电路芯片由多层薄金属膜互连组成，形成了亚微米宽的线路和通孔。半导体晶体管器件依赖于在半导体衬底上生长的外延薄膜，例如在 n^+ 型 Si 衬底上生长 p 型 Si 薄层[1-3]。晶体管器件的绝缘栅极由半导体上生长的氧化物薄层形成。固态激光器是将发光半导体薄膜夹在不同半导体薄膜之间。在电子和光学系统中，有源元器件通常位于表面上方几微米内，而这一尺度就是薄膜技术可以应用的范围。薄膜填补了单层(或纳米级结构)和块体结构之间的尺度范围。其厚度从几纳米到几微米。本书探讨了薄膜加工和薄膜可靠性中的科学问题，以及它们在电子技术和器件中的应用[4]。本章首先通过示例介绍薄膜在现代先进技术中的应用。

1.2 金属氧化物半导体场效应晶体管

薄膜技术的进步对集成电路和光电子学的演进至关重要。当下，我们可以在一片指甲大小的硅片上制造数亿个晶体管。这些晶体管必须通过薄膜线路相互连接，以形成电路一起工作。存储器件中的基本电路非常简单，由一个晶体管和一个电容器组成。如图 1.1 所示为场效应晶体管的剖面示意图，它包括一个 $n^+/p/n^+$ 型的晶体管和一个覆盖在 p 型沟道上的薄栅氧化物栅极。栅极是一个双层结构，包括 Si 和金属组成的硅化物和重掺杂多晶硅。晶体管中的 n^+ 区域是源极和漏极区域，并通过硅化物接触连接到字线。因此，硅化物既用作栅极接触也用作源极和漏极接触。有一条字线将源极接触连接到电容器。

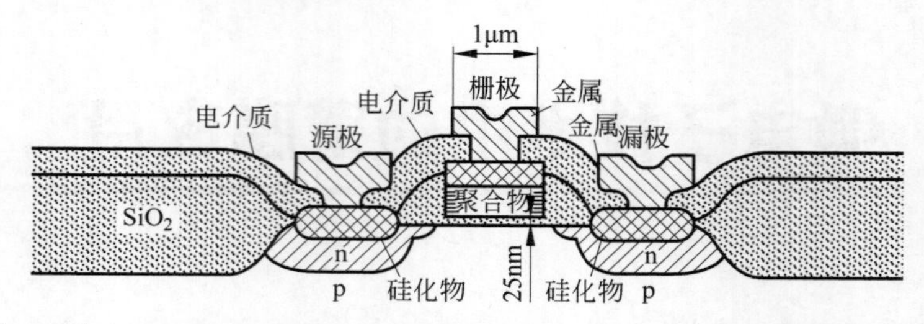

图 1.1　$n^+/p/n^+$ 型场效应晶体管的剖面示意图，包括一个具有 p 型沟道上薄栅氧化物的栅极

电容器作为一种存储单元，可以存储“1”(电容器充满电荷时)或“0”(电容器为空或不存储电荷时)。金属氧化物半导体(MOS)场效应晶体管(FET)作为控制器(或栅极)允许电容器放电或不放电，以便我们读取或检测电容器的两种状态，即充满或空置[1-3]。

图 1.2 描绘了一个 MOSFET 的二维集成电路阵列。在 x 坐标上，有 x_1, x_2, x_3, x_4 等；而在 y 坐标上，有 y_1, y_2, y_3, y_4 等。在每个坐标点(x, y)处，例如取(x_1, y_2)，构建一个由 MOSFET 和电容器组成的存储单元。为了启动存储单元，需要从字线向栅极施加一个开启电压。它将吸引电子到 p 区域，并在栅极氧化物下形成一个反型层。带有电子的反型层实现了两个 n^+ 区域的电导通。如果电容器充满了存储的电荷，将放电，以便在位线末端检测到信号脉冲。此时，将在点(x_1, y_2)上识别出一个存储位“1”的存储单元。另外，如果电容器没有存储电荷，栅极触发时将不会放电，并且不会检测到任何信号。那么，在点(x_1, y_2)上将有一个存储位“0”的存储单元。如图 1.2 所示的二维集成电路能够操作和检测电路的

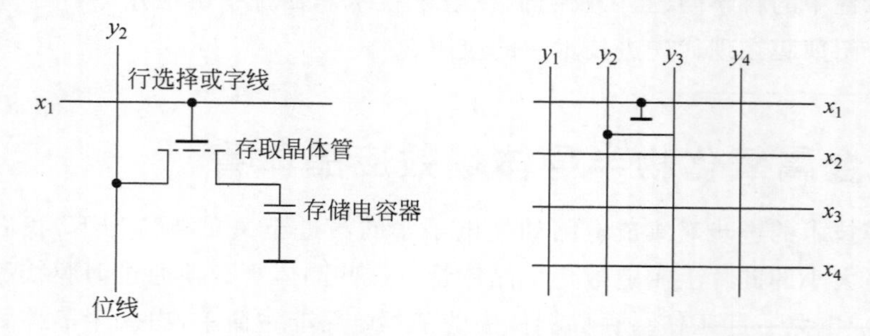

图 1.2　MOSFET 的二维集成电路阵列示意图

图片来源：VLSI Technology，S. M. Sze(1988)，第 494 页。已获使用许可

每个存储单元，因此这样的电路阵列被称为随机存取存储器（RAM）。由于电容器与线路相互连接，所以电容器会漏电，电容保存电荷的时间有限，通常使用动态随机存取存储器（DRAM）来设计该器件，即必须定时对电容充电，而这种补充电荷是一个动态过程，称为刷新。在某些器件中，当栅极被隔离时，可以将其用作浮置栅极。

图 1.3 描述了一个尺寸为 1cm×1cm 的硅芯片，将其分成了 $10^3 \times 10^3 = 10^6$ 个小正方形，使每个小正方形的面积为 10μm×10μm。在每个小正方形或单元区域中，如果能够制造一个 MOSFET 和一个电容器，就制造了一个拥有 100 万个存储单元的芯片。更不必讲，我们能够通过它们的位线和字线进行互连。此外，使用该芯片时，只要将其连接到外部电路进行控制即可，这是电子封装技术的一个功能。

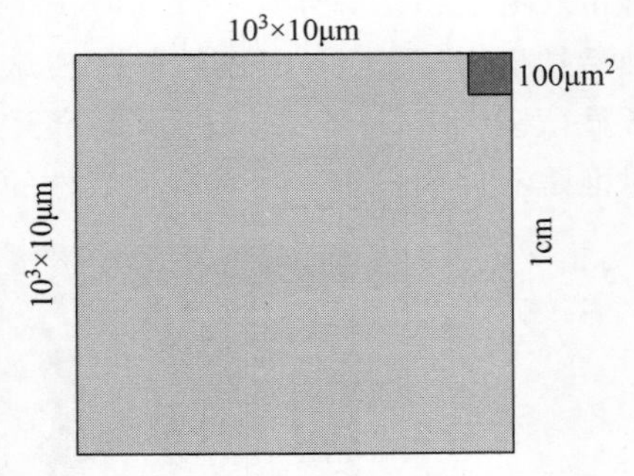

图 1.3　一个尺寸为 1cm×1cm 的硅芯片的示意图

接下来，将 10μm×10μm 的面积分成 4 个更小的区域，即大约 5μm×5μm 的单元格。如果可以在较小的区域内缩小并构建一个 MOSFET 和一个电容器，那么将拥有一个具有 400 万个存储单元的芯片。这是硅微电子行业在过去 25 年中微型化的原则，或者说是摩尔定律所表明的递增趋势。一个技术代的进步意味着芯片电路密度的增加因子是 4，从 1、4、16、64、256 到 1024 等。该行业在 20 世纪 60 年代末从大约 1000 个存储单元开始，已发展到今天的约十亿个存储单元。表 1.1 列出了几代器件中单元格的尺寸变化。随着单元格尺寸变小，单元格中的晶体管、电容器和互连元素的特征尺寸也相应变小。单元尺寸缩小的背后有一条缩放定律，影响着晶体管以及互连的电气特性。

表 1.1　不同技术代器件中单元多维指标变化

单元密度	光刻线宽/μm	单元面积/μm²
1Mb	1	33
4Mb	0.7	11
16Mb	0.5	4.5
64Mb	0.35（深紫外）	1.5
256Mb	0.25（X 射线）	0.5
1Gb	0.18	0.15

通过使用 Al 或 Cu 薄膜多层互连将所有晶体管连接在一起，实现了超大规模集成电路（VLSI）。多层薄膜互连结构的工艺和可靠性对于器件制造设计至关重

要。如今，晶体管上建立了8层或更多层的互连。图1.4显示了Si表面上去除绝缘介质后的两层Al互连的扫描电子显微镜(SEM)图像。Al线的宽度为0.5μm，它们之间的间距为0.5μm，因此线宽为1μm。如果在1cm×1cm的区域内，我们可以拥有10^4条线，每条线的长度为1cm，那么在这样的一层中互连的总长度为100m。当我们在指甲大小的芯片上构建8层这样的结构时，总互连长度超过1km。图1.5(a)显示了一个8层Cu互连结构的SEM图像(在层间介质材料被刻蚀后拍摄)。图1.5(b)显示了在Si表面构建的6层Cu互连结构的横截面透射电子显微镜(TEM)图像。这里，最窄互连通孔的宽度为0.25μm。层间通孔之间的对准是器件制造中一个具有挑战性的问题。

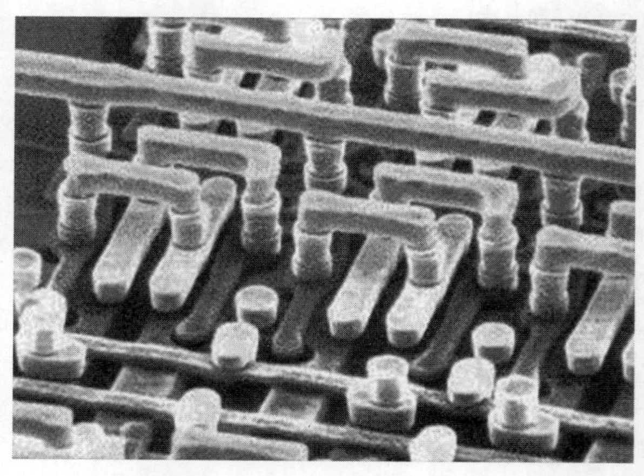

图1.4 这是一张SEM图像，显示了去除绝缘介质后Si表面上的两层Al互连。Al线的宽度为0.5μm，线间距也为0.5μm，因此线宽为1μm

制作层状金属化结构的生产成本现在已经超过了整个硅晶圆生产成本的一半。在互连金属化中，C-54 $TiSi_2$、$CoSi_2$或NiSi的硅化物已经被用作场效应晶体管的栅极、源极和漏极的接触材料。在Al互连技术中，W被用作互层通孔。在Cu互连技术中，它也被用作第一层的通孔。为了在互连技术中使用Cu，Cu必须镀覆在用Ta或TiN制造、非常薄的附着和扩散阻挡层上。这些薄膜的加工、性质和可靠性与工艺的进步密切相关。

显然，如果一个单元的尺寸是1μm×1μm，那么它的电路元件必须小于1μm。在微型化趋势下，不仅横向尺寸将变小，垂直尺寸(如栅极氧化物厚度)也必须减薄。毫无疑问，不能通过不断缩小尺寸制造越来越小的器件。摩尔定律描述了微型化趋势或器件尺寸缩小的进展，即芯片上的电路密度将每18个月翻一倍。图1.6显示了集成电路中的存储器和逻辑单元电路的密度随时间变化的示意曲线。它是一个对数关系线性图，遵循摩尔定律。

(a) (b)

图 1.5 (a) 显示了 8 层 Cu 互连结构的 SEM 图像,该图像为在层间介电材料被蚀刻掉后拍摄;(b) 显示了在 Si 表面上建造的 6 层 Cu 互连结构的横截面 TEM 图像。这里,最窄互连通孔的宽度为 0.25μm

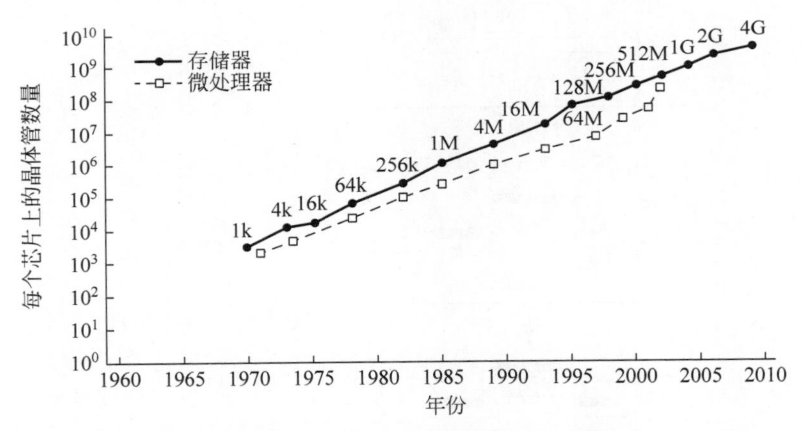

图 1.6 显示了集成电路中的存储器和逻辑单元电路的密度随时间的变化。这是一个对数关系线性图,遵循摩尔定律

1.2.1 自对准硅化物接触和栅极

上述 MOSFET 器件中的关键尺寸是栅极宽或源漏极之间的距离,称为器件的特征尺寸。现今,特征尺寸已缩小到纳米级别,最小可达 45nm,预计不久将会达到 33nm 甚至更小。在制造过程中,如果栅极和触点是由不同材料制成的,则这一特征尺寸需要两个不同的工艺步骤或两个光刻步骤来实现,因此需要高精度对准,

然而在纳米尺度上控制特征尺寸是十分困难的。为了克服这一关键步骤，发明了自对准硅化物(salicide)工艺。图 1.7 显示了自对准硅化物工艺的示意图。栅极和源极/漏极接触都由 C-54 $TiSi_2$ 制成。在栅极氧化物上方是一层高掺杂的多晶硅层，在源极/漏极接触区域上方是一层高掺杂的单晶 n^+ Si 层，其间由两个 SiO_2 侧壁分开。侧壁之间的间距和侧壁的厚度确定了特征尺寸的横向尺寸。当沉积和退火一层薄的 Ti 膜时，C-54 $TiSi_2$ 会同时形成在栅极接触和源极/漏极接触上。但是在侧壁氧化物上的 Ti 不会与氧化物反应形成硅化物，可以选择性地蚀刻未反应的 Ti，从而可以在一个光刻步骤中实现栅极和接触之间的电隔离。这种自对准硅化物工艺避免了高精度对准问题，并实现了栅极和触点的自对准工艺。

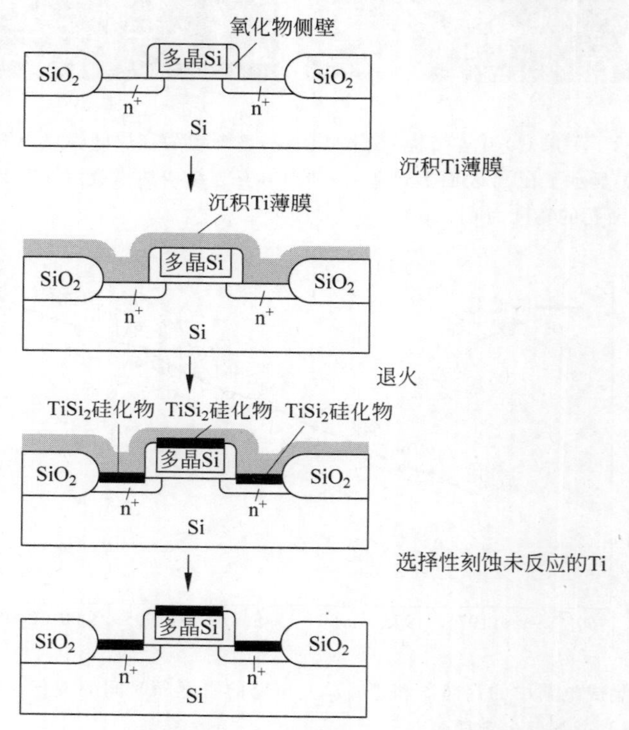

图 1.7　自对准硅化物工艺示意图

在薄膜领域的文献中，有许多关于通过薄金属膜与硅反应形成硅化物的论述。由于一个硅芯片上有数亿个硅化物接触和栅极，它们应该具有相同的微观结构和电性能，因此控制硅化物的形成一直是 VLSI 器件制造中非常重要的工艺步骤。硅化物形成的动力学将在第 8 章介绍。

1.3 倒装焊中的薄膜下凸点金属化

将芯片上的 VLSI 可靠连接到外部电路,是电子封装技术的主要功能[5-6]。为了给所有这些芯片上的互连线提供外部电气引脚,可能需要在中央处理器芯片表面使用数千个输入/输出(I/O)电气触点。目前,提供这种高密度芯片表面 I/O 触点的唯一实用和可靠的方法是使用微小焊球的面积阵列。可以使用直径为 50μm、间距为 50μm 的焊球,因此节距为 100μm。将 100 个焊球放置在 1cm 长度上,或将 10000 个焊球放置在 $1cm^2$ 的区域上。目前使用的焊球直径通常约为 100μm,电子封装行业中焊球工艺称为凸点技术。由于使用了如此小规格和大量的焊球,自 1999 年以来,国际半导体技术路线图(ITRS)已经将倒装焊技术中的焊接接点确定为一个重要的研究课题,涉及其在制造中的量产和在应用中的可靠性。

什么是倒装焊技术?它是一种通过焊点提供大量电气连接的技术,用于芯片和封装基板之间。芯片倒装,使其面向下,让高集成度的电路面向基板。通过芯片和其基板之间的一系列焊盘实现电连接。图 1.8 展示了芯片表面的一组焊球区域阵列。为了将芯片连接到基板上,将芯片倒装过来,使芯片的 VLSI 一侧朝下,面向基板。

图 1.8 一个芯片表面的锡球区域阵列的 SEM 图像

倒装焊技术用于制造大型计算机已超半个世纪。它起源于 20 世纪 60 年代在陶瓷模块上封装芯片的可控塌陷芯片连接或 C-4 技术。一般来说,倒装焊技术的优点包括更小的封装尺寸、更多的 I/O 引脚数量以及更高的性能与可靠性。现在它在芯片封装等消费类产品中得到广泛应用,封装基板的尺寸几乎与芯片相同。在手持设备中需要小的封装尺寸,其中形状因子非常重要。在手持终端或计算机中,对更高性能和更强大的功能需求将需要大量的电气 I/O 引脚。更高的芯片性能,是因为芯片中央的焊料球使器件可以在较低电压和更高速度下工作。此外,倒装焊技术是目前唯一可以实现所需可靠性的技术。后面的章节将讨论与电迁移和应力迁移等相关的可靠性问题。

在最初开发 VLSI 芯片技术时,需要高密度的布线和互连的封装技术。这促成了主要用于计算机主机的多层金属-陶瓷模块和多芯片模块的发展。在多层金属-陶瓷模块中,多层 Mo 线被埋入陶瓷基板中。每个模块最多可安装 100 个 Si 芯片。几个这样的陶瓷模块被连接到一个大型的印刷电路板上,形成了如图 1.9 所示的计算机主机的两级封装方案。它由芯片到陶瓷模块的第一级封装和陶瓷模块到聚合物印刷电路板的第二级封装组成。

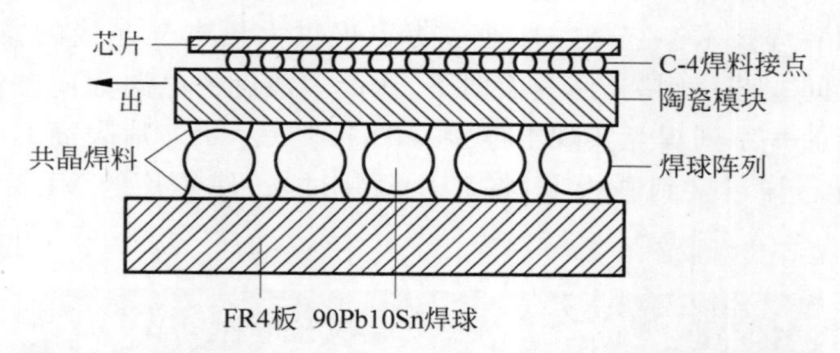

图 1.9 计算机主机的两级封装方案示意图。它包括芯片到陶瓷模块的第一级封装和陶瓷模块到聚合物印刷电路板的第二级封装

图 1.10 展示了第一级倒装 C-4 焊点的剖面示意图。在第一级封装中,芯片侧的下置金属层(UBM)由 Cr/Cu/Au 三层薄膜组成。实际上,Cr/Cu 层具有相变的微观结构,其作用是提高 Cr 和 Cu 之间的附着力,并增强其抗锡反应的能力。锡反应可能会溶出 Cu,因此相变的 Cr/Cu 由 Cr 和 Cu 的共沉积形成,使之具有成分梯度,可以在多次锡反应中持续存在。回流意味着焊料经历了略高于其熔点的温度,使其熔化。在熔融状态下,焊料会与 Cu 反应,形成金属键或焊点中的金属间化合物(IMC)。在连接处的基板侧,陶瓷表面的金属焊盘材料通常是 Ni/Au。连接 UBM 和焊盘的焊料是高铅合金,如 95Pb5Sn 或 97Pb3Sn。

最初,芯片上的焊料凸点是通过蒸发沉积并使用剥离法进行布图的,后来通过选择性电镀沉积。最近,在一种新的 C-4 工艺中,使用模板形成二维焊球阵列,然后将具有接收 UBM 阵列的芯片放置在模板上,以便在回流中将所有焊球转移到芯片上,在焊球与 UBM 间发生反应。新工艺的优点是在选择性电镀沉积中不需要厚的光刻胶,并且模板可以重复使用以降低成本。

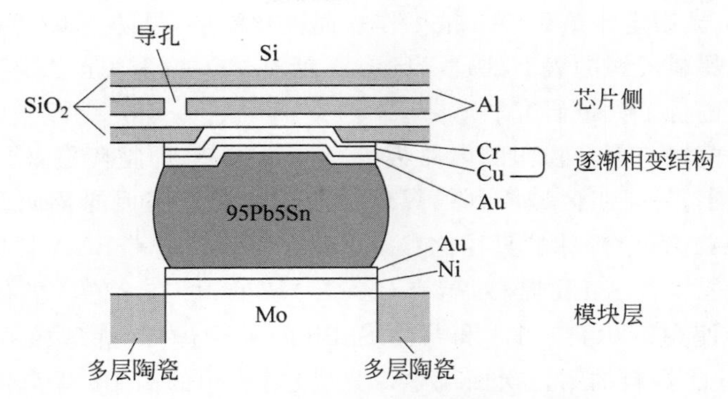

图 1.10　倒装芯片焊点的剖面示意图

在选择性电镀沉积 C-4 工艺中，去除用于电镀的光刻胶和电线后，芯片表面上会留下一列圆柱形的焊锡柱或凸点。高铅焊料的熔点超过 300℃。在第一次热回流(约 350℃)中，列状的焊锡柱会变成球状凸点，覆盖在 UBM 上。由于 SiO_2 表面不能被熔融的焊料浸润，熔融的焊锡凸点的底部由 UBM 的大小确定，因此熔融的焊锡凸点会在 UBM 接触处升起或凸起。UBM 接触控制着给定体积的焊锡球的尺寸(高度和直径)。通常，UBM 接触被称为焊球受限金属化(BLM)。由于 BLM 控制了焊锡球熔化时固定体积的高度，这就是“可控”一词在“可控塌陷芯片连接”中的含义。如果没有控制，焊锡球会在 UBM 上扩散，芯片和模块之间的间隙就太小了。

将一组焊球的芯片连接到陶瓷模块上，需要使用第二次回流。在第二次回流过程中，熔化的焊球表面能通过自对准力将芯片在模块上自动定位。当焊料熔化以将芯片连接到模块时，芯片会稍微下降和旋转。这种下降和旋转是由于熔化焊球的表面张力减小造成的，这实现了芯片和模块之间的对准，因此这是一个受控塌陷过程，叫作 collapse，意思是，当焊球的区域阵列熔化并浸湿模块上的焊盘时，芯片会稍微下降和旋转。

高铅焊料是一种高熔点的焊料，但芯片和陶瓷模块都能够承受高温回流而无损。此外，高铅焊料与铜发生反应形成层状的 Cu_3Sn，可以在多次回流过程中持续使用而不失效。值得注意的是，Cr/Cu/Au 三层金属膜中的每种金属都是因特定原因而选择的。首先，焊料不能与铝线相互浸润，所以选择 Cu，因为 Cu 与 Sn 反应形成 IMC 可以实现金属接点。其次，Cu 不能很好地附着在 SiO_2 的介电表面，因此选择 Cr 作为 Cu 附着在 SiO_2 上的黏合层。逐渐相变 Cu/Cr UBM 的研制旨在提高 Cu 与 Cr 之间的附着力。由于 Cr 和 Cu 是不相溶的，当它们共沉积时，其晶粒形成相互锁定的微观结构。在这样的逐渐相变结构中，Cu 更好地附着于 Cr，Cu 在回流过程中被溶出，与 Sn 反应形成 IMC 也就更难。此外，逐渐相变结构提供了 IMC 的机械锁定。最后，Au 被用作表面钝化涂层，以防止 Cu 的氧化或腐蚀，并且作为增强焊料浸润的表面处理。已有文献对 Cr/Cu 和 Cu/Au 双层薄膜中的互扩散和反应进行了大量研究。

再将陶瓷模块与聚合物印刷电路板进行二级封装，即把陶瓷基板焊接到聚合物印刷电路板上，另一组区域阵列的焊球被放置在陶瓷基板的背面。它们合称为焊球阵列(BGA)，每个焊球的直径比 C-4 焊球大得多。通常 BGA 焊球的直径约为 760μm。它们是共晶 SnPb 焊料，熔点(183℃)较低，可在 220℃左右进行回流焊接。有时也会使用高(熔点)Pb 和共晶 SnPb 的复合焊球，焊球核心是高 Pb 的。显然，在这种共晶焊料的第三次回流中，第一级封装中的高 Pb 焊点或复合焊球中的高 Pb 核心不会熔化。在某些应用中，复合焊球中的高 Pb 核心可以被 Cu 球所替代。

鉴于对铅污染环境的担忧日益加剧，美国国会有四项反铅议案正在等待通过，其中一项来自环境保护局。欧盟于 2006 年 7 月 1 日发布了一项指令，要求在所有电子消费品中禁止使用含铅焊料。虽然汽车电池在工业应用中使用了高达 88%的铅，而电子设备只使用了 1%的铅，但消费电子垃圾是地下水铅污染 20%～30%的来源。这就是推出禁令的原因。

目前还没有发现可以取代 Pb，并在焊接接点中能够很好地发挥作用的化学元素。最有前途的无铅焊料是共晶 SnAgCu、共晶 SnAg 和共晶 SnCu，用来取代共晶 SnPb。这些基于 Sn 的焊料具有非常高的 Sn 浓度，例如共晶 SnCu 具有 99.3%(质量分数)的 Sn，而共晶 SnAgCu 具有质量分数为 95%～96%的 Sn。这些无铅焊料中非常高的 Sn 浓度导致了 Cu-Sn 反应的高速率，进而导致上述的薄膜 Cr/Cu/Au UBM 中的可靠性问题。迄今为止，还没有适合无铅焊接的薄膜 UBM，特别是在考虑对抗电迁移的可靠性方面。

1.4 计算机为什么很少出现可靠性故障

上面已经提到，电迁移是一个严重的可靠性问题。然而，很少听说计算机因为电迁移而失效。这是因为电子工业很早就认识到了这个问题，并花费了很多精力进行研究。通过在一定加速测试条件下测量计算机的平均无故障时间(MTTF)，可以预测计算机在正常使用中的寿命。可靠性在设计阶段就已经考虑到了，因此已经规定计算机的工作条件，如施加的电流密度和温度。因此，在正常使用时不会遇到计算机故障的问题。

1.5　从微电子技术到纳米电子技术的发展趋势和转变

在摩尔定律即将终结时,可以预见微电子技术向纳米电子技术的转变。这种转变可以是自上而下的,也可以是自下而上的。虽然自下而上的方法从分子级晶体管开始有许多优点,但实现这些晶体管的大规模集成的挑战却一点也不简单。自上而下的方法不仅在光刻方面有物理极限,而且在生产成本方面也有限制。最有可能的转变将是纳米技术和现有的微电子 MOSFET 技术的混合。新的应用需求将来自于能源、医学和生物器件。在摩尔定律终结时,微电子工业不会消失。只是微电子工业将不再呈指数增长,利润也不会很高。它将继续存在,就像汽车和航空航天工业一样。

在消费电子产品中,发展趋势将是更加便携、无线和手持式的装置出现。手持式终端将很快问世,并且将以内存棒替代硬盘为开端。薄膜技术仍将广泛使用。电子封装技术将变得更加重要,特别是三维集成电路和系统封装。可靠性也将是一个值得持续关注的问题。

1.6　摩尔定律的终结对微电子学的影响

目前,人们关心摩尔定律何时终结,以及终结后会发生什么。实际上,摩尔定律不仅有物理上的限制,还有经济上的限制。从物理上来说,我们不能持续缩小栅极氧化物的厚度和晶体管的宽度(或特征尺寸)。从经济上来说,器件性能的提高(如速度)可能无法证明深亚微米或纳米级区域的小型化的成本快速增长是合理的。逼近摩尔定律终结对硅微电子行业的影响并不是行业将消失,而是在过去的半个世纪里行业的指数增长将不再继续。相反,其增长将变得正常。2009 年,由半导体行业协会发布的《国际半导体技术路线图》表明,硅技术在未来 10 年至 15 年仍有进展空间[7]。

在摩尔定律终结之前,应该有一个新的范式,扩大已有技术的应用,而不是将所有精力都用于缩微器件尺寸。现有的互补金属氧化物半导体(CMOS)技术在许多手持式和无线消费产品应用中具有巨大的能力和潜力,特别是,如果能将其与光学器件、微机电系统(MEMS)纳米传感器相结合,则可应用于能源和卫生领域。以手机为例,大多数人每天都会携带手机并使用它。当我们握住手机时,通过几个传感器,它就能检测到人体的体温、脉率和血压,甚至可以进行更先进的诊察。事实上,当我们拥有一部能够充当移动计算机一样的手机时,我们可以使用更多有用的功能。在这些消费类电子产品的应用中,需要新的电路设计、新的封装技术和可靠的材料。

参考文献

[1] Yuan Taur and Tak H. Ning, Fundamentals of Modern VLSI Devices (Cambridge University Press, Cambridge, 1998).

[2] S. M. Sze(ed.). VLSI Technology(McGraw-Hill, New York, 1983).

[3] K. N. Tu, J. W. Mayer, and L. C. Feldman, Electronic Thin Film Science (Macmillan, New York, 1992).

[4] M. Ohring, Reliability and Failureof Electronic Materialsand Devices (AcademicPress, San Diego, 1998).

[5] K. N. Tu, Solder Joint Technology(Springer, New York, 2007).

[6] K. L. Puttlitz and K. A. Stalter (eds), Handbook of Lead-Free Solder Technology for Microelectronic Assemblies(Marcel Dekker, New York, 2004).

[7] International Technology Roadmap for Semiconductors, Semiconductor Industry Association(San Jose, 2009). See website http://public.itrs.net/.

薄膜沉积

2.1 引言

薄膜沉积可以看作从气相到衬底上固相的相变[1-2]。通常我们需要知道沉积薄膜的生长速率、纯度和微结构。生长速率由通量方程控制，将在 2.2 节讨论。为了获得高纯度膜，需要进行超高真空（UHV）沉积，将在 2.7 节讨论。薄膜微结构（无论是非晶态、多晶态还是外延单晶）依赖于特定的沉积条件或沉积参数，将在 2.11 节讨论。

图 2.1 描述了薄膜沉积真空室中的两个关键部分：靶材和衬底。假设它们是相同的材料，靶材保持在温度 T_1，衬底保持在温度 T_2，且 $T_2<T_1$。基于微观可逆性原理，平衡状态下靶材表面同时存在离开和返回的原子束流，衬底表面同理。这些束流在靶材和衬底表面分别产生平衡压力 p_1 和 p_2，且 $p_2<p_1$。这一压力差或压力梯度将导致束流以气态的形式从靶材流向衬底的传质过程。在衬底表面，传质过程将在衬底表面产生过饱和，从而导致束流凝结，原子将在衬底表面沉积。凝结涉及固体薄膜的形核和生长。在靶材表面，传质将产生欠饱和，使蒸发继续进行。上述过程本质上属于热沉积。例如，通过焦耳热加热钨丝，使绕在钨丝周围的熔点较低的金属丝蒸发，并在冷衬底上沉积金属膜。同样，在电子束蒸发中，使用电子枪熔化并蒸发坩埚中的金属靶材，并在冷衬底上收集蒸气以形成薄膜。

沉积的基本过程受三个方程的控制：首先，气态受理想气体状态方程[3]控制；其次，靶材和衬底之间的传质受通量方程控制；最后，靶材上的蒸发和衬底表面的凝结受这些表面上的平衡通量方程控制。我们将在本章讨论这些方程。晶体靶材表面

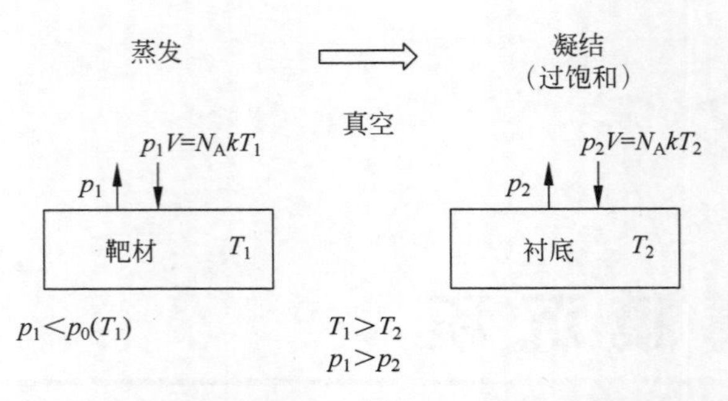

图 2.1 真空室中薄膜沉积过程中气体原子从靶材表面向衬底表面的流动

脱附背后原子的过程以及衬底表面凝结中的形核和生长过程将在后面的章节中讨论。

许多实验技术可以用来将物质从靶材转移到衬底上[4-6]。一种是物理气相沉积(PVD)技术,如电子束蒸发、溅射和分子束外延。溅射分为直流、射频、磁控和反应溅射。反应溅射中化合物的组成可以保持不变,元素的不同分压对沉积的不利影响较小,可以用于沉积化合物。另一种重要的技术是化学气相沉积(CVD)技术,如硅烷分解用于硅薄膜沉积,以及在多层铝互连中选择性沉积钨导孔。然而,铜多层互连金属化至今仍然是通过电化学镀膜完成的。尽管在实验室中已经实现了铜的 CVD,但距离能够用于实际器件制造的大规模生产尚有一定距离。此外,还有原子层沉积(ALD)技术,可以用于形成超薄栅氧化层。本章将只给出薄膜沉积的基本概念,而不讨论具体的沉积技术。

有四个关键的沉积参数会影响沉积薄膜的纯度和微观结构:沉积速率、沉积室的真空度、衬底温度和衬底表面结构,见表 2.1。根据对气固相变中形核和生长的理解,可以解释这些沉积参数如何影响薄膜纯度和微观结构。本章重点介绍薄膜沉积中气相的行为。表面阶梯的形核和阶梯生长模型将在第 7 章介绍。

表 2.1 沉积参数和形核与生长的关系

沉积参数	形核与生长
沉积速率	过饱和
真空度	杂质
衬底温度	过冷和扩散
衬底表面结构	表面和界面能

2.2 薄膜沉积中的通量方程

原子通量 J 定义为单位时间内通过单位面积的原子数,或者单位时间内沉积在衬底表面单位面积上的原子数。J 的单位是原子数每平方厘米秒。在图 2.2

中，假设一束平行原子流以恒定速度 v 通过面积 A。它类似描述了空气流经窗户或水流经水龙头的情况。我们设想在面积 A 前有一个体积 $V=xA$，$x=vt$，t 为一段时间。在体积 V 内，原子数为 $N=CV$，式中 C 为每单位体积的原子浓度，常数，与时间和距离无关。C 的单位是原子数每立方厘米。在 t 时间内，能够到达面积 A 的总原子数是体积 V 内的原子数。因此，根据 J 的定义，得出

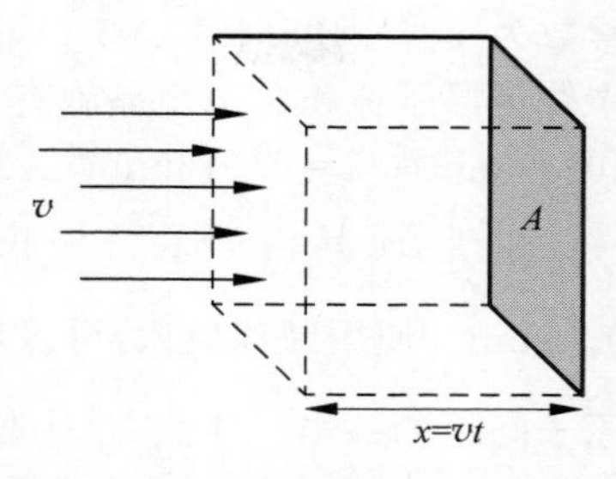

图 2.2 平行原子流以恒定速度 v 通过面积 A 的示意图

$$J=\frac{N}{At}=\frac{CV}{At}=\frac{CvtA}{At}=Cv \tag{2.1}$$

这是一个简单而重要的方程。有时这里的速度称为漂移速度，写作 $J=C\langle v\rangle$。注意，菲克(Fick)(扩散)第一定律也是一个通量方程，它与方程(2.1)的关系将在第4章讨论。上面提到的原子通量的物理图像假设气体中的原子具有恒定速度，原子之间没有相互作用，因为它们彼此作平行运动。换句话说，忽略了它们在气体中的相互碰撞。要考虑碰撞，必须考虑速度分布函数，使用玻尔兹曼或麦克斯韦速度分布函数，这样速度可以朝任何方向并具有不同的大小。这些分布函数将在本章稍后的部分介绍。

2.3 薄膜沉积速率

将 $J=Cv$ 的通量方程应用于薄膜沉积，假设 A 是衬底上的一个区域，J 是气相中沉积在 A 上的原子通量。在 t 时间内沉积在 A 上的原子总数等于 $N=JAt$。因此沉积速率为

$$\frac{\mathrm{d}N}{\mathrm{d}t}=JA$$

如果将原子体积取为 Ω，由于在面积为 A 的区域上生长厚度为 y 的薄膜时体积守恒，得出以下关系：

$$V=\Omega JAt=yA$$

所以薄膜的生长速度或增厚速率是

$$\frac{\mathrm{d}y}{\mathrm{d}t}=\Omega J=\Omega Cv \tag{2.2}$$

要计算生长速率需要知道 Ω、C 和 v。我们回忆一下，C 是气相中原子的浓度，使用理想气体状态方程获得；v 是沉积原子的速度，使用下面将讨论的气体分子动能方程获得。对于大多数固态元素，原子体积 Ω 可以从元素单质的晶胞推导出来。以 Al 为例：当在衬底上沉积 Al 薄膜时，Al 膜具有面心立方(fcc)晶格，晶格

常数为 $a=0.405\text{nm}(4.05\text{Å})$，可以通过 X 射线衍射测量。因此，可以从晶胞体积中获得原子体积。每个晶胞有 4 个 Al 原子。因此，Al 的原子体积可以计算为 $\Omega=(0.405\text{nm})^3/4=0.0166\text{nm}^3$。在 3.10.1 节也给出关于计算 Ω 的讨论。

由于 fcc 晶格中最密堆积方向沿着〈110〉，Al 的平衡原子间距为 $a/\sqrt{2}=0.29\text{nm}$。使用硬球模型，可以计算出原子体积为 $\frac{4}{3}\pi a_0^3=\Omega=0.0122\text{nm}^3$，$a_0$ 等于原子间距的一半。注意，这个值比从使用晶胞体积计算出来的值小约 30%，这是因为硬球模型没有包括单位晶胞中原子之间的间隙体积。每单位体积的 Al 原子数由 $1/\Omega=C$ 给出，大约有 6×10^{22}。对于纯固态元素，得出 $C\Omega=1$。

2.4 理想气体状态方程

电子薄膜几乎总是在真空系统中沉积。所有真空系统都有一个有限的背景气压，决定了在真空系统中生长的薄膜纯度。本节基于这一背景气压计算杂质原子的入射通量。将这一通量与观察到的沉积原子通量进行比较，就能理解为什么必须达到超高真空才能获得高纯度薄膜。

描述真空的基本关系是理想气体状态方程

$$pV=RT=N_AkT \tag{2.3}$$

式中，p 是压力（N/m^2，Pa）；V 是摩尔体积（22.4L）；R 是摩尔气体常数（$8.31\text{J/(K}\cdot\text{mol)}$）；$N_A$ 是阿伏伽德罗常数（$6.02\times10^{23}\text{mol}^{-1}$）；$k$ 是玻尔兹曼常数（$1.38\times10^{-23}\text{J/K}$）；$T$ 是热力学温度（1K＝－273.15℃）。

其他常用的压力单位有：$1\text{torr}=1\text{mmHg}\approx1333\text{dyn/cm}^2=133.3\text{Pa}$；1 大气压$=760\text{torr}\approx1.013\times10^6\text{dyn/cm}^2=1.013\times10^5\text{Pa}$。

使用理想气体状态方程推导出气体密度和压力之间的关系，然后使用这个关系来估计撞击衬底表面的气体原子通量。在 1 大气压和 0℃时，理想气体的摩尔体积为 22.4L，这是通过理想气体状态方程得到的。

$$\begin{aligned}V&=\frac{N_AkT}{p}\\&=\frac{6.02\times10^{23}(\text{分子数每摩尔})\times1.38\times10^{-23}(\text{J/K})\times273(\text{K})}{1.013\times10^5(\text{N/m}^2)}\\&=22.4\times10^3\text{cm}^3\end{aligned}$$

25℃（298K）时的气体浓度或分子数密度为

$$\begin{aligned}n=\frac{N_A}{V}&=\frac{6.02\times10^{23}}{24.4\times10^3}\\&=2.46\times10^{19}\text{cm}^{-3}\end{aligned}$$

式中，n（或 C）是每单位分子（或原子）浓度或数密度。因为

$$n=\frac{N_{\mathrm{A}}}{V}=\frac{p}{kT}$$

可以看到，在给定温度下，n 与 p 成正比，这是真空技术中一个重要的关系，因为它控制了沉积膜的纯度。在 1torr 和 25℃时，得出 $n=n_1$，即分子数密度 n_1 为

$$n_1=\frac{2.46\times10^{19}}{760}\text{ 分子数每立方厘米}=3.24\times10^{16}\,\mathrm{cm}^{-3}$$

在工业过程中，通常使用机械泵获得 10^{-7}torr 的真空，此时背景蒸气分子数密度为

$$n_1\times10^{-7}=3.24\times10^{9}\,\mathrm{cm}^{-3}$$

在超高真空中，可以获得 10^{-11}torr 的真空，此时有

$$n_1\times10^{-11}=3.24\times10^{5}\,\mathrm{cm}^{-3}$$

撞击固体表面的原子流量由粒子浓度和速度的乘积给出，即 $J=Cv$。为此需要知道气体原子或分子的速度，这将在下面给出。

2.5 气体分子的动能

为了计算分子速度，取理想气体中分子的平均动能为

$$\bar{E}_{\mathrm{k}}=\frac{3}{2}kT=\frac{1}{2}mv_{\mathrm{a}}^{2} \tag{2.4}$$

$$v_{\mathrm{a}}=\left(\frac{3kT}{m}\right)^{\frac{1}{2}}=\left(\frac{3RT}{M}\right)^{\frac{1}{2}}$$

式中，m 是分子的质量，M 是摩尔质量，v_{a}是均方根速度（2.10 节）。以 $M=28\mathrm{g/mol}$ 的氮气为例

$$v_{\mathrm{a}}=\left(\frac{3\times8.31(\mathrm{J/(K\cdot mol)})\times298\mathrm{K}}{28(\mathrm{g/mol})}\right)^{1/2}=515\mathrm{m/s}$$

v_{a} 的大小与空气中声速的数量级相同。

考虑到只有那些与表面距离为 $v_{\mathrm{a}}t$ 的分子才能在时间 t 内撞击表面，2.1 节推导出了单位面积单位时间内撞击表面的分子或原子的比率。单位面积单位时间内的撞击率（或原子通量）为 $J=nv_{\mathrm{a}}$，这其实就是方程（2.1），由于使用了理想气体状态方程，方程中用 n 替换 C，并用 v_{a}替换 v。撞击表面的原子通量等于浓度（原子数每立方厘米）与速度（cm/s）的乘积，单位为原子数每平方厘米秒。在上述推导中，我们没有考虑粒子的速度分布，也没有考虑粒子的浓度梯度。如果采用理想气体的速度分布，例如 2.10 节中所示的麦克斯韦速度分布，则更完整的推导表明通

量将由

$$J = \frac{1}{4} n\bar{v} \tag{2.5}$$

给出，式中，$\bar{v}$ 是平均速度(详见 2.10 节)。

2.6 表面上的热平衡通量

由于脱附和吸附，固体自由表面与由其自身气态原子离开和到达表面的表面部分压力处于平衡。这种通量定义为热平衡通量。如果将固体表面上的压力定义为平衡压力 p，则在表面上有一个平衡通量(平均速度见 2.10 节)

$$J = \frac{1}{4} n\bar{v} = n\sqrt{\frac{kT}{2\pi m}} = \frac{p}{kT}\sqrt{\frac{kT}{2\pi m}} = p\sqrt{\frac{1}{2\pi mkT}} \tag{2.6}$$

如果知道金属的平衡压力，就可以求出给定温度下的平衡通量。例如，众所周知，Cd 和 Zn 等金属具有非常高的平衡压力；换句话说，很容易蒸发。因此，这些金属应该避免在沉积室中使用。在薄膜沉积中，沉积通量必须大于平衡通量，否则会发生脱附而不是沉积。

2.7 超高真空对沉积膜纯度的影响

如果知道空气中分子的浓度和速度，就可以估计当暴露在一个大气压的空气中时，撞击表面的空气分子的通量为

$$J_c = \frac{1}{4}(2.36 \times 10^{19} \times 5.2 \times 10^4) \text{ 分子数每平方厘米秒}$$

$$= 3.2 \times 10^{23} \text{ 分子数每平方厘米秒}$$

大多数固体的原子密度 $n = 1/\Omega$ 介于 5×10^{22} 原子数每立方厘米到 9×10^{22} 原子数每立方厘米之间。作单层(ML)面密度约为 $n^{2/3}$ 的近似，可以求得单原子层面密度值大约为 10^{15} 原子数每平方厘米。使用这一关系，可以估计将其暴露在一个大气压的空气中时，在衬底表面沉积一层空气原子所需要的时间为

$$t = \frac{10^{15}}{3.2 \times 10^{23}} \text{s} = 3.1 \times 10^{-9} \text{s}$$

因此，如果将衬底暴露在空气中，假设气体黏附在表面上，那么将在短时间内收集到一层非常厚的空气分子层，所以任何在空气中沉积的薄膜都很不纯净。而在 10^{-11} torr 的超高真空中，得出

$$J_c=\frac{1}{4}(3.24\times10^5\times5.2\times10^4)\text{ 分子数每平方厘米秒}$$

$$=4.2\times10^9\text{ 分子数每平方厘米秒}$$

现在沉积一层空气原子需要

$$t=\frac{10^{15}}{4.2\times10^9}\text{s}=2.4\times10^5\text{s}$$

残留气体大约需要 3d 才能在表面形成一层沉积。因此，当沉积时间较短（几分钟）时，可以在超高真空中获得高纯度薄膜。为保证薄膜具有高纯度，对于单层的外延生长速率（约 10^{15} 原子数每平方厘米秒），要求残留空气原子的沉积速率至多不超过目标原子沉积速率的 10^{-4}。这相当于要求真空度优于 10^{-10} torr。表 2.2 列出了在不同真空条件下表面沉积单层背景气体所需的时间。

表 2.2　不同真空条件下表面沉积单层背景气体所需的时间

p/torr	C/（原子数每立方厘米）	$J=Cv$（原子数每平方厘米秒）	单层沉积时间 t/s
760（大气压）	2.46×10^{19}	1.2×10^{24}	10^{-9}
1	3.24×10^{16}	1.5×10^{21}	10^{-6}
10^{-7}	3.24×10^{9}	1.5×10^{14}	10
10^{-11}（超高真空）	3.24×10^{5}	1.5×10^{10}	10^{5}

2.8　气体分子碰撞频率

在气体中，分子相互碰撞，因此它们的速度不同，也不朝着同一个方向移动，这导致了气体分子速度具有一定的分布。为了展示碰撞的影响，这里假设一个分子直径为 d，平均速度为 v。图 2.3 显示碰撞截面为 πd^2，用虚线圆表示，这意味着任何穿过这个截面的其他分子都会引起碰撞。由于分子以平均速度 v 移动，这进一步意味着在体积 $V=\pi d^2 vt$ 中的任何分子都会在时间 t 内与移动的分子发生碰撞。于是，如果给定体积中分子的速度和浓度，就可以计算碰撞频率。

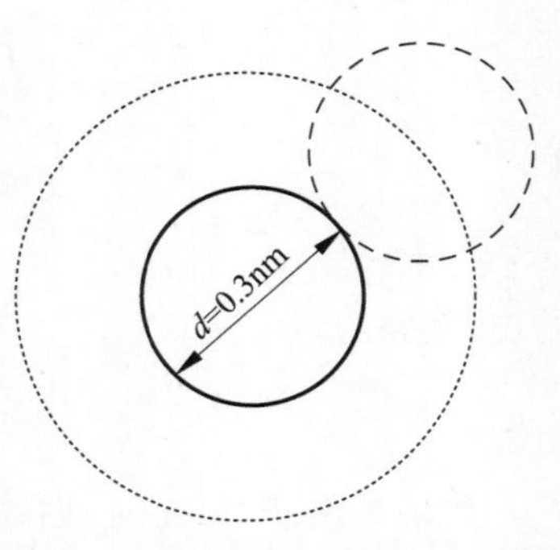

图 2.3　碰撞截面（用点线圆表示）的示意图。任何其他分子（用虚线圆表示）穿过这个截面都会引起碰撞

取速度 $v=5\times10^4$ cm/s，标准条件下空气中分子浓度 $n=2.46\times10^{19}$ 分子数每立方厘米，$d=0.3$nm。碰撞频率或每秒碰撞次数等于 $\pi d^2 v$ 体积

内的分子数

$$\text{碰撞频率} = \pi \times (3\times10^{-8})^2 \times 5\times10^4 \times 2.46\times10^{19}/\text{s} \cong 4\times10^9\,\text{s}^{-1}$$

显然，碰撞频率非常高。因此，空气中分子的速度会频繁地改变方向和大小。

然而，在 10^{-11} torr 的超高真空中，分子浓度为 $n=3.24\times10^5$ 分子数每立方厘米。可得

$$\text{碰撞频率} = 5\times10^{-5}\,\text{s}^{-1}$$

这意味着每天只有几次碰撞。如果在超高真空中进行薄膜沉积，分子倾向于直接飞向衬底而不发生碰撞，此时发生分子束直接沉积，如图 2.2 所示。这正是分子束外延(MBE)的情况。

2.9 玻尔兹曼速度分布函数和理想气体状态方程

2.4 节使用理想气体状态方程计算了气相浓度作为压力的函数，2.5 节使用分子动能方程计算了它们的速度。2.4 节～2.5 节使用了速度分布函数推导理想气体状态方程和分子动能方程。

假设低压下的一些气体粒子的集合，它们互相不发生化学反应。假设它们具有相同的质量 m，但速度 v 不同。在笛卡儿坐标系 x,y,z 中，速度具有 v_x,v_y,v_z 的分量。在玻尔兹曼速度分布定律中，只考虑粒子的动能，即 $E=\frac{1}{2}mv^2$。在分布中，找到一个粒子的 x 分量速度在 v_x 和 $v_x+\mathrm{d}v_x$ 之间的概率由

$$P(v_x) = B\exp\left(-\frac{mv_x^2}{2kT}\right) \tag{2.7}$$

和

$$\int_{-\infty}^{\infty} P(v_x)\,\mathrm{d}v_x = 1$$

给出，解得

$$B = \left(\frac{m}{2\pi kT}\right)^{1/2}$$

如果画出 $P(v_x)$-v_x 曲线，将呈钟形，如图 2.4 所示。接下来使用分布函数推导理想气体定律。

考虑弹性壁容器中的气体粒子，如图 2.5 所示。具有动量 mv 的粒子撞击墙壁会弹性反弹。粒子能量没有损失，其动量变化为 $2mv_x$，方向垂直于墙壁表面。在单位时间内撞击墙壁面积 A 的粒子数为 J_xA。面积 A 上的力是单位时间内动量的变化率。因此，压强是

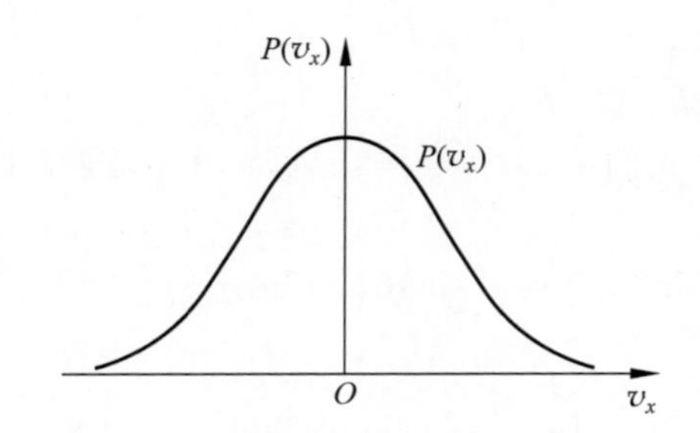

图 2.4　玻尔兹曼速度分布函数 $P(v_x)$-v_x 钟形曲线图

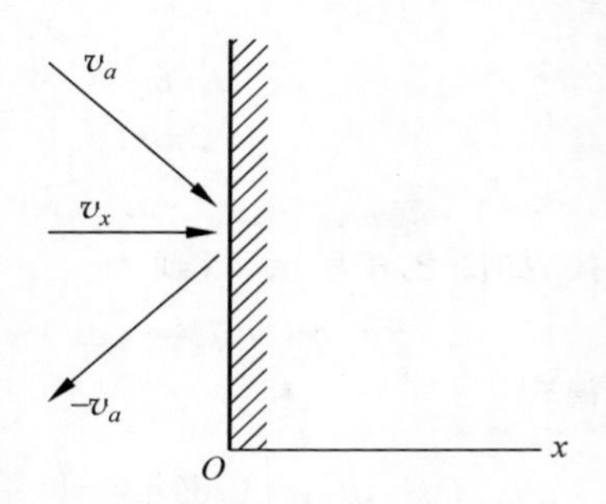

图 2.5　弹性壁容器中的气体粒子。具有动量 mv 的粒子撞击墙壁会弹性反弹

$$p=\frac{F}{A}=2mv_xJ_x=2mv_xnv_x=2mn\int_0^\infty v_x^2P(v_x)\mathrm{d}v_x$$

$$=2mn\left(\frac{m}{2\pi kT}\right)^{1/2}\int_0^\infty v_x^2\exp\left(-\frac{mv_x^2}{2kT}\right)\mathrm{d}v_x \tag{2.8}$$

使用积分

$$\int_0^\infty x^2\exp(-\alpha x^2)\mathrm{d}x=\frac{1}{4}\sqrt{\frac{\pi}{\alpha^3}} \tag{2.9}$$

得到

$$p=2mn\left(\frac{m}{2\pi kT}\right)^{1/2}\left(\frac{2kT}{m}\right)^{3/2}\frac{1}{4}\sqrt{\pi}$$

$$=nkT=N_AkT/V$$

或者写成

$$pV=N_AkT$$

这就是用来计算流量方程中浓度的理想气体状态方程。

2.10　麦克斯韦速度分布函数和气体分子的动能

对于很多的粒子,速度分布预计具有球形对称性。在玻尔兹曼速度分布函数中,用笛卡儿坐标表示球形对称性很不方便。此外,希望有一个关于速度本身而不是其分量的分布函数。因此,需要从笛卡儿坐标变换到球面坐标,以获得麦克斯韦速率分布函数,如图 2.6 所示。在笛卡儿坐标中,在平衡状态下找到一个粒子,其速度分量在 v_x 和 $v_x+\mathrm{d}v_x$,v_y 和 $v_y+\mathrm{d}v_y$ 以及 v_z 和 $v_z+\mathrm{d}v_z$之间的概率为

$$P(v_x,v_y,v_z)\mathrm{d}v_x\mathrm{d}v_y\mathrm{d}v_z=P(v_x)\mathrm{d}v_xP(v_y)\mathrm{d}v_yP(v_z)\mathrm{d}v_z$$

$$=\left(\frac{m}{2\pi kT}\right)^{3/2}\exp\left[-\frac{m(v_x^2+v_y^2+v_z^2)}{2kT}\right]\mathrm{d}v_x\mathrm{d}v_y\mathrm{d}v_z$$

$$=\left(\frac{m}{2\pi kT}\right)^{3/2}\exp\left[-\frac{mv^2}{2kT}\right]\mathrm{d}v_x\mathrm{d}v_y\mathrm{d}v_z$$

式中，$v=(v_x^2+v_y^2+v_z^2)^{1/2}$ 是粒子的速度。我们从 (v_x, v_y, v_z) 到 (v, θ, ϕ) 进行坐标变换，如图 2.6 所示，得到

$$\mathrm{d}v_x\mathrm{d}v_y\mathrm{d}v_z=(\mathrm{d}v)(v\mathrm{d}\theta)(v\sin\theta\mathrm{d}\phi)=v^2\sin\theta\mathrm{d}v\mathrm{d}\theta\mathrm{d}\phi$$

因此得到

$$P(v,\theta,\phi)\mathrm{d}v\mathrm{d}\theta\mathrm{d}\phi=\left(\frac{m}{2\pi kT}\right)^{3/2}v^2\exp\left(-\frac{mv^2}{2kT}\right)\sin\theta\mathrm{d}v\mathrm{d}\theta\mathrm{d}\phi \tag{2.10}$$

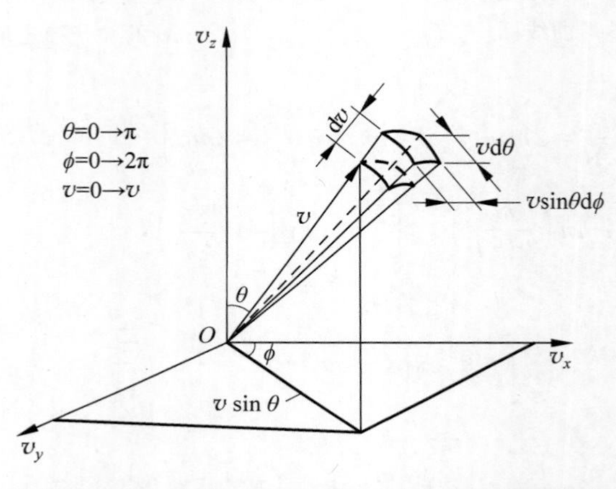

图 2.6 从笛卡儿坐标变换到球面坐标以获得麦克斯韦速度分布函数

对于大量粒子，v 的分布具有球形对称性，因此 v 变量与 θ 和 ϕ 独立，因为

$$\int_0^{2\pi}\mathrm{d}\phi\int_0^{\pi}\sin\theta\mathrm{d}\theta=4\pi$$

麦克斯韦速度分布函数为

$$P(v)\mathrm{d}v=4\pi\left(\frac{m}{2\pi kT}\right)^{3/2}v^2\exp\left(-\frac{mv^2}{2kT}\right)\mathrm{d}v \tag{2.11}$$

图 2.7 是麦克斯韦速度分布函数与速率的关系曲线。给出了在 T_1 和 T_2 两个温度下的两条曲线，式中，$T_2>T_1$。使用这个分布函数来计算“平均速率”

$$\bar{v}=\int_0^{\infty}vP(v)\mathrm{d}v=\left(\frac{8kT}{\pi m}\right)^{1/2} \tag{2.12}$$

它已被用来计算 2.6 节固体表面上的平衡通量。此外得到了“均方速率”，

$$\overline{v^2}=\int_0^{\infty}v^2P(v)\mathrm{d}v=\frac{3kT}{m}$$

或者

$$\frac{1}{2}m\overline{v^2}=\frac{3}{2}kT \tag{2.13}$$

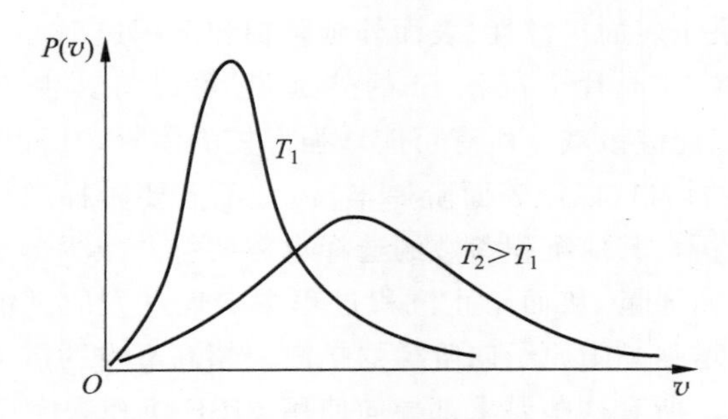

图 2.7　麦克斯韦速度分布函数与速率的关系曲线

这是用来计算流量方程中气体粒子速度的气体粒子动能方程。注意,"均方根速率"是 $\sqrt{\bar{v}^2}$,如 2.5 节所述。

2.11　影响薄膜微结构的形核和生长参数

上面讨论了控制气体分子沉积在固体表面的三个方程:理想气体定律式(2.3),通量方程(2.1),以及表面上的热平衡通量方程(2.6)。在固体表面上凝结时,沉积薄膜的微观结构将由一组参数控制,这些参数将在下面讨论,并在之后的章节给出解释。

薄膜的微观结构可以是单晶衬底上的外延单晶膜,如在 p 型 Si 晶片上生长的外延 n 型 Si 膜;或者是多晶薄膜,如在非晶石英衬底上生长的铝薄膜。多晶膜可能具有织构。此外,我们还可以沉积非晶薄膜。一般来说,有四个关键的沉积参数会影响薄膜的微观结构,见表 2.3:沉积速率、沉积室内的真空度、衬底温度和衬底表面结构。根据对气固相变中形核和生长的理解,可以解释这些沉积参数如何影响薄膜纯度和微观结构。

形核问题中最基本的理念是它必须克服形核的表面能垒。因此,需要在平衡相变温度以下具有一定程度的过冷才能发生形核。换句话说,气相凝结过程中需要一定程度的过饱和才能发生形核。形核分为均匀和非均匀形核,其中均匀形核很少发生,非均匀形核则很常见。这是因为薄膜沉积中的形核过程需要依靠过饱和来克服形核功,而非均匀形核可以大大降低形核功。表 2.3 中提到的四个沉积参数都会影响沉积膜的形核。沉积速率用于控制过饱和度,因此沉积通量必须大于平衡通量,这在 2.6 节中已经讨论过。衬底温度将影响平衡通量的大小以及衬底表面原子的扩散系数。衬底温度可以视作形核中过冷程度的指示。过冷程度越大,形核率越高。真空度用于控制沉积室内的杂质或异质性。此外,衬底表面结构(或表面能)将影响膜在衬底表面上的失配或均匀和非均匀形核。在形核后的生长过程中,它主要取决于表面扩散性、表面外延阶梯和沉积速率。

例如,如果想在 Si 晶片上沉积 Si 的外延膜,可以将其视为一个外延生长过程,不需要形核。因此应该减少所有可能增强形核的因素。所以,衬底表面应该锥形化,通常具有 7°的切口,以便表面阶梯丰富,且不需要阶梯成核。表面阶梯上的成核将在 7.7 节分析。其他沉积参数的选择也需要符合减少形核这一要求。沉积通量只能略大于平衡通量,从而防止沉积过程中出现过大的过饱和度。使用高温衬底来减少过冷并增强黏附原子向阶梯的扩散。超高真空的需求可以保证没有杂质促进非均匀形核。所有这些要求都导向使用 MBE 沉积来实现在 Si 衬底上生长 Si 薄膜或超晶格。

如果想沉积非晶 Si 膜,也需要抑制晶体 Si 颗粒的形核,但沉积参数的选择将与上述外延生长完全不同。使用玻璃质表面,如石英衬底,则不会发生晶相外延生长。使用低温衬底,使 Si 黏附原子在气体原子撞击衬底表面后不能发生表面扩散,也不能在表面上进行原子重排以形成晶体 Si 的临界形核。此外,高沉积速率可能会在原子重排发生之前将原子卡入非晶结构中,不再需要超高真空条件。实际上,少量杂质(如氢)甚至可能有助于维持非晶结构的稳定性。然而,对于高纯度非晶膜,UHV 仍然是首选。

如果想在太阳能电池或平板显示技术中沉积大尺寸晶粒的多晶 Si 薄膜,就需要一个大表面积的衬底。需要减少形核速率但增强生长速率,特别是在与衬底表面平行的横向方向。然而,薄膜中的晶粒生长往往受到膜厚的限制。一般来说,很难获得比膜厚大得多的晶粒尺寸。这是因为当获得柱状晶粒分布时,它往往具有垂直于衬底表面的垂直晶界。当三叉晶界点达到局部平衡时,除了异常晶粒生长,没有驱动力能够使晶粒继续生长或垂直晶界迁移。由于生产成本的限制,在大衬底表面上生长大尺寸晶粒多晶 Si 薄膜一直是一个极具挑战性的问题。

表 2.3 给出了沉积条件和沉积薄膜相应微观结构的列表。这可以作为选择沉积参数以获得具有理想微观结构薄膜的指南。通常,在进行薄膜沉积之前应该预先确定沉积条件。

表 2.3 沉积条件和沉积薄膜的相应微观结构

薄膜沉积条件	外延单晶膜	织构膜	多晶膜	非晶膜
沉积速率	非常低的速率~0.1nm/s	中等速率~1nm/s	中等速率~1nm/s	高速率~10nm/s
真空度	超高真空	10^{-7} torr	10^{-7} torr	10^{-5} torr
衬底温度	高温	室温	室温	低温
衬底结构	单晶,与薄膜晶格匹配	晶体衬底	氧化衬底	玻璃

参考文献

[1] J. L. Vossen and W. Kern, Thin Film Processes(Academic Press, New York, 1978).
[2] M. Ohring, The Materials Science of Thin Films(Academic Press, Boston, 1992).
[3] J. C. Slater, Introduction to Chemical Physics(McGraw-Hill, New York, 1939).
[4] L. Maissel and R. Glang(eds), Handbook of Thin Film Technology (McGraw-Hill, New York, 1970).
[5] L. Eckertova, Physics of Thin Films(Plenum Press, New York, 1986).
[6] J. W. Mayer and S. S. Lau, Electronic Materials Science(Macmillan, New York, 1989).

习题

2.1　为什么需要用超高真空来获得高纯度薄膜？

2.2　如果想要一个具有织构的金属薄膜，需要什么样的沉积条件？

2.3　为什么很难在玻璃衬底上沉积具有非常大尺寸晶粒的 Si 薄膜从而用于太阳能电池？

2.4　在超低温下沉积时，如果假设没有表面扩散，薄膜的生长速率是多少？

2.5　在 1123K 时，硅表面的平衡蒸气压为 6.9×10^{-9} Pa。在平衡状态下，离开和返回表面的原子流量相等。

(a) 原子流量是多少(原子数每平方米秒)？

(b) 蒸气中每立方米的硅原子数是多少(原子数每立方米)？

(c) 硅原子的速度是多少(m/s)？

表 面 能

3.1 引言

表面能是理解薄膜工艺的一个基本概念。根据定义，薄膜的比表面积非常大。表面能控制成核以及异质外延生长过程。表面能在薄膜的应用中起着关键作用，比如在微机电系统(MEMS)器件中。一般来说，表面能是建立新表面所需的额外能量，因此表面能是正值。我们知道金属是高表面能材料，氧化物是低表面能材料，因此自然氧化物可以在金属上生长。

与异质外延生长相同，表面能的相对大小决定一种材料能否浸润另一种材料并形成均匀的黏附层。表面能很低的材料容易浸润表面能较高的材料，从而使外延生长成为可能。另外，如果沉积材料具有更高的表面能，它往往会在低表面能衬底上形成团簇(也称"球化")。ABABAB 型超晶格结构的外延生长，除了要求 A 和 B 之间晶格常数匹配良好，A 和 B 的表面能也应该几乎相同。一个众所周知的浸润原理：如果 A 浸润 B，则 B 不会浸润 A，而是在 A 上形成球状。在生长超晶格时，要让 A 润湿 B，B 也润湿 A，那么它们的表面能应该相同。基于以上的说法，可以制备出由两种非常相似的半导体薄膜或氧化物薄膜组成的超晶格，而要生长不同材料组成的超晶格将非常困难，例如硅化物和硅的超晶格，$CoSi_2$ 和 Si。

防水布是利用表面能的很好例子。有机材料的表面能往往较低，所以用有机物给汽车上蜡后，汽车表面打湿时形成的是水滴。本杰明·富兰克林观察到一个大池塘上水面有起伏，当他把一勺油倒到池塘水面后，水面变得非常平静。一勺油的体积大约是 $1cm^2$，在大池塘表面形成了厚度约 1nm 的薄膜。它浸润了水面，极大地改变了水面的状况。

表面能是一个正值，因为建立一个新的表面需要额外的能量。在自然界中，液体倾向于成球状以减小其表面积，而晶体往往呈现许多小平面，也是为了获得最低能量的表面。当我们打碎一个固体时，就产生了两个新的表面，也打破了原子之间的键。显然，表面能与键能和在产生新表面时断裂键的数目有关。这又和材料的结合能有关。下面将讨论原子间相互作用势能、键能、结合能、表面能以及潜热之间的关系[1-9]。

3.2 原子间相互作用势能，键能和结合能

结合能的定义是在低压下将 1mol 固体或液体转变为气体所需的能量。在转变过程中，原子之间所有键都破坏了。结合能的大小与升华能（固体转变为气体）或汽化能（液体转变为气体）几乎相同，只是后两者通常是在一个大气压下而不是在低气压下测量的。潜热是升华能与汽化能之差。这些能量与材料的一个基本能量——原子间相互作用势能有关。键能被定义为两个原子处于平衡位置时，它们之间的相互作用势能。

原子间相互作用势能 ϕ 随原子间距 r 的变化曲线如图 3.1(a)所示。势能极小值 $-\varepsilon_b$（或键能）对应于平衡时的原子间距 a_0。晶态固体的平衡原子间距可以通过 X 射线衍射测定。下面从晶格常数 a 来估计 a_0。例如，铝的晶体结构是 fcc 晶格，其晶格常数 $a=0.405\text{nm}(4.05\text{Å})$。由于原子密排方向是〈110〉，因此铝的平衡原子间距是 $a/\sqrt{2}=0.29\text{nm}$。

固体中偏离平衡位置的原子会受到回复力 F 的作用

$$F=-\frac{\mathrm{d}\phi}{\mathrm{d}r} \tag{3.1}$$

回复力与原子间距 r 的关系如图 3.1(b)所示。对于相当于原子间距 0.1%量级的原子间距偏移，偏移量与回复力成正比。偏移 0.2%时将达到弹性极限。在固体中，这种线性位移就是应变与应力成正比的胡克定律的出发点。可以用抛物线函数来近似如图 3.1(a)所示的势能曲线的底部区域

$$\phi=\frac{1}{2}kr^2 \tag{3.2}$$

式中，k 是劲度系数。对于简谐运动，得到 $F=-kr$，显然，力与位移成线性关系。根据运动方程 $F=ma$，进一步得到

$$m\frac{\mathrm{d}^2r}{\mathrm{d}t^2}=-kr \tag{3.3}$$

m 是原子质量。这是简谐运动的方程，其简单解为

$$r=\cos\omega t \tag{3.4}$$

式中，$\omega=\sqrt{\dfrac{k}{m}}$。由于 $k=\dfrac{\partial^2\phi}{\partial r^2}$，当 ϕ 给定时，可以计算出 k 的值，进而得到 ω 的值。而 $\omega t=2\pi$，可以得到原子振动频率

$$\nu=\frac{1}{t}=\frac{1}{2\pi}\sqrt{\frac{k}{m}} \tag{3.5}$$

原子振动频率与第 4 章原子扩散中的原子跳跃频率有关。

力 F 的方向如图 3.1(c)所示。在图中，一个原子处于平衡位置，另一个原子偏离了平衡位置。如果两原子是相互靠近的，那么排斥力起到增加原子间距的作用，将它们推回平衡位置。力的符号为正还是为负，取决于它是增加还是减少原子间距。原子内部的斥力为正，引力为负。如果施加外力，拉伸力倾向于将原子拉开，因此外部拉伸力为正，压缩力为负。

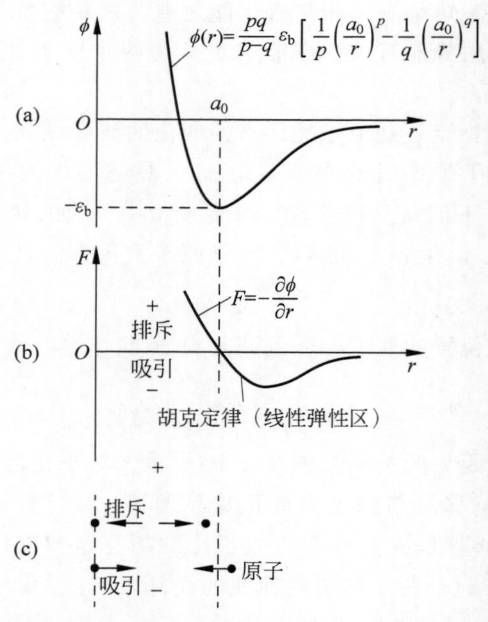

图 3.1 (a) 原子间的相互作用势能 ϕ 与原子间距 r 的关系。势能极小值 $-\varepsilon_b$(或键能)对应于平衡时的原子间距 a_0；(b) 回复力 F 与 r 的关系；(c) 回复力的方向和符号(根据原子间距的增大或减小，力被定义为正或负)

3.3 短程相互作用和准化学假设

虽然原子间相互作用势能曲线(或力)的形状反映了原子聚集体的许多物理性质,如体积弹性模量和热膨胀系数,但在这里只考虑势能是短程作用还是长程作用,以及表面能如何受它影响。短程相互作用近似很重要,因为它是热力学中准化学方法的基础。在大多数情况下,势能通常可以表示为

$$\phi(r)=\frac{pq}{p-q}\varepsilon_b\left[\frac{1}{p}\left(\frac{a_0}{r}\right)^p-\frac{1}{q}\left(\frac{a_0}{r}\right)^q\right] \tag{3.6}$$

式中,ε_b 是势能极小值,p 和 q 是依赖于势能曲线形状的数值。对于一些简单固体,如冻结的惰性气体、固态 Ar,原子间短程相互作用适用勒让德-琼斯(Lennard-Jones)势($p=12,q=6$),式(3.6)化简为

$$\phi(r)=\varepsilon_b\left[\left(\frac{a_0}{r}\right)^{12}-2\left(\frac{a_0}{r}\right)^6\right] \tag{3.7}$$

在平衡位置,$r=a_0$,势能处于极小值,$\phi(a_0)=-\varepsilon_b$。因为每个原子都是电中性的,因此相互作用引力来自范德瓦耳斯力。又因为势能具有幂级数形式,所以相互作用是短程的。当原子间距是平衡距离的 2 倍时,即 $r=2a_0$,势能降低至约 1/32,或仅为 ε_b 的 3%:

$$\phi(r=2a_0)=-\frac{\varepsilon_b}{32} \tag{3.8}$$

因此,可以忽略不是最近邻原子之间的相互作用势能,并通过最近邻的键来近似结合能。以上简单的估算说明为什么在这里只考虑短程相互作用。还应注意的是,排斥力的作用范围更小。

要将短程相互作用应用于准化学近似,回顾在热力学中,理想溶液被定义为焓 $\Delta H=\varepsilon_{AA}+\varepsilon_{BB}-2\varepsilon_{AB}=0$,熵 ΔS 是理想混合状态下的熵,式中 ε_{AA}、ε_{BB}、ε_{AB} 分别是 A—A、B—B 和 A—B 原子对的准化学键能。因此,在近似中仅计算最近邻的键。

液体或固体中原子的最近邻原子数称为配位数,用 n_c 表示。利用短程相互作用或准化学方法,仅计算最近邻的键,就能获得 1mol 的结合能

$$E_b=\frac{1}{2}n_c N_A\varepsilon_b \tag{3.9}$$

N_A 是阿伏伽德罗常数,出现因子 1/2 是因为我们在进行 $n_c N_A$ 的运算时每个键被计算了两次。在晶态固体中,一个刚性球最多与其他 12 个具有相同半径的刚性球相接触。对于密排六方(hcp)和面心立方(fcc)结构,配位数 n_c 等于 12。硅是空间堆积率较低的共价键金刚石结构,其 $n_c=4$,即每个硅原子有 4 个最近邻原子。

铁等体心立方(bcc)结构的 $n_c=8$。

为了进行对比,我们考虑离子晶体中的长程相互作用,其中正离子和负离子之间的吸引作用是库仑引力。库仑势与 $1/r$ 成正比,由于它随 r 的增加而非常缓慢地衰减,因此它的作用范围是长程的。对于离子晶体,取式(3.6)中指数参数 $p=12$(排斥相互作用保持不变)和 $q=1$。势能随原子间距的变化如图 3.2 所示。

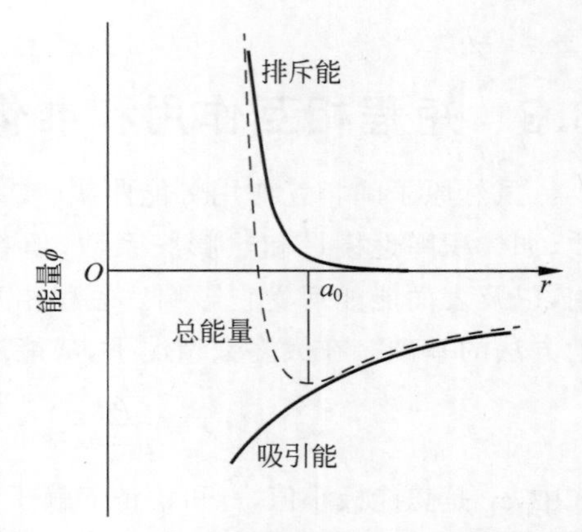

图 3.2 离子晶体的相互作用势能曲线,取式(3.6)中指数参数 $p=12$(排斥相互作用保持不变)和 $q=1$

对金属而言,它的凝聚是由规则排列的正离子与自由移动的电子构成的"电子海"的相互作用产生的。在自由电子模型中,正离子受到与其有相互作用的自由电子的屏蔽,局部地实现电中性,原子间的相互吸引也是短程的。金属原子间相互作用势能的参数 q 可以取接近 6 的数值。因此,可以用最近邻相互作用近似来估算金属的结合能和表面能。

在半导体和无机材料等共价固体中,电子被相邻的正离子共用,屏蔽效应也导致原子间的相互吸引是短程的,化学键模型占主导地位。共价固体中的化学键具有很强的方向性。

使用最近邻相互作用近似,可以比较升华热(能量)、汽化热、熔化热和结晶热以及表面能的大小。在低压下升华,破坏所有键,此时升华热 ΔE_s(即结合能)取决于配位数 n_c。

$$\Delta E_s=\frac{1}{2}n_c N_A \varepsilon_b \tag{3.10}$$

在熔融状态下,金属原子的最近邻原子可能是 11 个而不是 12 个,因为汽化时要断开的键比升华时大约要少 10%,因此汽化热比升华热约小 10%,而熔化热或结晶热仅约为升华热的 10%。

3.4 表面能和潜热

为了从最近邻原子成键的观点出发估算表面能,首先定义 N_s 为单位面积上原子的数目(原子面密度),E_s/A 为单位面积的表面能[10-16]。在任意一个原子平面上,每个原子在两侧平均各有 $n_c/2$ 个最近邻原子,所以当沿着该平面解理后,单位面积上被打破的键数是 $n_c N_s/2$。由于在解理时建立了两个新的表面,所以解理面上单位面积的表面能为 $n_c N_s \varepsilon_b/4$。

单个原子表面能(E_s/AN_s)与单个原子升华潜热($\Delta E_s/N_A$)之比为

$$\frac{\dfrac{E_s}{AN_s}}{\dfrac{\Delta E_s}{N_A}}=\frac{1/4n_c\varepsilon_b}{1/2n_c\varepsilon_b}=\frac{1}{2} \tag{3.11}$$

对于晶态固体而言,由于忽略了晶体中原子的堆积方式,上述 $n_c N_s/2$ 个断键的说法过于简单。晶体往往具有很多小平面,不同的原子平面具有不同的表面能。在 fcc 金属的(111)晶面上,每个原子有 3 个键被破坏而不是 6 个,因此 fcc 金属的(111)晶面的表面能最低。根据表 3.1 给出的测量值,能够计算出每个原子的表面能与每个原子的潜热之比以及原子间相互作用势能。

表 3.1　固体-蒸气表面能和汽化潜热之间的关系

金属	固-汽表面能* /(erg/cm²)	蒸发潜热* (千卡每分子)	每个原子表面能与潜热之比	原子间相互作用势能/(电子伏每原子)	凝聚能△/(千卡每分子)
Cu	1700	73.3	0.22	0.58	80.4
Ag	1200	82	0.15	0.65	68
Au	1400	60	0.24	0.47	87.96

注:$1\text{erg}=10^{-7}\text{J}$,$1\text{kcal}=4185.85\text{J}$,$1\text{eV}=1.602\times10^{-19}\text{J}$。

* 摘自 B. Chalmer, Physical Metallurgy(Wiley, New York, 1959)。类似的表面能结果在表 3.2 给出。

△ 摘自 C. Kittel, Introduction to Solid State Physics, 6th edn(Wiley, New York, 1986), 55。

Au 的潜热为 60kcal/mol,或 2.6 电子伏每原子数。为了将每平方厘米的表面能的单位转换为电子伏每原子数,用 Au 的晶格常数 0.4078nm 计算得到在(111)平面上 Au 的原子面密度为 1.39×10^{15} 原子数每平方厘米。假设在 Au 的(111)面上测得的表面能为 1400erg/cm^2,则求得每个原子的表面能

$$1400\text{erg/cm}^2=\frac{1400\times10^{-7}\times\dfrac{1}{1.602\times10^{-19}}(\text{eV/cm}^2)}{1.39\times10^{15}(\text{原子数每平方厘米})}\approx0.629\ \text{电子伏每原子数}$$

因此,Au 原子的表面能与潜热之比为 0.629∶2.6=0.24,见表 3.1。所讨论的(111)面上 12 个最近邻原子中只有 3 个键被破坏。因此期望该比值为 3∶12 或 0.25,这与计算值 0.24 吻合得很好。

为了从测量得到的潜热来计算原子间相互作用势能 ε_b,将式(3.9)改写为

$$\varepsilon_b=\frac{2\Delta E_s}{n_c N_A} \tag{3.12}$$

由于汽化热是液态转变气态所需的热量,取配位数 n_c 为 11(对于要讨论的熔

融态也用同样假设)。Au 的原子间相互作用势能为

$$\varepsilon_b = \frac{2 \times 60}{11 \times 23} \text{电子伏每原子数} = 0.47 \text{电子伏每原子数}$$

表 3.1 最后列出了在 0K 和低压下计算的凝聚能理论值。这与由潜热求得的值不同,这是因为潜热是在熔点和 1atm 下测量的。当知道 Au 的键能 ε_b 和原子间距 a_0,以及 fcc 晶体结构,就可以计算和模拟 Au 的许多物理性质。

3.5 表面张力

液体的表面性质可以用一个热力学变量——表面张力 γ 描述。基本定义如下:材料为增加其表面积 dA 所做的可逆功 dW 是

$$dW = \gamma dA \tag{3.13}$$

表面张力的量纲是功/面积或 erg/cm^2。在科学文献中,表面能、表面张力与表面应力这三个概念,均采用一致的单位度量,即能量每单位面积或力每单位长度。这三个量之间关系的由来是固体可以通过两种方式改变它们的表面能:一种方法是增加物体的表面积,如解理;另一种方法是改变原子在表面的排列,如表面重构。前者只涉及产生(形成)更大的表面面积;后者需要固体表面上原子的重新排列,并且可以认为和扩展表面一样需要做功。不同的方法通过表面应力张量相联系。应力张量的对角元素可以写成 $S=\gamma+d\gamma/d\varepsilon$ 的形式,式中第一项 γ 是表面能,第二项是表面能随应变的变化。因为液体不可能发生弹性变形,所以 $d\gamma/d\varepsilon=0$,因此液体的表面能等于表面张力。

本书使用以下符号和概念。表面张力和表面能可以互换使用,用 γ 表示。有时也会提到下面要定义的总表面能。表面张力的概念也有力的含义。例如,平坦表面上液滴的形状由作用在液滴表面上的力平衡时建立,是一种平衡形态。这个力是一个矢量,作用在表面上,其大小是表面张力 γ。总表面能 E_s 是能量,而表面张力是能量面积。根据定义,表面积 A 的总表面能为

$$E_s = \gamma A \tag{3.14}$$

由于 erg/cm^2 等价于 dyn/cm($1dyn=10^{-5}N$,$1erg=10^{-7}J$),表面张力也可以认为是力与长度之比。这样,作用在长度为 l 的线上的力 $|\boldsymbol{F}|$ 为

$$|\boldsymbol{F}| = \gamma l \tag{3.15}$$

在下面的讨论中将表面张力当作标量 γ,即表面能/面积来讨论;实际上,在考虑毛细作用下液柱受力平衡等现象时,它仍是一个作用在表面上的矢量。

表面能与表面张力之间的关系也可以直观地用拉伸肥皂膜的例子说明。在图 3.3 中,肥皂膜覆盖了由 U 形线和直线围成的一个矩形区域。如果将直线向外

拉动一段距离 d，肥皂泡形状改变所做的功是

$$W = 2F_s ld \tag{3.16}$$

式中，F_s 是单位长度上受到的力，l 是肥皂膜的宽度。因为膜有两个面，故有因子 2。由于面积增加了 $2ld$，表面能增加了 $2ld\gamma$ 并等于外力所做的功

$$2ld\gamma = 2F_s ld \tag{3.17}$$

因此单位面积的表面能和单位长度张力大小相等。

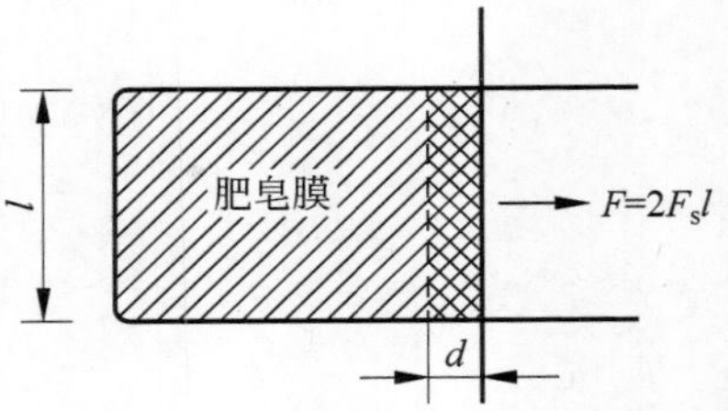

图 3.3　由 U 形线和直线围成矩形区域的肥皂膜

综上所述，单位面积表面能的单位换算关系为

$$\frac{\mathrm{erg}}{\mathrm{cm}^2} = \frac{10^{-7}\,\mathrm{J}}{10^{-4}\,\mathrm{m}^2} = 10^{-3}\,\mathrm{J/m^2}, \qquad \frac{\mathrm{dyn}}{\mathrm{cm}} = \frac{10^{-5}\,\mathrm{N}}{10^{-2}\,\mathrm{m}} = 10^{-3}\,\mathrm{J/m^2}$$

在原子物理学中，能量常用的单位是 eV。由于 $1\mathrm{eV} \approx 1.602 \times 10^{-12}\,\mathrm{erg}$，一个典型表面原子密度大约为 10^{15} 原子数每平方厘米，表面张力平均约为 $1000\mathrm{erg/cm^2}$，那么

$$\gamma = \frac{1000\mathrm{erg}}{\mathrm{cm}^2} \times \frac{\mathrm{cm}^2}{10^{15}\ \text{原子数}} \times \frac{1\mathrm{eV}}{1.602 \times 10^{-12}\,\mathrm{erg}} \approx 0.6\ \text{电子伏每原子数}$$

数值 0.6 电子伏每原子数与固体中一个原子的键能相当：粗略相当于将一个原子从表面取走所需的能量。

3.6　通过毛细效应测量液体的表面能

表面能通常是在液态下测量的。将材料加热至熔点，并观察材料和固体容器壁相互作用时是怎样形成微滴和弯月面的。图 3.4 研究了在直径为 $2r$ 的毛细管中液柱上升达到平衡高度 h 的现象。液柱上升的驱动力是管内壁表面能的减少。然而，液柱的上升使它本身的势能增加了。该过程中总能量的变化是

$$\Delta E = \rho V g\ \frac{h}{2} - (\gamma_{\mathrm{SV}} - \gamma_{\mathrm{SL}}) 2\pi r h \tag{3.18}$$

式中，ρ 和 $V(=\pi r^2 h)$ 分别是液柱的密度和体积，g 是重力加速度，γ_{SV} 和 γ_{SL} 分别是未被液体润湿（表面-气相）和被液体润湿（表面-液相）的管壁的单位面积表面能。式(3.18)等号右边的第一项是液柱的势能。液柱的重力①是 $\rho V g$，液柱的重心在 $h/2$ 处。第二项是由于液体润湿导致毛细管内壁表面能改变。在平衡时有

① 原文为 mass，译者以为译为“重力”更为恰当。

$$\frac{\mathrm{d}E}{\mathrm{d}h}=0$$

或

$$\rho g\pi r^2 h-2\pi r(\gamma_{\mathrm{SV}}-\gamma_{\mathrm{SL}})=0$$

$$\gamma_{\mathrm{SV}}-\gamma_{\mathrm{SL}}=\frac{\rho g h r}{2} \tag{3.19}$$

在图 3.4 中液柱的边缘，表面张力(能量)被平衡

$$\gamma_{\mathrm{SV}}-\gamma_{\mathrm{SL}}=\gamma_{\mathrm{LV}}\cos\theta \tag{3.20}$$

式中，γ_{LV} 是液相-气相表面能，θ 是接触角。合并式(3.19)和式(3.20)，得到

$$h=\frac{2\gamma_{\mathrm{LV}}\cos\theta}{\rho r g} \tag{3.21}$$

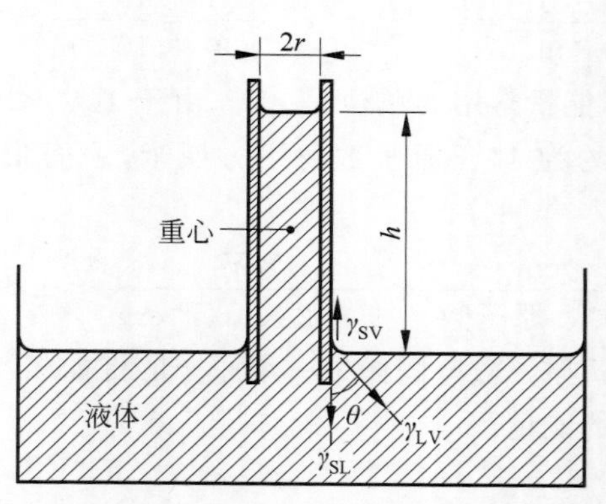

图 3.4 液柱在毛细管中上升达到平衡高度 h 示意图

这种方法将液体表面能与液柱可测到的量(r,h,θ 和 ρ)联系了起来。如何测量 θ 的值还值得进一步讨论，这里先介绍毛细效应在电子封装技术中的应用。

利用毛细效应，把熔融焊料填充到多层印制电路板上的铜镀孔中，以实现力学和电气上的互连。电路板上嵌入导线的多层结构，为了互连导线，在电路板上钻一些小孔，并镀上 Cu。把金属铆钉从孔的顶部插入，以实现和外部电路的接触。然后，从电路板的底部浸渍熔融焊料或通入焊料泉，使低表面能的熔融焊料填充孔洞并焊到铆钉上。这种加工方法的成功与否取决于毛细效应，而毛细效应又取决于熔融焊料的表面能。它与 Cu 的接触角以及孔的深宽比(高度/直径)有关。因此在加工前，我们需要测量焊料的接触角。

图 3.5(a)是一滴 SnBi 焊料液珠放置在 Cu 膜表面并浸没在甘油助焊剂中的示意图。助焊剂用来去除表面氧化物。加热至焊料的熔点 137℃ 以上时，SnBi 焊料扩展开来和 Cu 润湿(图 3.5(a)中的虚线)。达到平衡后降低温度使焊料凝固，

这时就可以测量接触角。图 3.5(b)和(c)分别是焊料在 Cu 膜表面润湿的顶部和侧面扫描电子显微图像，接触角$\theta=40°$。

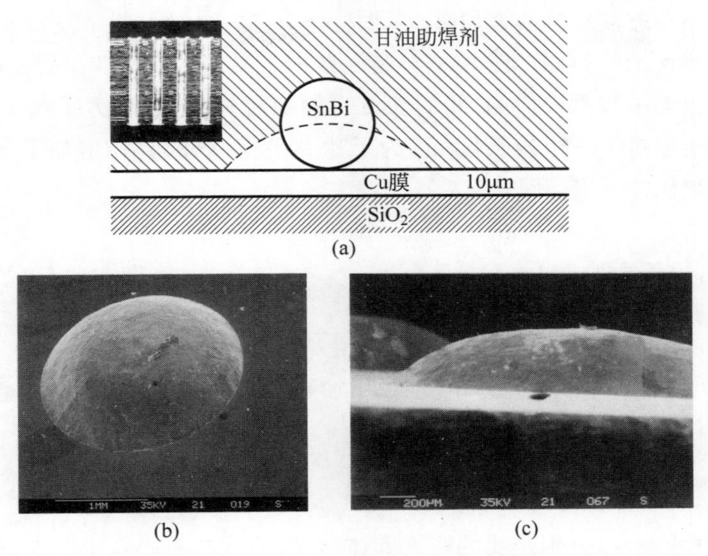

图 3.5　(a) 一滴 SnBi 焊料放置在 Cu 膜上，并用甘油助焊剂浸没；(b) 熔融焊料润湿 Cu 膜的扫描电子显微图像；(c) 是(b)中液滴的侧视图，接触角 $\theta=40°$

为了计算式(3.21)中的 h，假设 $\lambda_{LV}=250\text{erg/cm}^2$，$\rho\approx10\text{g/cm}^3$，重力加速度 $g=980\text{dyn/g}$，孔径取 0.5mm，求得 $h=1.6\text{cm}$。此值大于电路板的厚度，毛细效应能使熔融焊料穿过小孔。实际上，为了保护 Cu 的表面免受氧化并增强毛细作用，Cu 的表面涂有一层薄薄的与其润湿的 Sn。SnBi 焊料与 Sn 表面的接触角为 0°。将图 3.5(a)中的 Cu 层用 Sn 层代替可以实验证实这一点。

另外，从式(3.15)得知，若 $\gamma_{SL}>\gamma_{SV}$，接触角 θ 将大于 90°，这意味着液体将成球状并且不与固体表面润湿。这时 $\cos\theta$ 的值为负，则式(3.21)中高度 h 也是负值。例如，把一根玻璃管插入水银中时，会观察到不浸润液体的毛细效应，即水银柱面低于玻璃管外的水银面。

3.7　零蠕变法测量固体的表面能

把测量液体表面能的毛细技术推广到测量固体的表面能。将图 3.4 的装置上下颠倒放置来测量。把一根金属线从天花板上悬挂下来，并测量其在自重下的伸长率或蠕变率。零蠕变意味着应变率为零；也就是说，在零蠕变下金属线的重力和金属线表面的表面张力相平衡，因此金属线的表面张力可以通过测量线的重力来确定。

如果取一条玻璃纤维或金属玻璃(非晶合金)制成的线，线中没有晶界，那么分析就与3.6节讨论的类似。图3.6(a)是一条向下悬挂的直径为$2r$、长度为l的玻璃态金属线。为了减少表面能，线的长度有缩短趋势，但其重力平衡了这种趋势。假设玻璃态线缩短了一小段长度$\mathrm{d}l$，为了达到平衡，线的直径增加了$\mathrm{d}r$。由于导线的体积必须保持不变，所以

$$\pi r^2 l = \pi(r + \mathrm{d}r)^2(l + \mathrm{d}l) \tag{3.22}$$

忽略高阶项，得到

$$\mathrm{d}r = -\frac{r}{2l}\mathrm{d}l \tag{3.23}$$

式中，$\mathrm{d}l$为负(长度减小)，$\mathrm{d}r$为正(半径增加)。为了计算收缩导致的能量变化，首先写出线的总能量E：

$$E = \rho V g\left(\frac{l}{2}\right) - 2\pi r l \gamma_{\mathrm{SV}} \tag{3.24}$$

式中，ρ和$V(=\pi r^2 l)$分别是线的密度和体积(因为线的重心在1/2处，所以有因子1/2)，γ_{SV}是线的单位面积表面能。因此

$$\mathrm{d}E = \frac{1}{2}\rho g \pi(2l^2 r\mathrm{d}r + 2r^2 l\mathrm{d}l) - 2\pi\gamma_{\mathrm{SV}}(r\mathrm{d}l + l\mathrm{d}r) \tag{3.25}$$

把式(3.23)代入式(3.25)，得到

$$\mathrm{d}E = \left(\frac{1}{2}\pi r^2 l\rho g - \pi r\gamma_{\mathrm{SV}}\right)\mathrm{d}l \tag{3.26}$$

平衡时，$\mathrm{d}E/\mathrm{d}l = 0$①，有

$$l = \frac{2\gamma_{\mathrm{SV}}}{\rho r g} \tag{3.27}$$

与式(3.21)具有相同的形式。它表明在零蠕变时，可以通过测量l和r来确定γ_{SV}，当线的密度已知时，其重力也是已知的。Au的密度为$19.3\mathrm{g/cm^3}$，表面能为$1400\mathrm{erg/cm^2}$，则可以算出零蠕变时直径为0.02cm，质量0.1g的Au线的长度约为14.8cm。如果在超高真空环境中进行蠕变实验，并且能够提高温度但不使玻璃态线向晶态转变，我们也许能够确定固态玻璃的表面能。

玻璃态金属线结晶时会形成晶界，这时必须考虑晶界能。实际上，对于晶态金属线都是这样处理的。图3.6(b)是一条具有竹节状晶粒结构的金属线，并假设线

① 原文为$\mathrm{d}E/\mathrm{d}h=0$，有误。——译者注

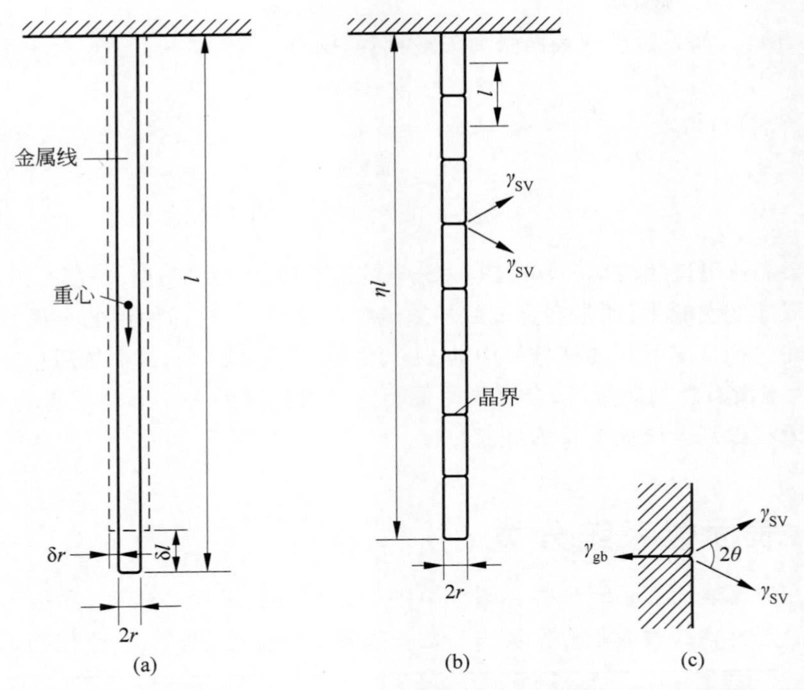

图 3.6 (a) 悬挂下来的直径为 $2r$、长度为 l 的玻璃态金属线示意图。为了减少表面能，金属线在长度上有缩短的趋势，但其重力平衡了这种趋势；(b) 具有竹节状晶粒金属线的示意图，假设线中有 η 个晶粒；(c) 晶粒与表面相交处三个力的平衡图

中有 η 个晶粒。金属线的总能量是

$$E=\eta\rho\vartheta g\ \frac{\eta l}{2}-\eta 2\pi r l\gamma_{\mathrm{SV}}-\eta\pi r^{2}\gamma_{\mathrm{gb}} \tag{3.28}$$

式中，$\vartheta(=\pi r^2 l)$是单个晶粒的体积，γ_{gb} 为单位面积晶界能。金属线长度发生微小变化时引起的能量变化为

$$\mathrm{d}E=\frac{\eta^{2}\pi\rho g}{2}r^{2}l\,\mathrm{d}l-\eta\pi r\gamma_{\mathrm{SV}}\mathrm{d}l+\eta\pi\ \frac{r^{2}}{l}\gamma_{\mathrm{gb}}\mathrm{d}l \tag{3.29}$$

在平衡时有

$$\frac{\mathrm{d}E}{\mathrm{d}l}=0^{①}$$

$$\frac{\eta\pi\rho g}{2}r^{2}l-\pi r\gamma_{\mathrm{SV}}+\frac{\pi r^{2}}{l}\gamma_{\mathrm{gb}}=0 \tag{3.30}$$

为了找到 γ_{SV} 和 γ_{gb} 之间的联系，研究晶界与金属线表面相交处的结点

---

① 原文为 $\mathrm{d}E/\mathrm{d}h=0$，有误。——译者注

(图 3.6(c))。如果假设两表面张力矢量相等,则有

$$\gamma_{\mathrm{gb}} = 2\gamma_{\mathrm{SV}}\cos\theta \tag{3.31}$$

代入式(3.27),得到

$$\gamma_{\mathrm{SV}} = \frac{\rho V g}{2\pi r\left(1 - \dfrac{(2r\cos\theta)}{l}\right)} \tag{3.32}$$

如果晶粒很长(即 $l \gg r$),可以略去分母的第二项,式(3.32)就与式(3.27)相同。

在零蠕变实验中,通常在金属线的末端挂一个重物,这样使用的金属线就不用太长。在这种情况下只要把分母中的 $2\pi r$ 用 πr 替换,式(3.32)仍然适用。有因子 2 是因为当没有外加质量时,金属线的重心位于线长度的一半。使用重物时,测量的是从天花板到金属线全长的势能。

3.8 表面能系统分类

现在考虑表面能系统分类。图 3.7 中的材料按原子序数排列,并给出了处于熔点的液态材料的表面张力。表 3.2 是一些液态卤化物、氧化物、硫化物以及聚合

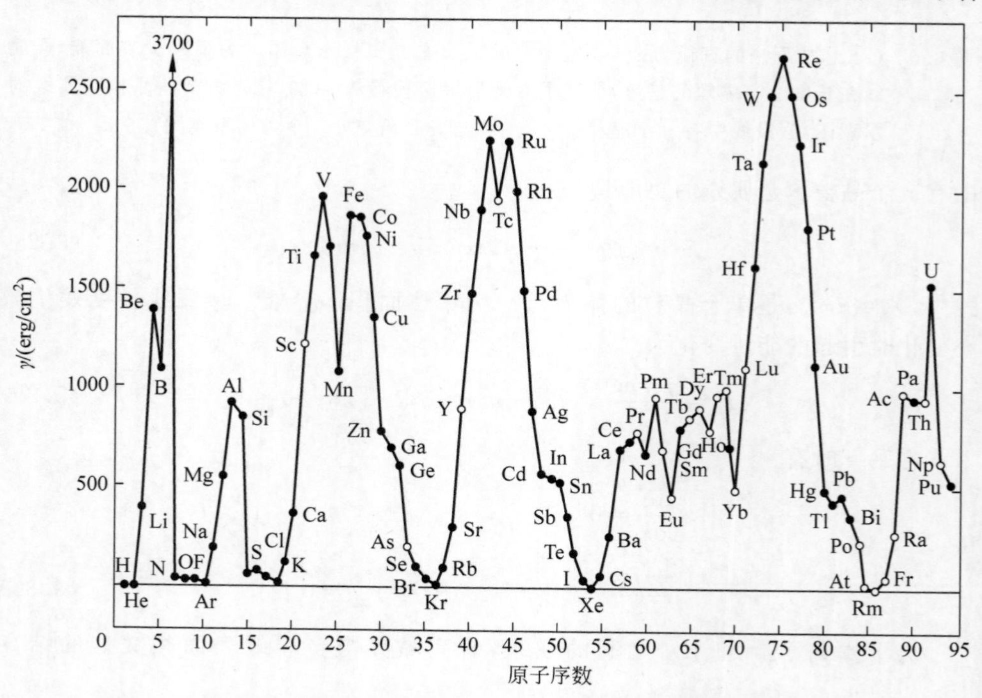

图 3.7　表面能与原子序数的关系图。液体材料的表面张力在熔点处的值

物的表面张力。氧化物、卤化物和硫化物的表面张力比大多数金属要低。在正常蒸发条件下，许多金属在氧化物或卤化物上沉积时会成球。因此需要一种与氧化物或卤化物附着力强的黏合层。在 SiO_2 表面沉积 Cu 时，Cr、Ti 或 Ta 薄膜被广泛用作黏合层。

表 3.2 某些固体和液体的表面张力*

材料	$\gamma/(\mathrm{erg/cm^2})$	T/℃
W(固体)	2900	1727
Nb(固体)	2100	2250
Au(固体)	1410	1027
Ag(固体)	1140	907
Ag(液体)	879	1100
Fe(固体)	2150	1400
Fe(液体)	1880	1535
Pt(固体)	2340	1311
Cu(固体)	1670	1047
Cu(液体)	1300	1535
Ni(固体)	1850	1250
Hg(液体)	487	16.5
LiF(固体)	340	−195
NaCl(固体)	227	25
KCl(固体)	110	25
MgO(固体)	1200	25
CaF_2(固体)	450	−195
BaF_2(固体)	280	−195
He(液体)	0.308	−270.5
Na(液体)	9.71	−195
氙(液体)	18.6	−110
乙醇(液体)	22.75	20
水(液体)	72.75	20
苯(液体)	28.88	20
n-辛烷(液体)	21.80	20
四氯化碳(液体)	26.95	20
溴(液体)	41.5	20
乙酸(液体)	27.8	20
苯甲醛(液体)	15.5	20
硝基苯(液体)	25.2	20
全氟戊烷(液体)	18.6	−110

* 摘自 G. A. Somorjai, Chemistry in Two Dimensions(Cornell, Ithaca, NY, 1981)[12]。

半导体/绝缘体问题也很有意思。硅倾向于形成薄氧化层。硅上氧化层的形成和控制是集成电路制造的关键问题之一。此外，由于硅的表面能比氧化物高，沉积在绝缘体上的硅容易形成球状，因此制造异质结构总是困难的，特别是异质结构，它涉及不同类型材料组成的超晶格。超晶格需要制备两次来形成结构(即先把材料 B 制备在材料 A 上,然后在 B 上制备 A)。对于一个界面而言,表面能平衡将是不利的。但如果两种材料都是半导体,因为许多半导体的表面能相近,所以更容易生长超晶格。例如,GaAs 和 GaAlAs 的表面能差别不大,因此它们之间能形成超晶格。

3.9 表面能的大小

许多用于器件工艺的材料表面张力(或单位面积表面能)约为 1000erg/cm^2。本节从热力学、力学和原子这三种方法来讨论表面能和表面张力的大小。

3.9.1 热力学方法

从热力学的观点来看,有两个重要的关系式:

$$\frac{d\gamma}{dT}=\frac{-S_s}{A} \tag{3.33}$$

和

$$E_s=\gamma A-T\frac{d\gamma}{dT}A \tag{3.34}$$

式中,S_s 是表面熵,A 是面积,γ 是表面张力,T 是热力学温度。可以通过这两个关系式,从表格中 $d\gamma/dT$ 的值估算室温下材料的表面张力。这里假定 $d\gamma/dT$ 的值与温度无关。

为了估计硅的表面能,从表 3.3 查到

$$\gamma=730\text{erg/cm}^2\text{(熔点时)}$$

$$\frac{d\gamma}{dT}=-0.1\text{erg/cm}^2\cdot℃$$

硅的熔点 $T_m(\text{Si})=1410℃$。在室温下,硅的表面能为

$$\gamma_{RT}(\text{Si})=730+(1410-25)\times0.1\text{erg/cm}^2=869\text{erg/cm}^2$$

硅在熔点时的表面能与室温下的表面能相差不大。表面能随温度变化微小与熵很小有关。

表 3.3 液态金属的表面张力*

金属	$\gamma_{LV}/(\text{erg/cm}^2)$	$d\gamma_{LV}/dT/(\text{erg/cm}^2\cdot℃)$
Al	866	−0.50
Cu	1300	−0.45
Au	1140	−0.52
Fe	1880	−0.43

续表

金属	γ_{LV}/(erg/cm²)	$d\gamma_{LV}/dT$/(erg/cm²·℃)
Ni	1780	−1.20
Si	730	−0.10
Ag	895	−0.30
Ta	2150	−0.25
Ti	1650	−0.26

* 摘自 L. E. Murr, Interfacial Phenomena in Metals and Alloys (Addison-Wesley, Reading, MA, 1975)[11]。

3.9.2 力学方法

力学方法是指利用固体的力学特性来估算表面张力。用机械力把固体分成相距很远的两部分。由于建立了两个新的表面,因此系统计入了2倍的表面能。表面张力是

$$\gamma = \frac{E(\infty)}{2A} = \frac{1}{2}\int_0^{R_F} \frac{F_y}{A}\mathrm{d}y \tag{3.35}$$

式中,$E(\infty)$是将表面移到无穷远所需的能量,F_y 是垂直于新建表面的外力,R_F 是外力作用的距离,A 是表面面积。

$$\gamma = \frac{Y}{2}\int_0^{R_F} \frac{y}{a}\mathrm{d}y = \frac{YR_F^2}{4a} \tag{3.36}$$

式中,用杨氏模量 Y 和应变 y/a 表示应力 F_y/A,a 是施加外力之前的原子间距,y 是 y 方向上的位移。杨氏模量是材料常数,它将应力(单位面积上的外力 F_y/A)与固体在 y 方向上的应变(长度的相对变化 y/a)联系起来;$F_y/A = Yy/a$。如果假设力是短程的,$R_F \approx 10^{-8}$ cm,则

$$\gamma = \frac{10^{-16}Y}{4a}$$

见表3.4,表中材料的 Y 大致相同。设 $a = 0.25$nm,$Y = 10^{12}$ dyn/cm²,求得 γ 的典型值为 1000erg/cm²。

由于 $1\text{eV} = 1.602 \times 10^{-12}$ erg,单位面积的表面能转换为每个表面原子的表面能:

$$1000\,\frac{\text{erg}}{\text{cm}^2} = 1000 \times \frac{(1/1.602)\times 10^{12}\,\text{eV}}{10^{15}(a^2/\text{cm}^2)\text{cm}^2} = 0.624\,\frac{\text{eV}}{a^2}$$

式中,a 为原子直径,原子面密度 10^{15} 原子数每平方厘米。作为参考,已知在 Si(111)表面上每个表面原子有一个断开的键,因此可以假设 Si(111)表面每个原子的表面能为 $1\text{eV}/a^2$ 或 1602erg/cm²。

表 3.4 杨氏模量和 γ_{LV} 的值

材料	$Y/(\mathrm{dyn/cm^2})$	$\gamma/(\mathrm{erg/cm^2})$
Al	6.0×10^{11}	866
Au	7.8×10^{11}	1410
Fe	9.1×10^{11}	1880
Ta	18.6×10^{11}	2150

力学方法将 γ 与杨氏模量这个材料的体性质联系起来。与杨氏模量相关的应变对于小位移是一个有效的概念，但是这里也将它用在了较大的位移上，作为固体弹性理论基础，只适用于小位移的胡克定律在这里不再适用。R_f 是固体中的解离距，其物理意义是，原子间距超过 R_f 后，分开两个原子所需的力就会减小。当两原子之间的距离比 R_f 增大 1Å(1Å$=10^{-10}$ m)时，它们之间的力基本为零。R_f 的推导将在第 6 章给出。

见表 3.4，人们关注的是表面能 γ 与杨氏模量 Y 之间的关系。一般来说，表面能近似地可以用杨氏模量估算。尽管估算得不大准确，差约为 6 倍或 7 倍，但它是将材料的体性质与表面性质联系起来的一种方法。要估计表面能，可能会首先查看杨氏模量，几乎每种已知材料的杨氏模量都能查表得到。

了解杨氏模量与表面能之间关系的另一种方法是查看它们与 3.1 节讨论的原子间相互作用势能的线性关系。简单地说，考虑与杨氏模量相似的体积模量 K，其定义是

$$\Delta p = -K\,\frac{\Delta V}{V} \tag{3.37}$$

式中，ΔV 是压力改变 Δp 时的体积变化。

如果压缩是在绝热条件下进行的(即 $\mathrm{d}Q=0$)，利用热力学第一定律，在熵恒定时得到 $p=(\mathrm{d}E/\mathrm{d}V)_s$，并且

$$K=-V\left(\frac{\mathrm{d}p}{\mathrm{d}V}\right)=V\left(\frac{\mathrm{d}^2E}{\mathrm{d}V^2}\right)_s \tag{3.38}$$

计算 E 的二阶导数，

$$\frac{\mathrm{d}E}{\mathrm{d}V}=\frac{\mathrm{d}E}{\mathrm{d}r}\,\frac{\mathrm{d}r}{\mathrm{d}V}$$

$$\frac{\mathrm{d}^2E}{\mathrm{d}V^2}=\frac{\mathrm{d}^2E}{\mathrm{d}r^2}\left(\frac{\mathrm{d}r}{\mathrm{d}V}\right)^2+\frac{\mathrm{d}E}{\mathrm{d}r}\,\frac{\mathrm{d}^2r}{\mathrm{d}V^2} \tag{3.39}$$

如果取体积 $V=N_A r^3$ 和结合能 $E(r)=n_c N_A \phi(r)/2$，$\phi(r)$ 是原子间相互作用势函数，如果还假设 $\phi(r)$ 遵循如式(3.7)给出的勒让德-琼斯势，我们得到

$$\begin{cases} \left(\dfrac{\mathrm{d}r}{\mathrm{d}V}\right)^2 = \left(\dfrac{1}{3N_\mathrm{A}r^2}\right)^2 = \dfrac{1}{9N_\mathrm{A}a_0V}\Bigg|_{r=a} \\ \dfrac{\mathrm{d}E}{\mathrm{d}r} = \dfrac{1}{2}n_\mathrm{c}N_\mathrm{A}\ \dfrac{\mathrm{d}\phi(r)}{\mathrm{d}r}\Bigg|_{r=a} = 0 \\ \dfrac{\mathrm{d}^2E}{\mathrm{d}r^2} = \dfrac{1}{2}n_\mathrm{c}N_\mathrm{A}\ \dfrac{\mathrm{d}^2\phi(r)}{\mathrm{d}r^2}\Bigg|_{r=a} = \dfrac{36n_\mathrm{c}N_\mathrm{A}\varepsilon_\mathrm{b}}{a_0^2} \end{cases} \tag{3.40}$$

因此

$$K = \frac{4n_\mathrm{c}N_\mathrm{A}\varepsilon_\mathrm{b}}{V} = \frac{8\Delta E_\mathrm{s}}{V} \tag{3.41}$$

式中，ΔE_s 是由式(3.11)给出的升华潜热。因此，如式(3.41)所示，K 和 ε_b 之间存在线性关系。这里证明了表面能与 ε_b 成正比。

3.9.3 原子方法

热力学方法和力学方法都没有明确表示表面能与晶体学取向之间的关系。这里讨论的计算表面能的第三种方法将揭示它与取向的关系，侧重于原子之间的相互作用。考虑原子相互作用势能为 ϕ 的一个原子体阵列。势能代表固体中一个原子相对其他原子的结合能，因此定义

$$\gamma_0 = \sum_{k\neq 1}\frac{\phi_{kl}}{2A} \tag{3.42}$$

式中，数量 γ_0 是一个类体表面原子单位面积的总结合能，A 是表面积。对于一个简单立方晶体，每个原子有 6 个最近邻、12 个次近邻和 8 个第三近邻等。从物体内拿走一个原子所需的能量是

$$\phi_0 = 6\phi_1 + 12\phi_2 + 8\phi_3 + K \tag{3.43}$$

如果键被打破，则原子的势能增加（结合能减少）。因此表面能是超过一个类体原子势能的那部分能量。能量 ϕ_0 与升华能 ΔE_s 有关，$\Delta E_\mathrm{s} = \phi_0/2$。在短程近似中，取 $\phi_0 = 6\phi_1$。

如果取一个简单立方晶体并沿着(100)面解理(图 3.8)，一个原子与它的 1 个最近邻、4 个次近邻和 4 个第三近邻等原子之间的键断开。在这种情况下，式(3.43)应用于表面时需要进行修正，并且表面能不等于体结合能 ϕ_0。该原子与最近邻原子之间的距离等于晶格常数，次近邻是$\sqrt{2}$倍晶格常数。因此

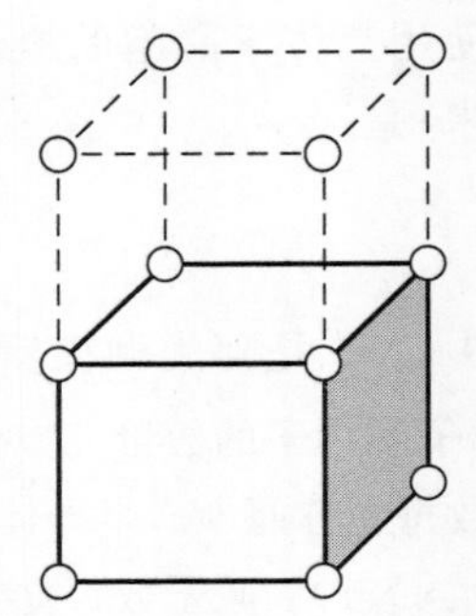

图 3.8 沿(100)面解理的简单立方晶体示意图

$$\gamma_{100}=\frac{(\phi_1+4\phi_2+4\phi_3+K)}{a_0^2} \tag{3.44}$$

是体结合能与表面结合能之间的差异，a_0^2 是一个表面原子所占的面积。

比值 R 是

$$R=\frac{\gamma_{001}}{\gamma_0}=\frac{\phi_1+4\phi_2+4\phi_3+K}{6\phi_1+12\phi_2+8\phi_3}\cong\frac{\phi_1}{6\phi_1} \tag{3.45}$$

显然，不同的晶体学表面有不同的表面能。没有具体的表面势能就不能估算 R 的值。为了便于说明，取勒让德-琼斯势，即通过式(3.7)来计算 R。可以证明 $R_{111}<R_{001}<R_{011}$ 等。如果绘制出不同晶体学取向上晶面的表面能，就能得到著名的乌尔夫(Wulff)图。对于半导体，不存在勒让德-琼斯给出的那样简单的势。假设表面能正比于与单位面积上未配对键的数量，对于 Ge 这样的半导体，在(100)面上每个表面原子有两个悬空键，则

$$\mathrm{Ge}(100)=1.25\times10^{15}\,\mathrm{bond/cm^2}$$

在(111)面上每个表面原子有一个悬空键，则

$$\mathrm{Ge}(111)=0.72\times10^{15}\,\mathrm{bond/cm^2}$$

Ge 中(111)面是基本表面中能量最低的表面，通常也是表面能最低的表面。第一近邻键由于短程相互作用而占据主导地位。

3.10 表面结构

3.10.1 晶体学及其标志法

总结固体的晶体结构，从而确定表面上的原子面密度 N_s 和单原子层高度 h。不使用晶体学晶胞的概念，也能计算原子的体积。已知原子密度 n(原子数每立方厘米)是

$$n=\frac{N_A\rho}{A} \tag{3.46}$$

式中，N_A 是阿伏伽德罗常数，ρ 是材料的质量密度($\mathrm{g/cm^3}$)，A 是相对原子质量(质子和中子的数量)。对于大多数常见的电子材料，原子密度在 $4\times10^{22}\sim9\times10^{22}$ 原子数每立方厘米。半导体 Si 和 GaAs 的原子密度分别为 5.0×10^{22} 原子数每立方厘米和 4.4×10^{22} 原子数每立方厘米；金属 Al 的原子密度约为 6×10^{22} 原子数每立方厘米，而 Co、Ni 和 Cu 等金属的密度约为 9×10^{22} 原子数每立方厘米。一个原子的体积为

$$\Omega=l/n \tag{3.47}$$

典型值是 $20\times10^{-24}\,\mathrm{cm^3}=0.02\,\mathrm{nm^3}$，参见 2.3 节。

晶体由在空间上周期排列的原子组成，往往被抽象成晶体点阵来研究。包含这个点阵的空间可以被三组平面划分为一组大小、形状和取向相同的单元，这样的单元称为晶胞。晶胞的特征可以用三个单位矢量 $\boldsymbol{a}$、$\boldsymbol{b}$ 和 $\boldsymbol{c}$ 来描述，称为晶轴。晶轴与单位矢量对应的长度 a、b 和 c 以及相互间的角度 α、β、γ 有关(图 3.9)。晶胞的任意一个方向都可以用这三个晶轴的线性组合来描述

$$\boldsymbol{r}=n_1\boldsymbol{a}+n_2\boldsymbol{b}+n_3\boldsymbol{c} \tag{3.48}$$

式中，n_1、n_2、n_3 为整数。

为了描述所有可能的点阵，必须使用 7 种不同的晶胞。按照这 7 种晶胞，定义了 7 个晶系，如图 3.9 所示。这 7 个晶系的晶胞每一个顶角都有一个格点。在不违反格点一般定义的情况下，可以在晶胞的中心或者晶胞的面上放置更多的格点。基于这样的格点安排，从上述 7 个晶系中总共可以产生 14 种布拉维点阵。图 3.10 是面心立方晶格，以及与 fcc 相关联的硅和锗的金刚石结构。晶胞中格点的数目 n_u 由下式给出：

$$n_u=n_i+n_f/2+n_c/8 \tag{3.49}$$

式中，n_i 是晶胞内格点数，n_f 是面上的格点数(每个 n_f 为两个相邻的晶胞共有)，n_c 是顶点上的格点数(每个 n_c 为 8 个相邻的晶胞共有)。

晶　系	晶轴长度和角度	布拉维点阵
立方晶系	$a=b=c,\alpha=\beta=\gamma=90°$	简单立方 体心立方 面心立方
四方晶系	$a=b\neq c,\alpha=\beta=\gamma=90°$	简单四方 体心四方
正交晶系	$a\neq b\neq c,\alpha=\beta=\gamma=90°$	简单正交 体心正交 底心正交 面心正交
* 菱方晶系	$a=b=c,\alpha=\beta=\gamma\neq 90°$	简单菱方
六方晶系	$a=b\neq c,\alpha=\beta=90°$ $\gamma=120°$	简单六方
单斜晶系	$a\neq b\neq c,\alpha=\gamma=90°\neq\beta$	简单单斜 底心单斜
三斜晶系	$a\neq b\neq c,\alpha\neq\beta\neq\gamma\neq 90°$	简单三斜

* 也称为三方晶系。

图 3.9 晶胞，7 个晶系以及 14 种布拉维点阵

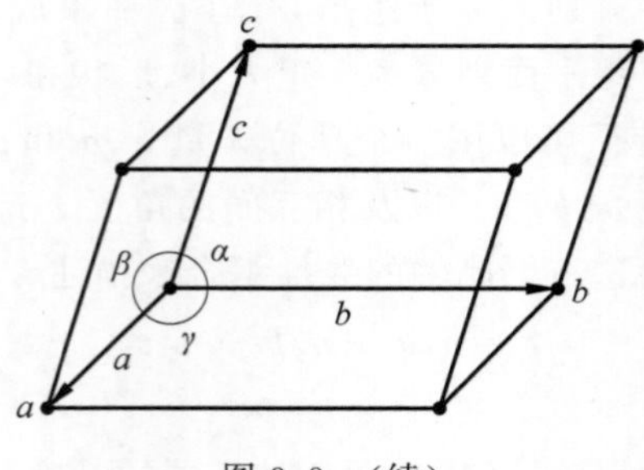

图 3.9 (续)

研究图 3.10 中的面心立方布拉维点阵时，通常使用常规的面心立方晶胞而不是原胞。因为它属于立方晶系($a=b=c$,$\alpha=\beta=\gamma=90°$)，所以把长度 a 称为晶格常数。面心立方晶格的 $n_i=0$,$n_f=6$,$n_c=8$，因此每个晶胞的原子数为

$$n_u=4(\text{原子}/\text{晶胞})$$

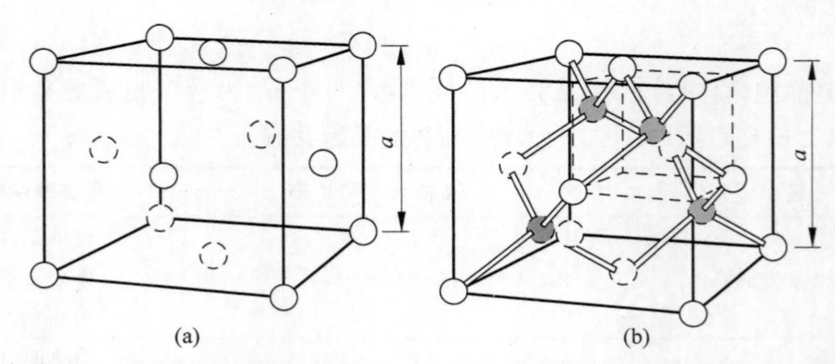

图 3.10 面心立方晶格和硅的晶格常数为 a 的金刚石晶格。带阴影的原子表示闪锌矿结构的 GaAs 中的 Ga 原子

(a) 面心立方；(b) 金刚石立方

如 2.3 节所讨论的，用晶胞的体积除以晶胞中的原子数，就可以算出原子的体积，

$$\Omega=\frac{a^3}{n_u} \tag{3.50}$$

薄膜技术中常用的一些金属都属于面心立方晶体结构，如 Al($a=0.405$nm)和 Cu($a=0.365$nm)。图 3.10 中面心立方结构顶面的单原子层高度为 $a/2$。

许多半导体具有金刚石立方结构，不属于 14 种布拉维点阵。金刚石结构可以认为是由两个面心立方晶格套构而成，两个原子组成的基元对应于一个格点。Si 的晶体结构是金刚石立方，室温下的晶格常数 $a=0.543$nm。金刚石晶格的 $n_i=4$,$n_f=6$,$n_c=8$，因此一个晶胞的原子数是

$$n_u = 4 + 6/2 + \frac{8}{8} = 8(\text{原子 / 晶胞}) \tag{3.51}$$

图 3.10 中 Si 表面上单原子层的高度 h 是 $a/4$。单位体积的原子数(原子密度)是

$$n = \frac{n_u}{a^3}(\text{原子 / 晶胞}) \tag{3.52}$$

对于 Si,$n = 8/(0.543 \times 10^{-7})^3 = 5 \times 10^{22}$ 原子数每立方厘米：式(3.52)和式(3.46)得到的结果相同。为了确定晶体表面上的原子面密度 N_s(原子数每平方厘米),我们可以用给定取向的晶胞表面原子数除以表面积。例如,图 3.10 中 Si 晶格的一个表面的面积是 a^2,该晶胞表面上有 2 个原子(1 个位于面心,顶点上的 4 个原子被相邻 4 个晶胞共有,因此每个原子的贡献相当于 1/4 个原子)。因此,$N_s = 2/a^2$。N_s 和 h 的值取决于晶体结构和表面的取向。

Ⅲ-Ⅴ族化合物(如 GaAs 和 AlSb)以及Ⅱ-Ⅵ族化合物(如 ZnS)都是与金刚石晶格非常相似的闪锌矿结构。在闪锌矿结构中,立方晶胞内部的原子与顶点上的原子不同；除此之外,闪锌矿结构在原子位置和堆叠顺序上都与金刚石晶格相同。在图 3.10 中,闪锌矿的一个 fcc 亚晶格由同一种元素(如 Ga)的原子组成(带阴影的原子),另一个 fcc 亚晶格由另一个元素(如 As)的原子组成。

3.10.2 晶向和晶面

晶格中任何一条直线的方向都可以用如下方法描述：通过原点画一条与给定直线平行的直线,然后给出该直线上任意一点的坐标。设点的坐标是 u、v、w,这些数字不一定是整数,如果直线经过原点和该点,那么[uvw]就是该直线方向的指数。因为这条直线也通过 $2u$、$2v$、$2w$ 和 $3u$、$3v$、$3w$ 等,因此通常将 u、v、w 转换为一组最小的整数。

晶格中晶面的取向也可以用一组称为米勒指数(米勒符号)的数字来表示。晶面的米勒指数是晶面在晶轴上分数截距的倒数。表 3.5 给出了晶体学中常用的晶向和晶面。其中,如果晶面与晶轴平行,截距为无穷大(∞),∞的倒数取 0 用来标志晶面。

表 3.5 晶体学中常用的晶向和晶面

A. 晶向：从坐标原点指向点(u,v,w)的直线
1. 特定的方向用方括号表示,[uvw]。
2. 晶向指数 uvw 是一组最小的整数,[1/2 1/2 1]写成[112]。
3. 在指数上方加短画线表示其为负指数。
4. 对称的等效晶向写成〈uvw〉。

续表

B. 晶面：在坐标轴上截距为 $1/h, 1/k, 1/l$ 的平面
1. 晶面的取向用圆括号(hkl)表示。
2. hkl 称为米勒指数。
3. 在指数上方加短画线表示其为负指数。
4. 对称的等效晶面写成⟨hkl⟩。
C. 在立方晶系中：bcc、fcc、金刚石
1. 晶向[hkl]垂直于晶面(hkl)。
2. 晶面间距：$d_{hkl}=a/\sqrt{h^2+k^2+l^2}$。

图 3.11 是电子材料技术中最常用的三种晶面的米勒指数。这些晶面通常记为(hkl)。晶面(hkl)平行于位于原点另一侧的($\bar{h}\bar{k}\bar{l}$)晶面。

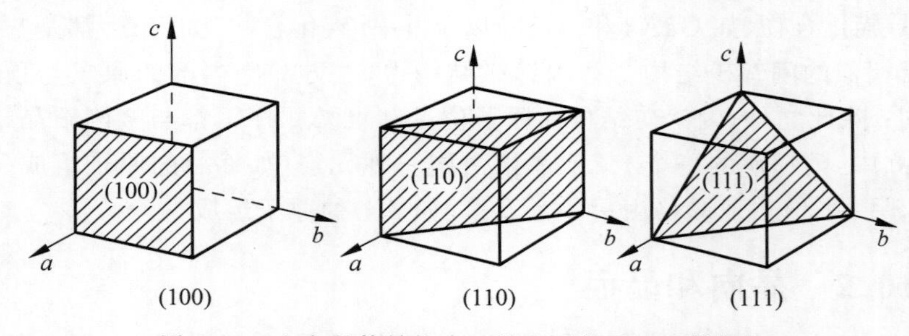

图 3.11 立方晶体结构中三种主要晶面的米勒指数

3.10.3 表面结构

表面原子层的结构与晶体内部的结构通常是不同的。表面可以重构(图 3.12)，使表面原子能够成键。这种重构导致了与晶体内部原子不同周期性的二维对称性。表面原子也可以寻求新的平衡位置(称为弛豫)，从而改变第一层和第二层原子之间的层间距。弛豫改变了键角，但没有改变最近邻原子的数量，也没有改变表面原子与内部原子之间的旋转对称性。扫描隧道显微镜(STM)可以直观地揭示材料表面结构。

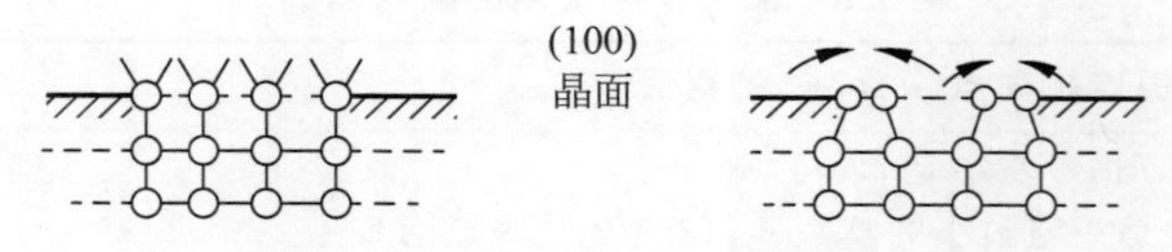

图 3.12 Si(100)面的表面重构

然而，描述表面结构的标志法是基于低能电子衍射(LEED)的。在 LEED 中，具有确定能量(10～500eV)、确定传播方向的电子在晶体表面发生衍射。低能电子主要被表面上的单个原子散射，并由于波的干涉在荧光观察屏上产生衍射图案。衍射图案中的斑点对应于重复性表面结构的二维倒易格点。与其他衍射实验一样，斑点由表面晶胞的尺寸和取向确定的 LEED 图案是表面周期性的倒易图像。尽管基于 LEED 图案测定的原子位置并不唯一，但有可能从原子实空间组态预测 LEED 图样的对称性。图 3.13 给出了立方晶体(100)表面上几个原子层的例子。图中的字母 p 表示该晶胞是原胞，$p(2\times2)$ 的 LEED 图案具有额外的指数为 1/2 的斑点。字母 c 表示该晶胞在中心位置有一个额外的散射原子，在衍射图案中产生了 1/2、1/2 的斑点。

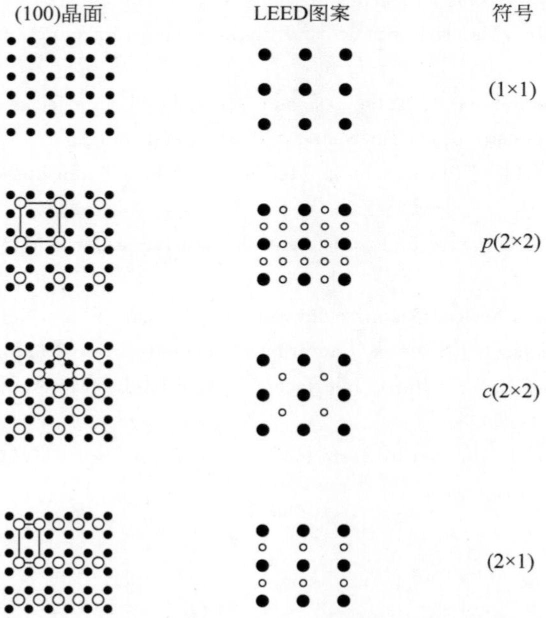

(100)晶面　LEED图案　符号

(1×1)

$p(2\times2)$

$c(2\times2)$

(2×1)

图 3.13　立方晶体具有不同原子组态的(100)表面以及对应的倒易空间中的 LEED 图案。图中标明了图案的符号

通常，表面周期性的变化会导致衍射图案的变化，根据变化后新的二维对称性很容易观察和说明这些变化。例如，当晶体表面吸附气体时，经常能观察到衍射图案的变化。电子衍射常用于评价超高真空室中衬底表面的清洁度，无污染的衬底是后续晶体生长的前提条件。

参考文献

[1] B. H. Flowers and E. Mendoza, Properties of Matter(Wiley, New York, 1970).
[2] D. L. Goodstein, States of Matter(Prentice-Hall, Englewood Cliffs, NJ, 1975).
[3] P. Haasen, Physical Metallurgy(Cambridge University Press, Cambridge, 1978).
[4] C. Kittel, Introduction to Solid State Physics, 6th edn(Wiley, New York, 1986).
[5] C. Kittel and H. Kroemer, Thermal Physics, 2nd edn(W. H. Freeman, New York, 1980).
[6] A. Guinier and R. Jullien, The Solid State(Oxford University Press, Oxford, 1989).
[7] A. B. Pippard, The Elements of Classical Thermodynamics (Cambridge University Press, Cambridge, 1966).
[8] R. E. Hummel, Electronic Properties of Materials, 3rd edn(Springer, New York, 2001).
[9] W. D. Callister, Jr., Materials Science and Engineering an Introduction, 5th edn(Wiley, New York, 2000).
[10] H. Udin, "Measurement of solid/gas and solid/liquid interfacial energies", in Metal Interfaces(American Society for Metals, Cleveland, OH, 1952).
[11] L. E. Murr, Interfacial Phenomena in Metals and Alloys (Addison-Wesley, Reading, MA, 1975).
[12] G. A. Somorjai, Chemistry in Two Dimensions: Surfaces(Cornell University Press, Ithaca, NY, 1981).
[13] A. W. Adamson, Physical Chemistry of Surfaces, 4th edn(Wiley, Newark, NJ, 1982).
[14] A. Zangwill, Physics at Surfaces(Cambridge University Press, Cambridge, 1988).
[15] A. P. Sutton and R. W. Balluffi, Interfaces in Crystalline Materials (Oxford University Press, Oxford, 1995).
[16] J. A. Venables, Introduction to Surface and Thin Film Processes (Cambridge University Press, Cambridge, 2000).

习题

3.1 热膨胀和非简谐效应之间的关系是什么？

3.2 锗是金刚石晶格，原子密度为 4.42×10^{22} 原子数每立方厘米，而铝是面心立方晶格，原子密度为 6.02×10^{22} 原子数每立方厘米。

(a) 计算两者的晶格常数 a。

(b) 确定两者(100)表面上的原子面密度(原子数每平方厘米)。

(c) 写出两者的单原子层高度，用晶格常数 a 表示。

(d) 写出两者的原子体积，用晶格常数 a 表示。

3.3 已知金刚石晶格的晶格常数为 a，求(111)面的原子面密度 N_s。

3.4 已知 Si 的晶格常数 $a=0.543\text{nm}$。求(100)面的原子面密度 N_s。如果每 50nm 产生一个单层高的阶梯 h,求斜切角 $\Delta\theta$。如果晶体结构是面心立方或简单立方,以晶格常数 a 为单位,求斜切角 $\Delta\theta$。利用阶梯长度关系式 $L_0=h/\tan\theta$。

3.5 镍是面心立方金属,原子密度为 9.14×10^{22} 原子数每立方厘米,相对原子质量是 58.73,密度为 8.91g/cm^3。

(a) 求晶格常数 a、单原子层高度 h 和原子体积 Ω。

(b) 用晶格常数 a 表示(110)面的原子面密度(原子数每平方厘米)。

3.6 (a) 已知 Al 的晶格常数 $a=0.405\text{nm}$,求(100)、(110)和(111)面之间的面间距 d。

(b) 求在 x 轴、y 轴和 z 轴上的截距分别为 a、$2a$、$2a$ 的晶面的米勒指数。

3.7 (a) 计算 300K 时 Ni($T_m=1453$℃)的表面张力 γ。

(b) 在 Si 上沉积 Ni 和在 Ni 沉积上 Si,哪一种情况会形成团簇?事实上这两种情况都形成了均匀的黏附层,请做解释。

(c) Ag($T_m=962$℃)润湿 Cu,把它与文中讨论的 SnBi 焊料相比,Ag 焊料在 Cu 孔($d=0.5\text{mm}$)中上升的高度(接触角 $\theta=40°$,Ag 的密度是 10.5g/cm^3)是多少?

3.8 画出 Au 从 $r=0.8a_0$ 到 $r=4a_0$ 的勒让德-琼斯势曲线,$\varepsilon_b=0.47\text{eV/atom}$。

3.9 Au 是面心立方金属,其原子密度为 6.0×10^{22} 原子数每立方厘米,其(100)表面能为 0.5eV/atom,计算:

(a) 升华潜热 E_s。

(b) 原子间相互作用势能 ε_b。

3.10 液态苯的表面张力是多少?在液柱的测量中,柱高 $h=1.2\times10^{-2}\text{m}$,接触角 $\theta=0°$,$r=5\times10^{-14}\text{m}$,苯的密度为 800kg/m^3(忽略空气及其密度的影响),将求得的结果与表 3.2 中的值进行比较。

3.11 求面心立方金属的(111)面和(100)面的表面能之比 $\gamma_{111}/\gamma_{100}$。只考虑第一近邻键能($\phi_1$)和第二近邻键能($\phi_2$),并假设 $\phi_2=\frac{1}{2}\phi_1$。

3.12 两种弹性的各向同性的面心立方材料 A 和 B 具有下表所示的性质。

	a/nm	$Y/(10^{12}\text{dyn/cm}^2)$
A	0.566	1.03
B	0.543	1.30

(a) 计算表面能 γ,设 $R_F=a$。

(b) 是 A 润湿 B,还是 B 润湿 A?

3.13 固态 NaCl 上有一滴水银(Hg),使用表 3.2 中的 γ,求:

(a) 接触角 θ 为 80°时的表面张力 γ;

(b) 最大表面张力和最小接触角。

将(b)的结果与(a)的结果进行比较。

3.14 如果衬底表面上有一个液滴,那么以下三种情况下接触角的范围是多少?

(a) $\gamma_{LV}>\gamma_{SV}>\gamma_{SL}$;

(b) $\gamma_{LV}>\gamma_{SV}=\gamma_{SL}$;

(c) $\gamma_{LV}=\gamma_{SV}<\gamma_{SL}$。

3.15 Cu 是面心立方结构,密度为 8.93g/cm^3,相对原子质量为 63.55,求 Cu 的原子密度 n 和晶格常数 a。利用表 2.1 中的值,计算(100)表面的固-汽表面张力和升华热,单位为 eV/atom。

3.16 在零蠕变测量中,半径为 0.01cm,密度为 19.3g/cm^3 的 Au 线的长度是多少?可使用表 2.1 中表面能的值,并忽略晶界的影响。

3.17 研究图 3.4 中"球帽状"液滴,边缘处的表面张力在图中已经给出。

(a) 证明系统的总表面能的表达式是

$$E_T=(\gamma_{SL}-\gamma_{SV})\left(\frac{6V-\pi h^3}{3h}\right)+\gamma_{LV}\left(\frac{2V}{h}+\frac{2\pi h^2}{3}\right)+\gamma_{SV}A$$

式中,液滴的体积 $V=\pi/6(h^3+3ha^2)$ 或 $V=(\pi h^2/3)(3R-h)$,A 是平板的总面积。这样一个球帽的表面积 $S=2\pi Rh$,且 $R=(a^2+h^2)/2h$。

(b) 证明表面能最小,即 $\mathrm{d}E_T/\mathrm{d}h=0$($V$ 和 A 保持不变)时,

$$h^3=\frac{3V}{\pi}\frac{(\gamma_{SL}+\gamma_{LV}-\gamma_{SV})}{(-\gamma_{SL}+2\gamma_{LV}+\gamma_{SV})}$$

固体中的原子扩散

4.1 引言

薄膜中的原子扩散或原子重排是微电子器件制造和可靠性的基本过程。只有将具有电学活性的 n 型和 p 型掺杂剂扩散到纯硅中，硅才有用。事实上，晶体管的基本特性，即硅中的 p-n 结，是通过 n 型和 p 型掺杂剂在硅中的不均匀分布来获得的，以通过内建电势引导电子和空穴在晶体管中的运动。因此，在微电子技术领域，无论是器件特性还是在器件制造中，掺杂剂在硅中的扩散都是一个非常重要的课题。目前，已经有了一些非常复杂的程序用来模拟和分析 Si 器件中的结形成过程中的掺杂剂扩散分布。

在传统冶金中，铁匠将一根铁棒插入木炭炉，使碳的气相扩散到铁中。扩散时间通常很短，只需在熔炉中加热几分钟，铁匠就必须取出炽热的棒材并将其捶打，以使棒材中的碳均匀化。这种“加热加捶打”的过程是为了使铁中的碳扩散并重新分布，以制造 Fe-C 合金。

本章将把晶格中的微观原子跳跃与菲克第一定律和第二定律所描述的宏观扩散行为联系起来。为了分析固体中的原子扩散，将考虑 fcc 金属中扩散的空位机制[1-11]。为了建立分析模型，做出以下假设。

(1) 这是一个热激活的单分子过程。所谓单分子是考虑了扩散过程中单个原子的跳跃。这与气相扩散不同，气相扩散是由两个分子的碰撞引起的。这也不同于液体溶液中的化学反应，后者是双分子过程(如岩盐形成，其中涉及 Na 和 Cl 两个原子的碰撞)。

(2) 这是一个缺陷介导的过程。缺陷是一个空位或空位晶格结点。值得注意的是,空位是一种热平衡缺陷,因此固体中总是存在平衡空位浓度以形成原子扩散。原子扩散是通过空位和其最近邻原子之间的晶格结点交换而产生的。空位浓度见附录 B。

(3) 热活化过程需要克服活化能才能进入活化状态。在过渡态理论的基础上,假设激活态的分布服从玻尔兹曼平衡分布函数。因此,玻尔兹曼分布函数被用来描述激活状态。

(4) 假设由于固态扩散中的驱动力很小,因此反向跳跃的概率很大,所以必须考虑反向过程。原子和空位交换位置后,它们交换回来的概率很高。换句话说,这个过程是准平衡态或者离平衡状态不远。

(5) 从统计学上讲,原子扩散遵循随机游走的原理。

(6) 原子的长程定向扩散需要驱动力。

4.2 跳跃频率和扩散通量

图 4.1 是正方形晶格的二维阵列示意图,描述了几种扩散机制:(a)一个原子通过跳跃到相邻的空位而发生扩散;(b)一个间隙原子到达相邻的间隙位置;(c)一个间隙原子将一个原子从其晶格结点推到间隙位置;(d)两个相邻原子直接交换位置;(e)存在四个原子的环型旋转。最后两种机制((d)和(e))因能量太高而无法发生扩散,因此暂时先不考虑它们。下文将考虑(a)中的空位机制,因为它是金属扩散中最常见的机制,并且已经拥有大量实验数据用于理论分析和理解。

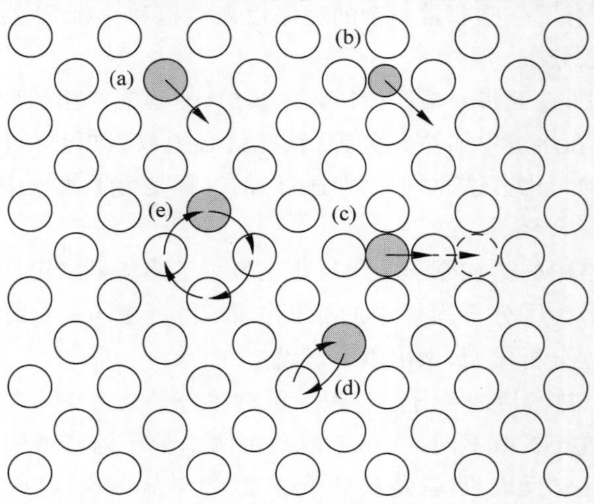

图 4.1 正方形晶格的二维阵列示意图

为了量化扩散的物理图像，这里假设了一个简单的一维情况，并通过重复每两个原子之间的原子间相互作用势能曲线来表示一排原子的最小势能，如图 4.2(a)所示。第 2 章已经讨论了两个原子间相互作用势能曲线。对于一排原子，如果把每两个原子间相互作用势能曲线都绘制出来，将获得如图 4.2(b)所示的净周期势能曲线。为了研究扩散过程，假设在位置 A 和 B 处分别有一个原子和一个空位，空位周围原子的弛豫过程或不产生应力的应变被忽略。

在平衡时，A 处的原子正试图以尝试频率 ν_0 跳过势能势垒，以与 B 处的相邻空位交换位置。基于玻尔兹曼分布函数，下面给出了位置交换或跳跃交换频率：

$$\nu = \nu_0 \exp\left(\frac{-\Delta G_{\mathrm{m}}}{kT}\right) \tag{4.1}$$

式中，ν_0 是尝试频率，ν 是交换频率，ΔG_{m} 是运动的激活能(鞍点能量)。请注意，在相同的频率尝试下存在反向跳跃。这种在平衡状态下的扩散将导致晶格中空位的随机游走。

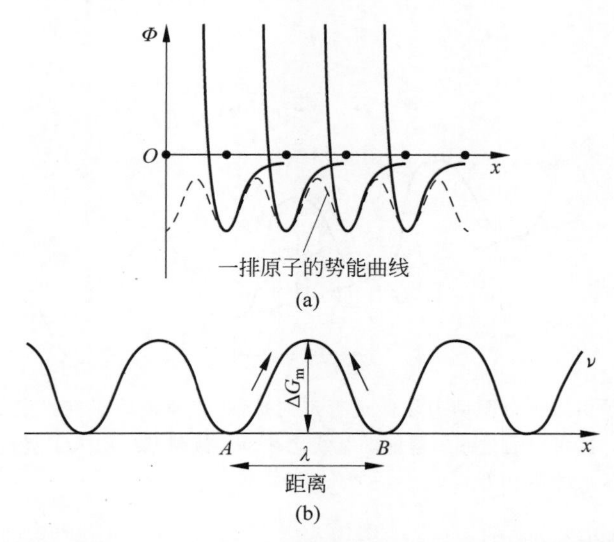

图 4.2　(a) 简单的一维情况的示意图，通过重复原子间相互作用势能曲线来表示一排原子的相互作用势能，如图 3.1(a)所示；(b) 对于这排原子，获得了净周期势能曲线，如图(a)中的虚线所示

必须引入一个驱动力才能实现定向扩散，以在给定的方向上驱动扩散。这可以通过倾斜势能的基线来表示，如图 4.3 所示。倾斜基线引入了势能的梯度，因此原子从左向右跳跃的趋势会更强。回想一下，力被定义为势能曲线的梯度或斜率，设 μ 为原子在扩散场中的化学势，则

$$F = -\frac{\Delta\mu}{\Delta x} = \tan\theta$$

式中，$\tan\theta$ 是基线的斜率，等于 $\Delta\mu/\Delta x$，如图 4.3 所示。如果假设原子间距或跳跃距离为 λ，θ 的倾斜使势能增加了 $\Delta\mu$，以帮助原子跳跃到空位中。通过取 $\Delta x = \lambda/2$，可得到

$$\Delta\mu = \Delta x(\tan\theta) = \frac{\lambda}{2}\tan\theta = \frac{\lambda F}{2}$$

换句话说，在通过如图 4.3 所示的倾斜势能基线产生的驱动力 F 下（F 的物理含义将在后文讨论），可以定义前向跳跃频率将增加

$$\nu^{+} = \nu_0 \exp\left(\frac{-\Delta G_{\mathrm{m}} + \Delta\mu}{kT}\right) = \nu \exp\left(+\frac{\lambda F}{2kT}\right) \tag{4.2}$$

反向跳跃频率减少了

$$\nu^{-} = \nu_0 \exp\left(\frac{-\Delta G_{\mathrm{m}} - \Delta\mu}{kT}\right) = \nu \exp\left(-\frac{\lambda F}{2kT}\right) \tag{4.3}$$

净频率为

$$\nu_{\mathrm{n}} = \nu^{+} - \nu^{-} = 2\nu \sinh\left(\frac{\lambda F}{2kT}\right) \tag{4.4}$$

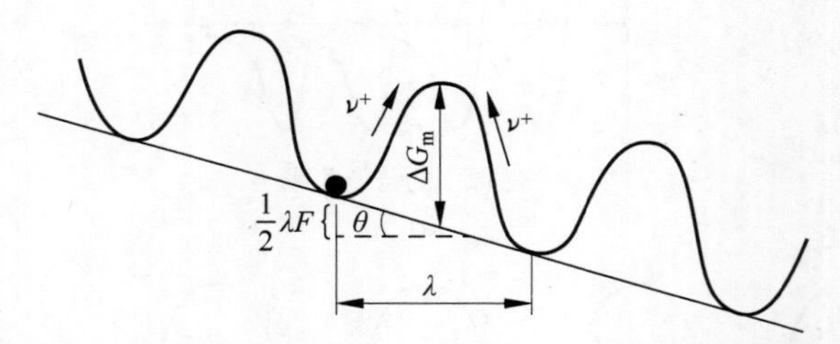

图 4.3 必须引入一个驱动力才能进行定向扩散，以驱动原子在给定的方向上扩散。这可以通过倾斜势能的基线来表示。倾斜基线引入了势能的梯度，这是扩散的驱动力

现在取线性化条件，即

$$\frac{\lambda F}{kT} \ll 1$$

当 x 很小时，可以取 $\sinh x = x$ 的近似值。因此，净频率跳变 ν_{n} 将与驱动力 F 成线性关系，即

$$\nu_{\mathrm{n}} = \nu \frac{\lambda F}{kT} \tag{4.5}$$

现在定义漂移速度，它等于跳跃频率乘以跳跃距离。漂移速度的物理含义是，在驱动力的作用下，固体中的所有平衡空位都将在力的方向上以净频率与相邻原

子交换位置,导致原子流以速度 v 在驱动力的方向上移动。

$$v=\lambda\nu_{\mathrm{n}}=\frac{\nu\lambda^{2}}{kT} \tag{4.6}$$

原子通量 J 由下式给出:

$$J=Cv=\frac{C\nu\lambda^{2}}{kT}F=CMF \tag{4.7}$$

原子通量 J 与驱动力 F 成线性关系。由于 $v=MF$,式中,$M=\nu\lambda^2/kT$,M 被定义为原子迁移率。迁移率的单位是 $\mathrm{cm^2/(J\cdot s)}$ 或 $\mathrm{cm^2/(eV\cdot s)}$,eV 是计量微观粒子能量的单位,即电子伏。由于 kT 是能量单位,可以用焦耳或电子伏为单位进行计量。

相比之下,在电荷迁移过程中,电荷的迁移率单位为 $\mathrm{cm^2/(V\cdot s)}$,而不是 $\mathrm{cm^2/(eV\cdot s)}$。这是因为在电荷迁移过程中,电荷载流子通量或电流密度 $j=-\sigma(\mathrm{d}\phi/\mathrm{d}x)$,式中,$\sigma$ 是电导率,ϕ(或 V)是电势。因此,电场力被定义为 $\mathrm{d}\phi/\mathrm{d}x$,而不是 $\mathrm{d}e\phi/\mathrm{d}x$。因此,在迁移率中,电荷 e 被抵消,因此电荷迁移率的单位为 $\mathrm{cm^2/(V\cdot s)}$。

4.3　菲克第一定律(通量方程)

在一个场中,驱动力的物理意义通常被定义为势的梯度,

$$F=-\frac{\partial\mu}{\partial x}$$

在原子扩散中,μ 是原子在扩散场中的化学势,在恒定温度和恒定压力下定义为

$$\mu=\left(\frac{\partial G}{\partial C}\right)_{T,p}$$

式中,G 是吉布斯自由能,C 是浓度。对于理想的固溶体,有(稍后将推导出这个方程)

$$\mu=kT\ln C$$

$$F=-\frac{\partial\mu}{\partial C}\frac{\partial C}{\partial x}=-\frac{kT}{C}\frac{\partial C}{\partial x}$$

$$J=\frac{C\nu\lambda^{2}}{kT}F=\frac{C\nu\lambda^{2}}{kT}\left(-\frac{kT}{C}\frac{\partial C}{\partial x}\right)=-\nu\lambda^{2}\left(\frac{\partial C}{\partial x}\right)=-D\left(\frac{\partial C}{\partial x}\right) \tag{4.8}$$

因此,得到了菲克扩散第一定律

$$\frac{J}{-(\partial C/\partial x)}=D=\nu\lambda^{2}$$

式中,D 是以 $\mathrm{cm^2/s}$ 为单位的扩散系数。那么,$M=D/kT$。上文将原子跳跃频率

与菲克扩散第一定律联系了起来，并将第2章中讨论的 $J=Cv$ 的两个通量方程与菲克第一定律 $J=-D(\partial C/\partial x)$ 联系了起来。

在进一步推导之前，下面先展示理想稀溶液中的化学势 $\mu=kT\ln C$ 是如何得出的。在热力学中，理想溶液是通过将两种物质混合并且混合过程中混合焓为零，混合熵为理想情况，即

$$\Delta H=0 \quad 和 \quad \Delta S=-k[C\ln C+(1-C)\ln(1-C)]$$

式中，$\Delta G=\Delta H-T\Delta S$，所以对 ΔG 进行微分，并由于稀溶液取 $C\ll 1$ 时，可以得到下式：

$$\mu=\left(\frac{\partial \Delta G}{\partial C}\right)_{T,p}=kT\ln C \tag{4.9}$$

4.4 扩散系数

如图4.1所示，上面的推导假设扩散原子具有相邻的空位。对于晶格中的大多数原子来说，这是不正确的，因为它们没有最近邻空位，所以必须将固体中一个原子有相邻空位的概率定义为

$$\frac{n_v}{n}=\exp\left(-\frac{\Delta G_f}{kT}\right) \tag{4.10}$$

式中，n_v 是固体中空位的总数，n 是固体中晶格结点的总数，ΔG_f 是空位形成的吉布斯自由能。因为在一个fcc金属中，一个晶格原子有12个最近的"邻居"，一个特定原子最邻近空位的概率是

$$n_c\frac{n_v}{n}=n_c\exp\left(-\frac{\Delta G_f}{kT}\right)$$

式中，$n_c=12$ 是配位数。

接下来必须考虑fcc晶格中的相关因子。相关因子的物理意义是反向跳跃的概率。在原子与空位交换位置后，它很有可能回到激发态弛豫过程发生之前的原始位置。因子 f 的范围介于0和1。当 $f=0$ 时，意味着反向跳跃的概率为100%，因此原子和空位来回交换位置，不会导致任何随机游走，这是一次相关游走；当 $f=1$ 时，意味着在跳跃之后，原子将不会返回到其原始位置，并且这是一次随机游走。下一次跳跃将取决于空位到达该原子邻域的随机概率，或者空位将与其12个最近邻原子中的一个随机交换位置。在fcc金属中，$f=0.78$，所以大约80%的跳跃是随机游走，约20%是相关游走。因此，扩散系数为

$$D=fn_c\lambda^2\nu_0\exp\left(-\frac{\Delta G_m+\Delta G_f}{kT}\right) \tag{4.11}$$

$$D = fn_{c}\lambda^{2}\nu_{0}\exp\left(\frac{\Delta S_{m} + \Delta S_{f}}{k}\right)\exp\left(-\frac{\Delta H_{m} + \Delta H_{f}}{kT}\right) = D_{0}\exp\left(-\frac{\Delta H}{kT}\right)$$

因此得出

$$D_{0} = fn_{c}\lambda^{2}\nu_{0}\exp\left(\frac{\Delta S_{m} + \Delta S_{f}}{k}\right) \tag{4.12}$$

和

$$\Delta H = \Delta H_{m} + \Delta H_{f}$$

4.5　菲克第二定律(连续性方程)

我们推导了在恒定驱动力下的菲克第一定律或通量方程,即方程(4.8)。该方程可以描述在恒定化学势或恒定浓度梯度下的扩散现象,它具有恒定的通量,与时间无关。然而,在大多数扩散问题中,扩散原子通量会随着位置和时间的变化而变化。菲克第一定律不能用于描述通量随位置和时间变化的扩散,或者在变化的驱动力下的扩散。一个简单的例子是水中的一滴墨水。它在水中扩散并最终达到均匀化过程中,墨水的浓度和浓度梯度随时间和位置而变化。为了处理这样一个非稳态问题,需要从质量守恒定律和通量散度的高斯定理出发得出连续性方程。下面回顾通量散度的概念。

记得在第 2 章将原子通量定义为每单位面积和单位时间通过表面或沉积在表面上的原子数。现在考虑一个由六个正方形表面组成的简单立方体,我们考虑通过立方体六个表面的六个原子通量,如图 4.4 所示。在一个时间间隔 Δt 内,进入(或离开)其中一个正方形表面 A_1 的原子数为

$$\Delta N_{1} = J_{1}A_{1}\Delta t$$

如果对给定的时间段 Δt 内通过每个面积 A_i 表面的所有原子通量 J_i 求和,或者对立方体积内外的所有原子求和,得到

$$\sum_{i=1}^{6} J_{i}A_{i}\Delta t = \sum_{i=1}^{6}\Delta N_{i} = \Delta N$$

式中,ΔN 是立方体内原子总数的净变化。如果立方体的体积是 V,而 C 是立方体中的浓度,则浓度的变化是

$$V\Delta C = \Delta N$$

从最后两个方程得到

$$\frac{\mathrm{d}N}{\mathrm{d}t} = V\frac{\mathrm{d}C}{\mathrm{d}t} = \sum_{i=1}^{6} J_{i}A_{i}$$

根据高斯定理,最后一项应该等于立方体积内的散度,所以有

$$\sum_{i=1}^{6} J_i A_i = (\nabla \cdot \boldsymbol{J})V \tag{4.13}$$

式中,V 是立方体的体积。高斯定理通常适用于面积 A 所包围的体积 V 的任意形状

$$\sum_{i=1} J_i A_i = \oint_A \boldsymbol{J} \cdot \boldsymbol{n} \, \mathrm{d}A = (\nabla \cdot \boldsymbol{J})V \tag{4.14}$$

结合上面最后三个方程,得到

$$V \frac{\mathrm{d}C}{\mathrm{d}t} = \oint_a \boldsymbol{J} \cdot \boldsymbol{n} \, \mathrm{d}A = (\nabla \cdot \boldsymbol{J})V \tag{4.15}$$

从而获得众所周知的连续性方程,即

$$\frac{\mathrm{d}C}{\mathrm{d}t} = \nabla \cdot \boldsymbol{J}$$

通常,在最后一个方程中有一个负号。正负号取决于立方体内原子的净变化是正还是负。一般来说,假设流入通量小于流出通量,因此立方体内部的浓度随着时间的推移而降低,因此有一个负号。由于高斯定理假设 C 的导数是连续函数,因此该方程被称为连续性方程。4.5.1 节给出了连续性方程的形式推导。

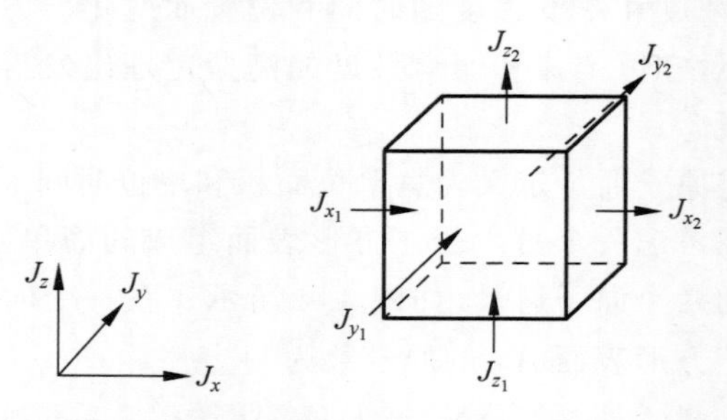

图 4.4　六个正方形表面的简单立方体；考虑通过立方体的六个表面的六个原子通量

方程(4.15)中实际上有三个方程：第一个是与第二项和第三项相关的高斯方程；第二个是关于第一项和第三项的连续性方程；第三个是与第一项和第二项相关的生长方程,考虑容器增大时,它假设质量守恒,或原子数守恒($\Delta N = JA\Delta t$),或空位数守恒。图 4.5 说明了这三个方程的相互关系。

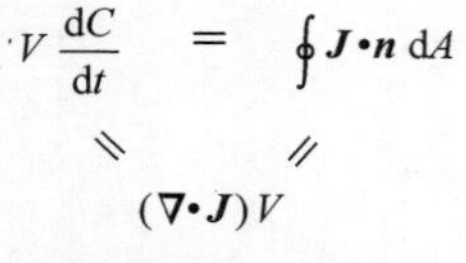

$$V\frac{\mathrm{d}C}{\mathrm{d}t} \quad = \quad \oint \boldsymbol{J}\cdot\boldsymbol{n}\,\mathrm{d}A$$

$$\| \qquad\qquad //$$

$$(\boldsymbol{\nabla}\cdot\boldsymbol{J})V$$

图 4.5　在获得菲克第二定律时相互关联的三个方程

通常在固态反应中会遇到生长方程,例如沉淀物的析出。这是因为使用了图 4.4 中的小立方体来考虑通量发散,这对于气体状态是最好理解的,因为浓度可以在立方体内变化。但如果立方体是固体,如纯金属,则立方体的浓度为 $C=1/\Omega$,它是恒定的,不会改变。式中,Ω 是原子体积。如果不能改变浓

度(除合金化外),当原子通量到达立方体时,立方体必然生长,因此需要用生长方程描述,在5.4节将进一步讨论。

4.5.1 连续性方程的推导

使用笛卡儿坐标来考虑进出立方体单元的通量,如图4.6所示。如果用一个向量表示通量 $\boldsymbol{J}$,可以将其分解为三个分量,即 J_x、J_y 和 J_z。每单位时间通过 $\mathrm{d}y\mathrm{d}z$ 面积的表面 x_1 流入立方体的材料量等于

$$\boldsymbol{J}_{x_1} \cdot \boldsymbol{x}_1 = J_{x_1} x_1 \cos 180^\circ = -J_{x_1} \mathrm{d}y\mathrm{d}z$$

类似地,通过表面 x_2(与 x_1 方向相反)流出立方体的材料量等于

$$\boldsymbol{J}_{x_2} \cdot \boldsymbol{x}_2 = \left(J_{x_1} + \frac{\partial J_x}{\partial x}\mathrm{d}x\right) x_2 \cos 0^\circ = J_{x_1}\mathrm{d}y\mathrm{d}z + \frac{\partial J_x}{\partial x}\mathrm{d}x\mathrm{d}y\mathrm{d}z$$

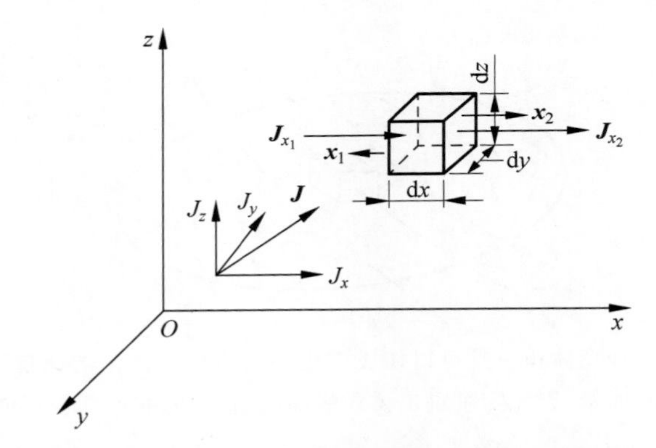

图4.6 用于考虑进出三次元素的通量的笛卡儿坐标

把这些加在一起,x 方向上立方体的净流出通量变成

$$(J_{x_2} - J_{x_1})\mathrm{d}y\mathrm{d}z = \left(\frac{\partial J_x}{\partial x}\right)\mathrm{d}x\mathrm{d}y\mathrm{d}z$$

值得注意的是,在 x_1 和 x_2 之间使用了一个连续且可微的函数,因此

$$J_{x_2} = J_{x_1} + \frac{\partial J_x}{\partial x}\mathrm{d}x$$

此外,J_{x_2} 大于 J_{x_1}。因此,更多物质从这个立方体里流出。如果在 y 和 z 方向上应用这种方法,就得到

$$(J_{y_2} - J_{y_1})\mathrm{d}x\mathrm{d}z = \left(\frac{\partial J_y}{\partial x}\right)\mathrm{d}x\mathrm{d}y\mathrm{d}z$$

$$(J_{z_2} - J_{z_1})\mathrm{d}x\mathrm{d}y = \left(\frac{\partial J_z}{\partial x}\right)\mathrm{d}x\mathrm{d}y\mathrm{d}z$$

再把所有这些加在一起,就得到

$$\sum_{i=1}^{6} J_i A_i = \left(\frac{\partial J_x}{\partial x} + \frac{\partial J_y}{\partial y} + \frac{\partial J_z}{\partial z}\right) \mathrm{d}V \tag{4.16}$$

式中,$\mathrm{d}V = \mathrm{d}x\,\mathrm{d}y\,\mathrm{d}z$。现在,考虑一个任意体积,而不是一个立方体。任意体积总是可以被切成多个小立方体,如图 4.7 所示,穿过所有内表面进入的通量等于流出的通量,因此它们都会抵消。必须考虑的唯一通量是外表面上的通量。对于以面积 A 为界的任意体积 V,

$$\int_A \boldsymbol{J} \cdot \boldsymbol{n} \mathrm{d}A = (\nabla \cdot \boldsymbol{J}) V \tag{4.17}$$

这就是众所周知的高斯定理,右边被定义为通量的散度,其中

$$\nabla \cdot \boldsymbol{J} = \frac{\partial J_x}{\partial x} + \frac{\partial J_y}{\partial y} + \frac{\partial J_z}{\partial z}$$

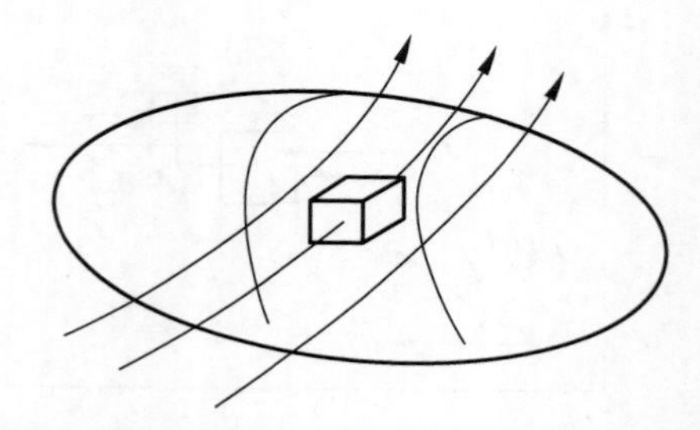

图 4.7 这里所示的任意体积总是可以切成多个小立方体。流出的通量等于穿过所有内表面流入的通量,因此除了进出体积表面的通量外,它们都会抵消

根据质量守恒,这个量(J 的散度)乘以 V 必须等于体积内原子总数的变化。它需要一个负号,因为是在流出通量大于流入通量,并且在体积内没有源时得出了这个量,这个过程在体积 V 内损失了物质。由于 $C = N/V$,它必须等于浓度下降的时间速率。因此,微分形式的连续性方程为

$$-(\nabla \cdot \boldsymbol{J}) = \frac{\partial C}{\partial t} \tag{4.18}$$

它描述了一种非稳态通量流。这是流体力学中一个非常著名的方程,在这里也是扩散方程。由于已经得出了一维情况下的通量方程

$$J = -D \frac{\partial C}{\partial x}$$

式中,D 为扩散系数。于是

$$\frac{\partial C}{\partial t} = \frac{\partial}{\partial x} D \left(\frac{\partial C}{\partial x}\right)$$

如果 D 与位置无关,就得出

$$\frac{\partial C}{\partial t}=D\left(\frac{\partial^2 C}{\partial x^2}\right) \tag{4.19}$$

这是一维扩散情况下的菲克第二定律。

4.6　扩散方程的一个解

如 4.5 节所述，三维扩散的一个例子是一滴墨水在水中散开的情况；一个二维的例子是一滴汽油散布在水面上。下面使用方程(4.19)来考虑一维问题。取一根纯金属的长棒，在端面放置少量同位素，即示踪剂，如图 4.8(a)所示。这里将确定同位素如何随着时间和温度扩散到棒中。设置该问题的标准方法是，在端面对金属棒进行镜像对称，从而将该问题变为对称问题，如图 4.8(b)所示。然后用标准解决方法求解，

$$C(x,t)=\frac{Q}{(\pi Dt)^{\frac{1}{2}}}\exp\left(\frac{-x^2}{4Dt}\right) \tag{4.20}$$

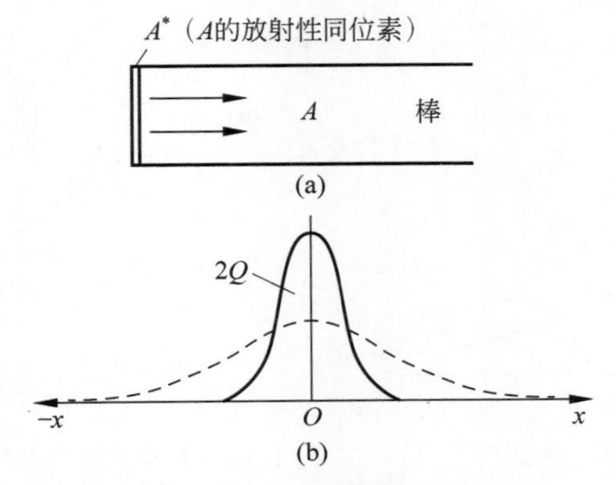

图 4.8　(a) 纯金属长棒的示意图，其端面有少量同位素，即示踪剂。我们将确定同位素如何作为时间和温度的函数扩散到棒中；(b) 设置问题的标准方法是在端面放置反射镜，从而将问题转化为对称问题

对于固定量的示踪剂材料，常数 Q 满足以下边界条件。问题的初始条件是

在 $x=0$，　$t\to 0$ 条件下，　$C\to Q$

对于 $|x|>0$，　$t\to 0$ 条件下，　$C\to 0$

两个重要的浓度值是

$x=0$ 条件下，

$$C(0,t)=C_0=\frac{Q}{(\pi Dt)^{\frac{1}{2}}} \tag{4.21}$$

$x=\lambda_D=(4Dt)^{1/2}$ 条件下，

$$C(\lambda_{\mathrm{D}},t)=C_\lambda=\frac{C_0}{e} \tag{4.22}$$

最后一个方程表明，$x=\lambda$ 处的局部浓度与 $x=0$ 源处的浓度之比始终为 $1/e$ 的位置，这发生在 $x^2=4Dt$ 处。这里给出了一个解，它显示了这样一种独特的扩散关系，即 x^2 与 Dt 成比例，并且使用不同边界条件的扩散方程的许多其他解总是涉及相同的关系。这种比例关系是扩散最重要的关系之一。如果一个动力学过程是由扩散控制的，它必须服从这个关系，即 x^2-Dt 关系。

基于方程(4.20)中的解，可以测量扩散系数，例如，从图 4.9 中所示的浓度分布图。由于知道扩散的时间，可以绘制 $\ln C$ 与 x^2 的关系图，根据方程(4.20)，斜率等于 $1/(4Dt)$，图 4.10 所示为在实验温度下获得了 D。把 D 作为一个温度的函数时，在四个或五个温度下，我们可以绘制 $\ln D$ 与 $1/kT$ 的关系图，斜率将给出扩散的活化能 ΔH。可以将扩散系数表示为

$$D=D_0\exp\left(\frac{-\Delta H}{kT}\right)$$

式中，D_0 是指数前因子。

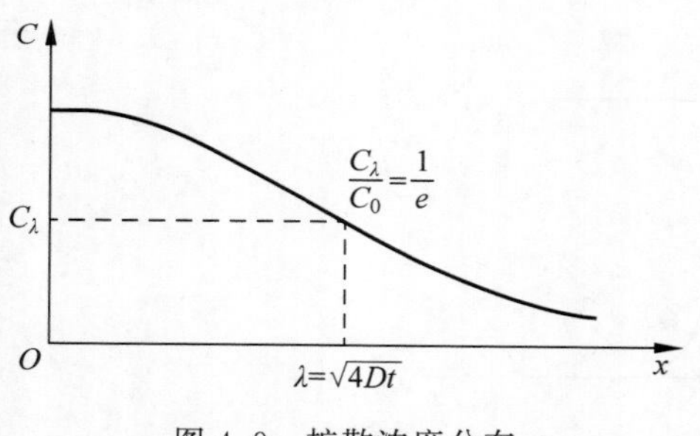

图 4.9 扩散浓度分布

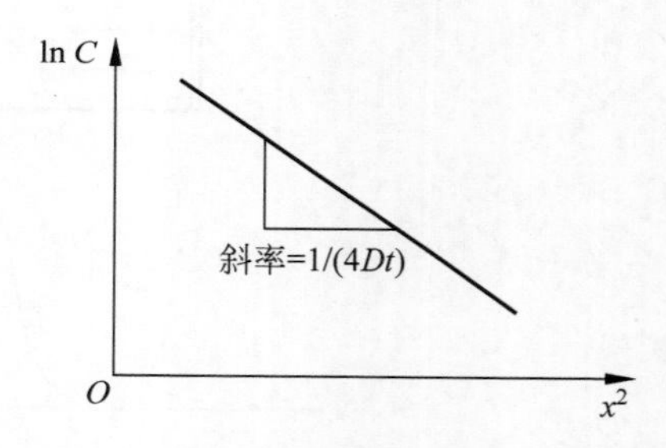

图 4.10 知道扩散的时间绘制了 $\ln C$ 与 x^2 的关系图，根据方程(4.20)，斜率等于 $1/(4Dt)$。即可在实验温度下获得 D

4.7 扩散系数

在通常情况下，可以发现测量的扩散系数可以表示为

$$D=D_0\exp\left(\frac{-\Delta H}{kT}\right) \tag{4.23}$$

这是一个玻尔兹曼分布函数，系数由两部分组成：指数前因子 D_0 和活化能 ΔH，其中 ΔH 不取决于温度，D_0 可能只非常轻微地取决于温度。

之前，导出了一个简单的通量方程(4.8)，其中

$$D=\lambda^2\nu$$

这给出了扩散系数的单位为 cm^2/s。在如下关系中有相同的单位：

$$x^2=4Dt \tag{4.24}$$

4.4 节将扩散系数表示为

$$D=fn_c\lambda^2\nu_0\exp\left(\frac{\Delta S_m+\Delta S_f}{k}\right)\exp\left(-\frac{\Delta H_m+\Delta H_f}{kT}\right) \tag{4.25}$$

因此有

$$D_0=fn_c\lambda^2\nu_0\exp\left(\frac{\Delta S_m+\Delta S_f}{k}\right)$$

$$\Delta H=\Delta H_m+\Delta H_f$$

上文将扩散的连续介质力学方程(4.23)与扩散的原子机制方程(4.11)联系了起来。

4.8　扩散系数的计算

表 4.1 给出了一些元素的自扩散系数 D_0（单位为 cm^2/s）。活化能 ΔH、ΔH_m 和 ΔH_f 以电子伏每原子为单位给出。下面计算了 Al 在室温下的自扩散系数

（$D_0=0.047cm^2/s$，　$\Delta H=1.28$ 电子伏每原子）：

$$D=D_0\exp\left(\frac{-\Delta H}{kT}\right)=0.047e^{-\frac{1.28\times23000}{2\times300}}$$

$$=0.047\times10^{-\frac{1.28\times23000}{2.3\div2\times300}}cm^2/s=0.047\times10^{-22}cm^2/s$$

在该扩散系数下，如果花一天或 10^5 s 的时间，$(Dt)^{1/2}$ 将小于 10^{-8} cm。换句话说，它小于一个原子跳跃。因此，Al 金属在室温下是非常稳定的。除 Pb 和 Sn 等低熔点金属，大多数金属和半导体在室温下的扩散系数小于 $10^{-22}cm^2/s$。

表 4.1　一些重要元素中的晶格自扩散*

元素	$D_0/(cm^2/s)$	$\Delta H/eV$	$\Delta H_f/eV$	$\Delta H_m/eV$	$\Delta S/k$
fcc					
Al	0.047	1.28	0.67	0.62	2.2
Ag	0.04	1.76	1.13	0.66	—
Au	0.04	1.76	0.95	0.83	1.0
Cu	0.16	2.07	1.28	0.71	1.5
Ni	0.92	2.88	1.58	1.27	—

续表

元素	$D_0/(\mathrm{cm}^2/\mathrm{s})$	$\Delta H/\mathrm{eV}$	$\Delta H_f/\mathrm{eV}$	$\Delta H_m/\mathrm{eV}$	$\Delta S/k$
Pb	1.37	1.13	0.54	0.54	1.6
Pd	0.21	2.76	—	—	—
Pt	0.33	2.96	—	1.45	—
bcc					
Cr	970	4.51	—	—	—
α-Fe	0.49	2.95	—	0.68	—
Na	0.004	0.365	0.39/0.42	—	—
β-Ti	0.0036	1.35	—	—	—
V	0.014	2.93	—	—	—
W	1.88	6.08	3.6	1.8	—
β-Zr	0.000085	1.2	—	—	—
hcp					
Co	0.83	2.94	—	—	—
α-Hf	0.86/0.28	3.84/3.62	—	—	—
Mg	1.0/1.5	1.4/1.41	0.79/0.89	—	—
α-Ti	0.000066	1.75	—	—	—
金刚石结构					
Ge	32	3.1	2.4	0.2	10
Si	1460	5.02	~3.9	~0.4	

* 摘自《薄膜和微电子材料中的扩散现象》第1章(Gupta 和 Ho,1988)(由 D. Gupta 提供)[7]。

当Al用作Si器件上的导线时,器件运行过程中因焦耳热而使温度升高。考虑可靠性原因,经常选择100℃作为上限。该温度下的扩散系数如下:

$$D = D_0 \mathrm{e}^{-\Delta H/kT} \cong 0.047 \times 10^{-\frac{1.28\times5000}{100+273}} \mathrm{cm}^2/\mathrm{s} \cong 0.33 \times 10^{-18} \mathrm{cm}^2/\mathrm{s}$$

这意味着通过晶格扩散,Al原子每天可以在100℃下扩散约2nm的距离,这是不可忽视的。

下面粗略估计固体中扩散系数的上限和下限。根据表4.1,估计fcc金属在其熔点附近的扩散系数约为$10^{-8}\mathrm{cm}^2/\mathrm{s}$,这是上限。该值小于液体或熔融金属中的扩散系数,约为$10^{-5}\mathrm{cm}^2/\mathrm{s}$。作为下限,如果我们将跳跃距离设为原子间距离,即约0.1nm,时间为10d,则得到$x^2/t=10^{-22}\mathrm{cm}^2/\mathrm{s}$。任何这个数量级的扩散系数都没有实际意义,也很难测量。使用超晶格结构或层去除技术进行浓度分布分析,可以测量的扩散系数为$10^{-22}\sim10^{-19}\mathrm{cm}^2/\mathrm{s}$。在中等扩散系数范围内,发现薄膜反应中的互扩散距离为$10^{-6}\sim10^{-5}\mathrm{cm}$,时间为1000s,考虑$x^2/t=10^{-15}\sim10^{-13}\mathrm{cm}^2/\mathrm{s}$,

这是预期的扩散系数。已知给定温度下的 D，可以通过使用关系式 $x^2=4Dt$，容易地估计给定时间内的扩散距离。

Si 中的取代掺杂剂的扩散系数接近于 Si 中的自扩散系数。图 4.11 展示了 Si 中掺杂剂的扩散系数与温度的关系图。如果通过掺杂剂扩散在 Si 中产生 p-n 结，扩散温度必须接近 1000℃。这里有一个关于这种扩散的机制问题。测量的扩散系数可以是两种机制的组合(例如，样品中可能共存两种缺陷，如空位和双空位)。硅中的自扩散完全是由空位引起，还是由间隙或直接交换引起，目前仍不清楚。然而，图 4.11 表明贵金属和近贵金属元素，如 Cu 和 Li，其扩散系数比 Si 自扩散高几个数量级。它们在硅中间隙扩散。对于 bcc 结构金属，扩散的活化能对温度的依赖性很小。这个话题就不在这里赘述。

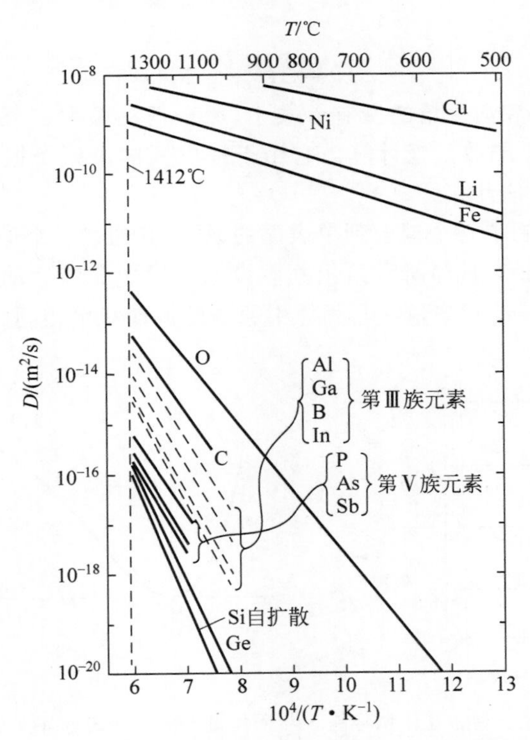

图 4.11　Si 中掺杂剂的扩散系数与温度的关系图

Simmons-Balluffi 实验(4.9.2 节)可以同时确定晶格参数膨胀和高温下缺陷产生引起的样品尺寸变化。结果表明，在 fcc 结构金属中，如 Al 和 Au 等，金属空位是介导扩散的主要点缺陷，并且空位在熔点附近的浓度约为 10^{-4}。接下来将考虑扩散系数中的参数。

4.9 扩散系数中的参数

4.9.1 原子振动频率

下面导出扩散系数的表达式，

$$D = D_0 \exp\left(\frac{-\Delta H}{kT}\right)$$

其指数前因子为

$$D_0 = f n_c \lambda^2 \nu_0 \exp\left(\frac{\Delta S_m + \Delta S_f}{k}\right)$$

以及活化焓

$$\Delta H = \Delta H_m + \Delta H_f$$

在指数前因子和活化焓的所有参数中，原子振动频率 ν_0 是固体的基本参数。这里给出了一个 ν_0 的数量级计算。它用于提供固体中原子振动的简单物理图像和扩散系数大小的估计。

图 4.12(a)绘制了一个键合到单表面的原子，其通过一个原子间相互作用势能 ϕ 与固体键合，如图 3.1(a)所示给出。假设原子发生简谐运动。这是一个简化的模型，但它给出的振动频率量级与固体中原子的振动频率相同。

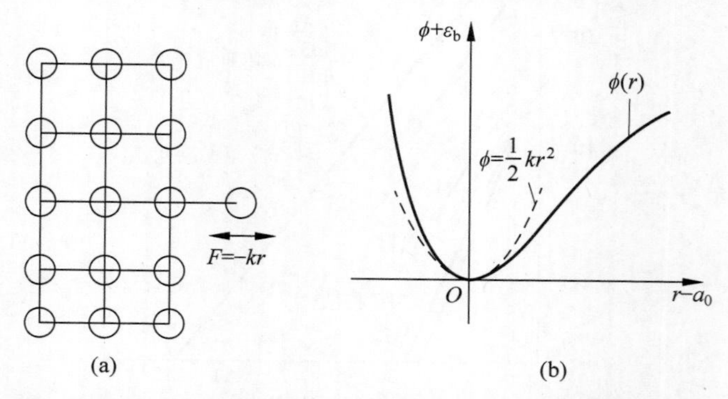

图 4.12 (a) 通过原子间相互作用势能 ϕ 与固体键合的单个表面原子的示意图；(b) 用抛物线势近似 ϕ 的底部($\phi(a_0)$附近)，并将点($-\varepsilon_b, a_0$)移动到坐标原点

3.2 节已经提出了原子简谐振动的模型，其振动频率如下：

$$\nu_0 = \frac{1}{t} = \frac{\omega}{2\pi} = \frac{1}{2\pi}\sqrt{\frac{k}{m}} \tag{4.26}$$

如果知道 k 和 m，可以计算出 ν_0，式中 k 是力常数，m 是相对原子质量。后者

是通过固体质量和阿伏伽德罗常数计算得出的。为了确定 k，在方程(3.2)中求 ϕ 的二阶导数，可以得到

$$\frac{d^2\phi}{dr^2}=k \tag{4.27}$$

第3章给出了服从勒让德-琼斯势的固体方程(3.7)，从中得到

$$\frac{d^2\phi}{dr^2}=\frac{12\varepsilon_b}{a_0^2}\left(\frac{a_0}{r}\right)^8\left[13\left(\frac{a_0}{r}\right)^6-7^6\right]$$

于是

$$r=a_0 \text{ 时}, \quad k=\frac{72\varepsilon_b}{a_0^2} \tag{4.28}$$

将 k 代入式(3.5)，可以得到

$$\nu_0=\frac{3}{\pi}\sqrt{\frac{2\varepsilon_b}{ma_0^2}} \tag{4.29}$$

现在，为了计算 ν_0，图4.12(a)中所示的原子以金原子为例，那么

$$m=\frac{197\text{g/mol}}{6.02\times10^{23}\text{mol}^{-1}}=32.8\times10^{-23}\text{g}$$

fcc-Au 中的原子间距离 a_0 由 $a_0/\sqrt{2}=0.288\text{nm}$ 给出，因此 $a_0^2=8.3\times10^{-16}\text{cm}^2$，且

$$\begin{aligned}ma_0^2&=2.72\times10^{-37}\text{g}\cdot\text{m}\cdot\text{cm}^2/\text{原子数}\\&=2.72\times10^{-37}\text{dyn}\cdot\text{cm}\cdot\text{s}^2/\text{原子数}\\&=2.72\times10^{-37}\text{erg}\cdot\text{s}^2/\text{原子数}\end{aligned}$$

式中，使用了 $1\text{dyn}=1\text{g}\cdot\text{cm/s}^2$ 的转换关系。根据表3.1，Au 的原子间势能为

$$\varepsilon_b=0.47\text{ 电子伏每原子数}=0.75\times10^{-12}\text{ 尔格每原子数}$$

可得

$$\nu_0=\frac{3}{\pi}\sqrt{\frac{2\varepsilon_b}{ma_0^2}}=2.24\times10^{-12}\text{s}^{-1} \tag{4.30}$$

如果将上面的简单计算扩展到 fcc 晶格中的一个原子，其中它有12个最近邻原子，那么对于沿着紧密堆积方向的振动，力常数必须乘以6。因子6是因为使用叠加原理，并将所有12个原子的原子间力的投影($\cos\theta$)求和。反过来，必须将 ν_0 乘以 $\sqrt{6}$，得出

$$\nu_0=\frac{6}{\pi}\sqrt{\frac{3\varepsilon_b}{ma_0^2}} \tag{4.31}$$

这称为爱因斯坦频率。对于晶格中的 Au 原子，得到了 $\nu_0=5.5\times10^{12}\text{cycle/s}$。

德拜(Debye)对有限固体中的弹性振动(声子)进行了形式化处理,这一内容在关于固体物理学的教科书中有介绍。德拜频率 ν_D 由下式定义:

$$h\nu_D = kT_\theta \tag{4.32}$$

式中,h 是普朗克常数($h=6.626\times10^{-27}\text{erg}\cdot\text{s}$),$T_\theta$ 是所有 $3N$ 模式弹性波都被激活的德拜温度。对于金属 Au,$T_\theta=165\text{K}$,由 Kittel 和 Kroemer[8] 的《热物理》表 4.1 中给出。因此

$$\nu_D = \frac{kT_\theta}{h} = \frac{1.38\times10^{-16}\text{erg}\cdot\text{K}^{-1}\times165\text{K}}{6.626\times10^{-27}\text{erg}\cdot\text{s}} = 3.42\times10^{12}\text{s}^{-1}$$

这与计算的频率相差不远。由于常见金属的德拜温度仅以 2 到 3 的因子变化(例如,Au 的 $T_\theta=428\text{K}$),因此从扩散的角度来看,金属的原子振动频率通常取为 10^{13} cycle/s 或 10^{13} Hz。

4.9.2 活化焓

在式(3.37)中,空位扩散的活化焓由两个分量组成,

$$\Delta H = \Delta H_m + \Delta H_f$$

由于了解活化能对于理解扩散机制和识别介导扩散的缺陷类型很重要,因此测量活化能一直是研究扩散的关键步骤。ΔH 的值可以通过在几个温度下测量 D 并绘制 $\ln D$ 与 $1/kT$ 的关系来确定;根据直线图的斜率得到 ΔH。热膨胀、淬火并进行电阻率测量和正电子湮没等实验技术已被用于测定 ΔH_f。淬火实验也可以被用来测量 ΔH_m。这些技术在与扩散有关的教科书和参考书中都有很好的介绍。这里将仅简要讨论通过热膨胀法测量 ΔH_f。

固体中空位的浓度是一个平衡量。空位浓度 n_v/n 如式(3.33)所示随温度增加,

$$\frac{n_v}{n} = \exp\left(\frac{-\Delta G_f}{kT}\right) = \exp\left(\frac{\Delta S_f}{k}\right) = \exp\left(\frac{-\Delta H_f}{kT}\right)$$

式中,n_v 和 n 分别是固体中空位和原子的数量。随着温度的升高,更多的原子从固体内部移动到表面以形成更多的空位。因此,固体的体积增加。如果可以将这种体积增加与热膨胀引起的体积增加解耦,即可测量空位浓度。热膨胀可以通过使用 X 射线衍射测量晶格参数变化 Δa 与温度的函数来确定,可以用 $\Delta a/a$ 来表示分数变化。类似地,对于体积变化,可以使用长度为 L 的导线,并测量长度变化 ΔL 作为温度的函数,然后得到

$$\frac{n_v}{n} = 3\left(\frac{\Delta L}{L} - \frac{\Delta a}{a}\right) \tag{4.33}$$

因子 3 是因为 ΔL 和 Δa 都是线性变化。图 4.13 显示了由 Simmons 和

Balluffi 测量的 Al 线在达到熔点前 $\Delta L/L$ 和 $\Delta a/a$ 与温度的变化函数。结果表明，在熔点附近，空位浓度 $n_v/n=10^{-4}$。由于($\Delta L/L-\Delta a/a$)是正数，因此缺陷主要是空位。对于间隙缺陷占主导的材料，该差值应为负值。在推导中忽略了空位和间隙之间的补偿效应，以及双空位的效应。从图 4.13 所示的两条曲线来看，

$$\frac{\Delta n_v}{n}=\exp(2.4)\exp\left(-\frac{\Delta H_f}{kT}\right) \tag{4.34}$$

Al 的 $\Delta H_f=0.76\text{eV}$ 和 $\Delta S_f/k=2.4$。这些值与表 4.1 中列出的值非常一致。

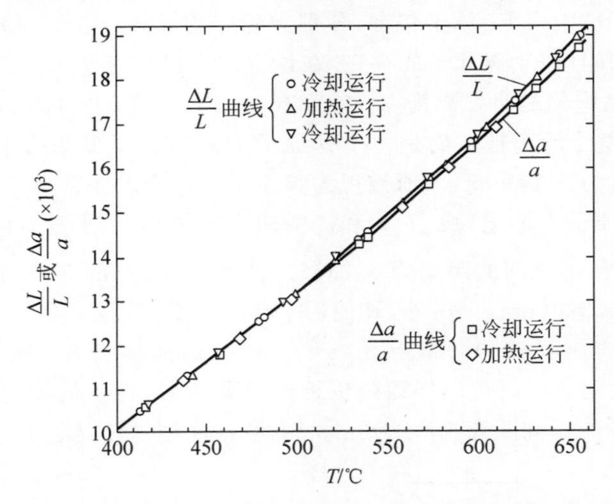

图 4.13　Al 线在达到熔点前 $\Delta L/L$ 和 $\Delta a/a$ 与温度的函数关系图

4.9.3　指数前因子

如果接受相关因子 f 的理论值(对于 fcc 金属为 0.78)，则可以使用 $\nu_0=10^{13}\,\text{Hz}$，并通过测量扩散的指数前因子 D_0 来估计熵因子。4.4 节末尾的方程(4.12)即说明了这一问题：

$$\exp\left(\frac{\Delta S}{k}\right)=\exp\left(\frac{\Delta S_m+\Delta S_f}{k}\right)=\frac{D_0}{f\nu_0\lambda^2 n_c}$$

由于 ΔS 必须为正，因此得到 $D_0>f\nu_0\lambda^2 n_c$。对于 Au，

$$D_0>0.78\times 3.42\times 10^{12}\times(2.88\times 10^{-8})^2\times 12\text{cm}^2/\text{s}=0.027\text{cm}^2/\text{s}$$

通常，金属中自扩散的 D_0 为 $0.1\sim 1\text{cm}^2/\text{s}$，因此每个原子的熵变为单位乘以 k。在关于扩散的教科书中，当活化焓以千卡每分子或千焦每分子而不是电子伏每原子给出时，ΔS 有时以摩尔气体常数 R(而不是玻尔兹曼常数 k)给出。

下面通过假设，理论计算铁中碳原子在间隙扩散过程中 ΔS。在这种情况下，

扩散只需要运动的活化能，因为在 Fe 中，与间隙 C 溶质原子相邻的间隙位置总是可用的。为了计算这种情况下的熵变化，对于恒压过程，得出

$$\Delta S_{\mathrm{m}} = -\frac{\partial G_{\mathrm{m}}}{\partial T} \tag{4.35}$$

齐纳推断，碳原子扩散过程中的吉布斯自由能变化本质上是挤开 Fe 原子所需的应变能，以打开足够宽的通道令间隙碳原子可以到达相邻的间隙位置。考虑图 4.14(a)中展示的扩散过程，其中 bcc-Fe 的两个晶胞在中心位置包含一个间隙碳原子。碳原子被六个 Fe 原子包围，分别被标记为 a、b、c、d、e 和 f，其中 e-f 对沿着垂直方向，并且由于碳原子的存在，在该方向上存在应变。

Fe 的 bcc 晶胞的晶格参数为 $a=0.2866\mathrm{nm}$。两个 Fe 原子之间最接近的距离为 0.2481nm；这个距离被认为是一个铁原子的直径。石墨基面中两个碳原子之间最接近的距离为 0.142nm，该值被视为碳原子的直径。在图 4.14(a)所示的 bcc 结构上，间隙碳原子与标记为 a、b、c 和 d 的四个相邻 Fe 原子没有应力。这是因为 a 和 c 之间或 b 和 d 之间的距离为 $0.2866\times\sqrt{2}=0.4052\mathrm{nm}$，略大于铁原子和碳原子的直径之和(0.3901nm)。另外，其他两个相邻的 Fe 原子 e 和 f 必须伸展(如一对短箭头所示)约 0.1035/0.2866=36%。可以合理地预期由于轨道杂化，碳原子和两个铁原子之间的距离可以压缩得更近。但要注意，在铁的碳化物 Fe_3C 中，Fe 和 C 之间最近的原子间距离为 0.39nm。因此，e-f 对中的应变约为 36%。

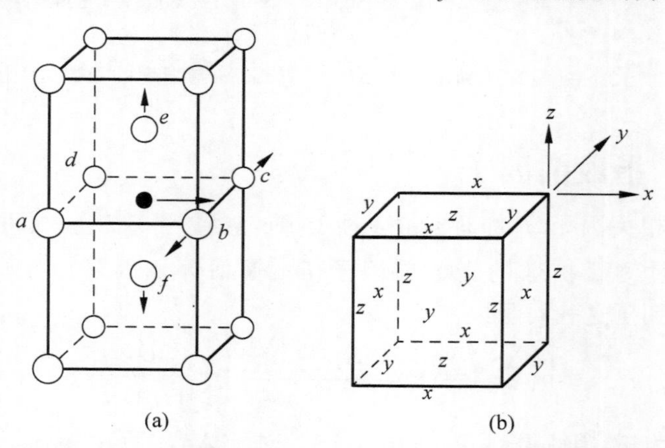

图 4.14　(a) Fe 的两个 bcc 晶胞，在标记为 a、b、c 和 d 的四个 Fe 原子的中心含有一个间隙碳原子。碳原子引起了标记为 e 和 f 的另外两个相邻 Fe 原子的位移。当碳原子跳到 b 和 c 之间的间隙位置时，它们会如箭头所示分开；(b) bcc 晶格上的等效间隙位置由 x、y 和 z 标记表示

为了考虑间隙碳原子向另一个间隙位置的扩散，首先注意到 bcc 结构中的等

效间隙位置位于晶格中的面中心和边中心位置，如图 4.14(b)所示。它们是等效的，因为除了旋转 90°，它们具有相似的周围 Fe 原子，也就是说，b 和 c 之间的间隙位置与中心位置相同，只是当中心碳原子跳到 b 和 c 之间的位置时，拉伸(如一对短箭头所示)是沿着 b-c 方向(y 方向)，而不是 e-f 方向(z 方向)。对于这样的扩散跳跃，观察到在跳跃之前和之后，e-f 和 b-c 对分别是应变的。然而，在扩散过程中，两者都必须受到约束；这是因为如果不拉伸 b-c 对，碳原子就无法跳到 b 和 c 之间的间隙位置，因此需要扩散的活化能。

如果假设这个过程是弹性的，可以将激活能视为所涉及的应变能，

$$\Delta G_{\mathrm{m}}=-\frac{1}{2}K\varepsilon^{2} \tag{4.36}$$

式中，K 是体模量，ε 是体应变。由于应变可以视为与温度无关，因此得到

$$\Delta S_{\mathrm{m}}=\frac{1}{2}\varepsilon^{2}\frac{\partial K}{\partial T} \tag{4.37}$$

第 3 章已经表明，表面能和杨氏模量密切相关，如表 3.4 所示。两者都与原子间势能成正比。对于结合能和体模量 K，这种关系也是正确的。具体来说，如果固体服从勒让德-琼斯势，已经证明

$$K=\frac{8\Delta E_{\mathrm{s}}}{V}$$

式中，ΔE_{s} 是升华的潜热，V($V=N_{\mathrm{A}}\Omega$，Ω 是原子体积，N_{A} 是阿伏伽德罗常数)是摩尔体积。因而

$$\Delta S_{\mathrm{m}}=\frac{4\varepsilon^{2}}{V}\frac{\partial\Delta E_{\mathrm{s}}}{\partial T}=\frac{4\varepsilon^{2}}{V}c_{\mathrm{v}}=\frac{4\varepsilon^{2}(3N_{\mathrm{A}}k)}{N_{\mathrm{A}}\Omega}=\frac{12\varepsilon^{2}k}{\Omega} \tag{4.38}$$

式中，c_{v} 是恒定体积下的热容，取 $c_{\mathrm{v}}=3N_{\mathrm{A}}k$。对于铁中的间隙碳，应变沿着一个方向发生，因此体应变可以用线性应变来近似，而不需要因子 3。如果取 $\varepsilon=0.36$，就得到每个原子的 ΔS_{m} 为

$$\Delta S_{\mathrm{m}}=1.6k$$

因此即使 $\varepsilon=0.36$，这异常的大，但 ΔS_{m} 也具有正确的数量级。

根据经验，可以通过以下公式来近似代替方程(4.38)

$$\Delta S_{\mathrm{m}}=\beta\frac{\Delta H}{T_{\mathrm{m}}} \tag{4.39}$$

式中，ΔH 是扩散的活化能，T_{m} 是熔点，β 是比例常数。这种关系适用于 bcc 过渡金属中碳、氮和氧的间隙扩散。

参考文献

[1] P. G. Shewmon, Diffusion in Solids, 2nd edn(The Minerals, Metals, and Materials Society,

Warrendale, PA, 1989).
[2] R. J. Borg and G. J. Dienes, An Introduction to Solid State Diffusion (Academic Press, Boston, MA, 1988).
[3] H. S. Carslaw and J. C. Jaeger, Conduction of Heat in Solids, 2nd edn (Clarendon Press, Oxford, 1980).
[4] J. Crank, Mathematics of Diffusion (Oxford University Press, Fair Lawn, NJ, 1956).
[5] R. P. Feynman, R. B. Leighton, and M. Sands, The Feynman Lectures on Physics, vol. I (Addison-Wesley, Reading, MA, 1963).
[6] S. Glasstone, K. J. Laidler and H. Eyring, The Theory of Rate Processes (McGraw-Hill, New York, 1941).
[7] D. Gupta and P. S. Ho (eds), Diffusion Phenomena in Thin Films and Micro-electronic Materials (Noyes Publications, Park Ridge, NJ, 1988).
[8] C. Kittel and H. Kroemer, Thermal Physics (Wiley, New York, 1970).
[9] J. R. Manning, Diffusion Kinetics for Atoms in Crystals (Van Nostrand, Princeton, NJ, 1968).
[10] M. E. Glicksman, Diffusion in Solids (Wiley-Interscience, New York, 2000).
[11] R. W. Balluffi, S. M. Allen and W. C. Carter, Kinetics of Materials (Wiley-Interscience, New York, 2.

习题

4.1 扩散中原子迁移率的单位是什么？它与电子迁移率的单位不同吗？

4.2 为什么用菲克第一定律和第二定律就足以解决扩散相关相变中的大多数问题？为什么不需要第三条定律？

4.3 原子扩散中的尝试频率和交换频率是多少？

4.4 如何测量空位扩散机制中形成和运动的活化焓？

4.5 使用表 4.1 中铜和铝的数据，(a)计算 600K 下的 D_{Cu} 和 D_{Al}；(b)在熔化温度 T_m 下，计算 $D_{Cu}(T_m=1083℃)$ 和 $D_{Al}(T_m=660℃)$。在比较催化裂化金属的扩散系数时，哪一个比例因子(t 或 T_m)更合适？

4.6 样品在 1100℃下扩散持续 20min，放射性示踪剂总量为 2×10^5 原子数每平方厘米。扩散长度 λ_D 为 10^{-4}cm。(a)扩散系数是多少？(b)计算 $0.3\lambda_D$ 和 $0.4\lambda_D$ 下的浓度，并估计示踪剂通量 J。

4.7 对于 1015 个放射性示踪剂 Cu 原子在 800℃下扩散到 Cu 中至 10^{-5}cm 的扩散长度 λ_D，使用表 4.1 中的数据计算：(a)扩散系数 D 和时间；(b)在 $0.5\lambda_D$ 时，驱动力 F 和迁移率 M。

4.8 将 Au 的同位素膜应用于金圆盘的一侧。组件提升到 900℃并且同位素开始扩散到圆盘中。1h 后，对组件进行淬火。在圆盘中发现长度为 $10\mu m$ 的同位素浓度为 4×10^{-5} 原子分数。在 $80\mu m$ 深度，同位素浓度为 2.3×10^{-6} 原子分数。(a)扩散系数是多少？(b)给定每一原子的扩散活化能为 1.84eV，问指数前因子 D_0 是多少？

4.9　利用方程(4.20)给出的扩散方程的解及其边界条件，评估

$$\bar{x}=\frac{\int_0^{\infty} xC(x)\mathrm{d}x}{\int_0^{\infty} C(x)\mathrm{d}x}=\frac{1}{\sqrt{\pi}}\sqrt{4dt}$$

4.10　表明下面的方程是扩散方程的解：

$$C(x,t)=\frac{Q}{\sqrt{\pi Dt}}\exp\left(-\frac{x^2}{4dt}\right)$$

扩散方程的应用

5.1 引言

在文献和教科书中，当初始条件和边界条件给定时，扩散方程的解即可被解出。这些解已经应用于诸多技术问题[1-6]。本章将选取一些薄膜问题来说明菲克第一定律和第二定律的应用。

本章将介绍Darken关于体扩散偶中互扩散柯肯德尔(Kirkendall)效应的分析[3-5]。为什么要在关于薄膜可靠性的书中介绍体扩散行为？这是因为，无论是在体材料还是在薄膜材料中，互扩散都是材料中最常见的行为之一。更重要的是，它将有助于理解薄膜失效的机制。具体而言，在Darken对互扩散的分析中，其假定没有空隙形成和应力作用，因此在微观结构中没有发生失效。它是一个恒定体积的动力学过程。虽然Darken的分析通过假设空位平衡在样品中处处存在来解释柯肯德尔位移(或晶格位移)，但它不允许柯肯德尔(或弗仑克尔(Frenkel))空洞形成。只有在空位过饱和时，才会形成核和空洞。因此，柯肯德尔(或弗仑克尔)空洞形成需要与柯肯德尔位移不同的条件，因此假定在空洞形成中没有柯肯德尔位移。然后，这种空洞的形成条件可以帮助我们理解，空位源和汇的结合作用缺失引起的空位流通量散度和晶格位移缺失在失效分析中的重要作用。例如，在电迁移诱导的互连失效中，空洞形成发生在阴极，应力诱导的隆起或晶须形成则发生在阳极。Darken的分析将有助于从概念上理解在可靠性失效中发生空洞形成和隆起生长的原因。

接下来，本章将介绍如何使用扩散方程分析析出物的生长动力学行为。这是因为在恒定组成的固体析出物的生长中，沉淀物内部没有浓度变化。当原子流通量扩散到析出物中时，会导致析出物的尺寸变大，而不是改变析出物的浓度，因此在析出物的界面处存在通量散度，但在析出物内部没有。本章将介绍两种生长动力学行为：一维平面生长和三维球形生长。许多薄膜的生长都是平面的，例如硅化物形成，可以视为一维生长。平面界面的生长速度可以通过结合 $J=Cv$ 和 $J=-D(\mathrm{d}C/\mathrm{d}x)$ 的通量方程给出，其中 v 是界面的生长速度。球形生长对于理解空洞的生长或熟化的动力学至关重要。

柯肯德尔效应和反柯肯德尔效应在研究纳米颗粒和纳米线中的空洞形成方面具有重要意义，但这不在本书的讨论范围。

5.2 菲克第一定律的应用(流量方程)

菲克第一定律假定扩散的驱动力或浓度梯度是恒定的，通量由恒定浓度梯度和扩散系数的乘积给出。一个典型的应用是在隔膜两侧压力给定的情况下，求气体通过隔膜的透过量。在多层薄膜结构中，大多数情况下的互扩散和反应会导致金属间化合物(IMC)的形成。实验上，层状 IMC 的增厚符合扩散控制的动力学规律，或者 x^2 与 Dt 的简单关系。在许多体扩散偶中也是如此。相比于菲克第二定律，菲克第一定律可以更容易解决层状化合物扩散控制的生长动力学问题。下面将阐述这种方法。第 8 章将给出平面界面扩散控制的生长和界面反应控制的生长动力学。

5.2.1 齐纳的平面析出物生长模型

我们考虑在过饱和基体中层状析出物的平面表面生长。图 5.1(a)描述了析出物的浓度分布。在 α 相的基体中得到析出相 β。β 相的生长前缘是平面的。β 相的浓度为 C_s。α 相的平均浓度为 C_m。在 β/α 界面上的平衡浓度为 C_e。当溶质原子扩散到 β/α 界面并被纳入 β 相中时，析出物就会生长。通常需要求解扩散方程并获得 α 基体中的浓度分布，如浓度分布曲线。然后可以获得到达 β/α 界面的溶质原子通量，并可以计算析出物的生长速率 $v=\mathrm{d}x/\mathrm{d}t$。

这里假设平面界面上的通量方程，并用它们推导平面析出物的生长动力学。齐纳(Zener)的平面析出物生长模型假设生长受溶质原子通过基体的扩散控制，并且沉淀和基体之间的界面处于平衡。

$$-J_{\mathrm{prep}}=D\frac{\mathrm{d}C}{\mathrm{d}x}=(C_\mathrm{s}-C_\mathrm{e})\frac{\mathrm{d}x}{\mathrm{d}t} \tag{5.1}$$

上面的方程通过联立两个通量方程获得；第一个等式关系是菲克第一定律，

$J=-D(\mathrm{d}C/\mathrm{d}x)$，等式最后一项是基于 $J=Cv$ 的方程，并假设跨越界面的浓度差乘以界面速度等于到达界面的通量。为了求解上述方程，需遵循齐纳[3]的分析。

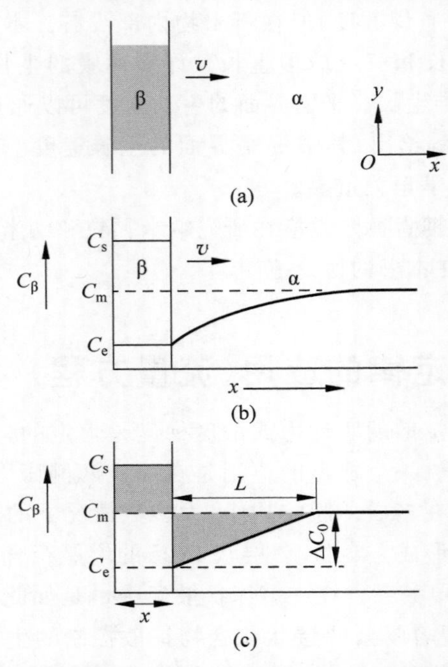

图 5.1 (a) 析出物的浓度分布示意图。在 α 相基质中有 β 相沉淀物析出；(b) 重新绘制了基质中的浓度分布曲线，并将 C_m 和 C_e 之间的浓度分布曲线变为一条直线。这条直线的绘制是为了使两阴影部分面积相同

图 5.1(b)重新绘制了基质中的浓度分布图，将 C_m 和 C_e 之间的浓度分布图从曲线变为直线。这条直线是为了使两个阴影区域面积相同而绘制的。在物理上，这意味着析出物中的所有溶质原子都来自基质中溶质浓度的降低。换句话说，图中 L 的长度由下式定义：

$$(C_s-C_m)x=\frac{1}{2}(C_m-C_e)L \tag{5.2}$$

因此可以得到

$$\frac{\mathrm{d}C}{\mathrm{d}x}=\frac{C_m-C_e}{L}$$

从式(5.1)中得到

$$\frac{\mathrm{d}x}{\mathrm{d}t}=\frac{D}{C_s-C_e}\frac{C_m-C_e}{L}=\frac{D}{C_s-C_e}\frac{(C_m-C_e)^2}{2x(C_s-C_e)}$$

因此，

$$-J_{\text{prep}}=(C_s-C_e)\frac{\mathrm{d}x}{\mathrm{d}t}=\frac{D(C_m-C_e)^2}{2x(C_s-C_e)}$$

假设上面的方程中 C_s 远大于 C_m 和 C_e，因此将分母中的 C_s-C_m 替换为 C_s-C_e，并得到以下方程：

$$\frac{\mathrm{d}x}{\mathrm{d}t}=\frac{D(C_m-C_e)^2}{2x(C_s-C_e)^2}$$

通过积分，并在 $t=0$ 时取 $x=0$，得到解：

$$x^2=\frac{(C_m-C_e)^2}{(C_s-C_e)^2}Dt \tag{5.3}$$

在不使用菲克第二定律的前提下，它表明平面析出物的增厚速率受扩散限制。

5.2.2　Kidson 对薄膜层状生长的分析

在 Sn 和 Cu 的两个金属薄膜之间的薄膜反应中，Cu_6Sn_5 和 Cu_3Sn 的形成是依次进行的，即 Cu_6Sn_5 首先在室温下单独形成，而 Cu_3Sn 仅在高于 60℃的温度下形成。如果我们查看 SnCu 的二元相图，会发现在从室温到 250℃的温度范围内，Cu_6Sn_5 和 Cu_3Sn 两种金属间化合物相都存在。基于相图或热力学，我们无法解释为什么在室温下仅 Cu_6Sn_5 单独形成，而 Cu_3Sn 将会在更高的温度下依次形成而不是同时形成的。

在硅片与金属薄膜之间形成硅化物 IMC 相的薄膜反应中研究了顺序相。单相硅化物的形成在 FET 器件中作为欧姆接触和栅极一直是一个非常重要的技术问题。一个指甲大小的 Si 芯片上有数百万甚至数十亿个硅化物接触和栅极，形成超大规模的集成电路。这些接触和栅极必须具有相同的物理特性。换句话说，不能允许由硅化物相混合而成的接触存在。因此，器件应用要求单相生长，这从原则上违反热力学理论。因此，必须采用动力学而非热力学来解释原因。分析单相生长的动力学，假设一个通过结合扩散控制生长和界面反应控制生长的共存相生长竞争的分层模型。

图 5.2 描述了在两种纯元素之间生长层状 IMC 相的过程，例如在 Cu 和 Sn 之间生长 Cu_6Sn_5。Cu、Cu_6Sn_5 和 Sn 分别表示为 $A_\alpha B$、$A_\beta B$ 和 $A_\gamma B$。Cu_6Sn_5 的厚度为 x_β，其与 Cu 和 Sn 的界面位置分别由 $x_{\alpha\beta}$ 和 $x_{\beta\gamma}$ 确定。在界面处，浓度会突然变化。图 5.3 展示了 Cu 在界面处的浓度突变。在 x_β 的扩散控制生长中，其界面浓度被假定为平衡值，并且图 5.3 中 x_β 层中跨越层的浓度由断裂曲线表示。

为了考虑图 5.3 中 x_β 层状相的扩散控制生长，这里使用菲克第一定律的一维

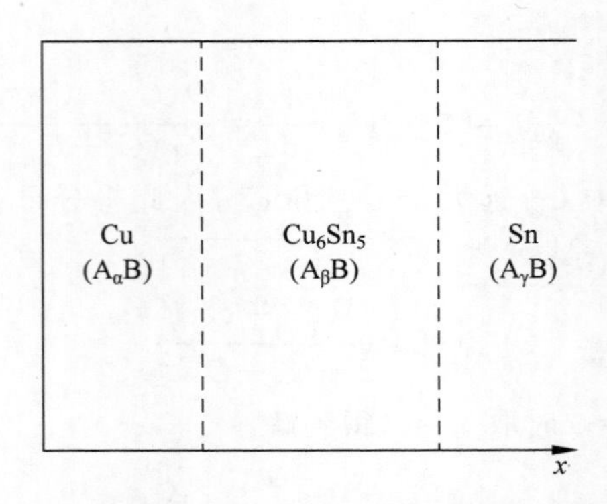

图 5.2 两种纯元素之间生长层状 IMC 相的示意图，例如，在 Cu 和 Sn 之间生长 Cu_6Sn_5。$A_\alpha B$、$A_\beta B$ 和 $A_\gamma B$ 分别代表 Cu、Cu_6Sn_5 和 Sn

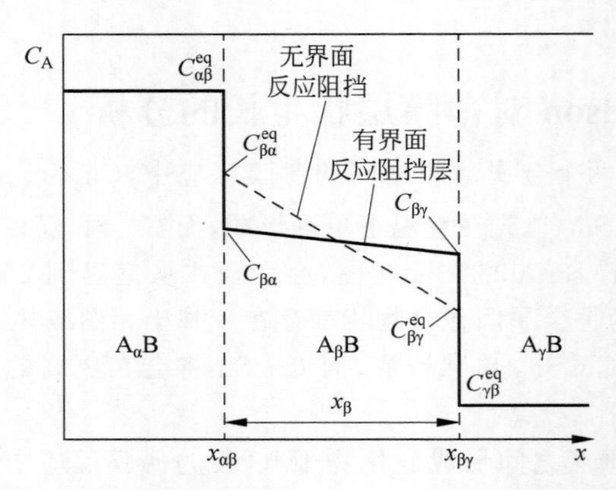

图 5.3 Cu 在界面处的浓度突变。在扩散控制的 x_β 生长中，假设其界面上的浓度具有平衡值，并且图中 x_β 层中跨越层的浓度由断裂曲线表示

形式。图 5.4 显示了层内相应的通量。

$$J = -D\frac{dC}{dx} \tag{5.4}$$

通量方程在界面上的表达式为

$$J = \Delta C v \tag{5.5}$$

式中，J 是原子通量，具有原子数每平方厘米秒的单位；D 是原子扩散系数，以 cm^2/s 为单位；ΔC 是跨越界面的浓度差，单位为原子数每立方厘米；x 是长度，以 cm 为单位；v 是移动界面的速度，以 cm/s 为单位。例如，$x_{\alpha\beta}$ 的界面的 $v=\frac{dx_{\alpha\beta}}{dt}$。通过进入和离开界面的通量守恒，基于方程(5.5)和方程(5.4)，对于这个界面的生

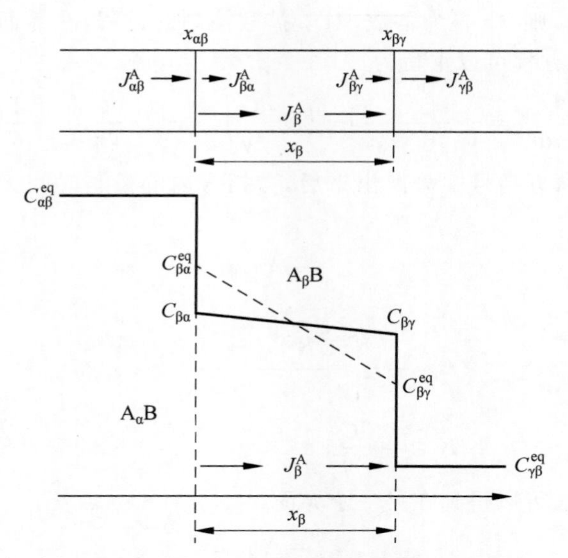

图 5.4　层内相应的通量示意图

长，得到

$$(C_{\alpha\beta}-C_{\beta\gamma})\frac{\mathrm{d}x_{\alpha\beta}}{\mathrm{d}t}=J_{\alpha\beta}-J_{\beta\gamma}=-D\frac{\partial C}{\partial x}\bigg|_{\alpha\beta}+D\frac{\partial C}{\partial x}\bigg|_{\beta\gamma} \tag{5.6}$$

整理得到 $x_{\alpha\beta}$ 界面处的速度表达式为

$$\frac{\mathrm{d}x_{\alpha\beta}}{\mathrm{d}t}=\frac{1}{C_{\alpha\beta}-C_{\beta\gamma}}\left[\left(-D\frac{\partial C}{\partial x}\bigg|_{\alpha\beta}\right)-\left(-D\frac{\partial C}{\partial x}\bigg|_{\beta\gamma}\right)\right] \tag{5.7}$$

为了克服上述方程中方括号内浓度梯度的未知性，这里把 x 和 t 这两个变量组合成一个变量的转换，即玻尔兹曼变换。

$$C(x,t)=C(\eta)$$

式中，

$$\eta=\frac{x}{\sqrt{t}}$$

所以，

$$\frac{\partial C}{\partial x}=\frac{1}{\sqrt{t}}\frac{\mathrm{d}C}{\mathrm{d}\eta} \tag{5.8}$$

由于在假设扩散控制生长的条件下，可以将界面上的浓度 $C_{\alpha\beta}$ 和 $C_{\beta\gamma}$ 视为平衡值，因此可以假定它们相对于时间和位置保持恒定，得到

$$\frac{\mathrm{d}C(\eta)}{\mathrm{d}\eta}=f(\eta) \tag{5.9}$$

式中，如果 η 恒定，则 $f(\eta)$ 为常数，对于扩散控制的过程，在界面上与时间和位置无关。因此，速度方程可以重写为

$$\frac{\mathrm{d}x_{\alpha\beta}}{\mathrm{d}t}=\frac{1}{C_{\alpha\beta}-C_{\beta\gamma}}\left[-\left(D\frac{\partial C}{\partial\eta}\right)_{\alpha\beta}+\left(D\frac{\partial C}{\partial\eta}\right)_{\alpha\beta}\right]\frac{1}{\sqrt{t}} \tag{5.10}$$

将时间因子从方括号中分离出来后，方括号内的量与时间无关。对上述方程进行积分，得到

$$x_{\alpha\beta}=A_{\alpha\beta}\sqrt{t} \tag{5.11}$$

式中，

$$A_{\alpha\beta}=2\left[\frac{(DK)_{\beta\alpha}-(DK)_{\alpha\beta}}{C_{\alpha\beta}-C_{\beta\gamma}}\right]$$

$$K_{ij}=\left(\frac{\partial C}{\partial\eta}\right)_{ij}$$

以同样的方法可以得到在另一个界面 $x_{\beta\gamma}$，

$$x_{\beta\gamma}=A_{\beta\gamma}\sqrt{t} \tag{5.12}$$

结合两个界面，得到β相的宽度为

$$w_{\beta}=x_{\beta\gamma}-x_{\alpha\beta}=(A_{\beta\gamma}-A_{\alpha\beta})\sqrt{t}=B\sqrt{t} \tag{5.13}$$

这表明，β相呈抛物线生长速率或扩散控制生长。需要注意的是，上述是仅使用菲克第一定律就可以得到的，层状相的扩散控制生长或具有突变组成界面的层状生长中 $w^2\propto t$ 的关系的推导非常简单。

扩散控制生长层的基本特性是，它不会消失，也不会在多层结构的生长竞争中被消耗，因为它的生长速度与其厚度成反比。当厚度 w 趋近于 0 时，

$$\lim\frac{\mathrm{d}w}{\mathrm{d}t}=\frac{B}{w}\to\infty \tag{5.14}$$

生长速率趋近于无穷大，或者化学势梯度会趋近于无穷大来驱动生长。

因此，在多层结构中，例如 $Cu/Cu_3Sn/Cu_6Sn_5/Sn$，当 Cu_3Sn 和 Cu_6Sn_5 都存在并属于扩散控制生长时，它们将共存并共同生长。因此，在顺序生长的 Cu_6Sn_5 之后，再生长 Cu_3Sn 时，不能假设它们都可以通过扩散控制过程形成核并生长，否则它们将共存，将无法获得单个 IMC 相的生长。为了克服这个困难，第 8 章介绍了界面反应控制的生长。

5.3 菲克第二定律的应用(扩散方程)

5.3.1 扩散对组分均匀化的影响

在菲克第二定律中，浓度是位置和时间的函数，即 $C=C(x,t)$。因此，驱动力

dC/dx 随着位置和时间的变化而变化。然而，扩散方程的一个内在或固有属性是，随着时间的推移，扩散会导致浓度均匀化(除调幅分解外)。通过考虑简单的浓度分布 $C=C_0\sin x$ 来证明这一性质。其一阶导数为 $C'=C_0\cos x$，二阶导数为 $C''=-C_0\sin x$。图 5.5 绘制了它们的图形。从下面的扩散方程中可以看出，如果假设 D 是正值，则 dC/dt 的变化或作为时间函数 C 的变化取决于二阶导数的符号：

$$\frac{\partial C}{\partial t}=D\frac{\partial^2 C}{\partial x^2}=D\left(\pm\frac{\partial^2 C}{\partial x^2}\right)$$

在图 5.5 的浓度曲线中，曲线的前半部分向下凹，并且其二阶导数为负，这意味着浓度会随时间减小；在浓度曲线的后半部分向上凸，并且二阶导数为正，这意味着浓度会随时间增加。因此，扩散时间对浓度的影响是使浓度分布均匀化或使浓度变得平坦。峰和谷都将通过扩散逐渐平滑。因此，如果有一个浓度周期结构的分布，扩散或互扩散将会使分布变得均匀。

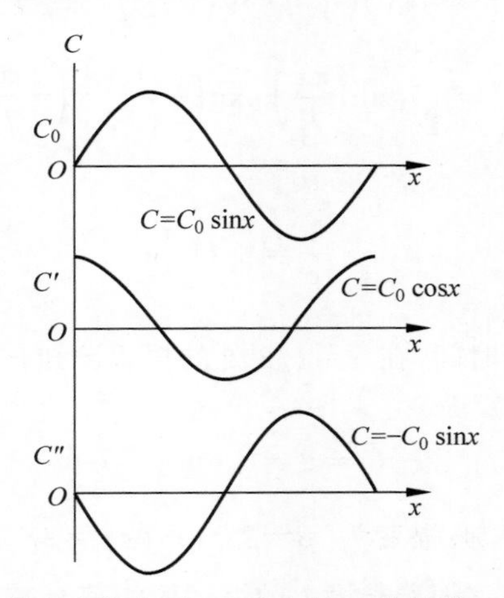

图 5.5　$C=C_0\sin x$ 简单浓度分布图，以及它的一阶导数 $C'=C_0\cos x$ 和二阶导数 $C''=-C_0\sin x$ 的图形

值得一提的是，在调幅分解中，自由能曲线向下凹，因此吉布斯自由能对浓度的二阶导数 G''为负，那么相反的情况就会发生。

周期结构中的均匀化

图 5.6 展示了 A/B/A/B/A/B 周期结构的一个周期。在 $t=0$ 时刻，浓度分布由一个正弦曲线给出，表示为(图 7.9)

$$C=\bar{C}+\beta_0\sin\left(\frac{\pi x}{l}\right) \tag{5.15}$$

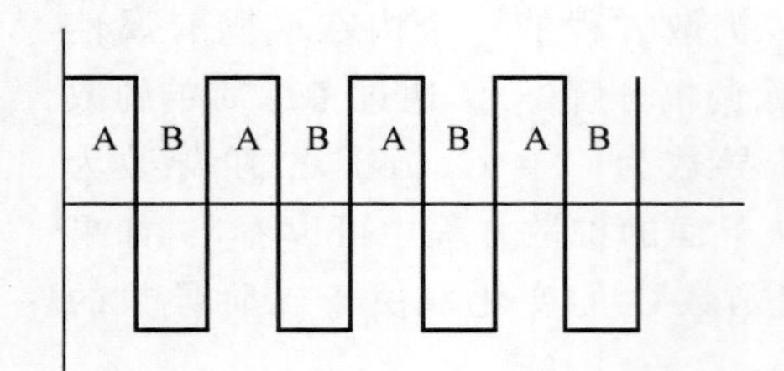

图 5.6 A/B/A/B/A/B 的周期性结构

式中，$\overline{C}$ 是平均浓度，β_0 是在 $t=0$ 时刻的曲线振幅，l 是周期结构的周期。经过退火，我们期望出现均匀化，因此，在曲率向下凹的区域中，浓度将会减小；在曲率向上凸的区域中，浓度将会增加。

如果扩散系数与浓度无关，则满足 $t=0$ 时刻初始条件的扩散方程解为

$$C=\overline{C}+\beta_0\sin\left(\frac{\pi x}{l}\right)\exp\left(-\frac{t}{\tau}\right) \tag{5.16}$$

为了检验上述方程确实是扩散方程的解，得到

$$\frac{\mathrm{d}C}{\mathrm{d}t}=\left[\beta_0\sin\left(\frac{\pi x}{l}\right)\exp\left(-\frac{t}{\tau}\right)\right]\left(-\frac{1}{\tau}\right)$$

$$\frac{\mathrm{d}C}{\mathrm{d}x}=\left[\beta_0\cos\left(\frac{\pi x}{l}\right)\exp\left(-\frac{t}{\tau}\right)\right]\left(\frac{\pi}{l}\right)$$

$$\frac{\mathrm{d}^2C}{\mathrm{d}x^2}=\left[\beta_0\sin\left(\frac{\pi x}{l}\right)\exp\left(-\frac{t}{\tau}\right)\right]\left(-\frac{\pi^2}{l^2}\right)$$

如果取

$$-\frac{1}{\tau}=-D\,\frac{\pi^2}{l^2} \tag{5.17}$$

定义 $\tau=\dfrac{l^2}{D\pi^2}$ 为弛豫时间，在 $x=l/2$ 处的振幅已知：

$$C-\overline{C}=\beta=\beta_0\exp\left(-\frac{t}{\tau}\right)$$

这里发现在 $t=\tau$ 后，振幅变为 $\beta=\beta_0/e$；在 $t=2\tau$ 后，振幅降至 $\beta=\beta_0/e^2$。由于 τ 与 l^2 成比例关系，它随着长度 l 的缩短而快速衰减，衰减周期越来越短。

5.3.2 体扩散偶中的互扩散

如果两个块状金属被黏接并加热，它们通常会发生互扩散并导致合金或 IMC 的形成。这里将分析限制在仅讨论 A 和 B 两个非常长的棒材之间形成合金的情况。假定两种金属具有相同的晶体结构，如铜和镍，当它们互相扩散时，会形成具有相同晶体结构的连续固溶体。第 10 章将讨论互扩散导致 IMC 形成时的情况，如镍和硅反应形成硅化物化合物。

当 A 和 B 发生互扩散时，浓度曲线会变宽，如图 5.7 所示。通过考虑一维情况下非常常见的扩散方程，来确定曲线的数学解：

$$\frac{dC_A}{dt}=D\frac{d^2C_A}{dx^2}$$

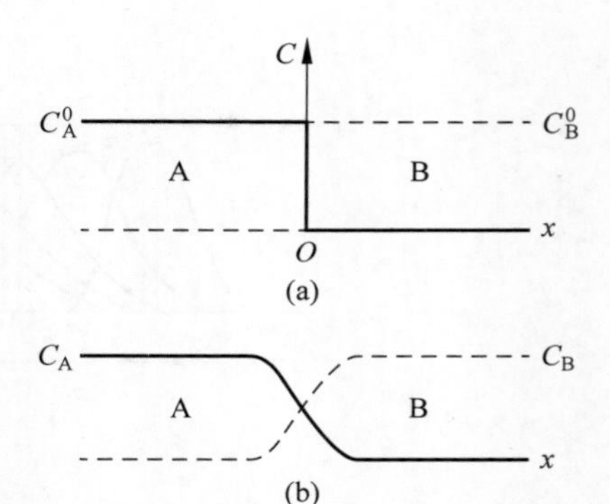

图 5.7　A 和 B 的互扩散偶对示意图，浓度剖面广义如图所示

首先考虑一个薄层 A 扩散到一个半无限长的 B 棒中的解，其横截面面积为单位面积，其解由第 4 章中讨论 A^* 的示踪层扩散到一个半无限长的 A 棒中给出，如下所示：

$$C_A=\frac{bC_A^0}{\sqrt{4\pi Dt}}\exp\left(-\frac{x^2}{4Dt}\right) \tag{5.18}$$

式中，C_A 是 A 原子的浓度(单位为原子数每立方厘米)，C_A^0 是互扩散前厚度为 b 的薄层内 A 原子的初始浓度(单位为原子数每立方厘米)。

然后，将以上给出的薄层解法扩展到一个半无限偶中，将 A 分成许多垂直厚度为 $\Delta\alpha$ 的薄片并进行积分，可得到以下解：

$$C_A(x,t)=\frac{C_A^0}{\sqrt{4\pi Dt}}\int_{-\infty}^{0}\exp\left[-\frac{(x+\alpha)^2}{4Dt}\right]d\alpha \tag{5.19}$$

引入一个新的无量纲变量 η，设

$$\eta=\frac{x+\alpha}{\sqrt{4dt}},\quad d\eta=\frac{d\alpha}{\sqrt{4dt}}$$

则

$$\eta=\frac{x}{\sqrt{4dt}}，当\ \alpha=0$$

$$\eta\to-\infty，当\ \alpha\to-\infty$$

则方程(5.19)可改写为

$$C_A(x,t)=\frac{C_A^0}{\sqrt{\pi}}\int_{-\infty}^{\frac{x}{\sqrt{4dt}}}\exp(-\eta^2)d\eta=\frac{C_A^0}{2}\left[1+\text{erf}\left(\frac{x}{\sqrt{4dt}}\right)\right] \tag{5.20}$$

定义误差函数为

$$\text{erf}(z)=\frac{2}{\sqrt{\pi}}\int_{x}^{0}\exp(-\eta^2)d\eta \tag{5.21}$$

可以得到 $\text{erf}(0)=0$，$\text{erf}(\infty)=1$，$\text{erf}(-z)=-\text{erf}(z)$，因此，在 $x=0$ 处得出

$$C_A=\frac{C_A^0}{2}$$

随着时间和温度的变化，互扩散会导致成分分布发生变化。基于上述的数学解，组分的中点总是在 $x=0$ 处，即在扩散偶的初始界面处，如图 5.8 所示。

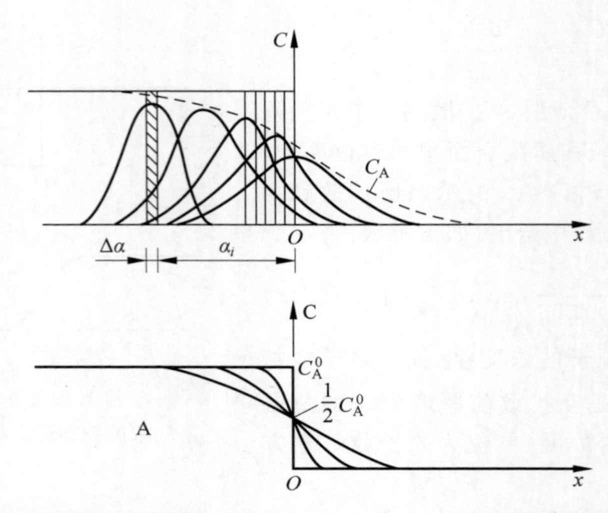

图 5.8　根据数学解，组分曲线 C_A 的中点总是在 $x=0$ 处，即扩散偶的初始界面处

这意味着当一个 A 原子扩散到 B 原子中时，一个 B 原子将扩散到 A 原子中；换句话说，A 原子和 B 原子之间的交换是等量的。原始界面在 A 原子和 B 原子的互扩散中保持在原始位置。

但是上述推导是错误的，因为数学解没有考虑扩散的物理机制。实验发现，中点浓度不会位于原始界面处，而是会从原始界面向 A 原子或 B 原子中的任一方向移动。

柯肯德尔进行了 Cu 和 CuZn(黄铜)之间的经典互扩散实验，将 Mo 作为标记物放置在原始界面。在 Cu/CuZn/Cu 的夹层结构中，标记物在两个界面处随着退火而相互靠近。这表明，扩散出去的锌比扩散进来的铜更多。通过假设在 CuZn 合金中 Zn 比 Cu 的扩散系数大，Darken 提供了下面的互扩散分析。

1. Darken 关于柯肯德尔位移和标记物运动的分析

如果假设更多的 A 原子正在扩散到 B 原子中，那么为了容纳进来的 A 原子，B 原子中的晶格位点必须增加。同样，由于更多的 A 原子已经离开，A 原子中的晶格位点会减少。晶格位点的增加或减少可以通过创建或消除空位点或空位来实现。Darken 分析中非常重要的假设是，在偶的任何地方空位处于平衡状态。换句话说，B 原子中的空位源有效地创建空位以容纳添加的 A 原子，而 A 原子中的空位汇有效地消除空位以容纳 A 原子失去的原子。空位源和汇的一个原子机制是位错攀移，如图 5.9 所示。右侧的刃位错环的攀移通过在端部吸收原子来增加额外的原子面。

左侧刃位错的攀移会导致原子面的移除。它们的组合会导致它们之间的所有晶格平面向左移动一个原子平面厚度的距离。这在互扩散中被定义为晶格位移或

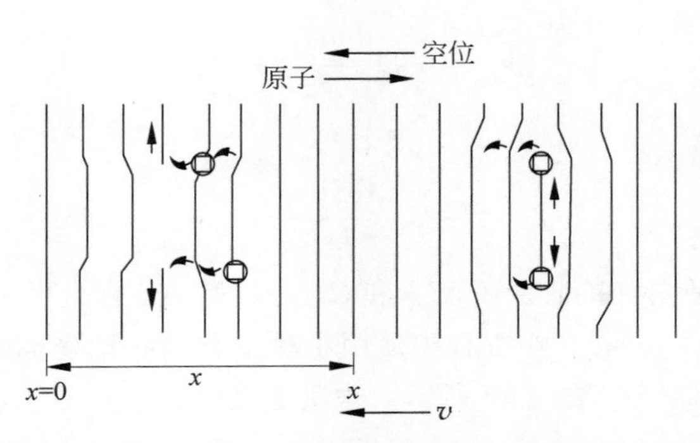

图 5.9 位错攀移作为空位源和汇的示意图。右侧的位错环将扩展以创建额外的原子平面；左侧的位错环将缩小以去除一个原子平面。其结果将导致晶格从右向左移动一个原子平面

柯肯德尔位移。如果在具有晶格位移速度 v 的晶格中放置标记，那么标记将以速度 v 移动，向 A 原子移动(或逆向运动到扩散更快的物质中)。后续将定义标记速度 v。这是柯肯德尔位移中标记物运动的原子机制。

由于晶格位移，空位在任何地方都处于平衡状态。因此，不存在空位过饱和，因此也不会形成空洞。此外，由于晶格位移，B 原子侧添加的晶格位置与 A 原子侧失去的晶格位置平衡，因此晶格位置的净变化为零。如果进一步假设 AB 合金中 A 原子和 B 原子的偏摩尔体积相同，则为恒定体积过程。那么也意味着在互扩散中没有应力，因此在 Darken 的分析中，不存在空洞形成和应力。

另外，在许多体扩散偶中，互扩散实验观察到了空洞形成(柯肯德尔或弗仑克尔空洞)。此外，许多薄膜和 Si 晶圆之间的互扩散导致晶圆弯曲，表明在互扩散中产生了应力。在这些情况下必须去除晶格位移的假设，因此没有空位平衡。第 15 章讨论由于空洞或隆起形成而导致的可靠性失效时，假定没有晶格位移，并且反过来使净晶格位置变化不为零，成为非恒定体积过程。

由于晶格的运动，Darken 使用了两个参考坐标系——实验室坐标系(固定坐标系)和标记物坐标系(移动坐标系)来分析原子能量。在实验室坐标系中，从远处检测原子流量，并且坐标的原点位于扩散偶的一端，在那里没有互扩散发生。在标记物坐标系中，原子通量通过在标记物上进行检测，因此该坐标系与标记物一起移动。换句话说，坐标系的原点位于移动的标记上，因此是一个移动坐标系。

如果从实验室参考系(固定参考系)考虑由 J_A 和 J_B 表示的原子通量，原子通量由以下两项组成，第一项由扩散引起，第二项由晶格具有速度 v 的运动引起。

$$J_A = -D_A \frac{\partial C_A}{\partial x} + C_A v \tag{5.22}$$

$$J_B = -D_B \frac{\partial C_B}{\partial x} + C_B v \tag{5.23}$$

因此，

$$J_A + J_B = -D_A \frac{\partial C_A}{\partial x} - D_B \frac{\partial C_B}{\partial x} - Cv \tag{5.24}$$

式中，D_A 和 D_B 是固有扩散系数，C_A 和 C_B 分别是 AB 合金中 A 原子和 B 原子的浓度。因此，$C_A + C_B = C$。在方程中使用小写 x 作为扩散坐标的 x 轴。使用大写 X 作为 A 和 B 的原子分数，如下所示。这里定义：

$$X_A = \frac{C_A}{C_A + C_B} = \frac{C_A}{C} \tag{5.25}$$

$$X_B = \frac{C_B}{C_A + C_B} = \frac{C_B}{C} \tag{5.26}$$

式中，$X_A + X_B = 1$，且 $CX_A + CX_B = C_A + C_B = C$。可以将 C 视为单位体积内的总原子数，是一个恒量。或者，如果考虑 1mol 合金，则可以取 $C = N_A$，其中 N_A 是阿伏伽德罗常数，等于每摩尔的原子数。由于 C 是一个恒量，这意味着

$$\frac{\partial (C_A + C_B)}{\partial x} = 0$$

$$\frac{\partial C_A}{\partial x} = -\frac{\partial C_B}{\partial x}$$

$$\frac{\partial X_A}{\partial x} = -\frac{\partial X_B}{\partial x}$$

在实验室坐标系下，净通量是

$$J = J_A + J_B$$

以及

$$\frac{\partial C}{\partial t} = -(\nabla \cdot J) = \frac{\partial}{\partial x}\left(D_A \frac{\partial C_A}{\partial x} + D_B \frac{\partial C_B}{\partial x} - Cv\right) \tag{5.27}$$

由于 C 是恒定的且与时间无关，$\partial C/\partial t = 0$，因此得到

$$D_A \frac{\partial C_A}{\partial x} + D_B \frac{\partial C_B}{\partial x} - Cv = K\text{（常数）} \tag{5.28}$$

为了确定常数 K，将原点设在样品末端，即 $x = 0$ 处，此处没有发生任何互扩散，因此 C_A 和 C_B 的浓度是恒定的，而且 $\frac{\partial C_A}{\partial x}$ 和 $\frac{\partial C_B}{\partial x}$ 的浓度梯度为零。因此，没有标记物的运动，所以 $v = 0$。因此，最后一个方程中的常数 K 为零。这表明实验室参考系中的净通量为零，因此 $J_A + J_B = 0$，$J_A = -J_B$。因此，在实验室参考系中

观察到,J_A 和 J_B 的大小相等,但符号相反。

现在,如果检查标记物坐标系(或移动物坐标系)中 A 和 B 的原子通量,分别表示为 j_A 和 j_B,坐在标记物上或坐在坐标系的原点上,则可以取 $v=0$,因此得到

$$j_A = -D_A \frac{\partial C_A}{\partial x} \tag{5.29}$$

$$j_B = -D_B \frac{\partial C_B}{\partial x} \tag{5.30}$$

因此,

$$j_A + j_B = -Cv \tag{5.31}$$

在标记物参考系中,净通量不为零。因此可以将标记物速度重新写成

$$v = \frac{1}{C}\left[D_A \frac{\partial C_A}{\partial x} + D_B \frac{\partial C_B}{\partial x}\right] = D_A \frac{\partial X_A}{\partial x} + D_B \frac{\partial X_B}{\partial x} = (D_B - D_A)\frac{\partial X_B}{\partial x} \tag{5.32}$$

接下来将推导出实验室参考系下元素 B 的原子通量为

$$J_B = -\overline{D}\frac{\partial C_B}{\partial x}$$

$$\overline{D} = X_A D_B + X_B D_A \tag{5.33}$$

如果使用实验室参考系(固定参考系)来考察原子通量,就如之前所述。

$$\begin{aligned}
J_B &= j_B + C_B v = -D_B \frac{\partial C_B}{\partial x} + C_B v \\
&= -D_B \frac{\partial C_B}{\partial x} + C_B (D_B - D_A)\frac{\partial X_B}{\partial x} = -\frac{C_A + C_B}{C} D_B \frac{\partial C_B}{\partial x} + \frac{C_B}{C}(D_B - D_A)\frac{\partial C_B}{\partial x} \\
&= -\frac{C_A D_B}{C}\frac{\partial C_B}{\partial x} - \frac{C_B D_A}{C}\frac{\partial C_B}{\partial x} = -\frac{1}{C}(C_A D_B + C_B D_A)\frac{\partial C_B}{\partial x} \\
&= -(X_A D_B + X_B D_A)\frac{\partial C_B}{\partial x} = -\overline{D}\frac{\partial C_B}{\partial x}
\end{aligned}$$

式中,$\overline{D} = X_A D_B + X_B D_A$ 被定义为互扩散系数。类似地,在实验室参考系中得到

$$J_A = -\overline{D}\frac{\partial C_A}{\partial x} \tag{5.34}$$

由于$\frac{\partial C_A}{\partial x} = -\frac{\partial C_B}{\partial x}$,和上面一样可以得到 $J_A = -J_B$。这里,要注意以下针对物质 B 的三个通量方程的区别:

$$j_B = -D_B \frac{\partial C_B}{\partial x}$$

$$J_B = -D_B \frac{\partial C_B}{\partial x} + C_B v$$

$$J_B=-\overline{D}\frac{\partial C_B}{\partial x}$$

同样地，也可以为 A 原子的通量写出同样形式的方程。

上述分析用浓度梯度表示了原子通量的驱动力。也可以用化学势梯度表示驱动力（参见附录 F），并且可以得到互扩散系数的表达式为 $\overline{D}=C_B MG''$，式中，M 是迁移率，G''是吉布斯自由能对浓度的二阶导数，因此互扩散系数取决于 G''的符号。注意在调幅分解区内，G''为负，因此 $\overline{D}$ 为负，表示扩散逆向浓度梯度，即上坡扩散。在调幅分解区外，G''为正，互扩散系数为正，与 Darken 分析中一样。如果可以实验测量 $\overline{D}$，则可以在同时实验测量标记物速度的情况下解出 D_A 和 D_B。下一小节将展示如何通过玻尔兹曼-俣野分析来测量 $\overline{D}$。

2. 玻尔兹曼-俣野(Boltzmann-Matano)互扩散分析

可以通过玻尔兹曼-俣野互扩散分析来实验测量 $\overline{D}$。首先回顾一下菲克第二定律：

$$\frac{\partial C_B}{\partial t}=\frac{\partial}{\partial x}\left(\overline{D}\frac{\partial C_B}{\partial x}\right)=\frac{\partial \overline{D}}{\partial x}\frac{\partial C_B}{\partial x}+\overline{D}\frac{\partial^2 C_B}{\partial x^2}$$

为了解上面的方程，设定

$$C(x,t)=C(\eta),\quad \eta=\frac{x}{t^{\frac{1}{2}}}$$

取微分可以得到

$$\frac{\partial C}{\partial t}=\frac{\mathrm{d}C}{\mathrm{d}\eta}\frac{\partial \eta}{\partial t}=-\frac{1}{2}\frac{x}{t^{\frac{3}{2}}}\frac{\mathrm{d}C}{\mathrm{d}\eta}=-\frac{\eta}{2t}\frac{\mathrm{d}C}{\mathrm{d}\eta}$$

$$\frac{\partial C}{\partial x}=\frac{\mathrm{d}C}{\mathrm{d}\eta}\frac{\partial \eta}{\partial x}=\frac{1}{t^{\frac{1}{2}}}\frac{\mathrm{d}C}{\mathrm{d}\eta}$$

$$\frac{\partial^2 C}{\partial x^2}=\frac{\partial}{\partial x}\left(\frac{\partial C}{\partial x}\right)=\frac{\partial}{\partial \eta}\frac{\partial \eta}{\partial x}\left(\frac{\mathrm{d}C}{\mathrm{d}\eta}\frac{\partial \eta}{\partial x}\right)=\frac{1}{t}\frac{\partial^2 C}{\partial \eta^2}$$

$$\frac{\partial \overline{D}}{\partial x}=\frac{\partial \overline{D}}{\partial \eta}\frac{\partial \eta}{\partial x}=\frac{1}{t^{\frac{1}{2}}}\frac{\mathrm{d}\overline{D}}{\mathrm{d}\eta}$$

将以上表达式代入扩散方程，得到

$$-\frac{\eta}{2t}\frac{\mathrm{d}C}{\mathrm{d}\eta}=\frac{1}{t^{\frac{1}{2}}}\frac{\mathrm{d}\overline{D}}{\mathrm{d}\eta}\frac{1}{t^{\frac{1}{2}}}\frac{\mathrm{d}C}{\mathrm{d}\eta}+\frac{\overline{D}}{t}\frac{\partial^2 C}{\partial \eta^2}$$

约掉上式中的 t，可以得到

$$-\frac{\eta}{2}\frac{\mathrm{d}C}{\mathrm{d}\eta}=\frac{\mathrm{d}\overline{D}}{\mathrm{d}\eta}\frac{\mathrm{d}C}{\mathrm{d}\eta}+\overline{D}\frac{\partial^2 C}{\partial \eta^2}=\frac{\mathrm{d}}{\mathrm{d}\eta}\left(\overline{D}\frac{\mathrm{d}C}{\mathrm{d}\eta}\right)$$

由于上式为全微分形式，可以除$\frac{1}{\mathrm{d}\eta}$，并对两侧同时积分：

$$-\frac{1}{2}\int_0^{C'}\eta\mathrm{d}C=\int_0^{C'}\mathrm{d}\left(\overline{D}\frac{\mathrm{d}C}{\mathrm{d}\eta}\right)=\left[\overline{D}\frac{\mathrm{d}C}{\mathrm{d}\eta}\right]\Bigg|_0^{C'} \tag{5.35}$$

式中，C'是任意浓度，$0<C'<C_0$，而C_0是当$x\to\infty$时A的浓度。现在考虑互扩散的物理图像。如果考虑给定的时间（即t固定，因此$\mathrm{d}\eta=-t^{-1/2}\mathrm{d}x$），在扩散偶的两端都有$\frac{\mathrm{d}C}{\mathrm{d}\eta}=0$，在$C=0$和$C=C_0$时成立。因此，在方程(5.35)中，如果沿"垂直"轴从$C=0$到$C=C_0$积分，得到的结果是

$$-\frac{1}{2}\int_0^{C_0}\eta\mathrm{d}C=\overline{D}\frac{\mathrm{d}C}{\mathrm{d}\eta}\Bigg|_{C_0}-\overline{D}\frac{\mathrm{d}C}{\mathrm{d}\eta}\Bigg|_0=0-0=0$$

这表示

$$\int_0^{C_0}x\mathrm{d}C=0 \tag{5.36}$$

因为在固定时间内考虑互扩散，所以当时间t固定时，变量η与x相同。方程(5.36)定义了Matano界面，其中从Matano界面左侧移除的A原子的数量$(1-C_A)$等于添加到界面右侧的数量C_A。这就表示图5.10中A区域（界面左侧）的阴影面积等于B区域（界面右侧）的阴影面积。参考界面被定义为Matano界面，它并不在原始界面的相同位置。

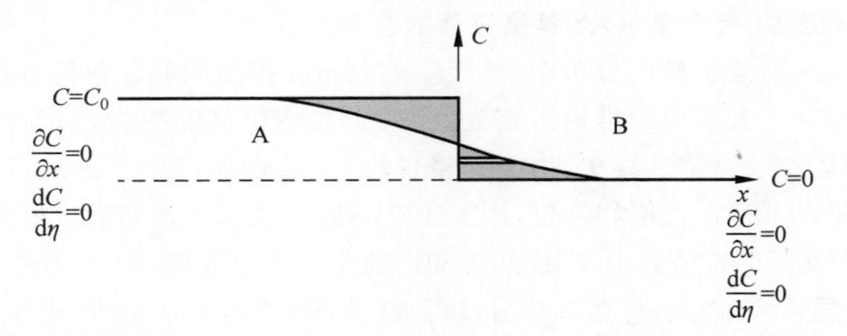

图5.10　方程(5.36)定义了Matano界面。关于Matano界面，从Matano界面左侧移除的A原子的数量$(1-C_A)$等于添加到界面右侧的数量C_A。从图形上来看，这意味着A区域（界面左侧）的阴影面积等于B区域（界面右侧）的阴影面积

Matano界面之所以重要，是因为它定义了x轴的原点位置，即在方程(5.35)和方程(5.36)中进行积分的$x=0$处。否则，直到Matano界面定义了x的原点之前，由于积分是在垂直轴C上进行的，x是任意的，因此积分式$-\frac{1}{2}\int_0^{C'}\eta\mathrm{d}C$是"无法确定"的。

在式(5.35)中,如果将 η 转换为 x,并将 $\overline{D}$ 定义为互扩散系数,则有

$$\overline{D}(C')=-\frac{1}{2t}\left(\frac{\mathrm{d}x}{\mathrm{d}C}\right)_{C'}\int_0^{C'}x\,\mathrm{d}C \tag{5.37}$$

这个方程表明,测量 C 作为 x 的函数(即 A 的浓度分布),可以通过图形法,利用如图 5.11 所示在给定 t 时的斜率和阴影面积,获取 C'下的 $\overline{D}$。在测量的浓度分布图上,可以选择浓度 C'并获得斜率和阴影面积。因此,通过使用 Boltzmann-Matano 互扩散分析,可以测量互扩散系数。当它与扩散偶中标记物速度的测量相结合时,可以使用方程(5.32)和方程(5.33)的方程组解出 D_A 和 D_B 的固有扩散系数。

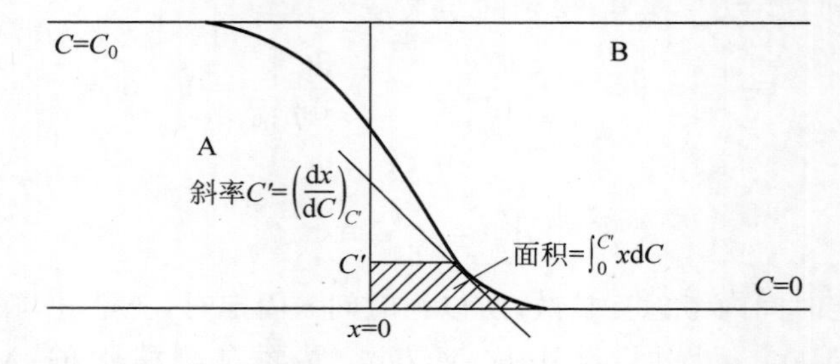

图 5.11　描绘了一个图形方法(在给定 t 时)来获取浓度 C'下的互扩散系数 $\overline{D}$,使用如图所示的斜率和阴影面积。在测量浓度分布图上可以选择浓度 C'并获得斜率和阴影面积

3. 柯肯德尔(弗仑克尔)无晶格位移的空洞形成

在 Darken 对互扩散的分析中,基于空位分布在扩散偶的任何位置均处于平衡状态的假设,有三个重要的推论。首先,会发生晶格位移或柯肯德尔位移,这可以通过标记物运动来测量。其次,由于晶格位移,不会产生应力。最后,因为假设了平衡空位,所以不存在过饱和空位,因此无空洞的成核和空洞的形成可以取代。

然而,在实际的扩散偶中,空位的源和汇通常只部分有效,并且发现了空洞的存在。这些空洞通常称为弗仑克尔空洞,而不是柯肯德尔空洞。这是因为,严格来说,在假定晶格移位或柯肯德尔移位的情况下,不应该有柯肯德尔空洞。空洞的形成意味着没有晶格移位。但是实验上,柯肯德尔移位和柯肯德尔空洞可以共存。此外,已知通过使用静水压,可以在互扩散中抑制空洞形成。这意味着存在应力。实际上,在金属薄膜和 Si 晶圆之间的互扩散中,由于应力而发生扩散偶弯曲,将在第 8 章中讨论。此外,第 11 章将讨论的电迁移,背应力是一个问题。

回顾一下在标记物坐标系中,净原子通量不为零。如果假设原子扩散的机制是通过空位机制的置换扩散,则可以添加一个空位通量 j_V 来平衡通量。

$$j_A+j_B+j_V=0 \tag{5.38}$$

因此，根据式(5.31)，$j_V=Cv$。这表明，标记物速度由空位通量或A和B之间的净通量控制：

$$j_V=(D_B-D_A)\frac{\partial C_B}{\partial x}$$

如果假设通量j_A大于j_B，可以重写$j_A=j_B+j_V$，这表明，B的通量和空位的通量正在与A的通量相对移动。图5.12示意曲线显示了：(a)A和B的互扩散组分浓度；(b)A、B和空位通量作为x的函数的一阶导数；(c)为了在扩散中达到空位平衡，空位浓度在A中增加，在B中减少，形成速率组成的二阶导数。设C_V为空位浓度，该速率可以表示为

$$\frac{\partial C_V}{\partial t}=-\frac{\partial j_V}{\partial x}$$

上述方程的右侧是空位的散度。如果扩散偶中的空位分布或空位浓度在整个样品中均处于平衡状态，则不会发生空洞形成，尽管存在空位散度。因此，仅仅空位散度可能不会导致失效。

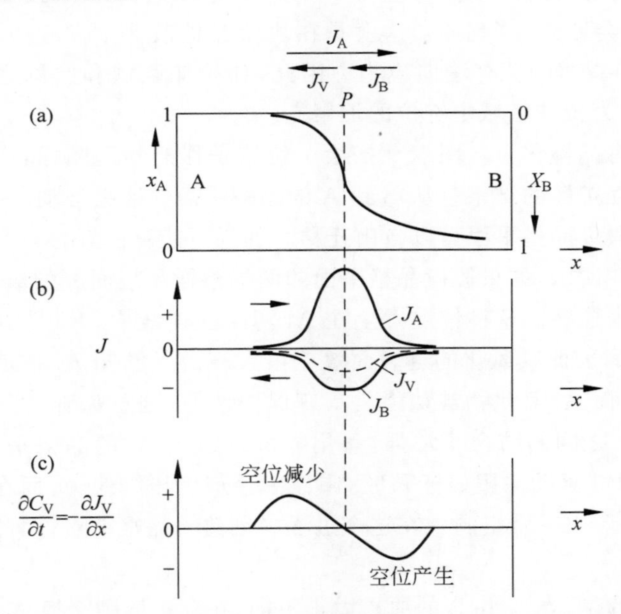

图5.12　一组示意曲线：(a) A和B的互扩散组分浓度；(b) A、B和空位通量的x函数关系，以及(c) 空位浓度在A中增加，在B中减少的速率(如果过量的空位由于无效的汇和源没有在A中被消灭和在B中产生)

为了在样品中实现处处平衡的空位，必须假设空位的源和汇在样品的任何地方都是完全有效的。只有当A侧的汇不能吸收所有空位时，才会出现过量的空

位。这可能导致空位超饱和,从而可以发生空洞的形成。空洞通过成为吸收空位的汇生长。但是,与位错吸收空位不同,空洞的吸收不会引起晶格移位。空洞的增长占据晶格位点。

如果B侧不能产生所有进入A原子所需的空位,A原子将占据平衡空位的晶格位置,这将导致平衡空位浓度的迅速降低,因为平衡空位的数量非常少。然后,会在B侧建立起一个压缩应力状态。可以想象,将原子扩散到一个固定体积V中,如果没有晶格移动,每个原子都会在固定体积中增加一个原子体积的大小,从而引入一种压缩应力:

$$\sigma = -B_{m} \frac{\Omega}{V} \tag{5.39}$$

式中,B_{m}是弹性体模量,负号表示它是压缩的。在B中没有晶格移位产生空位的情况下,减少应力的唯一方法是让原子流出体积V,扩散到B的自由表面。自由表面没有法向应力,因此存在应力梯度来驱动扩散,导致B侧隆起或晶须的生长。同样,在A侧可能会预期产生拉伸应力。但在真实系统中,很难发展出流体静压的张应力;相反,会形成一个空洞,这就是在块状互扩散偶中发现空洞形成的原因。空洞表面是自由表面,没有法向应力。因此,在拉伸区域和空洞之间存在应力梯度,空洞可以成为拉伸区域中空位的汇聚点。

为什么没有晶格移位?图5.9描绘了位错攀移的物理图像,作为互扩散中空位的源和汇。互扩散的结果是从B到A的晶格平面的连续运动。

上述分析假设晶格平面可以自由迁移。如果不能自由迁移,则没有晶格移位。例如,如图5.13所示,如果假设晶格平面的两端被样品表面上的氧化物固定,那么平面将无法自由迁移。这种情况发生在Al薄膜互连线中,其中Al线的厚度非常薄,不到0.5μm,因此其氧化的近表面效应很大。由于已知Al在玻璃表面上具有良好的黏附性,而Al氧化物被认为是具有保护性的,这意味着Al与SiO_2之间以及Al与Al_2O_3之间的结合非常强,氧化物可以防止Al的晶格平面移动。因此,当Al原子由阴极驱动向阳极迁移时,阳极中会产生压缩应力,而在阴极中由于没有晶格移位,会形成一个空洞。在这个过程中创建了晶格结点,因此这是一个体积不守恒的过程。

值得一提的是,当A和B的原子大小不同,在互扩散中交换A和B时,会发生体积变化。例如,如果假设A原子比B原子小,并且A更快地扩散到B中,由于摩尔体积变化,可能会形成空洞,并且我们可能将其误认为是由过多空位而导致的柯肯德尔或弗仑克尔空洞。但是,摩尔体积变化应该发生在扩散偶中间,即A和B交换量很大的地方,或者应该更多地发生在B侧,因为更多的A已经扩散到B中。然而,柯肯德尔或弗仑克尔空洞的形成位置遵循扩散的方向;它应该形成在快速扩散物种侧的空位浓度最高的区域，也就是 A 侧形成。

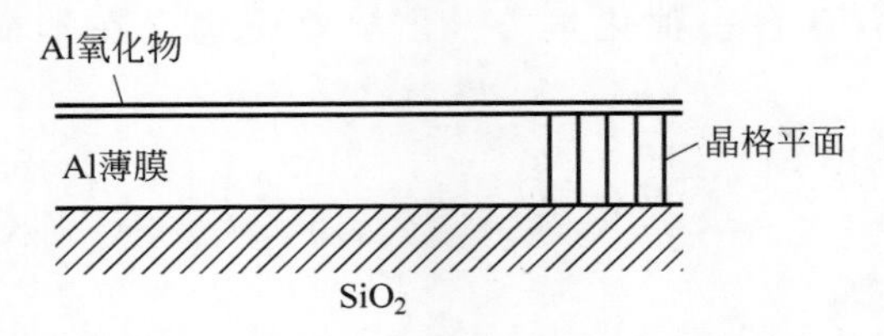

图 5.13 具有氧化表面的铝薄膜的横截面示意图。当氧化物与晶格面结合很强时，它将阻止晶格面的运动；反过来，就不会有晶格移位，因此在扩散偶中会产生额外的晶格结点。同时会出现空洞形成和应力

4. 互扩散系数

给定一个互扩散系数，表示为 $\bar{D}=X_A D_B+X_B D_A$。为了理解互扩散系数和本征扩散系数，以及示踪扩散系数的物理意义，图 5.14 展示了 CuNi 合金的这些扩散系数的示意图。在纯 Cu 中扩散 Cu 同位素或在 Ni 中扩散 Ni 同位素时，分别得到示踪扩散系数 D_{Cu}^* 和 D_{Ni}^*。它们在图 5.14 中的纯 Cu 和纯 Ni 的垂直坐标上显示。本征扩散系数 D_A 和 D_B 是合金组成的函数。它们可以通过知道标记物速度和互扩散系数来解决，如前一节所讨论的。

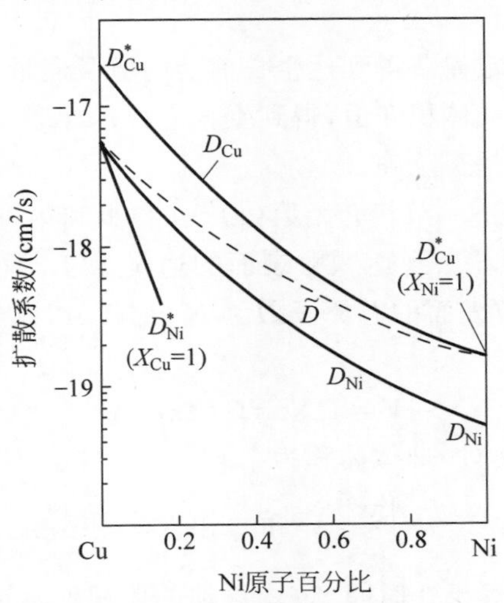

图 5.14 使用 CuNi 合金的扩散系数的示意图，展示了互扩散系数、本征扩散系数和示踪扩散系数之间的关系[①]

① 图中右下 D_{Ni} 疑似应修改为 D_{Ni}^*。——译者注

注意，互扩散系数确定了A和B混合的速度，即A和B在浓度梯度中扩散的速度。由于同质化，存在一种化学力。化学效应包含在本征扩散系数 D_A 和 D_B 中：

$$D_A = D_A^* \left(1 + \frac{\partial \ln \gamma_A}{\partial \ln C_A}\right) \tag{5.40}$$

式中，γ_A 是活度系数。

5.4 固体析出物生长的分析

在第4章推导菲克第二定律或连续性方程时，假设在小的立方体中浓度可以改变。当考虑气相中的扩散或溶质原子在固相中的扩散时，这是正确的。但在许多固态动力学问题上需要考虑纯固相的生长或析出物的生长；在纯固相或析出物中，浓度变化可以忽略不计。当原子通量流向它们时，会发生尺寸的增长而不是浓度的变化。换句话说，不考虑 $\mathrm{d}C/\mathrm{d}t$，而是考虑 $\mathrm{d}x/\mathrm{d}t$ 或 $\mathrm{d}r/\mathrm{d}t$。5.2节中已经展示平面析出物的生长。通常采取以下步骤来解决问题。

(1) 使用菲克第二定律来建立扩散方程，并选择坐标和初始及边界条件；

(2) 解扩散方程以获得浓度分布，通常假设处于稳态，因此 C 是 x 或 r 的函数；

(3) 使用菲克第一定律获得到达生长前沿的原子通量；

(4) 通过考虑质量或体积守恒，得到生长方程；

(5) 检查解的维数是否正确。

下面说明第(4)步，下一节将介绍第(1)～(3)步和第(5)步。考虑通过球坐标中的扩散来生长球形颗粒。到达颗粒表面的通量为 J，颗粒的半径为 r。由于在 Δt 时间间隔内到达颗粒表面的总原子数为 $N = JA\Delta t$，已经向析出物中添加了以下体积：

$$V = \Omega N = \Omega J 4\pi r^2 \Delta t$$

式中，Ω 为原子体积。另外，球体体积为

$$V' = \frac{4\pi r^3}{3} \quad 和 \quad \mathrm{d}V' = 4\pi r^2 \mathrm{d}r$$

体积变化 $\mathrm{d}V'$ 应该等于在时间 Δt 内添加的体积 V。它将使析出物变厚，厚度为 $\mathrm{d}r$，或在时间 $\mathrm{d}t$ 内将一个体积为 $4\pi r^2 \mathrm{d}r$ 的壳层添加到析出物中，因此有

$$4\pi r^2 \mathrm{d}r = \Omega J 4\pi r^2 \mathrm{d}t$$

因此，粒子的生长速率为 $\mathrm{d}r/\mathrm{d}t = \Omega J$。下一节将给出更详细的生长过程说明。

5.4.1 Ham的球状析出物生长模型(C_r 恒定)

这是扩散控制下析出物生长的经典模型。图5.15描绘了一个半径为 r 的球形粒子。半径为 r_0 的大球中的溶质将有助于析出物生长。设 R 为变量。假定稳态下的球坐标中的扩散方程为

$$\frac{\partial^2 C}{\partial R^2}+\frac{2}{R}\frac{\partial C}{\partial R}=0$$

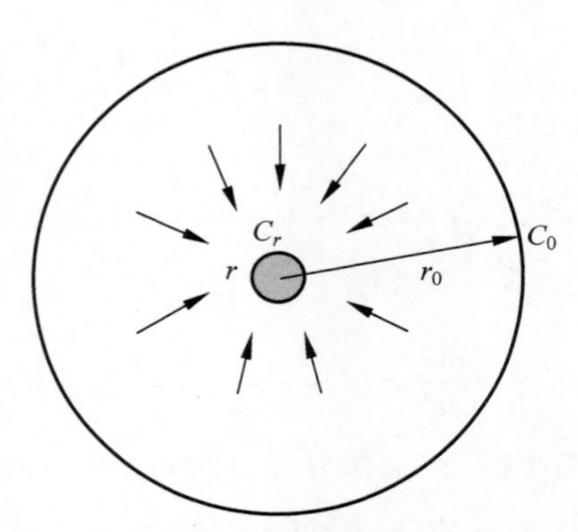

图5.15　扩散控制下析出物生长的示意图。析出物是一个半径为 r 的球形粒子。半径为 r_0 的大球中的溶质将有助于析出物的生长

解为

$$C=\frac{b}{R}+d \tag{5.41}$$

边界条件为

$$\text{在 } R=r_0,\quad C=C_0,\quad \text{有 } C_0=\frac{b}{r_0}+d \tag{5.42}$$

$$\text{在 } R=r,\quad C=C_r,\quad \text{有 } C_r=\frac{b}{r}+d \tag{5.43}$$

对上两式取差,可以得到

$$C_r-C_0=b\left(\frac{1}{r}-\frac{1}{r_0}\right)=b\,\frac{r_0-r}{rr_0}\approx\frac{b}{r},\text{当 } r_0\gg r \tag{5.44}$$

$r_0\gg r$ 的近似是一个重要的假设。这意味着析出物之间相距很远,并且析出体积分数非常小。请注意,如果将体积分数 f 定义为析出颗粒体积与扩散场体积之比,或者是析出相总体积与基体总体积之比,那么

$$f=\frac{\left(\frac{4\pi}{3}\right)r^3}{\left(\frac{4\pi}{3}\right)r_0^3}=\frac{r^3}{r_0^3}\to 0 \tag{5.45}$$

f 是一个很小的值(这是下一节将要讨论的 Lifshitz-Slezov-Wagner(LSW)熟化理论中一个非常重要的假设)。

假设 $b=r(C_r-C_0)$,将 b 替换代入式(5.42),可以得到

$$C_r=\frac{r(C_r-C_0)}{r}+d \tag{5.46}$$

得到 $d=C_0$,则式(5.40)变为

$$C(R)=\frac{r(C_r-C_0)}{R}+C_0 \tag{5.47}$$

这是扩散方程的解,因此

$$\frac{\mathrm{d}C}{\mathrm{d}R}=-\frac{r(C_r-C_0)}{R^2}$$

对于半径为 r 的粒子在颗粒/基体界面,或者 $R=r$,得到

$$\frac{\mathrm{d}C}{\mathrm{d}R}=-\frac{(C_r-C_0)}{r} \tag{5.48}$$

然后,到达界面的原子通量为

$$J=+D\frac{\partial C}{\partial R}=\frac{D(C_0-C_r)}{r},\quad 在\ R=r \tag{5.49}$$

注意,当 $C_r>C_0$,$J<0$ 时,净通量向颗粒方向,颗粒长大;当 $C_r>C_0$,$J>0$ 时,通量离开颗粒,颗粒溶解。

在生长的情况下,如果 Ω 是原子体积,则在 $\mathrm{d}t$ 时间内向球形粒子添加体积:

$$\Omega JA\,\mathrm{d}t=\Omega J\,4\pi r^2\,\mathrm{d}t=4\pi r^2\,\mathrm{d}r$$

式中最后一项是因为生长带来的球壳增长,因此

$$\frac{\mathrm{d}r}{\mathrm{d}t}=\Omega J=\frac{\Omega D(C_0-C_r)}{r} \tag{5.50}$$

积分,并设在 $t=0$ 时 $r=0$,

$$r^2=2\Omega D(C_0-C_r)t \tag{5.51}$$

请注意,如果遵循 Ham 的方法[5],将 C_r 视为常数,则它不是 r 的函数。(如果析出非常小,C_r 将成为 r 的函数,正如稍后讨论的吉布斯-汤姆森方程所需。)从上面的方程中,可以看出 $r\approx t^{1/2}$ 和 $r^3\approx t^{3/2}$。或者得到

$$r^3=[2\Omega D(C_0-C_r)t]^{\frac{3}{2}} \tag{5.52}$$

5.4.2　平均场理论

考虑由于析出物的形成导致基体中平均损失浓度 $\Delta\bar{C}=C_0-\bar{C}$，式中基体中的平均浓度为 $\bar{C}$，可以将其视为“平均场”浓度（这是平均场理论的起点）。最初，平均浓度为 C_0，但随着析出物的长大，它变为 $\bar{C}$。

让 $1/\Omega=C_p$ 为固体析出物中的浓度。根据质量平衡，得到

$$\frac{4\pi}{3}r_0^3(C_0-\bar{C})=\frac{4\pi}{3}r^3\ \frac{1}{\Omega}=\frac{4\pi}{3\Omega}[2\Omega D(C_0-C_r)t]^{\frac{3}{2}} \tag{5.53}$$

$$\bar{C}=C_0-\left[\frac{2\Omega^{\frac{1}{3}}D(C_0-C_r)}{r_0^2}t\right]^{\frac{3}{2}}=C_0-\left[\frac{2Bt}{3}\right]^{\frac{3}{2}} \tag{5.54}$$

式中，$B\equiv\dfrac{3D(C_0-C_r)}{r_0^2C_p^{1/3}}$。

请注意，上述方程与 Shewmon 的书《固体扩散》第 1 章中的式(1.36)相同。

可以用稍微不同的方式推导出上面的方程。析出物的生长会降低基体中的浓度。在时间 Δt 内扩散到析出物中的溶质原子数量为 $J(r)4\pi r^2\Delta t$。原子数量应该等于半径 r_0 扩散球体的平均浓度下降量。因此，如果将基体中的平均浓度取为 $\bar{C}$，则有

$$\frac{4\pi}{3}r_0^3\Delta\bar{C}=J(r)4\pi r^2\Delta t$$

或者得到

$$\frac{\Delta\bar{C}}{\Delta t}=\frac{3}{4\pi r_0^3}J(r)4\pi r^2=-\frac{3D}{r_0^3}(C_0-C_r)r \tag{5.55}$$

质量守恒要求

$$\frac{4\pi}{3}r_0^3(C_0-\bar{C})=\frac{4\pi}{3}r^3C_p \tag{5.56}$$

如前所述，C_p 是固体析出物中溶质的浓度，而 $C_p=\dfrac{1}{\Omega}$。因此

$$r=r_0\left(\frac{C_0-\bar{C}}{C_p}\right)^{\frac{1}{3}} \tag{5.57}$$

将 r 替换至上述速率方程中，得到

$$\frac{\Delta\bar{C}}{\Delta t}=-\frac{3D}{r_0^2}(C_0-C_r)\left(\frac{C_0-\bar{C}}{C_p}\right)^{\frac{1}{3}} \tag{5.58}$$

令

$$B \equiv \frac{3D(C_0 - C_r)}{r_0^2 C_p^{1/3}}$$

得到

$$\frac{\mathrm{d}\overline{C}}{\mathrm{d}t} = -B(C_0 - \overline{C})^{1/3}$$

通过积分得到

$$-\frac{3}{2}(C_0 - \overline{C})^{\frac{2}{3}} = -Bt + \beta$$

在 $t=0$ 时，$C_0=\overline{C}$，所以 $\beta=0$。

由此得到

$$\overline{C} = C_0 - \left(\frac{2Bt}{3}\right)^{\frac{3}{2}} \tag{5.59}$$

与前文得到的结果一致。因此得到对于三维生长，$C_0-\overline{C} \cong t^{3/2}$。

$$\overline{C} = C_0\left[1-\left(\frac{2Bt}{3C_0^{\frac{2}{3}}}\right)^{\frac{3}{2}}\right] = C_0\left[1-\left(\frac{t}{\tau}\right)^{\frac{3}{2}}\right] = C_0\exp\left[-\left(\frac{t}{\tau}\right)^{\frac{3}{2}}\right] \tag{5.60}$$

假设 $t \ll \tau$，其中

$$\tau = \frac{C_p^{\frac{1}{3}} r_0^2 C_p^{\frac{1}{3}}}{2D(C_0 - C_r)} \cong \frac{r_0^2}{2D}\left(\frac{C_p}{C_0}\right)^{\frac{1}{3}} \tag{5.61}$$

通常情况下，D、C_p 和 C_0 是已知的，可以设计实验来控制析出物的生长。

5.4.3 通过熟化过程生长球形纳米颗粒

在上面对大尺寸析出物生长的分析中，可以假设平衡浓度 C_r 是恒定的，与析出物的大小无关。然而，当颗粒很小，例如在纳米尺度时，该假设不成立。必须考虑吉布斯-汤姆森势，并允许 C_r 成为 r 的函数。有大量颗粒时，它们之间会发生熟化过程。为了分析具有尺寸分布的颗粒之间的熟化，使用平均场的概念，它被视为所有颗粒的平均浓度。我们假定存在一个临界大小为 r^* 的粒子，其在平均场中处于平衡状态。然后，任何颗粒的熟化程度都可以根据临界尺寸颗粒进行分析。对于大于临界尺寸的颗粒，它们会长大；对于较小的颗粒，它们会缩小。接下来首先定义吉布斯-汤姆森势。

假设一个半径为 r 且单位面积表面能为 γ 的小球。表面能对球体施加压缩力，因为它倾向于收缩以减少表面能。这个压力等于

$$p = \frac{F}{A} = \frac{\frac{\mathrm{d}E}{\mathrm{d}r}}{A} = \frac{\frac{\mathrm{d}4\pi r^2\gamma}{\mathrm{d}r}}{4\pi r^2} = \frac{8\pi r\gamma}{4\pi r^2} = \frac{2\gamma}{r} \tag{5.62}$$

如果将 p 乘以原子体积 Ω，就得到了化学势：

$$\mu_r = \frac{2\gamma\Omega}{r} \tag{5.63}$$

由于表面的曲率半径小，这被称为吉布斯-汤姆森势。需要注意的是，这不仅是析出物表面原子的势能，而是所有原子的势能。当表面平坦，即 $r\to\infty$ 时，$\mu_\infty=0$，因此得到

$$\mu_r - \mu_\infty = \frac{2\gamma\Omega}{r} \tag{5.64}$$

下文将应用这个势函数来确定曲率对不同大小颗粒的溶解度以及熟化的影响。

考虑一种 $\alpha=\mathrm{A(B)}$ 合金，其中 B 溶解于 A。在给定低温下，B 将析出。设定一个半径为 r 的 B 的析出体。取析出体周围 B 的溶解度为 $X_{\mathrm{B},r}$。为了将溶解度与吉布斯-汤姆森势联系起来，将 B 的化学势作为其半径的函数。其表达式为

$$\mu_{\mathrm{B},r} - \mu_{\mathrm{B},\infty} = \frac{2\gamma\Omega}{r} \tag{5.65}$$

式中，γ 是析出物和基体之间的界面能。如果将 B 的标准状态定义为半径为 ∞ 的纯 B，则有

$$\mu_{\mathrm{B},r} = \mu_{\mathrm{B},\infty} + RT\ln a_{\mathrm{B}} \tag{5.66}$$

式中，a_{B} 为活度。根据亨利定理：

$$a_{\mathrm{B}} = KX_{\mathrm{B},r}$$

其中，$X_{\mathrm{B},r}$ 是一个半径为 r 的析出物周围的 B 的溶解度。在 $r\to\infty$ 时

$$\mu_{\mathrm{B},\infty} = \mu_{\mathrm{B},\infty} + RT\ln a_{\mathrm{B}}$$

说明 $RT\ln a_{\mathrm{B}}=0$ 或 $a_{\mathrm{B}}=1$，所以 $K=1/X_{\mathrm{B},\infty}$。于是

$$\mu_{\mathrm{B},r} = \mu_{\mathrm{B},\infty} + RT\ln\frac{X_{\mathrm{B},r}}{X_{\mathrm{B},\infty}} \tag{5.67}$$

因此

$$\ln\frac{X_{\mathrm{B},r}}{X_{\mathrm{B},\infty}} = (\mu_{\mathrm{B},r} - \mu_{\mathrm{B},\infty})/RT = \frac{2\gamma\Omega}{rRT}$$

或者，假设 kT 每原子而非 RT 每 mol。得到

$$X_{\mathrm{B},r} = X_{\mathrm{B},\infty}\exp\left(\frac{2\gamma\Omega}{rkT}\right) \tag{5.68}$$

围绕着半径为 r 的 B 球形颗粒的溶解度由上述方程给出。当 $r\to\infty$ 时，指数等于1。因此，当 r 减小时，$X_{\mathrm{B},r}$ 增加。现在用 C_r 代替 $X_{\mathrm{B},r}$，用 C_∞ 代替 $X_{\mathrm{B},\infty}$，式中，C_∞ 是平坦表面上的平衡浓度，则有

$$C_r = C_\infty \exp\left(\frac{2\gamma\Omega}{rkT}\right) \tag{5.69}$$

若 $2\gamma\Omega \ll rkT$，则有

$$C_r - C_\infty = \frac{2\gamma\Omega C_\infty}{rkT} = \frac{\alpha}{r} \tag{5.70}$$

式中，$\alpha = \frac{2\gamma\Omega C_\infty}{rkT}$，所以

$$C_r = C_\infty + \frac{\alpha}{r} \tag{5.71}$$

因此得出一个非常重要的结果，即 C_r 不是一个常数，而是 r 的函数。现在将 C_r 代入生长方程中：

$$\frac{\mathrm{d}r}{\mathrm{d}t} = \Omega J = \frac{\Omega D(C_0 - C_r)}{r}$$

得到

$$\frac{\mathrm{d}r}{\mathrm{d}t} = \frac{\Omega D\left(C_0 - C_\infty - \frac{\alpha}{r}\right)}{r} \tag{5.72}$$

注意到 $C_0 - C_\infty > 0$ 始终成立。可以定义一个临界半径 r^*，使得

$$C_0 - C_\infty = \frac{\alpha}{r^*}$$

可以把与 r^* 处平衡的浓度视为“平均场”浓度。在考虑半径 r 的任何粒子的成熟时，无论其大小，只需要将其与半径为 r^* 的临界粒子或与平均场进行比较。因此有

$$\frac{\mathrm{d}r}{\mathrm{d}t} = \frac{\alpha\Omega D}{r}\left(\frac{1}{r^*} - \frac{1}{r}\right) \tag{5.73}$$

参数 r^* 的定义如下：

$r > r^*$，　$\frac{\mathrm{d}r}{\mathrm{d}t} > 0$，　粒子生长；

$r < r^*$，　$\frac{\mathrm{d}r}{\mathrm{d}t} < 0$，　粒子溶解；

$r = r^*$，　$\frac{\mathrm{d}r}{\mathrm{d}t} = 0$，　粒子处在亚稳态平衡。

在界面上有浓度 $\bar{C}$，或者 $C_r^* = \bar{C}$。

在熟化过程中，较大的粒子增长，消耗了平均场，而较小的粒子则相对于平均场缩小。平均场浓度会随时间减小，将趋近于粒子大小的动态平衡分布。通过 LSW 熟化理论，该分布函数可以在尺寸空间内解连续性方程得到。已知 $\mathrm{d}r/\mathrm{d}t$ 是 LSW 熟化理论的起始[7-8]。

参考文献

[1] D. Turnbull,"Phase changes",Solid State Physics 3(1965) 225.
[2] J. W. Christian,The Theory of Transformation in Metals and Alloys(Pergamon Press,New York,1965).
[3] D. A. Porter and K. E. Easterling,Phase Transformations in Metals and Alloys(Chapman and Hall,London,1992).
[4] P. G. Shewmon,Transformations in Metals(Indo American Books,Delhi,2006).
[5] P. G. Shewmon,Diffusion in Solids,2nd edn(TMS,Warrendale,PA,1989).
[6] A. P. Sutton and R. W. Balluffi, Interfaces in Crystalline Materials (Oxford University Press,Oxford,1995).
[7] V. V. Slezov,Chapter 4 in Kinetics of First-order Phase Transitions (Wiley-VCH, Weinheim, 2009).
[8] A. M. Gusak and K. N. Tu,"Kinetic theory of flux-driven ripening",Phys. Rev. B66,(2002) 115403.

习题

5.1　在互扩散中,晶格移位是什么?

5.2　定义互扩散系数、本征扩散系数和示踪扩散系数。

5.3　什么是互扩散中的 Matano 界面?

5.4　在互扩散中,标记的运动方向是什么?它是朝着扩散速度更快的物种方向移动吗?

薄膜中的弹性应力和应变

6.1 引言

薄膜在电子器件中并不是被用于承载机械负载的结构部件。然而,应力或应变普遍存在于薄膜,这是由衬底所施加的约束所造成的。薄膜和其衬底的热膨胀系数通常不一样,因此,在沉积和退火的温度变化过程中会产生应力。薄膜的应力会导致微电子器件中产生严重的成品率和可靠性问题。已知在室温下通过电子枪或溅射沉积的 Ni 薄膜具有较高的拉伸应力。在外延生长的硅或硅锗层中,应力会影响载流子的迁移率,这一特点有时也被引入器件中以达到特定目的。本章讨论薄膜中双轴应力的性质,以及利用晶圆弯曲法测量薄膜中的双轴应力。第 14 章将讨论受应力固体中影响原子扩散的化学势,以及固体对应力蠕变或应力迁移的时间依赖响应。

一块固体在受到力的作用时,其原子从平衡位置发生位移,该固体就处于应力状态[1-6]。位移是由原子间相互作用势能控制的。众所周知,两个原子间的势能 ϕ 和内部作用力 F($F=-\partial\phi/\partial r$)通常是原子间距离的函数,遵循图 3.1(a)和(b)所示的关系。考虑施加外部力时,我们定义

$$F_{\mathrm{ex}}=+\frac{\partial\phi}{\partial r} \tag{6.1}$$

相比内部作用力,外部力的符号变为正。根据 3.2 节给出的符号约定,增加原子间距离的力为正,因此外部拉伸力(或拉应力)是正的。而压缩固体的外部压缩力(或压应力)是负的。图 6.1(a)和(c)分别给出了原子间相互作用势能、外部力和力的示意图。

显然,将图 3.1(b)倒置即图 6.2(b)。将 F_{max} 定义为与解离距离 r_D 相对应的最大力。将固体拉伸所需的最大拉伸力是 F_{max},而增加原子间距离超过 r_D 所需的力小于 F_{max}。可以将 F_{max} 视为固体的理论强度。

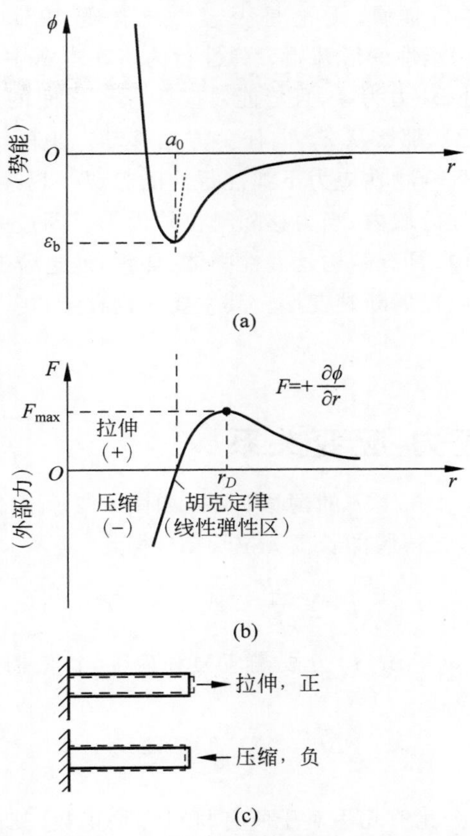

图 6.1 (a) 原子间距离与势函数的关系,虚线显示了原子振动的非谐效应;(b) 施加的力与原子位移之间的关系;(c) 力的方向和符号惯例

要计算 F_{max},需要

$$\frac{\partial^2 \phi}{\partial r^2}=0, \quad r=r_D$$

如果假设固体遵循勒让德-琼斯势,并且势函数由式(3.7)给出,就得到它关于 r 的二阶导数,

$$\frac{\partial^2 \phi}{\partial r^2}=\varepsilon_b \frac{12}{a_0^2}\left(\frac{a_0}{r}\right)^8\left[13\left(\frac{a_0}{r}\right)^6-7\right]=0, \quad r=r_D \tag{6.2}$$

式中,a_0 是平衡原子间距离。方程(6.2)的解表明

$$r_D = 1.11a_0$$

理论上，固体可以被拉伸(应变)约11%，然后才会断裂。此外，如果刚好在该应变下方拉伸，当外力移除时，它将恢复到原来的状态。但是，这些理论实验上完全不成立。大多数多晶金属，无论是否遵循勒让德-琼斯势，其弹性极限仅为0.2%；超过该极限后，塑性变形开始。弹性行为将在本章中考虑。

在平衡位置 a_0 处，外力为零，且势能对应于原子之间的最小势能 ε_b。如果假设势能的形状是抛物线，那么从 a_0 向任一方向移动一小段距离，力与位移成线性关系。这是固体原子聚合物在应力下弹性行为的起源。观察到的弹性行为可以由胡克定律描述。在弹性区域内，当力移除时位移消失。超过弹性极限后，会发生永久变形。在永久损伤中，具有结构延展性固体(如钢)通过位错运动变形，但脆性固体(如玻璃)将通过裂纹扩展断裂变形。其主要区别在于这些固体中化学键和晶体结构的性质。

6.2 弹性的应力-应变关系

考虑一块尺寸为 $l \times w \times t$ 的薄固体膜，如图6.2所示。如果对横截面面积 $A = wt$ 施加一个力 F，把薄膜的长度 l 拉长 Δl，得到

$$\frac{F}{A} = Y\frac{\Delta l}{l} \quad \text{或} \quad \sigma = Y\varepsilon \tag{6.3}$$

式中，$\sigma(\sigma = F/A)$ 和 $\varepsilon(\varepsilon = \Delta l / l)$ 分别是应力和应变，Y 是杨氏模量。这就是胡克定律。此外

$$\frac{\Delta t}{t} = \frac{\Delta w}{w} = -\nu\frac{\Delta l}{l} \tag{6.4}$$

式中，ν 是泊松比。这个比值几乎对于所有材料都是正数，其值约等于或小于1/2。理想情况下，如果考虑在张力下半径为 r，长度为 l 的圆柱形样品，在拉伸前后体积不变的前提下，得到以下关系，即方程(3.22)：

$$\pi r^2 l = \pi(r + \mathrm{d}r)^2(l + \mathrm{d}l)$$

忽略高阶项，得到

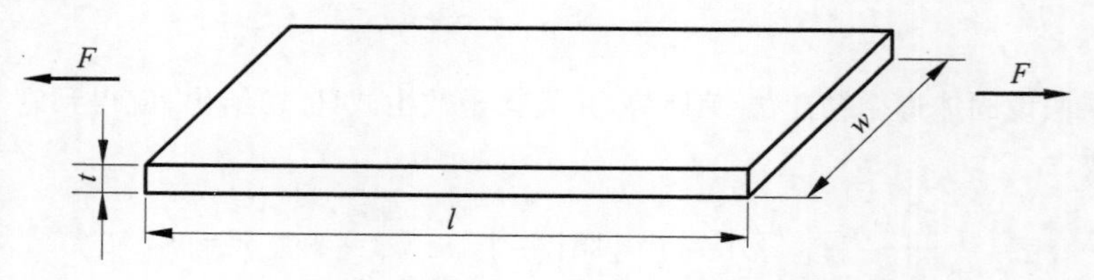

图6.2 尺寸为 $l \times w \times t$ 的薄膜受到拉伸

$$\frac{\mathrm{d}r}{r}=-\frac{1}{2}\frac{\mathrm{d}l}{l}$$

在弹性变形中体积不变的理论假设下，泊松比为0.5。注意 ν 前面有一个负号，这意味着拉伸 l 时，W 和 t 都会缩小。测量泊松比的一种简单方法是观察X射线衍射在垂直于拉伸应力方向上晶格参数的变化。例如，取一个立方晶体结构的单晶薄膜并通过弯曲将其拉伸，如图6.3所示。立方晶胞变形为四方晶胞（图中虚线矩形），假设晶胞体积不变。此时，垂直于衬底表面的晶面间距减小，这种减小可以通过X射线衍射角的移位来测量。

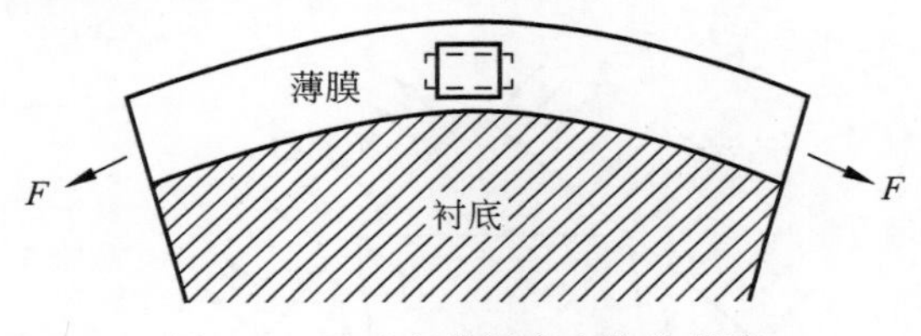

图6.3　通过弯曲衬底来拉伸薄膜

不同材料具有不同的 Y 和 ν。多晶材料的弹性行为仅由这两个参数表征。有时会给出剪切模量和体积模量等其他参数，但它们是相互关联的。下面讨论一个例子。

考虑剪切应变，并用图6.4(a)中的示意图说明。这是一个倒装焊封装中Si芯片与陶瓷基板通过两个焊点连接的横截面示意图。在运行过程中，器件将经受约100℃的升温。由于Si比陶瓷膨胀得更多，焊点会经历剪切应变。实际上，由于器件频繁地开关，应变呈周期性。

周期应变的产生会导致焊点的低周疲劳可靠性故障。此外，可以想象，如果增加芯片尺寸，芯片边缘的焊点将会有更大的剪切应变。因此无法任意增加芯片尺寸。剪切应变是限制器件产量和Si芯片尺寸的关键因素。

在剪切应变过程中（图6.4(b)）正方形在一对力的作用下变形，而其底部也是固定的。在平衡状态下，净力和扭矩为零。剪切应变 θ 定义为

$$\theta=\frac{\delta}{l} \tag{6.5}$$

式中，δ 是长度为 l 的材料的剪切位移，如图6.4(b)所示。为了将应变与剪切应力联系起来，将剪切应力转换为图6.4(c)中正方形上拉伸和压缩应力的组合。拉伸力等于 $\sqrt{2}S$，但长度和面积也增加了 $\sqrt{2}$ 倍。因此，拉伸应力为 S/A，与剪切应力相同。压缩应力的情况除符号相反，与之完全相同。考虑图6.4(c)中正方形对角线上的应力-应变关系，得出

$$\frac{\Delta B}{B}=\frac{1}{Y}\frac{S}{A}+\frac{-\nu}{Y}\left(\frac{-S}{A}\right)=\frac{1+\nu}{Y}\frac{S}{A} \tag{6.6}$$

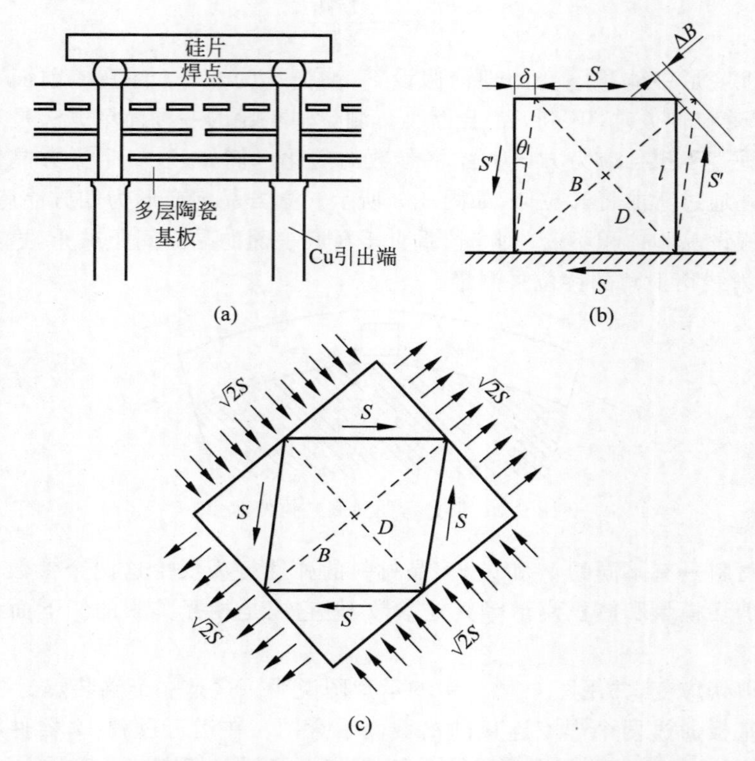

图 6.4 (a) Si 芯片与陶瓷基板焊接的示意图；(b) 对正方形施加一对剪切力 S；(c) 剪切应力转换为拉应力和压应力的组合

另外，已经定义

$$\theta=\frac{\delta}{l}=\frac{\sqrt{2}\,\Delta B}{l}=\frac{2\Delta B}{B}$$

于是

$$\theta=2\left(\frac{1+\nu}{Y}\right)s \tag{6.7}$$

式中，$s=S/A$ 是剪切应力。如果定义剪切模量为

$$\mu=\frac{s}{\theta}$$

那么可以用杨氏模量和泊松比来表示剪切模量，

$$\mu=\frac{Y}{2(1+\nu)} \tag{6.8}$$

剪切应力可以看作一对正常应力，反之亦然。单晶弹性常数之间的关系在附录D中给出。

6.3 应变能

估计弹性应变中涉及能量的大小非常重要。考虑弹性极限的情况，弹性能量由式(6.9)给出

$$E_{\text{elastic}}=\int\sigma\cdot \mathrm{d}\varepsilon=\frac{1}{2}Y\varepsilon^{2} \tag{6.9}$$

为了估计弹性能量，从表3.4中取杨氏模量的值，选择最硬的材料之一——钢，其$Y=2.0\times10^{12}\mathrm{dyn/cm^2}$，且在$1\mathrm{cm^3}$体积中有$8.4\times10^{22}$个原子。当取$\varepsilon=0.2\%$时，得到

$$E_{\text{elastic}}=\frac{1}{2}Y\varepsilon^{2}=4\times10^{6}\ \frac{\mathrm{dyn}}{\mathrm{cm^2}}\cong3\times10^{-5}\ \text{电子伏每原子数}$$

此处得到的弹性能量值比典型的化学能量(例如第3章给出的Au的结合能，约为0.47电子伏每原子数)小三到四个数量级。也可以从图6.1(a)中得出弹性能量很小的结论。0.2%应变所对应的势能非常接近结合能，因此差异非常小。因此可以近似地认为，在弹性区域内，势能与位移成抛物线关系，所以$\phi=\frac{1}{2}(kr^{2})$。

这就是为什么在测量体扩散偶或金属薄膜-Si晶圆间硅化物的扩散系数时，忽略了应力对移动活化能的驱动作用。因此，在化学反应(如化合物形成)中，弹性应变能或应力效应通常被忽略。另外，扩散和反应或金属间化合物的形成会导致非常厚的衬底弯曲。例如，在200μm(8mils)Si晶圆上沉积200nm Al薄膜，仅界面两层原子之间的黏附就会导致Si晶圆弯曲。在200nm Ni薄膜与200μm Si晶圆反应中，产生的硅化物也会导致晶圆弯曲。

尽管应变能很小，但在固体接近平衡时，应变能就体现出了其重要性。在平衡状态下，力是平衡的，所以任何额外的小力都能够使平衡倾斜并影响平衡等式。由于外延失配引起的应变能可以稳定亚稳相。此外，在位错滑移系统不起作用或位错难以成核外延结构中，弹性极限可以大大提高(有的可达几个百分点)，使应变能增加两个数量级。但当固体远离平衡时，应变能在大多数动力学过程中往往不重要。

弹性应变能不仅很小，而且是可逆的，因此，弹性能量在随时间进行蠕变的过程中可以做功。弹性应变能可以影响空位形成能，进而影响空位浓度，但对空位运动能量影响微不足道，因此它确实影响了原子扩散，比如第14章讨论的蠕变过程。

相比之下,塑性应变能可能更高,但它是一种耗散型的能量,就像焦耳热一样,因此不能用来反向做功。塑性形变过程中做了功,然而能量已经消耗掉了,并不能存储以供可再生使用。

6.4 薄膜中的双轴应力

在平面衬底上,由于热膨胀差异引起的薄膜应力是双轴的。如图 6.5 所示,应力沿着薄膜平面的两个主轴方向作用,在薄膜自由表面垂直方向上没有应力,但有应变。另一个双轴应力的例子是气球表面的应力。平面应力导致垂直于气球表面的应变,并随着热膨胀而变得越来越薄。

为了表示双轴应力,从如图 6.6 所示的三维各向同性立方结构开始讨论。该结构在 x、y 和 z 轴方向的线性尺寸分别为 l、w 和 t。考虑对立方结构施加静水压——按顺序在 x、y 和 z 方向施加压缩。首先在 x 方向施加压力 p,因此

$$p=-Y\frac{\Delta l_1}{l}$$

在 x 方向有应变

$$\frac{\Delta l_1}{l}=-\frac{p}{Y}$$

其次在 y 方向施加压缩,得到

$$\frac{\Delta w}{w}=-\frac{p}{Y}$$

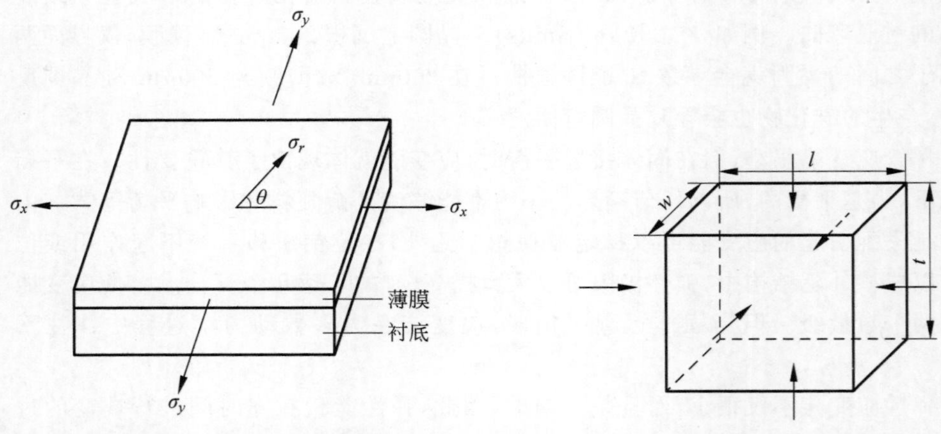

图 6.5 沉积在刚性衬底上的薄膜中的双轴应力　图 6.6 三维各向同性立方体,尺寸为 l、w、t

由于泊松效应，在 x 方向有拉伸应变

$$\frac{\Delta l_2}{l}=+\nu\frac{p}{Y}=-\nu\frac{\Delta w}{w}$$

最后 z 方向施加压缩，在 x 方向有拉伸应变

$$\frac{\Delta l_3}{l}=+\nu\frac{p}{Y}$$

x 方向的总应变为

$$\frac{\Delta l}{l}=\frac{\Delta l_1}{l}+\frac{\Delta l_2}{l}+\frac{\Delta l_3}{l}=-\frac{p}{Y}(1-2\nu)$$

或者

$$\varepsilon_x=-\left(\frac{\sigma_x}{Y}-\nu\frac{\sigma_y}{Y}-\nu\frac{\sigma_z}{Y}\right)=-\frac{1}{Y}[\sigma_x-\nu(\sigma_y+\sigma_z)]$$

现在将应力改为张力，得到以下一般方程：

$$\begin{cases}\varepsilon_x=\dfrac{1}{Y}[\sigma_x-\nu(\sigma_y+\sigma_z)]\\[2ex]\varepsilon_y=\dfrac{1}{Y}[\sigma_y-\nu(\sigma_x+\sigma_z)]\\[2ex]\varepsilon_z=\dfrac{1}{Y}[\sigma_z-\nu(\sigma_x+\sigma_y)]\end{cases}$$

在薄膜双轴应力状态下，假设薄膜平面内(x 和 y)有拉伸应力，但在 z 方向上没有应力($\sigma_z=0$)。因此

$$\begin{cases}\varepsilon_x=\dfrac{1}{Y}(\sigma_x-\nu\sigma_y)\\[2ex]\varepsilon_y=\dfrac{1}{Y}(\sigma_y-\nu\sigma_x)\\[2ex]\varepsilon_z=\dfrac{-\nu}{Y}(\sigma_x+\sigma_y)\end{cases}\tag{6.10}$$

从以上方程中得到

$$\varepsilon_x+\varepsilon_y=\frac{1-\nu}{Y}(\sigma_x+\sigma_y)$$

和

$$\varepsilon_z=\frac{-\nu}{1-\nu}(\varepsilon_x+\varepsilon_y)$$

在二维各向同性系统中，其中 $\varepsilon_x=\varepsilon_y$，

$$\varepsilon_z=-\frac{2\nu}{1-\nu}\varepsilon_x\tag{6.11}$$

$$\sigma_x = \left(\frac{Y}{1-\nu}\right)\varepsilon_x \tag{6.12}$$

稍后，将应用上述关系来获得关于衬底上薄膜应力的斯托尼(Stoney)方程。

对于圆形衬底上的薄膜，使用柱面坐标比笛卡儿坐标更为方便。在柱坐标下得到

$$\begin{cases}\sigma_r = \sigma_x \cos^2\theta + \sigma_y \sin^2\theta + 2\tau_{xy}\sin\theta\cos\theta \\ \sigma_\theta = \sigma_x \sin^2\theta + \sigma_y \cos^2\theta - 2\tau_y \sin\theta\cos\theta\end{cases} \tag{6.13}$$

式中，τ_{xy} 是剪切应力。如果应力场无旋($\sigma_\theta = 0$)，得到

$$\sigma_r = \sigma_x + \sigma_y$$

类似地，有

$$\varepsilon_r = \varepsilon_x + \varepsilon_y$$

于是

$$\varepsilon_r = \frac{1-\nu}{Y}\sigma_r,\quad \varepsilon_z = -\frac{\nu}{Y}\sigma_r \tag{6.14}$$

这些关系很有用，比如在考虑压应力下薄膜中圆丘的隆起时使用。

以上关于双轴应力的假设中，衬底都是刚性的。现在考虑当衬底不是刚性的时，双轴应力下衬底的弯曲。应力-应变关系由斯托尼方程给出，这将在下面讨论。

6.5 薄膜中双轴应力的斯托尼方程

开始分析时假设薄膜厚度 t_f 远小于衬底厚度 t_s，因此没有应力的中性面可以设定在衬底中间。图 6.7 放大衬底的一端来展示中性面、薄膜和衬底中的应力分布以及相应的力和力矩。在平衡状态下，薄膜中应力产生的力矩必须等于衬底中应力产生的力矩，如图 6.7(b)所示。

由于已经假设薄膜厚度很薄，所以 σ_f 在薄膜厚度内是均匀的。薄膜内部产生的力(力与垂直距离相乘)相对于中性面的力矩 M_f 为

$$M_f = \sigma_f W t_f \frac{t_s}{2} \tag{6.15}$$

式中，W 是垂直于 t_f 的薄膜宽度。为了计算衬底的力矩，首先写出几何关系

$$\frac{d}{r} = \frac{\Delta d}{t_s/2} \tag{6.16}$$

因此

$$\frac{1}{r} = \frac{\Delta d}{t_s d/2} = \frac{\varepsilon_{max}}{t_s/2} \tag{6.17}$$

式中，r 是从中性面测量的衬底曲率半径，d 是在中性面测量的衬底的长度，

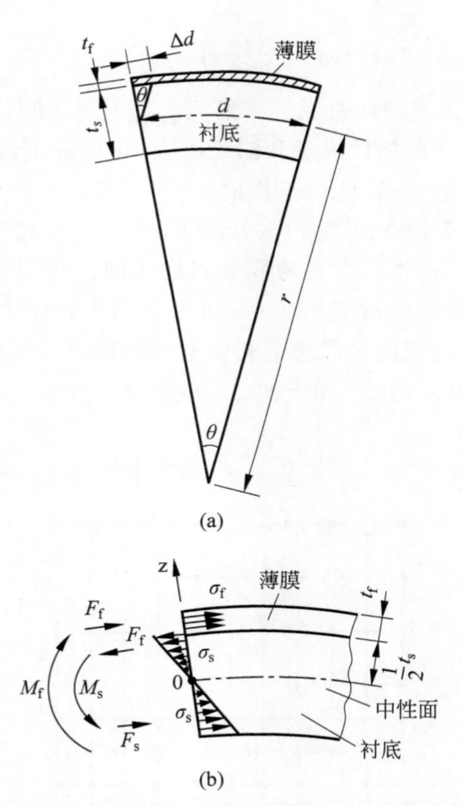

图 6.7 (a) 压缩下弯曲衬底上薄膜的横截面视图；(b) 示意图显示薄膜和衬底中的应力分布以及相应的力和弯曲力矩

$\Delta d/d=\varepsilon_{max}$ 是在衬底外表面测量的应变。在衬底中，弹性应变在中性面处为零，但随着与中性面的距离 z 线性增加(遵循胡克定律并随应力线性增加)，因此

$$\frac{\varepsilon_s(z)}{z}=\frac{\varepsilon_{max}}{t_s/2}=\frac{1}{r} \tag{6.18}$$

式中，$\varepsilon_s(z)$是平行于中性面且与中性面距离为 z 的平面中的应变。然后，通过假设衬底中存在双轴应力，从方程(6.12)得到

$$\sigma_s(z)=\left(\frac{Y}{1-\nu}\right)_s\varepsilon_s(z)=\left(\frac{Y}{1-\nu}\right)_s\frac{z}{r} \tag{6.19}$$

因此，衬底中应力产生的力矩为

$$M_f=W\int_{-t_s/2}^{t_s/2}z\sigma(z)\mathrm{d}z=W\int_{-t_s/2}^{t_s/2}\left(\frac{Y}{1-\nu}\right)_s\frac{z^2}{r}\mathrm{d}z=\left(\frac{Y}{1-\nu}\right)\frac{Wt_s^3}{12r} \tag{6.20}$$

通过令 M_s 等于 M_f，得到斯托尼方程

$$\sigma_{\mathrm{f}}=\left(\frac{Y}{1-\nu}\right)_{\mathrm{s}}\frac{t_{\mathrm{s}}^{2}}{6rt_{\mathrm{f}}} \tag{6.21}$$

式中，下标 f 和 s 分别指薄膜和衬底。方程(6.21)显示，通过测量薄膜和衬底的曲率和厚度，并且知道衬底的杨氏模量和泊松比[7]，可以确定薄膜中的双轴应力。曲率可以通过激光干涉或针尖轮廓仪来测量。

方程(6.21)已经应用于测量衬底上薄膜外延生长过程中的表面应力。如图 6.8 所示的赝晶(共格)生长会在薄膜和衬底之间产生应力。当衬底足够薄时，失配应力可以如上所述弯曲衬底。在 Ge 单层赝晶生长于 0.01mm 厚(001)Si 条上的极端情况下，产生的弯曲足以被激光反射检测到[8]。实质上，横截面为 wt_{f} 的薄膜上的力为 $F_{\mathrm{f}}=\sigma_{\mathrm{f}}Wt_{\mathrm{f}}$ 或 $F_{\mathrm{f}}/\mathrm{W}=\sigma_{\mathrm{f}}t_{\mathrm{f}}$。重新整理方程(6.21)，得到

$$r=\left(\frac{Y}{1-\nu}\right)\frac{t_{\mathrm{s}}^{2}}{6(F_{\mathrm{f}}/W)} \tag{6.22}$$

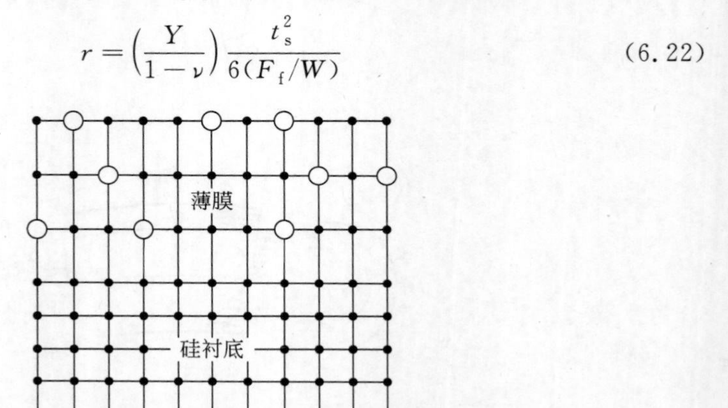

图 6.8 $\mathrm{Ge}_x\mathrm{Si}_{1-x}$(Ge 为空心圆)在硅衬底上作为应变层的外延结构示意图。内有扭曲的晶胞

这表明通过测量 r(或确定用 t_{f} 表示的 r 的函数)，可以确定 F_{f}/W。F_{f}/W 的值是薄膜单位宽度的力(它是表面应力的度量)。回忆一下 3.3 节中关于表面能的讨论，已经证明液体的表面能和表面张力具有相同的大小。对于固体来说并非如此。液体不能承受剪切应力，液面不能沿表面承受压缩应力，但固体可以。另外，固体和液体表面都不能有法向应力。

例如，如果在液氮温度下在 Si 晶圆上沉积 Al 薄膜并将它们升温至室温，Si 晶圆会弯曲，因为 Al 的热膨胀系数比 Si 大。它们具有凹曲率的横截面如图 6.9 所示。假设 Al 薄膜黏附性非常好并且处于压缩状态，Al 薄膜受衬底约束。通过测量 Si 晶圆的曲率，就可以确定 Al 薄膜中的压缩应力。Al 中的应力将随温度而变化，并且可以通过以下的分析来测量。

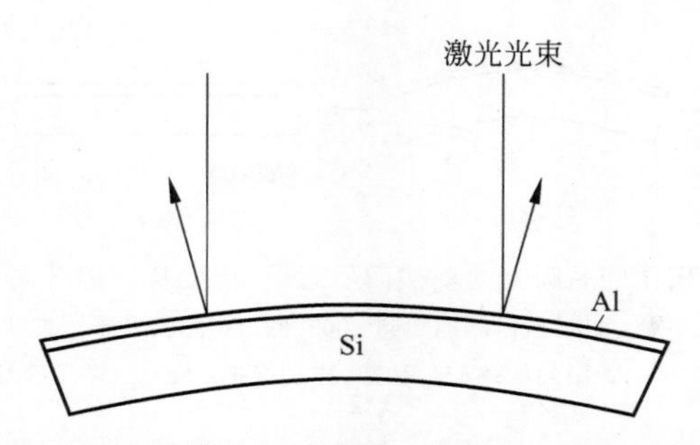

图 6.9 Al 薄膜在弯曲 Si 晶圆上的横截面示意图。曲率可以从一对平行激光束的反射中测量

6.6 测量 Al 薄膜中的热应力

斯托尼方程显示，当我们知道薄膜的厚度、衬底的厚度和衬底的机械模量时，通过测量衬底的曲率可以确定薄膜中的双轴应力(无论是拉伸还是压缩)。关键是测量曲率。这可以通过使用激光从弯曲梁或自由支撑圆形晶圆的弯曲表面反射来完成。图 6.9 展示了通过从弯曲 Si 晶圆表面反射一对平行激光束来测量 4 英寸自由支撑 Si 晶圆的曲率。一对反射光束的相对位移能够确定曲率。

考虑在室温下在 Si 晶圆上沉积 Al 薄膜，然后将薄膜/衬底加热至 400℃，将样品保持一段时间，然后将样品冷却至室温。图 6.10 描绘了温度循环中曲率的变化。图 6.10(a)展示了在室温下沉积并保留在 Si 晶圆上的 Al 薄膜。假设没有热应力，薄膜/衬底样品是平的，没有曲率。加热至 400℃时，Al 比 Si 衬底膨胀得更多，因此晶圆弯曲，曲率向下凹，如图 6.10(b)所示，Al 薄膜处于压缩状态。压缩是因为当晶圆试图弯曲回来以减小曲率时，Si 晶圆会施加一个扭矩来压缩 Al 薄膜。如果将样品保持在 400℃一段时间，Al 中的压缩应力因为 Al 中原子扩散而消失。可以计算 400℃时 Al 的晶格扩散系数，并发现扩散距离在 5min 内超过 200nm，即 Al 薄膜厚度，因此应力可以通过原子扩散和重排来释放。晶圆的曲率将变平，如图 6.10(c)所示。

在图 6.10(b)中，假设一个大小为 1000λ 的 Al 晶粒在 400℃下受压缩，式中，λ 是原子间距或一个原子平面的厚度。假设压缩应变为 0.1%，换句话说，应变为 1λ。那么，如果能够去掉一个垂直于压缩应力的原子平面，应力就会弛豫。为此，想象一个在晶粒中的位错环。如果一个空位从自由表面扩散到环的边缘并与末端的原子交换位置，则位错将爬升一个原子步长。通过空位到位错的连续扩散，可以去掉一个原子平面并使应力弛豫。这就是蠕变的机制。

在图 6.10(b)中所示的示意图中，它假设了柱状晶粒的微观结构。如果假设

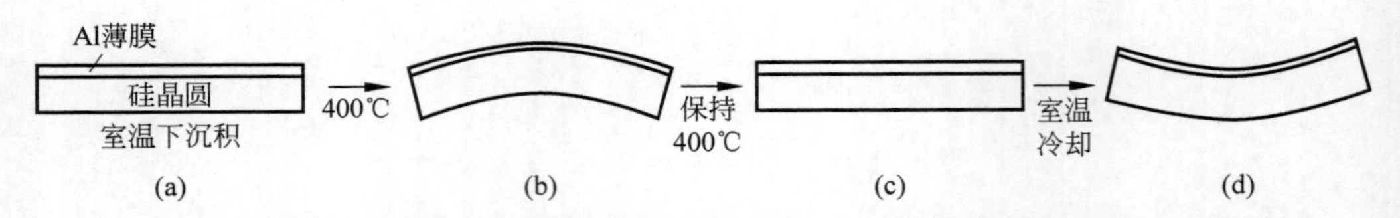

图 6.10　Al 薄膜沉积在硅晶圆上的横截面示意图，温度从室温升高到400℃再回到室温

(a) 在室温沉积时样品是平的；(b) 当样品加热到 400℃时，Al 薄膜处于压缩状态，曲率向下凹；(c) 当样品在 400℃下保温 5min 时，Al 中的压缩应力弛豫，样品变平；(d) 当样品冷却到室温时，Al 薄膜处于拉伸状态，样品向上凹

没有表面氧化物，表面空位作为源能够充分发挥作用，那么就可以充分提供扩散蠕变所需的空位。整个膜上可以发生均匀弛豫，即可以将均匀的材料层运输到表面。膜会变得略微厚一些，并且无应力。另外，由于 Al 有保护性氧化物，应该考虑 Al 膜被氧化的情况，那么 Al 表面的空位源不能完全发挥作用。压缩应力可能会在几个较弱的地方破坏氧化物，弛豫行为将是局部的或不均匀的，并且会隆起或形成晶须，这往往涉及由应力梯度驱动的长程原子扩散。第 14 章将介绍应力迁移或扩散蠕变。

然后，将样品冷却到室温时，铝膜中会产生拉伸应力。晶圆的曲率将向上凹，如图 6.10(d)所示。在室温下，铝中的原子扩散得非常缓慢，因此不会发生太多应力弛豫。

图 6.11 是对硅晶圆上铝膜应力演变的实验测量。在初始阶段，应力几乎为零，在加热过程中，发现压缩应力随温度升高而增加。在 100℃以上时，由于弛豫，应力不再增加，并且压缩应力在 350℃之前几乎保持不变，在此温度之上，由于快速弛豫而减小。当膜保温在 400℃时，应力几乎完全弛豫。然后开始冷却，观察到拉伸应力随温度降低而增加。在冷却过程中，拉伸应力持续增加。当回到室温时，膜的拉伸应力非常高。

铝膜中应力演变和相应的微观结构变化一直是研究的重点。在加热阶段，压缩应力导致铝表面形成隆起。在冷却阶段，拉伸应力会导致空洞形成。空洞形成一直是铝薄膜互连技术中存在的严重可靠性问题。应力诱导的原子扩散，或称为“应力迁移”，将在第 14 章中介绍。第 4 章讨论了 fcc 金属中原子扩散需要空位。不仅要考虑应力如何影响平衡空位浓度，还要考虑包括应力产生和应力弛豫过程中在应力迁移中空位的源和汇以及空位如何在铝膜晶格中产生和消失。

另一个薄膜中热应力的例子是 Pb 薄膜沉积在硅衬底上。Pb 和 Si 的热膨胀系数分别为 29.5×10^{-6}/℃和 2.6×10^{-6}/℃。在室温下将 Pb 沉积在 Si 上，然后将它们冷却到 4.2K，此时 Pb 变为超导体。样品经受了约 300K 的温度降低，Pb 的线性尺寸净变化为 0.86%。当 Pb 试图收缩时，硅衬底限制了其收缩；因此，在

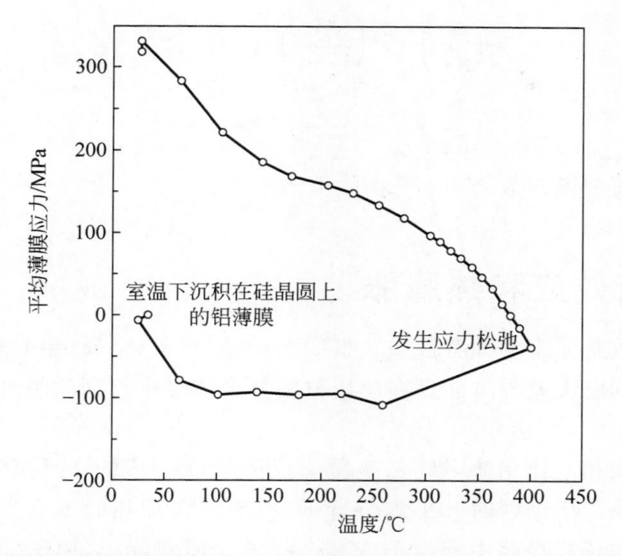

图 6.11　Al 薄膜沉积在硅晶圆上的应力与温度的关系图，应力是根据晶圆的曲率使用斯托尼方程计算的

冷却过程中，Pb 处于拉伸状态。由于 Pb 膜的屈服，拉伸应力将在一定程度上弛豫。当样品加热回到室温时，Pb 倾向于膨胀，但又被 Si 衬底限制。加热时 Pb 处于压缩状态。由于室温约为 Pb 熔点的一半，原子扩散很剧烈。Pb 膜将通过原子扩散部分释放其压缩应力，因此形成隆起。这是约瑟夫森结器件中一个众所周知的现象，其中 Pb 被用作电极并经受了室温和 4.2K 之间的温度循环。形成的隆起会导致用于结隧穿的超薄氧化层破裂并使得器件失效。

6.7　斯托尼方程在热膨胀测量中的应用

可以将薄膜双轴应力 σ_f 重写为

$$\sigma_f=\left(\frac{Y}{1-\nu}\right)_f\varepsilon_f=\left(\frac{Y}{1-\nu}\right)_f\Delta\alpha\Delta T$$

或者可以写为

$$\frac{d\sigma_f}{dT}=\left(\frac{Y}{1-\nu}\right)_f(\alpha_f-\alpha_s)$$

式中，α_f 和 α_s 分别是薄膜及其衬底的热膨胀系数。通过测量 σ_f 与温度的斜率，得到 $d\sigma_f/dT$。因此，如果对同一种薄膜使用两种衬底，例如在 Si 晶圆和 Ge 晶圆上沉积 Al 膜，然后测量斜率，得到两个方程：

$$\begin{cases}\left(\dfrac{d\sigma_f}{dT}\right)_{Si}=\left(\dfrac{Y}{1-\nu}\right)_f(\alpha_f-\alpha_{Si})\\ \left(\dfrac{d\sigma_f}{dT}\right)_{Ge}=\left(\dfrac{Y}{1-\nu}\right)_f(\alpha_f-\alpha_{Ge})\end{cases} \tag{6.23}$$

于是可以解出两个未知数$[Y/(1-\nu)]_f$和α_f。

6.8 非谐效应和热膨胀

热膨胀系数是元素的固有性质。事实上，不同材料(金属、半导体和绝缘体)之间热膨胀系数的巨大差异可能是在使用材料复合体时生长高质量外延结构的限制因素之一。

如果原子间相互作用势阱底部是抛物线形状，那么原子的位移将与驱动力成线性比例。原子经历谐振时其平均位置不变，因此在加热时不会发生热膨胀。这与单摆的平均位置在振荡中保持不变是一样的。但实际上，原子间相互作用势阱并非抛物线形状；勒让德-琼斯势显示压缩阻力比拉伸阻力更强。因此，热振动倾向于将原子分开。振动越强或振幅越大，原子间分离越大。这导致了由于原子间相互作用势的非谐效应而产生的热膨胀。图6.1(a)中的虚线展示了a_0随能量或温度的增加。由于也可以通过应力改变a_0，且改变量可以写成杨氏模量的形式，因此热膨胀系数和杨氏模量相关。回顾3.7节讨论了杨氏模量与原子间相互作用势之间的关系。描述压力、温度和体积之间的变化关系的固态方程由Grüneisen方程给出(见Mott&Jones)[5]。

6.9 薄膜中内应力的起源

薄膜有内应力和外应力。外应力主要来源于热应力或外部施加的应力。薄膜与衬底黏附的影响很重要。薄膜与衬底之间的热膨胀差异、晶格失配或由于薄膜与衬底化学反应形成的金属间化合物与薄膜共格，但晶格略有失配等原因都可以引入热应力到薄膜中。但内应力的起源并不像外应力那样清晰。

如果沉积温度高于或低于室温，金属薄膜在室温下通常会有热应力。由此推之，如果薄膜在室温下沉积并保持在室温下，预计是不会有热应力的。然而通常是存在应力的，称为“内应力”。例如，用电子束蒸发或溅射在室温下沉积的Ni薄膜拉伸应力非常高。当Ni膜厚度超过300nm时，易于从衬底上剥落。

薄膜在衬底上的非均匀成核阶段，由于吉布斯-汤姆森效应，晶核受到压缩应力。当晶核聚合时，应力将从压缩变为拉伸。这是因为如果假设膜中晶粒大小与膜厚度成正比，随着晶核的聚合和膜的增厚，晶粒大小增加，反过来单位面积内晶界数量将减少。由于晶界结构包含自由体积，去除晶界意味着自由体积必须吸收到膜中(如果膜紧密黏附在衬底上)。这将在膜中产生拉伸应力[9-11]。在薄膜沉积的后期阶段，当沉积原子能够扩散到薄膜中的晶界中，特别是通过氧原子时将产生压缩应力。

6.10　失配位错的弹性能

在衬底上异质外延生长薄膜时，例如一个在 Si 上的 SiGe 薄膜，当薄膜厚度远小于衬底厚度时，薄膜会存在应变。超过临界厚度后，在界面处引入失配位错以释放薄膜中的应变。因此，位于薄膜与其衬底之间的失配刃位错阵列的弹性能量引起了人们的关注。图 6.12 展示了刃位错的原子示意图。可以将其视为失配位错，其中薄膜和衬底的晶体结构和原子相同。

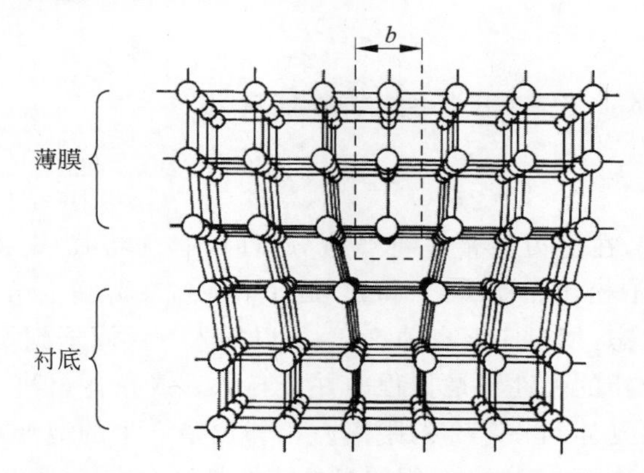

图 6.12　通过插入额外的半张原子层形成的刃型位错

为了形成失配位错，假设薄膜和衬底具有简单立方结构，晶格参数分别为 a_f 和 a_s。进一步假设

$$(n+1)a_f = na_s \tag{6.24}$$

并定义失配度

$$f = \frac{a_s - a_f}{a_s} \tag{6.25}$$

因此得到相邻失配位错之间的间距为

$$na_s = \frac{a_f}{f} \approx \frac{b}{f} \tag{6.26}$$

式中，$b(\approx a_f)$是失配位错的伯格斯矢量。显然，要在衬底上无失配位错地外延生

长薄膜,需要将薄膜拉伸一个应变 $\Delta l/l=1/n$。由于应变能随薄膜厚度增加而增加,厚膜倾向于通过引入失配位错来减小应变以降低其能量。想象以 na_s 为间隔对薄膜进行切割,在每个切口处插入一层原子冕,如图 6.12 中的虚线所示,并重新连接原子以形成失配位错。

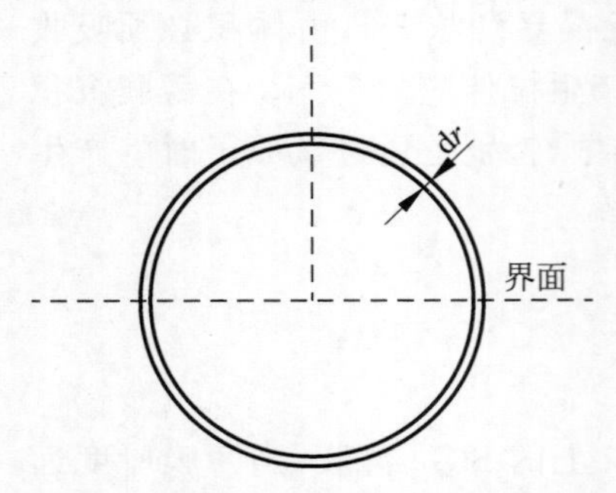

图 6.13　环绕界面的半径为 r,宽度为 dr 的失配位错环

形成直线位错(刃位错)所涉及的弹性能量已经在许多教材中涉及。详细讨论请参见 Hirth 和 Lothe[2] 的第 2 章。这里只提供一个简单的分析。假设图 6.13 中环绕一个失配位错的环。在环顶部切开一个切口,打开切口,并插入一层宽度为 b 的原子。环中引入的应变和应力分别为

$$\begin{cases} \varepsilon=\dfrac{b}{2\pi r} \\ \sigma=\dfrac{\mu b}{2\pi r} \end{cases} \tag{6.27}$$

式中,μ 是剪切模量。位错单位长度的弹性能量为

$$E_{\mathrm{d}}=\int_{r_1}^{r_2}\frac{1}{2}\frac{\mu b^2}{(2\pi r)^2}2\pi r\,\mathrm{d}r=\frac{\mu b^2}{4\pi}\int_{r_1}^{r_2}\frac{\mathrm{d}r}{r}=\frac{\mu b^2}{4\pi}\ln\frac{r_2}{r_1} \tag{6.28}$$

值得注意的是,在对刃位错进行严格分析时,必须将式(6.28)除以一个因子$(l-\nu)$,式中,ν 是泊松比。那么 r_1 和 r_2 是什么呢?在薄膜上切开一个切口时,由于薄膜处于拉伸状态,切口应该自动打开,所以插入一层原子到切口中不会造成太大的应变。尽管位错的弹性场是长程的并且与 l/r 成正比,但由一组失配位错阵列产生的弹性场仅延伸到 $na_s/2$ 的距离。相邻位错产生的应变场相互抵消,所以可以取 $r_2=nb/2$。然后,对于 r_1,很明显位错核是一个奇点,所以必须在积分中取 $r_1>0$ 以避免出现奇点。通常取 $r_1\approx b$。实际上,如何处理位错核是一个长期存在的问题。位错核能量并不是无限大,因为我们知道对于由一组位错组成的小角度晶界情况,能量是有限的。这反过来意味着位错核中的弹性场不会趋于无穷大。无论如何,位错核中原子间距都是有限的。

如果取 $r_2=nb/2$ 和 $r_1=b$,则有

$$E_{\mathrm{d}}=\frac{\mu b^2}{4\pi(1-\nu)}\ln\frac{n}{2}\approx\frac{1}{2}\mu b^b \tag{6.29}$$

对于典型的 0.1%失配或更小的失配,以及 $n=10^3\sim10^4$,以 Al 为例,假设有 $\mu\approx2\times10^{11}\,\mathrm{dyn/cm^2}$ 和 $b=2.5\times10^{-8}\,\mathrm{cm}$。那么,

$$E_{\mathrm{d}}=\frac{1}{2}\times2\times10^{11}\times(2.5\times10^{-8})^2$$

$$=6.25\times10^{-5}\ \mathrm{erg/cm}(\text{位错})$$

如果失配为0.1%，则每1000个晶格间距（约2.5×10^{-5}cm）中就有一个位错，或者有着$2.5\mathrm{erg/cm^2}$的（面积）能量密度。为了比较，将这种能量以电子伏每原子计算。厚度为t(cm)的Al薄膜包含$t\cdot6\times10^{22}$个原子数每平方厘米。典型的100nm薄膜则包含6×10^{17}个原子数每平方厘米。位错能量平均分布在薄膜中的所有原子上，于是其降至

$$E_{\mathrm{d}}=\frac{(2.5\mathrm{erg/cm^2})(6.25\times10^{11}\mathrm{eV/erg})}{6\times10^{17}\text{原子数每平方厘米}}$$

其值为2.6×10^{-6}电子伏每原子数。这个值与6.2节讨论的应力固体的应变能相当。在这两种情况下，储存的能量基本上是在弹性固体中从平衡位置的位移产生的。虽然平均能量每原子很小，但位错核处原子的位移和储存能量可能很大，约为1电子伏每原子数。因此，位错很少由随机热波动产生。热和机械加工过程中的应力通常由过量位错产生。

参考文献

[1] R. P. Feynman, R. B. Leighton and M. Sands, The Feynman Lectures on Physics (Vol. II, Ch. 38) (Addison-Wesley, Reading, MA, 1964).

[2] J. P. Hirth and J. Lothe, Theory of Dislocations (McGraw-Hill, New York, 1969).

[3] R. W. Hoffman, "Nanomechanics of thin films: emphasis: tensile properties," in Physics of Thin Films (Vol. 3, p. 211), eds G. Hass and R. E. Thun (Academic Press, New York, 1964).

[4] H. B. Huntington, "The elastic constants of crystals," in Solid State Physics, Vol. 7, eds F. Seitz and D. Turnbull (Academic Press, New York, 1958).

[5] N. F. Mott and H. Jones, The Theory of the Properties of Metals and Alloys (Dover, New York, 1958).

[6] A. S. Nowick and B. S. Berry, Anelastic Relaxation in Crystalline Solids (Academic Press, New York, 1972).

[7] M. Murakami and A. Segmiiller, in Analytical Techniques for Thin Films, eds K. N. Tu and R. Rosenberg, Vol. 27 in Treatises on Materials Science and Technology (Academic Press, Boston, 1988).

[8] A. J. Schell-Sorokin and R. M. Tromp, "Mechanical stresses in (sub) monolayer epitaxial films," Phys. Rev. Lett. 64 (1990), 1039.

[9] P. Chaudhari, "Grain growth and stress relief in thin films," J. of Vac. Sci. Tech. 9 (1972), 520.

[10] W. D. Nix, "Mechanical properties of thin films," Metallurgical Transaction, A. Physical Metallurgy and Materials Science 20 (1989), 2217-2245.

[11] F. Spaepen, "Interfaces and stress in thin films," Acta Mat. 48(2000), 31-42.

习题

6.1 使用勒让德-琼斯势，$n=8\times10^{22}$ 原子数每立方厘米，$\varepsilon_b=0.6$ 电子伏每原子数，$a_0=(1/n)^{1/3}$：

(a) 计算最大力 F_{max}；

(b) 假设固体处于线性弹性区域，计算杨氏模量 Y；

(c) 在 F_{max} 处求弹性能量 $E_{elastic}$。

6.2 在比环境温度高 100℃ 的温度下，在 100μm 厚的 Si 晶圆上沉积一层 1μm 厚的 Al 薄膜，且沉积过程中没有热应力。晶圆和薄膜冷却到环境温度。使用表格中提供的值并假设 Si 的 $\nu=0.272$：

(a) 计算 $T=100$℃时的热应变和应力；

(b) 计算曲率半径。

	膨胀系数 α/(10^{-6}/℃)	**杨氏模量 Y/($\times10^{11}$ N/m²)**
Al	24.6	0.7
Si	2.6	1.9

6.3 考虑 Al 和 Cu 在其熔点温度 T_m 的 2/3 下，拉伸应变为 0.2%。使用表格中提供的数据，计算这两种材料的：

(a) 空位浓度；

(b) 应变引起的空位浓度增强。

	N/($\times10^{22}$/cm²)	**Y/($\times10^{11}$ N/m²)**	**ΔH_f/eV**	**T_m/℃**
Al	6.02	0.7	0.67	660
Si	8.45	1.1	1.28	1020

6.4 对于一个 10^{-5} cm 的立方 Cu 晶粒，在其熔点温度的 2/3 下保温 10min，使用表 3.1 中的数据和纳巴罗-荷尔图(Nabarro-Herring)方程(见 14.3 节)计算积累的体积和原子数量($\varepsilon=0.2\%$)。

6.5 对于 Si，计算失配位错的单位长度弹性能，并讨论是否通过将晶体加热到 100℃来形成位错。使用 Si 参数，$\mu=7.5\times10^{10}$ N/m²，$b=a/\sqrt{2}$，$a=0.543$nm，$N=5\times10^{22}$/cm³。

6.6 一个直径为 200μm 的球形气球由 1μm 厚的 Al 制成。在 20℃和 760torr 下，气球完全充气且薄膜上没有应力。如果温度变为 30℃且压力不变，气

球会爆裂吗？(Al 的热膨胀系数为 2.5×10^{-5}℃)

6.7　在一个半径为 300mm[①] 的 500μm 厚的裸 Si 晶圆上沉积 3000Å 的氧化膜。沉积后测量半径为 200m。现在在氧化膜上沉积 6000Å 的氮化膜，测量曲率半径为 240m。计算双膜应力和氮化膜应力。($\nu_{Si}=0.272$，$Y_{Si}=1.0\times10^{12}\,\text{dyn/cm}^2$)

6.8　晶圆上薄膜的应力可以由衬底的弯曲量确定。弯曲量可以通过具有 18cm 扫描长度的表面轮廓仪测量。

(a) 证明式(6.21)等同于如下方程：

$$\sigma=\left(\frac{\delta}{3\rho^3}\right)\left(\frac{Y}{1-\nu}\right)\left(\frac{t_s^2}{t_f}\right)$$

式中，δ 是轮廓仪扫描的最大弯曲高度，ρ 是扫描长度的一半。

(b) 给定扫描长度为 5cm，弯曲为 20000Å，计算未知薄膜厚度为 2μm 时的应力。衬底是 200μm 厚的 Si 晶圆。$\left(\text{对 Si(100)}，\frac{Y}{1-\nu}=1.8\times10^{11}\,\text{N/m}^2\right)$

① 原文半径 300m 似有误，应为 300mm。——译者注

薄膜表面动力过程

7.1 引言

从原子吸附、脱附和表面扩散的角度讲，表面动力学过程研究表面上的成核、生长和熟化过程。薄膜表面，更具体地说是单晶表面，是这些过程的起点。单晶表面具有与晶体学结构和对称性以及重构相关的微观结构，以及与表面阶梯、位错弯折和其他表面缺陷相关的宏观结构[1-4]。此处不考虑表面化学反应（如氧化）。

第 3 章简要讨论了表面晶体结构。球棒晶体模型可以将硅的(100)表面，即金刚石晶格的立方面展现为由无限延展的原子阵列组成的平面的一部分。每个原子都有两个未成对电子。在硅的(100)表面上，原子在侧向位移（图 3.12）以满足成键的需求。这样的表面被称为“重构”。

在更大的尺度上，单晶表面会出现阶梯、平台、弯折位错和其他缺陷。如图 7.1 所示，阶梯间距与晶体切割偏差有关。偏差角是晶面与晶锭切割时形成的切割表面之间的角度差。在生产条件下，这个角度约为 0.1°。如图所示的关系将间距 L_0 与偏差角联系起来。对于高度为 h 的单层阶梯（对于硅，$h=a/4=0.136$nm，其中晶格常数 $a=0.543$nm）和偏差角为 0.1°的情况，间距 L_0 为 77nm。阶梯并不完美。扫描隧道显微镜揭示了阶梯的原子结构。图 7.2 显示了在 Si(100)表面上具有高度不规则的阶梯边缘的阶梯阵列。阶梯大小分布在附录 E 中给出。

阶梯和阶梯的形成是因为低指数面（如(100)面）比更高的(hkl)面更稳定。阶梯和扭结位错形成高能结合位点，作为沉积材料的吸附原子的源和汇。较低指数平面的表面的侧向位移定义了表面的生长。7.5 节将解释阶梯介导的生长模型。

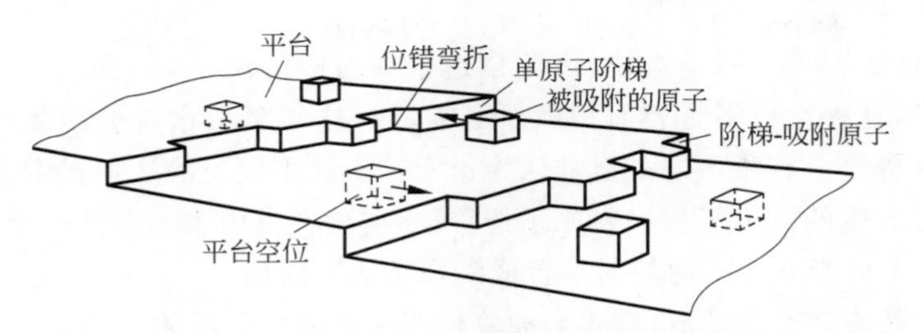

图 7.1　表面阶梯、位错弯折与平台示意图

图 7.2　Si(100)表面的扫描隧道显微镜图像。阶梯之间的平均距离约为 17nm(见图 1.5)。(R. J. Hamers, U. K. Kohler, and J. E. Demuth, J. 提供, Vac. Sci. Tech. A8, 195(1990))

化合物半导体的表面层必须进一步通过其原子成分进行表征。例如，GaAs 的(100)表面包含此 A-B 化合物的所有 Ga 原子("A"面)或 As 原子("B"面)。其他表面可能包含混合的原子。(100)表面的单原子性使其成为 GaAs 外延生长的优选生长面；生长按 A,B,A,B 的顺序一层接一层生长。下面给出几个表面动力学过程的特点。

(1) 表面过程必须考虑表面上方的平衡蒸气压。

(2) 吸附原子可以从蒸气吸附或脱附出来，这取决于蒸气压力。即使与蒸气压平衡是局域的，它们也可以在表面上重新排列。

(3) 表面有阶梯和平台，并在阶梯上有弯折位错。弯折位错是吸附原子的源和汇。

(4) 如果从一个平面表面挖出一个原子并将其放置在表面上作为一个吸附原

子，就在平面上留下了一个空位，因此创造了一对吸附原子与表面空位。然而，需要注意的是，这种空位不是表面扩散所必需的。这与第 4 章讨论的晶体固体中的空位模型在概念上有所不同。通常认为紧密堆积的平面上的表面扩散是通过吸附原子的迁移发生的。为了使吸附原子迁移，不需要在自由表面创建一个表面空位。

(5) 表面可能会有不均匀的平台或阶梯组成的曲面。

(6) 如果表面完全平坦，需要形成阶梯或岛屿来生长晶体。

7.2 表面上的吸附原子

一个撞击到固体表面的原子会看到由衬底原子形成的一系列结合位点或势阱。原子通过从一个势阱跳到相邻的势阱实现沿表面扩散的概率有限。同时原子也有概率逃逸势阱到真空(脱附)。为了表征表面扩散和脱附，假设表面原子表面振动频率 ν_s 约 $10^{13}\,\mathrm{s}^{-1}$。脱附频率的频率定义为

$$\nu_{\mathrm{des}}=\nu_s\exp\left(-\frac{\Delta G_{\mathrm{des}}}{kT}\right) \tag{7.1}$$

式中，ΔG_{des} 是一个原子脱附所伴随的自由能变化。正如在所有这样的公式中一样，可以将频率视为尝试次数(尝试频率)乘以由指数因子给出的成功概率，如式(7.1)所示。脱附前的驻留时间 τ_0 为

$$\tau_0=\frac{1}{\nu_{\mathrm{des}}}=\frac{1}{\nu_s}\exp\left(\frac{\Delta G_{\mathrm{des}}}{kT}\right) \tag{7.2}$$

在驻留时间内，一个吸附原子从一个表面位点移动到相邻位点(表面扩散)的频率为

$$\nu_{\mathrm{diff}}=\nu_s\exp\left(-\frac{\Delta G_s}{kT}\right) \tag{7.3}$$

式中，ΔG_s 是移动所需的运动活化能。表面扩散系数 D_s 定义为

$$D_s=\lambda^2\nu_s\exp\left(-\frac{\Delta G_s}{kT}\right) \tag{7.4}$$

式中，λ 是两个相邻表面位点之间的跳跃距离。脱附远不及表面扩散来得频繁；两者之间的差异在于它们的活化能。对于 fcc 贵金属的(111)表面，通常，ΔG_{des} 和 ΔG_s 分别约为 1eV 和 0.5eV。脱附涉及断键，而表面扩散则仅涉及运动，断开的键将被恢复。

利用脱附和表面扩散的概念，可以描述阶梯表面上一个吸附原子的行为，其中阶梯的宽度或步长 L_0 为间距的平均值。如果吸附原子在驻留时间内到达高结合能位点(阶梯)，则它们不会脱附。对于生长，需要吸附原子在脱附之前扩散到阶梯

上。因此，为了在脱附之前到达阶梯

$$\sqrt{4D_s\tau_0} > \frac{L_0}{2} \tag{7.5}$$

式中，$\frac{L_0}{2}$是到某一阶梯的最大距离。吸附原子到达阶梯的扩散时间 t_D 为

$$t_D = \frac{L_0^2}{16D_s} \tag{7.6}$$

定义黏附系数 S_c 为一比例：

$$S_c = \frac{\tau_0}{\tau_D} \tag{7.7}$$

通过使用"特征"扩散时间$\frac{L_0^2}{D_s}$来进行上式的定义，其中 $\tau_D = 16t_D$。

对于 $S_c > 1$，吸附原子将有足够的时间扩散到阶梯并被束缚在表面上。对于 $S_c < 1$，脱附可能发生。从式(7.7)中得出

$$S_c = \frac{\lambda^2}{L_0^2}\exp\left(\frac{\Delta G_{des} - \Delta G_s}{kT}\right) \tag{7.8}$$

对于具有 $\lambda^2 = 10^{-15}\mathrm{cm}^2$，$L_0 = 10^{-5}\mathrm{cm}$，$\Delta G_{des} = 1\mathrm{eV}$，$\Delta G_s = 0.5\mathrm{eV}$ 和 $T = 293\mathrm{K}$ 的贵金属表面，发现 S_c 约为 10^3。这个估计表明，在室温下，对于沉积在贵金属表面上的自由原子，是完全黏附的。如果将衬底温度增加到 600K，获得 S_c 约 10^{-1}，此时是不完全黏附，脱附占主导地位。

实际薄膜生长比简单描述在阶梯表面上吸附原子行为要更复杂。沉积的原子可以与表面发生反应形成新的化合物。沉积的原子可以相互作用形成二聚体和更大的二维团簇，称为岛屿。由于一种材料与另一种材料的表面能量变化，表面形态可能发生变化。在外延生长中，异质外延生长中的应变能可以是成团和缺陷扩展的驱动因素。所有这些现象在许多教科书中进行了讨论。

7.3 表面上的平衡蒸气压

阶梯表面上吸附原子的平衡密度 N_0（以原子数每平方厘米为单位）由下式给出：

$$N_0 = N_s\exp\left(-\frac{W_s}{kT}\right) \tag{7.9}$$

式中，N_s 是单位表面积上的原子数，大约为 10^{15} 个原子数每平方厘米。W_s 是将一个原子从弯折位错点移到阶梯表面上所需的能量，但不需要从表面脱附。

在平衡状态下，从阶梯表面上脱附的原子数为

$$J_d = J_0 = \frac{N_0}{\tau_0} = N_s \exp\left(-\frac{W_s}{kT}\right)\nu_s \exp\left(-\frac{\Delta G_{des}}{kT}\right) = N_s \nu_s \exp\left(-\frac{W}{kT}\right) \quad (7.10)$$

式中，$\tau_0 = \frac{1}{\nu_s}\exp\left(\frac{\Delta G_{des}}{kT}\right)$是吸附原子在阶梯表面上的驻留时间。$W = W_s + \Delta G_{des}$是升华的活化能。

利用封闭室内固体的热脱附实验可以测量升华或脱附的活化能。进而可以测量蒸气压随温度的变化函数，因此可以绘制 $\ln J_0$ 与 $1/kT$ 的图像来获得 W。

对于 Si，测量升华的活化能 W 为 4.5 电子伏每原子数。由于 W 由 W_s 和 ΔG_{des} 组成，如果知道其中一个，就可以估计另一个。由于每个 Si 原子在金刚石结构中有四个键，因此可以使用断键参数来估计：

$$W_s = \frac{3}{4}W$$

$$\Delta G_{des} = \frac{1}{4}W = \frac{4.5}{4} = 1.125 \text{ 电子伏每原子数}$$

同时，知道 W 后，就可以估计在给定温度下的 J_0。令 $T = 1223\text{K}(950℃)$，得到

$$J_0 = N_s \nu_s \exp\left(-\frac{W}{kT}\right) = 10^{15} \times 10^{-13} \exp\left(-\frac{4.5 \times 23000}{2.3 \times 2 \times 1223}\right) \approx 10^{28} \times 10^{-19}$$

$$\approx 10^{10} \text{ 原子数每平方厘米秒}$$

由于在一个立方体表面上有 10^{15} 个原子数每平方厘米，因此脱附率约为每单位面积每秒 10^{-5} 个原子。

第 2 章提出了一个公式来描述表面分压与平衡脱附通量之间的关系，见表 7.1：

$$J_0 = p_0 \sqrt{\frac{1}{2\pi mkT}}$$

表 7.1　硅的饱和蒸气压 p_0 和通量密度 J_0 的值*

T/K	823	923	1023	1123	1223
p_0/Pa	2.5×10^{-16}	2.7×10^{-13}	7.1×10^{-11}	6.9×10^{-11}	3.2×10^{-7}
J_0/(1/cm^2·s)	4.4×10^{2}	4.3×10^{5}	1.1×10^{8}	1.0×10^{10}	4.6×10^{11}

* Allen 和 Kasper(1998)，p. 65[7]。

在薄膜沉积中，典型的沉积通量或速率约为每秒 1 个单层。换句话说，我们沉积大约 60 个单层每分钟，或者每秒生长一个约 20nm 厚度的薄膜。因此取 $J_c = 10^{15}$ 个原子数每平方厘米秒。对于在 1223K 下沉积 Si，根据上面的结果，得到 $J_0 = 10^{10}$ 个原子

数每平方厘米秒。因此，

$$\frac{J_{\mathrm{Si}}}{J_0}=\frac{J_c}{J_0}=10^5\gg 1$$

这表明沉积过程出现了过饱和度高。表 7.2 中定义了过饱和度系数 σ，如下所示：

$$\sigma=\frac{J_c}{J_0}-1 \tag{7.11}$$

表 7.2　$J_{\mathrm{Si}}=2\times10^{15}/\mathrm{cm}^2\cdot\mathrm{s}$ 时饱和度 σ 的值*

T/K	723	823	923	1023	1123	1223
σ	3×10^{16}	4.5×10^{12}	4.7×10^{9}	1.8×10^{7}	2×10^{5}	4.4×10^{3}

* Allen 和 Kasper(1998)，p. 65[7]。

7.4　表面扩散

第 4 章介绍了空位介导的晶格扩散概念。原子的扩散需要在最近邻存在空位，并通过原子与空位交换位置实现。原子向右的扩散等于空位向左的扩散。原子扩散的活化能包括空位形成的活化能和空位运动的活化能。扩散系数的指数前因子包括相关因子、最近邻的数量、跳跃频率、跳跃距离的平方和熵因子。

表面吸附原子在表面的扩散概念类似于晶格扩散，原子必须跳到最近的未被占据的位置，但是表面不需要空位，因为该吸附原子周围都是空位点。因此，吸附原子的表面扩散活化能不包含表面空位形成的活化能。

需要注意的是，可以通过从平坦表面上挖掘一个原子并将其放置在平坦表面的另一部分作为原子来形成表面上的空位。如果考虑 fcc 晶格的(111)表面，则需要断开九个键才能将原子从平坦表面挖出，并在形成原子时恢复三个键。这个过程中的能量变化比从表面上的弯折位错位点断开原子的过程中的能量变化更大，如图 7.3 所示。因此，空位模型是不利的。正如 7.3 节所述，阶梯表面原子的平衡浓度与从表面弯折处断开原子的能量有关，而与平坦表面上空位的形成无关。

在平衡条件下，吸附原子的扩散只需要运动的激活能。但是，当有吸附原子流被驱动力推动时，例如在 Cu 互连表面上的电场下的电迁移，我们需要提供吸附原子来保持平衡浓度，因此必须考虑来自沿着表面阶梯的弯折处的吸附原子的来源。表面上的平衡浓度由下式给出：

$$N_0=N_s\exp\left(-\frac{W_s}{kT}\right)$$

式中，N_0 和 N_s 分别是吸附原子的平衡浓度和表面上原子位点的数量，W_s 是将一个

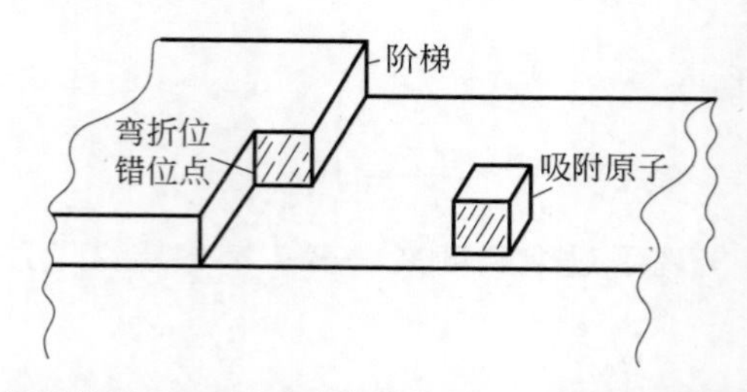

图 7.3　从表面阶梯的弯折处断开一个原子并将其移动到表面的其他部分形成一个吸附原子的示意图

原子从弯折处移到表面平台所需的能量，如图 7.3 所示。表面扩散通量由下式给出：

$$J_s = N_0 \frac{D_s}{kT} F \tag{7.12}$$

式中，F 是表面扩散通量的驱动力。由于吸附原子在宽度为 $L_0/2$ 的阶梯表面的驻留时间 τ_0，表面扩散系数在式(7.5)中定义为

$$\sqrt{4D_s\tau_0} > \frac{L_0}{2}$$

在一个吸附原子进行表面扩散时，与 fcc 金属中通过空位机制扩散相比，不考虑空位的形成，并忽略相关系数和最近邻数量。相反，需要考虑吸附原子的形成能。因此，在 $J=C\langle v\rangle=CMF$ 的通量式中，浓度项由在式(7.9)中给出的表面上的原子浓度 $C=N_0$ 给出。另外，如果取 $C=N_s$，则需要将吸附原子形成能包括在 D_s 中，如下所示：

$$J_s = N_s \exp\left(-\frac{W_s}{kT}\right)\frac{D_s}{kT}F = N_s \frac{D_{ss}}{kT}F$$

式中，

$$D_{ss} = \lambda^2 \nu_s \exp\left(-\frac{\Delta G_s + W_s}{kT}\right) \tag{7.13}$$

吸附原子表面扩散的活化能等于运动和从弯折处移除原子所需的活化能之和。将式(7.4)和式(7.13)进行比较，两者的差异在于吸附原子扩散是否处于平衡状态或稳定状态。

在阶梯表面，扩散距离由

$$\lambda_s = \sqrt{D_s\tau_0} = \lambda \exp\left(\frac{\Delta G_{des} - \Delta G_s}{2kT}\right)$$

给出。

在 Si(001)表面有 $\Delta G_{des} \cong 1.1$ 电子伏每原子数和 $\Delta G_s \cong 0.5$ 电子伏每原子数。可以估算出如表 7.3 所示的扩散距离和同质外延生长速率。

表 7.3　在 Si(100)上的生长参数,$W=4.5\text{eV}$,$\lambda=a=0.543\text{nm}$,$\nu=10^{13}/\text{s}$,$\Delta G_s=0.5\text{eV}$,$\Delta G_{des}=1.1\text{eV}$

	25℃	300℃	500℃	700℃
kT/eV	0.0257	0.0494	0.0666	0.0838
D_s/(cm²/s)	5.2×10^{-11}	5.9×10^{-7}	8.1×10^{-6}	3.8×10^{-5}
τ_0/s	3.8×10^{5}	4.7×10^{-4}	1.4×10^{-6}	5.0×10^{-8}
λ_s/μm	44.4	0.16	0.033	0.014

表面原子结构趋向于各向异性；通常有谷,沿谷的扩散比横穿谷的扩散更快。维度也会在基本方式上影响迁移距离。对于一维情况,$\langle x^2\rangle=4Dt$,则对于二维各向异性固体,有$\langle R^2\rangle=\langle x^2\rangle+\langle y^2\rangle=8Dt$。假设时间相同且扩散系数是各向同性,二维均方根距离比三维情况下小$\sqrt{\frac{2}{3}}$。

表面扩散和体扩散之间最重要的差异是空位形成,在体扩散中需要空位形成,而在表面扩散中不需要空位形成。查表 4.1 可知,空位形成能至少可以与许多固体的空位迁移能相当。在 Ge 和 Si 的自扩散中,空位形成能是主导项。由于形成能量 ΔH_f 和迁移能量 ΔH_m 都进入了指数项,因此具有和不具有 ΔH_f 的情况扩散系数的差异可能是巨大的。例如,$T=550$℃时,在 Si(表 3.1)中,带有和不带有空位形成能的指数因子比率为

$$\frac{\exp(0.4\text{eV}/kT)}{\exp(4.3\text{eV}/kT)}\approx 10^{24}$$

表面扩散的指数前因子相对简单,因为不涉及空位形成的统计。因此,预估表面扩散系数的指数前因子,$D=\lambda^2\nu$,式中,$\lambda\cong10^{-8}\text{cm}$,$\nu=10^{13}/\text{s}$,可得 $\lambda^2\nu=10^{-3}\text{cm}^2/\text{s}$。该值与许多已测量的表面扩散系数的指数前因子相近(相差不到 10 倍)。对于 Si/Si 体系,在 $T=550$℃时,表面扩散系数与体扩散系数的数量级估计为 10^{18}。使用表 4.1 中的体扩散系数和 $D_{\text{surf}}=10^{-3}\text{e}^{-0.4/kT}\text{cm}^2/\text{s}$,可得到一个更形象的表述：$T=550$℃时,$\sqrt{4D_{\text{surf}}t}=1.1\times10^{-2}\text{cm}$,$\sqrt{4D_{\text{bulk}}t}=1.1\times10^{-11}\text{cm}$。因此,在 550℃时表面扩散存在得更广泛,而体扩散在该温度下基本上不存在,即$\sqrt{4D_{\text{bulk}}t}$小于一个原子间距。

7.5　阶梯介导的同质外延生长

在如图 7.4 所示的一个常规阶梯表面上,假设以下内容：V 是垂直于阶梯表面的生长速率,h 是阶梯高度,L 是每个阶梯的宽度,v 是横向方向的阶梯生长速率(见附录 E)。

还假设垂直和横向方向上的生长时间相同，可以得到

$$t=\frac{h}{V}=\frac{L}{v} \tag{7.14}$$

因此，有 $V=vh/L=vhN_L$，式中，$N_L=1/L$ 是单位长度内的阶梯数量。对于切割表面，给定了 h 和 N_L，可以计算出 V，表征外延薄膜的生长速率，前提是知道 v，即横向生长速度。

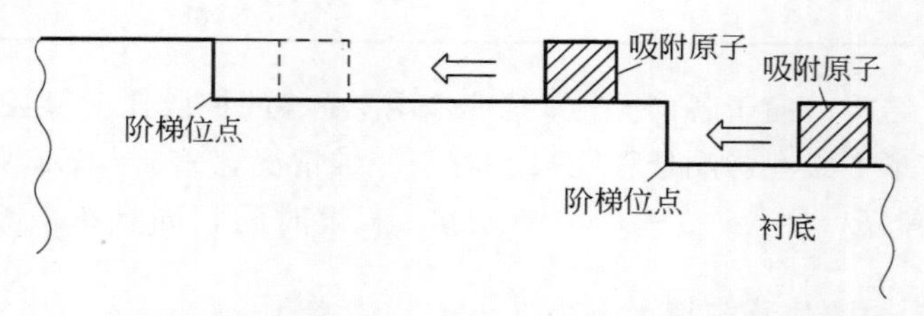

图 7.4 规则阶梯表面的阶梯介导生长的原理图

为了考虑 v 的分析模型，在图 7.5 中提出一种沉积模型，其中原子的横向扩散导致了横向生长。单位面积上沉积在阶梯表面的原子净通量为

$$J_{\mathrm{V}}=J_{\mathrm{Si}}-\frac{N_{\mathrm{ad}}}{\tau_0} \tag{7.15}$$

式中，J_{V} 是单位面积单位时间沉积在表面上的原子净通量，J_{Si} 是沉积原子的入射通量，N_{ad} 是单位面积上的吸附原子密度，其比沉积中表面平衡吸附原子密度 N_0 大得多，N_{ad}/τ_0 是脱附速率。

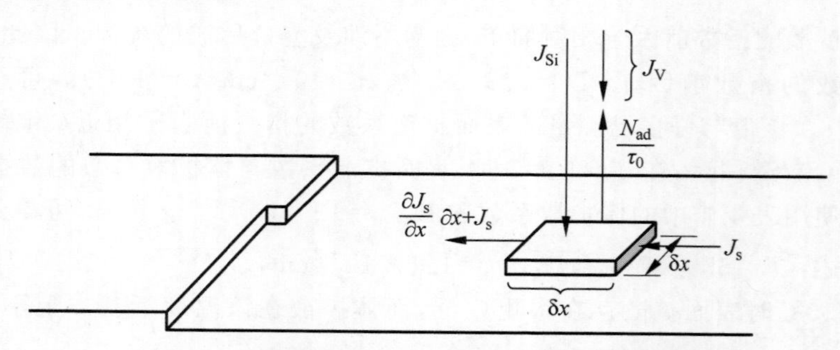

图 7.5 吸附原子横向扩散导致横向生长沉积模型

请注意，J_{V} 和 $J_{\mathrm{Si}}-N_{\mathrm{ad}}/\tau_0$ 均以单位原子数每平方厘米秒表示，但是如图 7.5 所示的 J_s 是扩散到阶梯单位长度的表面通量，以单位原子数每厘米秒表示。

根据菲克定律，得到

$$J_s=-D_s\frac{\partial N_{\mathrm{ad}}}{\partial x}$$

现在考虑一维生长，那么由$(J_{\mathrm{Si}}-N_{\mathrm{ad}}/\tau_0)$沉积到$\delta y\delta x$单位面积中的原子数量必须等于从该单位面积中扩散出去的原子净通量。净通量由$(\partial J_{\mathrm{s}}/\partial x)\mathrm{d}x$给出，因此有

$$\left(\frac{\partial J_{\mathrm{s}}}{\partial x}\mathrm{d}x\right)\mathrm{d}y=\left(J_{\mathrm{Si}}-\frac{N_{\mathrm{ad}}}{\tau_0}\right)\mathrm{d}x\,\mathrm{d}y$$

因此，

$$\frac{\partial J_{\mathrm{s}}}{\partial x}=J_{\mathrm{Si}}-\frac{N_{\mathrm{ad}}}{\tau_0}$$

得到了菲克第二定律的扩散式如下：

$$-D_{\mathrm{s}}\frac{\partial^2 N_{\mathrm{ad}}}{\partial x^2}=J_{\mathrm{Si}}-\frac{N_{\mathrm{ad}}}{\tau_0} \tag{7.16}$$

因为定义了过饱和度系数$\sigma=(J_{\mathrm{Si}}/J_0)-1$，所以有$(\sigma+1)J_0=J_{\mathrm{Si}}$，或者$\tau_0 J_0(\sigma+1)=\tau_0 J_{\mathrm{Si}}$。整理式(7.16)，得到

$$-D_{\mathrm{s}}\tau_0\frac{\partial^2 N_{\mathrm{ad}}}{\partial x^2}=\tau_0 J_{\mathrm{Si}}-N_{\mathrm{ad}}$$

代入$D_{\mathrm{s}}\tau_0=(\lambda_{\mathrm{s}})^2$，有以下扩散方程：

$$-\lambda_{\mathrm{s}}^2\frac{\partial^2 N_{\mathrm{ad}}}{\partial x^2}+N_{\mathrm{ad}}=\tau_0 J_0(\sigma+1) \tag{7.17}$$

共有两种解法。第一种解法针对单级阶梯，式中

$$N_{\mathrm{ad}}=N_0\left\{1+\sigma\left[1-\exp\left(-\frac{x}{\lambda_{\mathrm{s}}}\right)\right]\right\} \tag{7.18}$$

第二种解法是对于间距为L_0的周期阶梯，得到

$$N_{\mathrm{ad}}=N_0\left\{1+\sigma\left[1-\frac{\cosh\left(\frac{x}{\lambda_{\mathrm{s}}}\right)}{\cosh\left(\frac{L_0}{2\lambda_{\mathrm{s}}}\right)}\right]\right\} \tag{7.19}$$

知道解法后可以使用菲克第一定律获得到达阶梯的通量，然后通过考虑生长中的质量守恒来计算阶梯的生长速率。图7.6描述了在到达阶梯的通量J_{s}和生长距离为x的阶梯生长过程。换句话说，假设到达阶梯的原子数和引起阶梯生长$x\mathrm{d}y$面积的原子数之间的数量守恒，式中，$\mathrm{d}y$是如图7.6所示的宽度：

$$J_{\mathrm{s}}\mathrm{d}yt=-N_{\mathrm{s}}(x\,\mathrm{d}y) \tag{7.20}$$

式中的负号是因为生长方向与通量J_{s}相反。值得注意的是，尽管使用二维模型保持上式中的总原子数不变，但可以将两边乘以一个原子高度，以获得在生长中原子体积守恒。需要使用菲克第一定律来计算到达阶梯前端的J_{s}通量：

$$J_{s}=-D_{s}\frac{\partial N_{ad}}{\partial x}=-N_{s}\frac{dx}{dt}=-N_{s}v$$

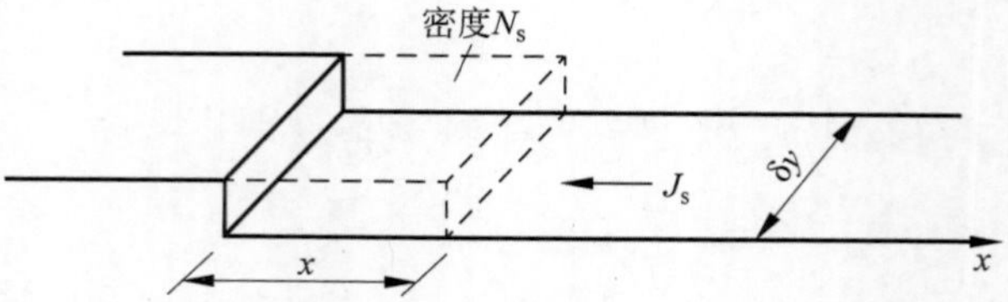

图 7.6　到达阶梯的通量 J_s 和生长距离为 x 的阶梯生长过程示意图

请注意,以上式的维数是正确的。现在将使用单级阶梯的解来获得上式中的通量:

$$\frac{\partial N_{ad}}{\partial x}=\frac{\sigma N_{0}}{\lambda_{s}}\exp\left(-\frac{x}{\lambda_{s}}\right)=\frac{\sigma N_{0}}{\lambda_{s}},\quad 当\ x=0\ 时$$

因此获得了阶梯生长速度:

$$\begin{aligned}v&=\frac{J_{s}}{N_{s}}=\frac{D_{s}\frac{\partial N_{ad}}{\partial x}}{N_{s}}=\frac{D_{s}\sigma N_{0}}{\lambda_{s}N_{s}}\\&=\frac{N_{0}D_{s}}{\lambda_{s}N_{s}}\left(\frac{J_{Si}-J_{0}}{J_{0}}\right)(因为\ \sigma=(J_{Si}/J_{0})-1)\\&=\frac{\tau_{0}D_{s}}{\lambda_{s}N_{s}}(J_{Si}-J_{0})(因为\ J_{0}=N_{0}/\tau_{0})\\&=\frac{\lambda_{s}}{N_{s}}J_{Si}(因为\ D_{s}\tau_{0}=(\lambda_{s})^{2},J_{Si}\gg J_{0})\end{aligned}\tag{7.21}$$

因此,垂直生长的速率为

$$V=vhN_{L}=\frac{\lambda_{s}J_{Si}hN_{L}}{N_{s}}\tag{7.22}$$

7.6 非晶薄膜的沉积和生长

在薄膜沉积中,当衬底保持在非常低的温度下,例如液氮温度时,表面扩散被冻结。当沉积的蒸气原子通量到达表面时,它们将因骤冷而不能在表面移动,甚至不能有一点微小的移动以获得晶体固体中晶格格点的低能量位置。因此,不会出现晶核的成核。可以形成非晶固体,例如非晶 Si 薄膜沉积的情况。在这种情况下,形成一个原子层厚度的非晶膜所需的时间是由 N_s/J_{Si} 给出的,因此非晶薄膜

生长速率为

$$R_{\mathrm{ND}}=\frac{h}{\frac{N_{\mathrm{s}}}{J_{\mathrm{Si}}}}=\frac{J_{\mathrm{Si}}h}{N_{\mathrm{s}}} \tag{7.23}$$

式中，h 是一个原子层的厚度，R_{ND}是无扩散生长的速率。

如果将阶梯介导生长与无扩散生长进行比较，得到

$$\frac{V}{R_{\mathrm{ND}}}=\lambda_{\mathrm{s}}N_L=\frac{\lambda_{\mathrm{s}}}{L_0}=\frac{\text{扩散长度}}{\text{阶梯宽度}}$$

可以看到，如果定义一个凝结系数，并使其大于1，如下所示：

$$\eta=\frac{\lambda_{\mathrm{s}}}{L_0}=\lambda_{\mathrm{s}}N_L>1$$

沉积的原子可以扩散到阶梯上，可以进行阶梯式生长。

7.7　同质外延生长模式

如前两节所讨论的，生长外延层或非晶层的能力主要取决于表面扩散和一系列实验因素：表面温度、表面清洁度、沉积速率、表面偏差角等。关键因素是表面或衬底的温度。图7.7描绘了沉积层的不同构型。在最低温度(室温或以下)，撞击材料通常会沉积为非晶层。在这样低的温度下，几乎没有表面扩散，由于没有热可用于原子重排，因此沉积的原子被困在非晶位点中。随后的热处理对于形成外延层是必要的。在较高的温度下，原子具有足够的表面移动性以在表面外延。它们会形成外延岛屿。在更高的温度下，通过横向逐层生长发生外延生长。为了便捷，图7.7标明了转变温度。原则上，如果沉积速率足够缓慢，在真空中任何温度下都可以出现通过阶梯介导的生长。

通过考虑表面扩散系数可以更为定量地理解温度依赖性。一般情况下，这种扩散系数并不是很清楚，但是对于一些系统已经有足够的研究工作可以进行一些估计。从先前讨论表面扩散系数的内容，可以估计一个原子进行单次跳跃的时间。

如果将 D_{s} 写成

$$D_{\mathrm{s}}=\lambda^2\nu_{\mathrm{s}}\exp\left(-\frac{\Delta G_{\mathrm{s}}}{kT}\right)$$

则单次跳跃的平均时间 τ_{s} 如下：

$$\lambda^2=D_{\mathrm{s}}\tau_{\mathrm{s}}$$

$$\tau_{\mathrm{s}}=\frac{1}{\nu_{\mathrm{s}}}\exp\left(\frac{\Delta G_{\mathrm{s}}}{kT}\right)$$

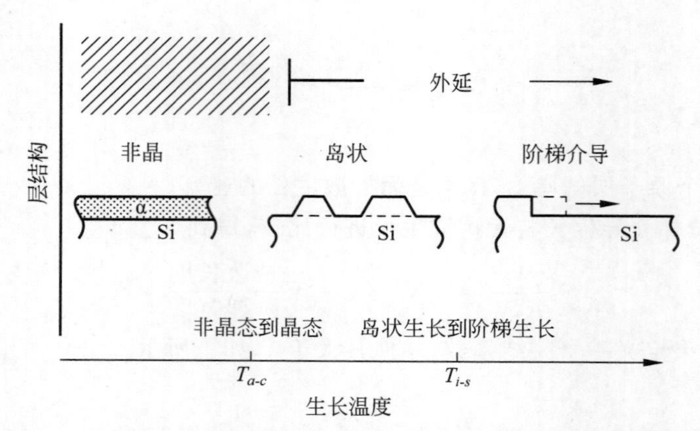

图 7.7　在不同的生长温度下沉积层的非晶态、外延岛和外延层生长模式

如往常一样，$\nu_s \cong 10^{13}$/s，选择 $\Delta G_s = 1.0$ 电子伏每原子数，因此在室温下，$\tau_s \cong 10^4$ s$\cong$2.8h。如果沉积速率为 R 单层每秒，其他原子会在 $1/R$ 的时间内落在初始沉积原子的附近。在其他原子撞击之前，至少需要一个跳跃的时间。如果要求在完成单层之前至少进行一次跳跃，这意味着每 2.8h 生长一个单层。

在如此低的温度和低速率下进行外延生长是可能的。在实际中，这种缓慢的生长受到真空系统质量的限制。正如第 2 章讨论的，即使在 1×10^{-10} torr 的压力下，每 10^4 s 就会有一层的残留气体（O_2、H_2、N_2 等）撞击样品。如果只有一小部分撞击气体原子附着，它们就会污染表面，破坏高纯度薄膜的外延生长。

由于扩散系数与温度成指数关系，因此相关的沉积时间随温度变化显著。例如，在 252℃(525K)时，τ_s 约为 4×10^{-4} s，在这一条件下会存在很多原子跳跃，沉积速率为 1～10 单层每秒。在这种情况下，薄膜的生长被认为是通过连续的二维外延生长实现。$\Delta G_s = 0.5$ 电子伏每原子数意味着 $\tau_s \cong 3\times10^{-5}$ s，而不是 10^4 s，变化了九个数量级。然而，一般的 $\Delta G_s/kT$ 的比例是正确的，实验条件设置了实际限制。

靠近表面阶梯的高结合能位置是沉积原子的首选位置。如果原子具有足够的扩散系数，它们可以扩散到阶梯并到达与阶梯介导生长相关的高温区域。

有关生长模式信息的一种实验是被称为反射高能电子衍射(RHEED)的动态电子衍射技术。在这个技术中，电子在生长过程中从有序表面的第一单层衍射，而衍射强度表示表面上的长程序完美程度。RHEED 的一个优点是可以在生长过程中实时测量衍射强度。二维岛生长模式在形式上表现为强度振荡的特征 RHEED 信号，其中一个振荡对应于沉积的一层材料。衍射强度的最大值出现在完成一层沉积时，而衍射强度最小值出现在 1/2 单层覆盖度时，对应于二维外延随着生长的最大无序度。随着衬底温度的升高，RHEED 振荡会衰减并最终消失，标志着阶梯介导生长的开始。在这种后期生长模式中，表面始终呈现为一系列平坦的平台，基本上产生恒定的衍射强度。

总之，同质外延相关的三种不同的生长模式与温度高度相关。在低温下是非晶层沉积，需要后续热处理进行外延再生长。在中温下，外延通过二维团簇或岛形成生长。下一节将讨论这些团簇的成核过程。在高温下，外延通过阶梯介导生长。

7.8 表面圆盘的同质成核

在经典的成核理论中，均相成核的速率远小于非均相成核。实际材料体系中的成核通常是非均相的。接下来的讨论将考虑平面表面上一个表面圆盘的均相成核，并且会发现，从能量上来讲很难发生这样的事件。这就是为什么在切割表面上有阶梯介导的生长，这样可以在没有成核的情况下提供外延生长的阶梯。在假设成核中的能量之前，需要考虑一个短半径团簇上方的蒸气压。如本章开头所述，任何表面动力学过程都必须与表面上的蒸气压力联系在一起。

图 7.8(a)和(b)分别描述了圆盘在平面表面上的成核以及圆盘表面的单层原子的横截面示意图。请注意，如图 7.8(b)所示，表面圆盘和衬底之间没有界面。因此可以将这样的成核视为均相成核。成核需要形成盘的圆周，因此这是成核事件的能垒。在考虑成核中涉及的能量之前，必须先考虑当圆盘存在时表面的平衡条件发生的变化。

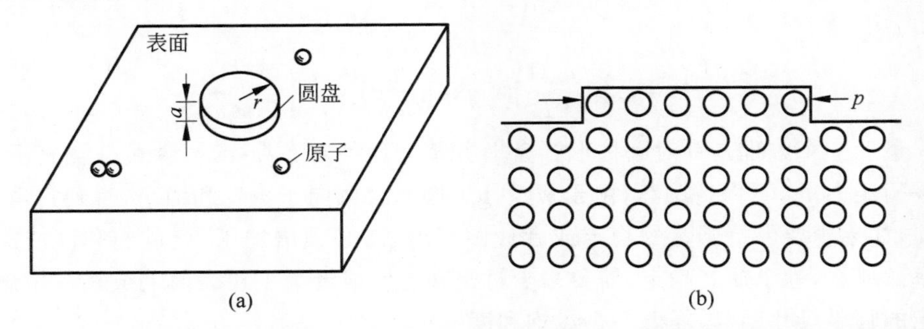

图 7.8 (a) 圆盘在平坦表面上成核的示意图；(b) 表面单层原子圆盘的剖面示意图

假设平面表面的平衡压力为 p_0。在平衡状态下，凝结到表面上的通量与脱附离开表面的通量相等。在真空中，凝结通量可以表示为

$$J_c = Cv = nv_a$$

式中，$C=n(=p_0/kT)$是蒸气中原子的密度，或蒸气中每单位体积的原子数，v_a 是蒸气中原子的均方根速度。对于脱附通量，得到

$$J_d = J_0 = N_0 \nu_{des} = N_0 \nu_s \exp\left(-\frac{\Delta G_{des}}{kT}\right)$$

式中，$J_d = J_0$ 是平衡脱附通量，N_0 是平面表面上单位面积的吸附原子数，ν_{des} 是脱附频率，ν_s 是表面振动频率，ΔG_{des} 是脱附活化能。平衡状态下有 $J_c = J_d$ 或 $N_0 \nu_{des} = n v_a$。

为在平坦的表面上形成一个圆盘状晶核，需要过饱和度，即 $J_c \gg J_d$。问题是需要多少过饱和度？首先假设一个圆盘成核时的能量变化。圆周的表面能可以表示为

$$E_d = 2\pi r a \gamma \tag{7.24}$$

式中，a 是原子层厚度，γ 是圆周单位面积的表面能。圆周的表面能对圆盘施加一个压力，即

$$p_s = \frac{1}{A}\frac{dE_d}{dr} = \frac{2\pi a \gamma}{2\pi a r} = \frac{\gamma}{r} \tag{7.25}$$

式中，A 是圆盘圆周的面积。在圆盘压力的作用下，圆盘中每个原子的能量都会增加：

$$p_s \Omega = \frac{\gamma}{r}\Omega \tag{7.26}$$

应该认识到这是由于圆盘圆周表面形成而导致的化学势能增加。由于能量的增加，圆盘中的原子可以更容易升华，因此

$$J_d^* = N_0 \nu_s \exp\left(-\frac{\Delta G_{des}}{kT} + \frac{p_s \Omega}{kT}\right) \tag{7.27}$$

$$\frac{J_d^*}{J_0} = \exp\left(\frac{p_s \Omega}{kT}\right) = \exp\left(\frac{\gamma \Omega}{rkT}\right) = \frac{nv}{n_0 v} = \frac{p_s}{p_0} \tag{7.28}$$

最后一个方程是针对圆柱形圆盘上方蒸气压的吉布斯-汤姆森式。它表示，如果平衡压力 p_0 下保持圆盘，由于 $p_s > p_0$，圆盘会倾向于蒸发和缩小，直到它消失。然而，如果想要保持圆盘的稳定或者让圆盘增长，必须增加压力、过饱和度或凝结速率。那么，为了使其稳定，需要多少过饱和度？或者为了在表面上成核一个新的稳定的临界尺寸圆盘，需要多少过饱和度？

在形成圆盘晶核过程中，能量变化可以表示为

$$\Delta E_{disc} = 2\pi r a \gamma - \pi r^2 a \Delta E_s \tag{7.29}$$

式中，E_s 表示单位体积的凝结潜热，γ 表示圆盘圆周单位面积的表面能。定义 r_{crit}，使得当 $r = r_{crit}$ 时，

$$\frac{d\Delta E_{disc}}{dr} = 0$$

因此，$2\pi a\gamma - 2\pi r a \Delta E_s = 0$，从而得到

$$r_{crit} = \frac{\gamma}{\Delta E_s} \tag{7.30}$$

临界圆盘晶核形成的净能量变化为

$$\Delta E_{crit} = \pi r_{crit} a \gamma \tag{7.31}$$

临界圆盘在 r_{crit} 处是亚稳定的，因为 ΔE_{crit} 在 jE 与 r 的图中是最大值。任意微小偏离 r_{crit} 都会降低能量。现在假设临界盘上的蒸气压力，得到

$$\frac{p_{crit}}{p_0} = \exp\left(\frac{\gamma\Omega}{r_{crit} kT}\right)$$

因此

$$r_{crit} = \frac{\gamma\Omega}{kT\ln(p_{crit}/p_0)}$$

然后

$$\Delta E_{crit} = \pi r_{crit} a \gamma = \frac{\pi\gamma^2 a\Omega}{kT\ln(p_{crit}/p_0)} = \frac{\pi\gamma^2 a^4}{kT\ln(p_{crit}/p_0)} \tag{7.32}$$

在上式的最后一步，取 $\Omega = a^3$。如果知道临界能量或形成临界盘的激活能，就可以计算圆盘成核概率或单位面积的核密度，即单位面积上的晶核数目

$$N_{crit} = J_c \tau_0 \exp\left(-\frac{\Delta E_{crit}}{kT}\right) \tag{7.33}$$

在上式中，回想一下，J_c 是凝结通量，具有单位面积单位时间的原子数的单位，τ_0 是原子在表面上的驻留时间。因此有

$$N_{crit} = J_c \tau_0 \exp\left[-\frac{\pi(\gamma a^2)^2}{(kT)^2 \ln(p_{crit}/p_0)}\right] \tag{7.34}$$

基于上式可以估算成核速率，将看到它是极小的。对于凝结通量，取 $J_c = 10^{15}$ 个原子数每平方厘米秒，这意味着每秒沉积 1 层，或者在 5min 内沉积 100nm 厚的薄膜，这是典型的沉积速率。回顾驻留时间，得到

$$\tau_0 = \frac{1}{\nu_s}\exp\left(\frac{\Delta G_{des}}{kT}\right)$$

式中，$\Delta G_{des} = 1.1\text{eV}$，$T = 1223\text{K}$，这意味着 $kT = 0.1\text{eV}$，然后

$$\tau_0 = \frac{1}{10^{13}}\exp\left(\frac{1.1}{0.1}\right) = 10^{-13}/10^{11/2.3} = 10^{-8}\text{s}$$

对于活化能，取 Si 每个原子的表面能，$\gamma a^2 = 0.6$ 电子伏每原子数，并且在 1223K 时 $kT = 0.1\text{eV}$，得到

$$\Delta E_{crit} = \frac{\pi\gamma^2 a^4}{kT\ln(p_{crit}/p_0)} = \frac{3.14 \times 3.6}{\ln(p_{crit}/p_0)} \tag{7.35}$$

如果有

$$p_{\text{crit}}/p_0=10,\quad \ln 10=2.3,\quad E_{\text{crit}}=4.9\text{eV}$$

$$p_{\text{crit}}/p_0=100,\quad \ln 100=4.6,\quad E_{\text{crit}}=2.5\text{eV}$$

$$p_{\text{crit}}/p_0=1000,\quad \ln 1000=6.9,\quad E_{\text{crit}}=1.6\text{eV}$$

如果将上述值输入到 N_{crit} 中,对于 $p_{\text{crit}}/p_0=1000$ 的情况,发现

$$N_{\text{crit}}=J_c\tau_0\exp\left(-\frac{\Delta E_{\text{crit}}}{kT}\right)=10^{15}\times 10^{-8}\times\exp(-1.6/0.1)=10^7\times 10^{-7}=1$$

这意味着即使在过饱和度超过1000的情况下,每平方厘米的面积上仍然仅有一个核,这的确是一个非常低的成核速率。显然,如果异相成核可以发生,它将主导成核作用。

7.9 图案化表面上的物质输运

7.9.1 图案化表面扩散的早期阶段

表面上的方波型周期结构可以通过图案化与蚀刻或通过压印来制造,如图7.9(a)所示。在退火过程中,周期结构会通过表面扩散的方式逐渐消失。这种结构已用于研究表面扩散。驱动力是表面积和表面能的减少。下面考虑扩散的两个阶段:第一个是过程的起始阶段,在此阶段,图案结构的尖角变得圆滑;第二个是扩散的后期阶段,此阶段波形的曲率变得非常小。扩散的中间阶段已在5.3.1节介绍过了。

图7.9(b)绘制了一个带有圆角的方波横截面。在退火过程中,角的半径会增加。这里尝试找出半径的变化速率。在圆角表面或圆柱表面上,化学势由以下公式给出:

$$\mu_r=\frac{\gamma}{r}\Omega$$

式中,γ 是圆柱表面每单位面积的表面能,r 是半径,Ω 是原子体积。可以写成

$$\mu_r-\mu_\infty=\frac{\gamma}{r}\Omega$$

式中,μ_∞ 是平坦表面的化学势,可以让 $\mu_\infty=0$。因此,上下两个角之间的化学势差为

$$\Delta\mu=\mu_r-\mu_{-r}=\frac{2\gamma}{r}\Omega$$

因此,驱动原子从上角到下角扩散的力为

$$F=-\frac{\Delta\mu}{\Delta x}=-\frac{2\gamma}{rh}\Omega$$

式中，h 是图案阶梯的高度。然后从上到下角扩散的原子通量为

$$J=C_{s}M_{s}F=C_{s}\frac{C_{s}}{kT}\left(-\frac{2\gamma}{rh}\Omega\right)=-\frac{2C_{s}D_{s}\gamma\Omega}{kTrh} \tag{7.36}$$

式中，C_{s} 是单位面积上的原子浓度，D_{s} 是表面扩散系数，J 是表面通量，即单位时间内通过单位面积的原子数。

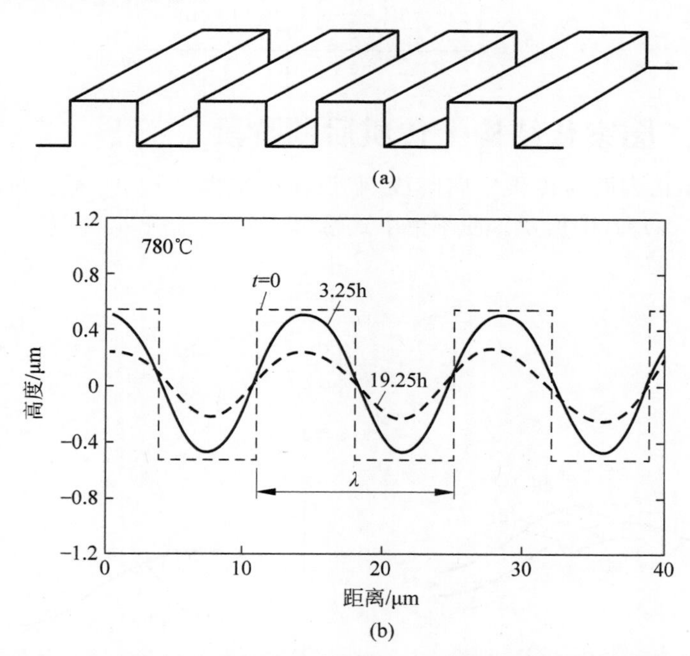

图 7.9　(a) 表面上的方波型周期结构的示意图；(b) 带圆角的方波横截面的示意图。在退火中，圆角的半径将增加

离开上角的原子通量会使上角更加平滑，到达下角时则会填充下角；换句话说，r 和 $-r$ 都会增加。考虑下角的生长，并假设宽度为单位值，因此下角体积中的原子数为

$$\frac{1}{\Omega}\left(r^{2}-\frac{1}{4}\pi r^{2}\right)$$

如果假设不会有原子通量离开下角，所有到达下角的原子通量都将在角处沉积并增加下角半径。然后，下角半径的时间速率变化将等于到达的通量：

$$\frac{\mathrm{d}}{\mathrm{d}t}\left[\frac{1}{\Omega}\left(r^{2}-\frac{1}{4}\pi r^{2}\right)\right]=\frac{2C_{s}D_{s}\gamma\Omega}{kTrh} \tag{7.37}$$

$$\left(1-\frac{\pi}{4}\right)\frac{kThr^2\mathrm{d}r}{C_\mathrm{s}D_\mathrm{s}\gamma\Omega^2}=\mathrm{d}t$$

$$r^3\approx\frac{3C_\mathrm{s}D_\mathrm{s}\gamma\Omega^2}{\left(1-\frac{\pi}{4}\right)kTh}t \tag{7.38}$$

通过检查上述方程的量纲可判断方程是否正确，得到

$$\mathrm{cm}^3=\frac{\left(\frac{\mathrm{atom}}{\mathrm{cm}^3}\right)\left(\frac{\mathrm{cm}^2}{\mathrm{s}}\right)\left(\frac{\mathrm{eV}}{\mathrm{cm}^2}\right)(\mathrm{cm}^3)^2}{\mathrm{eV(cm)}}$$

7.9.2 图案化结构上传质后期阶段

在图案结构表面的传质后期阶段，假设曲率很大，因此曲面上的斜率变化很小，如图 7.10(a)和(b)所示。曲率由下式给出[5]：

$$\frac{1}{r}=\frac{\frac{\mathrm{d}^2z}{\mathrm{d}x^2}}{\left[1+\left(\frac{\mathrm{d}z}{\mathrm{d}x}\right)^2\right]^{\frac{3}{2}}} \tag{7.39}$$

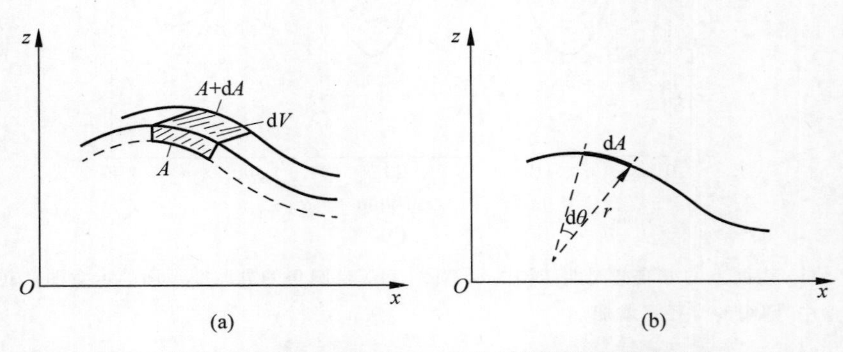

图 7.10 (a) 体积元 dV 的表面轮廓；(b) 表面轮廓的示意图，其中 $r=\mathrm{d}S/\mathrm{d}\theta$

如果假设 $\mathrm{d}z/\mathrm{d}x\ll 1$，换句话说，当 r 很大时，取

$$\frac{1}{r}=\frac{\mathrm{d}^2z}{\mathrm{d}x^2} \tag{7.40}$$

曲面上可以将化学势取为

$$\mu_r=\frac{\gamma}{r}\Omega=\gamma\Omega\frac{\mathrm{d}^2z}{\mathrm{d}x^2}$$

驱动力为

$$F = -\frac{\mathrm{d}\mu_r}{\mathrm{d}x} = -\gamma\Omega\,\frac{\mathrm{d}^3 z}{\mathrm{d}x^3}$$

扩散通量为

$$J = C_s M_s F = C_s\,\frac{D_s}{kT}\left(-\gamma\Omega\,\frac{\mathrm{d}^3 z}{\mathrm{d}x^3}\right) \tag{7.41}$$

将菲克第二定律应用于上述一维情况的通量时，得到

$$-\frac{\partial C}{\partial t} = \frac{\partial J_x}{\partial x} = -\frac{C_s D_s \gamma\Omega}{kT}\,\frac{\mathrm{d}^4 z}{\mathrm{d}x^4} \tag{7.42}$$

在将$\partial C/\partial t$ 改为$\partial z/\partial t$ 之前，上述方程无法解出。为此，假设表面扩散引起表面轮廓变化。传质过程会降低峰的高度并填平谷，这意味着 z 方向高度的变化。

现在假设曲面上的 ΔL 乘以 ΔW 的面积。每单位时间进入该 $\Delta L\Delta W$ 区域的总原子数 Q 等于该区域内的通量散度。这里忽略了该面积上方的单位高度，因此其与假设体积的散度相同。

$$(\Delta L\Delta W)\,\frac{\partial J_x}{\partial x} = \frac{\partial Q}{\partial t}$$

式中，Q 原子的体积等于 $Q\Omega$。将该体积添加到 $\Delta L\Delta W$ 区域时，导致 z 方向的增长，$Q\Omega = z\Delta L\Delta W$，如图 7.11 所示。因此

$$\frac{\partial Q}{\partial t} = \frac{1}{\Omega}\,\frac{\partial z}{\partial t}\Delta L\Delta W = -\frac{\partial J_x}{\partial x}\Delta L\Delta W$$

因此，

$$\frac{1}{\Omega}\,\frac{\partial z}{\partial t} = -\frac{\partial J_x}{\partial x} = \frac{C_s D_s \gamma\Omega}{kT}\,\frac{\mathrm{d}^4 z}{\mathrm{d}x^4}$$

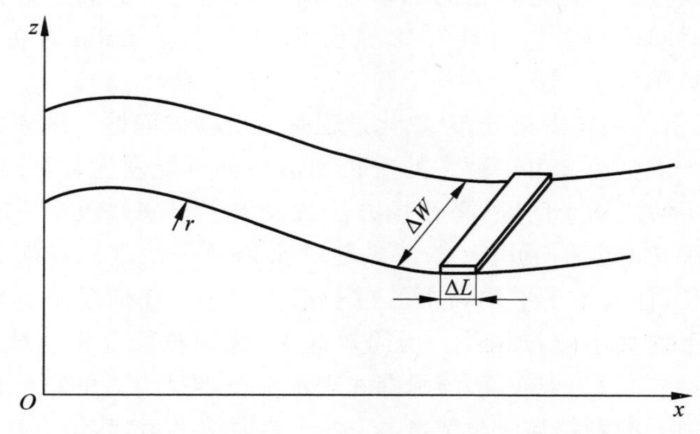

图 7.11　在区域 $\Delta L\Delta W$ 生长一个小体积的示意图，它导致 z 方向上的增长，$Q\Omega = z\Delta L\Delta W$

最后得到一个四阶扩散方程：

$$\frac{\partial z}{\partial t}=\frac{C_{\mathrm{s}}D_{\mathrm{s}}\gamma\Omega^{2}}{kT}\frac{\mathrm{d}^{4}z}{\mathrm{d}x^{4}} \tag{7.43}$$

请注意，在晶界遇到自由表面形成三岔点分界线的形成中，也得到了类似的式子。如果检查上式的量纲，就会像下面展示的那样是正确的：

$$\frac{\mathrm{cm}}{\mathrm{s}}=\frac{\left(\frac{\text{原子数}}{\mathrm{cm}^{2}}\right)\left(\frac{\mathrm{cm}^{2}}{\mathrm{s}}\right)\left(\frac{\mathrm{eV}}{\mathrm{cm}^{2}}\right)(\mathrm{cm}^{3})^{2}}{\mathrm{eV}}\frac{\mathrm{cm}}{\mathrm{cm}^{4}}$$

微分方程的解是

$$z(x,t)=\sum_{n=0}^{\infty}A_{n}\exp\left(-\frac{t}{\tau_{0}}\right)\sin\left(\frac{2n\pi x}{\lambda}\right) \tag{7.44}$$

式中，$\tau_{n}=\left(\frac{C_{\mathrm{s}}D_{\mathrm{s}}\gamma\Omega^{2}}{kT}\right)^{-1}\left(\frac{2n\pi}{\lambda}\right)^{-4}$，$\lambda$ 是函数的周期，因此 $\tau_{\mathrm{n}}\cong(\lambda/n)^{4}$。因此，小周期函数衰减得非常快。

7.10 表面上半球形粒子的熟化

在薄膜与衬底不浸润的情况下，薄膜沉积通常会导致晶核或颗粒在表面形成三维的分布。对薄膜进行退火工艺往往会导致颗粒的生长。大颗粒以牺牲小颗粒为代价变得更大。当颗粒离得非常近时，在恒定体积沉积下通过凝聚会减少沉积物比表面积之比。当存在颗粒的大小分布且颗粒间距较远时，它们倾向于通过一种称为熟化的方式，通过单原子扩散过程来长大和溶解。本节将描述表面熟化过程的动力学。能量最小化是熟化的驱动力，而下面概述的扩散过程描述了该熟化过程的机制和时间依赖性[6]。图 7.12 显示了 660℃加热 5min 时在 GaAs 表面上 Ga 团簇的 SEM 图像。

图 7.12 所示的颗粒聚集分布，熟化过程是一个多体问题。颗粒的最近邻可能比颗粒本身更大或更小。由于颗粒的生长和溶解都可能发生，因此很难描述熟化的动力学。为了解决这个问题，平均场方法被发展了出来。假定所有颗粒之间存在平均浓度。平均浓度是平均大小 $\bar{r}$ 颗粒的平衡粒子浓度。任何大于平均大小的粒子都会增长，任何小于平均大小的粒子都会缩小。任何粒子的熟化动力学都可以描述为与平均大小颗粒相关。为简单起见，将颗粒假定为半球形，半径为 r，并将浸润角保持在 90°。吉布斯-汤姆森式表示围绕半径为 r 的颗粒的吸附原子浓度增加。半径为 r 的颗粒与吸附浓度 N_{r} 处于热力学平衡状态：

$$N_{\mathrm{r}}=N_{0}\exp\left(\frac{2\gamma\Omega}{rkT}\right) \tag{7.45}$$

图 7.12　GaAs 表面加热至 660℃，持续 5min 后形成的 Ga 团簇 SEM 图像

式中，N_0 是对应于平面表面的蒸气压的吸附原子浓度。请注意，N_0 和 N_r 的单位是每平方厘米的原子数。

同样地，设想一个平均大小的粒子，并且有

$$N_m = N_0 \exp\left(\frac{2\gamma\Omega}{rkT}\right) \tag{7.46}$$

式中，N_m 是对应于平均大小粒子的吸附原子浓度，并且有 $N_0 < N_m$。

下面假设在平均场中的粒子生长，因为粒子的尺寸大于平均尺寸。假设粒子生长机制是表面扩散。求解稳态扩散方程以获得生长速率随时间的变化函数。请注意，稳态在这里是一个近似，因为平均尺寸实际上随时间增加，而且平均场浓度随时间减少。但是，由于生长速率足够缓慢，可允许稳态近似。

对于二维柱坐标系中对应于扩散物浓度 N 的连续性方程如下所示：

$$\frac{\partial N}{\partial t} = \frac{1}{R}\frac{\partial}{\partial R}\left(RD_s\frac{\partial N}{\partial R}\right) + \frac{D_s}{R^2}\frac{\partial^2 N}{\partial \theta^2} \tag{7.47}$$

式中，$N(R)$是单位为 cm^2 的吸附原子的局部浓度，D_s 是表面扩散系数，假设它不依赖于浓度。接下来将考虑具有柱坐标系的稳态解，并进一步假设有柱对称性，因此可以忽略 θ 项，得到

$$\frac{1}{R}\frac{d}{dR}\left(RD_s\frac{dN}{dR}\right) = 0 \tag{7.48}$$

该方程的解为

$$N(R) = K_1 \ln R + K_2 \tag{7.49}$$

式中，K_1 和 K_2 是由给定边界条件确定的任意常数。

若给出以下边界条件：

$$N(R) = N_r,\quad 当\ R = r\ 时$$

$$N(R) = N_m,\quad 当\ R = Lr\ 时$$

式中，r 是粒子的半径，L 是半径 r 的倍数，用于测量对应于平均场的增强蒸气浓度的距离（以 r 为单位）。通常取 $L\sim10$。然后解为

$$N(R)=\frac{N_r\ln(Lr/R)-N_m\ln(r/R)}{\ln L} \tag{7.50}$$

在扩散问题中，使用菲克第一定律来获得进入颗粒的吸附原子表面的通量：

$$J_s=-D_s\frac{dN}{dR}$$

式中，J_s 的单位为吸附原子每厘米秒。由于是二维的问题，这是原子通量每单位长度（而不是每单位面积）每单位时间的结果。

扩散到圆周周长为 $2\pi r$ 的粒子的总原子数为 J，式中

$$J=-2\pi rD_s\frac{dN}{dR}\bigg|_{R=r}=\frac{2\pi D_s}{\ln L}(N_r-N_m)$$

基于吉布斯-汤姆森式的 N_r 和 N_m，并使用小尺寸粒子的小幅长大，得到

$$J=\frac{2\pi D_s}{\ln L}N_0\frac{2\gamma\Omega}{kT}\left(\frac{1}{r}-\frac{1}{\bar{r}}\right) \tag{7.51}$$

通过考虑质量守恒，半球形颗粒将在到达 J 的总原子数时生长。半球形颗粒中的原子数为 Q，其中

$$Q=\left(\frac{2}{3}\pi r^3\right)\frac{1}{\Omega}$$

式中，Ω 是原子体积。然后

$$\frac{dQ}{dt}=\frac{2\pi r^2}{\Omega}\frac{dr}{dt}$$

根据质量守恒或原子数守恒，它必须等于 J，即 J_s 的散度。因此有

$$\frac{r^2dr}{\Omega dt}=\frac{D_s}{\ln L}N_0\frac{2\gamma\Omega}{kT}\left(\frac{1}{r}-\frac{1}{\bar{r}}\right) \tag{7.52}$$

上式中的单位是正确的，因为有

$$\frac{cm^3}{cm^3\cdot s}=\frac{cm^2}{s}\frac{1}{cm^2}\frac{eV}{cm^2}\frac{cm^3}{eV}\frac{1}{cm}$$

但是，解法非常复杂（类似于 LSW 理论），因此不会在此解它。实验发现，对于表面扩散受限生长，较大的半球形颗粒半径的四次方随时间线性增长，即 $r^4=Kt$。图 7.13 显示了在 Si(111)表面上 525K 的 Sn 颗粒熟化的实验数据，其中时间依赖关系与 r^4 相比于 r^3 具有更好的一致性。但是，在 LSW 理论中，熟化的动力学有 r^3 对时间的依赖关系。

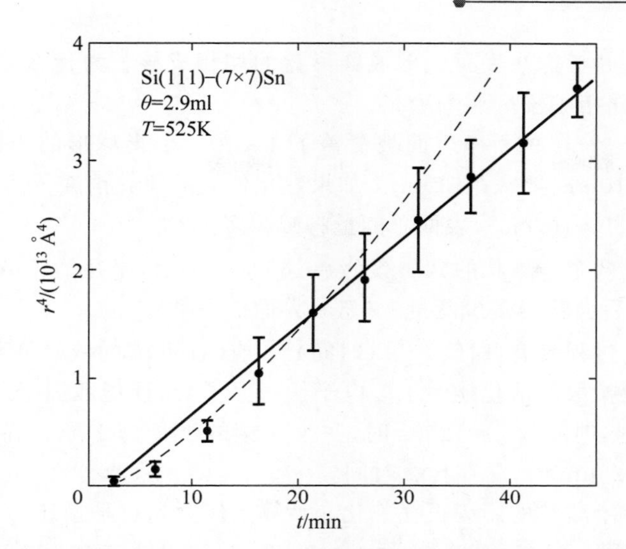

图 7.13 展示了在 525K 下 Sn 颗粒在 Si(111)表面熟化的实验数据，其中与 r^4 的时间依赖关系比与 r^3 更好

参考文献

[1] G. A. Somorjai, Chemistry in Two Dimensions: Surfaces (Cornell University Press, Ithaca, NY, 1981).

[2] A. Zangwill, Physics of Surfaces (Cambridge University Press, Cambridge, 1988).

[3] C. Ratsch, M. F. Gyure, R. E. Caflisch, F. Gibou, M. Petersen, M. Kang, J. Garcia and D. D. Vvedensky, "Level-set method for island dynamics in epitaxial growth," Phys. Rev. B 65(2002) 195403.

[4] C. Ratsch, A. P. Seitsonen and M. Scheffler, "Strain-dependence of surface diffusion: Ag on Ag(111) and Pt(111)," Phys. Rev. B 55(1997) 6750.

[5] W. W. Mullins, "Solid surface morphologies governed by capillarity," in Metals Surfaces (ASM, Metal Park, Ohio, 1963).

[6] M. Zinke-Allmang, L. C. Feldman and S. Nakahara, "Role of Ostwald ripening in islanding processes," Appl. Phys. Lett. 51(1987) 975.

[7] F. Allen and E. Kasper, "Models of silicon growth and dopan incorporation," Chapter 4 in Silicon Molecular Beam Epitaxy (Vol. I, p. 65), eds E. Kasper and J. C. Bean (CRC Press, Boca Raton, FL, 1988).

习题

7.1 表面掺杂物的来源是什么？

7.2 在脱附中，表面上的掺杂物驻留时间是多少？

7.3　图 7.8 考虑在表面上形成圆形盘的均相成核。为什么这是一个均相成核而不是一个异相成核？

7.4　一个 1cm^2 的干净表面被覆盖了 4×10^{10} 个半球形的钽团簇，这些团簇的直径要么是 10nm，要么是 30nm。如果熟化使大的团簇消耗了所有小的团簇，那么如果 $\gamma_{Ta}=2890\text{erg/cm}^2$，表面总能量将减少多少？

7.5　找出两个半球状的钛团簇（$\gamma=1650\text{erg/cm}^2$，半径为 40nm）的表面能量 E_s。它们合并后会获得多少能量？（忽略界面的贡献）

7.6　哪个过程具有（时间）$^{1/3}$、（时间）$^{1/2}$ 或（时间）^{1} 的依赖关系？

7.7　假设扩散的活化能为 1.5 电子伏每原子数，预指数因子为 $0.1\text{cm}^2/\text{s}$，当温度为 800K 时，时间为 $t=1200\text{s}$ 时，一个团簇的半径为 $1\mu\text{m}$。在 800K 时，当团簇的半径 $r=0.5\mu\text{m}$ 时，是在什么时间？

7.8　一个半球状的团簇正在熟化。计算当压力超过平衡压力的 2.5 倍时，压在团簇上的时间。$N_{eq}=10^{15}\text{cm}^{-2}$，$\gamma=2890\text{erg/cm}^2$，$\rho=2.96\times10^{-23}\text{cm}^3$，$T=500\text{K}$，$Lr=10^{-6}\text{cm}$，$D_s=10^{-10}\text{cm}^2/\text{s}$。

7.9　在 Si(100)($a=0.543\text{nm}$)表面上，原子数每立方厘米的表面密度是多少，并且沿着[100]方向需要什么样的走样角度才能形成 10^{-5}cm 和 10^{-6}cm 的台阶？

7.10　一个简单的立方晶格($a=0.3\text{nm}$)的基底沿(100)割了一个 3°的角度，以创建一个有台阶的表面。如果想在 600℃下进行同质外延生长，扩散长度是否大于台阶间的距离？使用 $G_{des}=1.0$ 电子伏每原子数，$G_s=0.5$ 电子伏每原子数，$\nu_s=10^{13}/\text{s}$。

7.11　如果 $G_s=1.0$ 电子伏每原子数或 $G_s=0.5$ 电子伏每原子数，要在沉积速率为 1 层每秒的情况下，使用台阶介导的生长在阶梯之间间隔 50nm 的样品上进行 SI MBE，需要多少生长温度和真空度？

7.12　对于在 Si(100)表面上的扩散限制生长，温度为 500℃，台阶之间的间距为 50nm，表面有 $6.8\times10^{14}/\text{cm}^2$ 的位点，$s=0.033\mu\text{m}$，$J_{Si}=10^{15}$ 个原子数每平方厘米秒，单步生长情况下的冷凝系数是多少？生长速率 R 是多少？

7.13　对于一个具有简单立方晶格的基底($a=0.3\text{nm}$)，在 $J=5\times10^{15}$ 原子数每平方厘米秒的条件下进行同质外延生长，可以获得生长速率 $R=3$ 层每秒。如果路径长度 $\lambda_s=15\text{nm}$，请估计平均步长是多少？

7.14　在高温生长的情况下，Si 原子在阶梯上沿阶梯方向具有速度 $v=5\times10^{-7}\text{cm/s}$。如果通过在(100)平面上制成 0.69°走样来创建基底，那么生长 $1\mu\text{m}$ 需要多长时间？在 Si(100)上，如果 Si 通量为 5×10^{15} 个原子数每平方厘米秒，生长温度为 650℃，计算阶梯的速度。使用表 7.3 中的值。

薄膜中的互扩散与反应

8.1 引言

现代微电子半导体器件在硅晶圆上使用多层薄膜。从器件的量产和可靠性的角度来看,两个相邻薄膜层之间的互扩散和反应一直是一个技术问题。在一块指甲大小的硅芯片上,现在有超过数亿个场效应晶体管(FET),每个FET都有源极、漏极和栅极触点。这些接触通常由硅化物制成,硅化物是金属和Si的金属间化合物(IMC),并且每个触点相同或者具有相同的电学特性。因此,在硅芯片上制造超大规模集成电路时,硅化物接触和栅极的形成一直是关键的工艺步骤。所以通过在硅衬底上沉积和反应生成薄金属膜来控制硅化物的形成一直是一个非常活跃的研究领域[1-4]。薄膜界面反应的独特之处在于"单相形成"的要求[5]。这意味着需要在所有接触和栅极中形成特定的单一硅化物相。它之所以独特,是因为体扩散偶和薄膜偶中的反应不同。在体扩散偶中同时形成多个相,但在薄膜中多个相一个接一个地依次形成,因此在薄膜反应中可以形成单相而不是形成多相。

当我们在非常高的温度和非常长的时间下退火体扩散偶时,动力学将不再是限制因素,该体扩散可以尽可能接近热力学平衡反应条件。它应该已经形成了扩散偶的平衡二元相图中所示的所有金属间化合物相。事实确实如此,只是有时可能会发现缺少一两个金属间相。然而,在薄膜偶(thin-film couple)的反应中,这种缺失现象要严重得多,也更常见。通常,只有一种金属间相形成,其余的都缺失了,这被称为"单相形成"。在单相形成中,有两个基本问题:第一个问题是,为什么它与体扩散情况不同；第二个问题是，如何从二元相图中的所有相中预测出第一个相。

以 Au 和 Al 的扩散偶为例。Au 和 Al 的体偶(bulk couple)在 460℃处互扩散持续 100min，发现在图 8.1 中有五个 IMC。根据 Au-Al 的二元相图，它们以正确的组成顺序形成。然而，如果该体偶在不同的温度下退火，例如在 200℃下退火，$AuAl_2$ 和 AuAl 将不存在，但是在体偶中形成了多个相。一个有趣的问题是：如果将厚度从体偶缩小到薄膜偶，如图 8.1 所示，并在相同的温度下对其进行退火，那么如果每个相的厚度按比例变薄，是否具有与体偶相同的五相或三相形成？这种情况不会发生在薄膜反应中，因为无法缩小厚度并期望找到相同的反应产物。

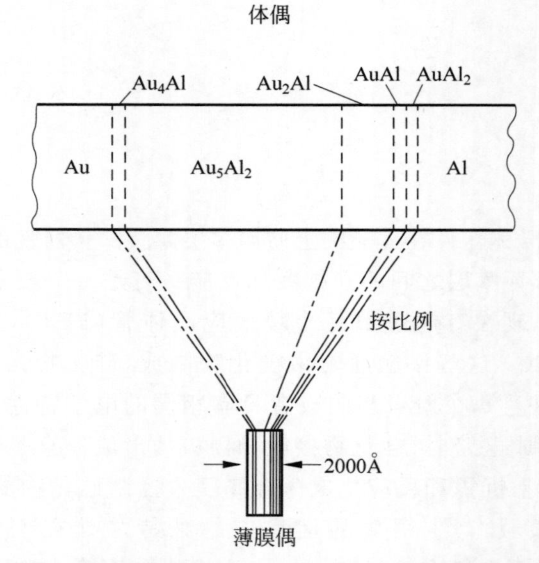

图 8.1　Au 和 Al 的体扩散偶的示意图。在 460℃下互扩散 100min，发现五个 IMC

在 200℃下对双金属 Au/Al 薄膜进行退火时，在 Au 和 Al 之间仅形成 Au_2Al 一个相，其他相不形成；相反，它们将一个接一个地依次形成，如图 8.2 所示。当双金属薄膜中的 Au 比 Au_2Al 多时，形成的第二相将更加富含 Au。当双金属薄膜中的 Al 比 Au_2Al 多时，形成的第二相将更富 Al。下文将介绍薄膜反应中硅化物形成的另一个例子。

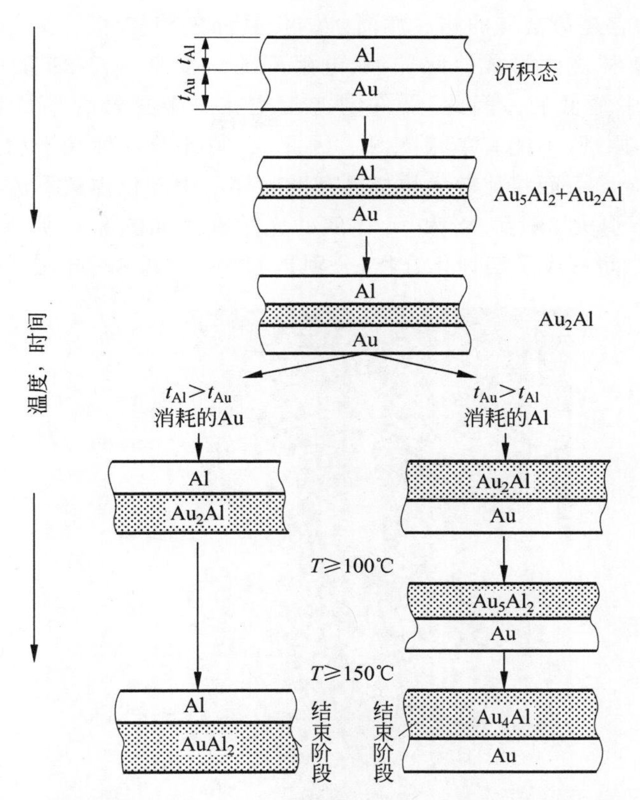

图 8.2 当在 200℃下对双金属 Au/Al 薄膜进行退火时，在 Au 和 Al 之间仅形成 Au_2Al 一个相，其他相不形成；相反，它们将一个接一个地依次形成

8.2 硅化物的形成

8.2.1 顺序硅化镍的形成

本节将以 Ni/Si 体系中的硅化物的形成为例。回想一下，在硅片上形成一种特定的单相硅化物作为 FET 器件中的欧姆接触和栅极一直是个非常重要的技术问题。为了具备相同的物理特性，如电阻和肖特基势垒高度，硅芯片上的数百万甚至数十亿个硅化物接触和栅极必须是相同的。例如，不能有一个由硅化物相混合物组成的接触，因为它会影响电荷在接触上的传输速率。因此，器件的应用要求单相的形成，这在原则上是违反热力学的。例如，根据 Ni-Si(Sequential Ni silicide)二相图，在沉积于硅晶片上的镍薄膜样品中，需要形成 NiS_2 相以达到热力学平衡

状态，这是因为它是最富硅的相。然而，当 Ni 薄膜在 Si 晶片上反应时，Ni_2Si 相总是首先在 Ni 和 Si 之间形成。此外，从电阻率的角度来看，NiSi 的电阻率是所有 NiSi 硅化物相中最低的。因此，器件制造希望在每个接触中形成单相 NiSi。然而，根据热力学原理，不能有单相 NiSi。因此，必须开发一种基于动力学而不是热力学的制造工艺。下面将比较大块样品和薄膜样品中硅化镍的形成。

在 850℃下退火 8h 后，Ni 和 Si 体偶的光学截面如图 8.3 所示。抛光截面显示在 Ni 和 Si 之间形成了四种化合物，分别是 Ni_5Si_2、Ni_2Si、Ni_3Si_2 和 NiSi[6]①。

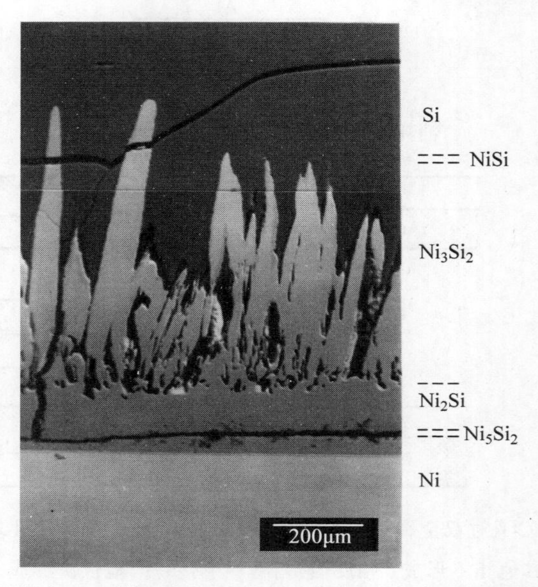

图 8.3　在 850℃退火 8h 后的 Ni 和 Si 的光学截面，抛光截面显示在 Ni 和 Si 之间形成了四种 NiSi 化合物

与体偶类似，我们可以在薄膜样品的横向反应中形成多相，其中互扩散的距离大大增加。如图 8.4 所示，这是沉积在一半硅条上的 Ni 薄膜的示意图。在 750℃下退火 20min 后，形成 5 个硅化镍相。图 8.5 显示了 NiSi 样品中多个相横向生长的亮场 TEM 图像。可以在样品中识别出 Ni_3Si、Ni_5Si_2、Ni_2Si、Ni_3Si_2 和 NiSi。其中 4 个与图 8.3 所示的体偶中观测到的相同。在较短的时间间隔内测量化合物的形成，可以遵循横向反应中相的形成顺序，如图 8.6 所示，其中显示了化合物相的宽度(厚度)随退火时间的变化图。形成的第一相为 Ni_2Si，在 Ni_2Si 厚度达到 20μm 左右时，形成第二相 NiSi。

---

① 原文有误，多写了一种化合物 Ni_3Si，译者删除。——译者注

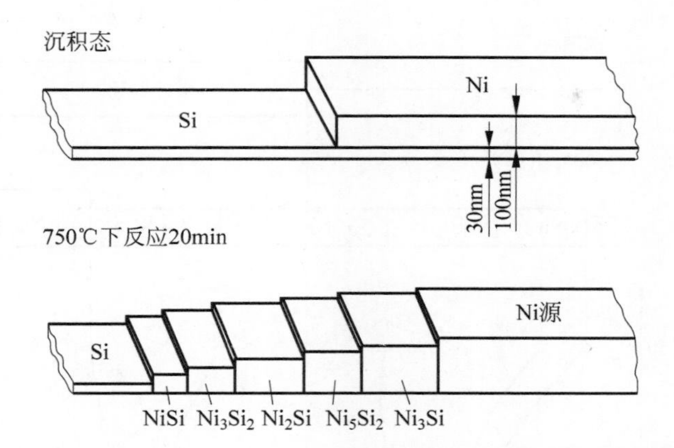

图 8.4 在 750℃下退火 20min 前后的横向扩散偶的示意图
(C. H. Chen 等提供,1985)[6]

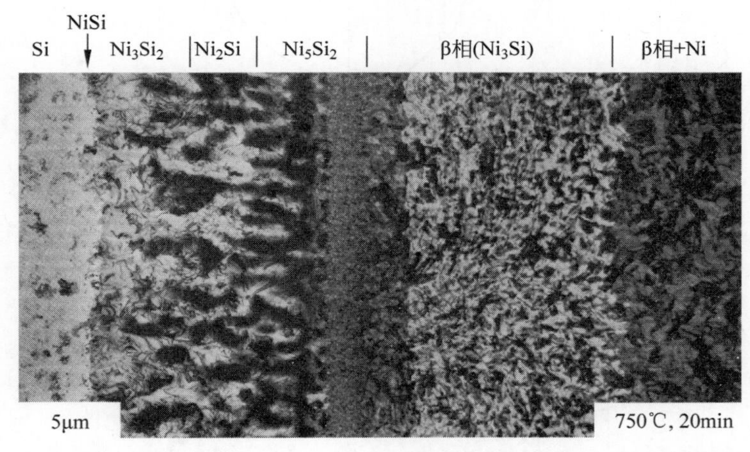

图 8.5 750℃下退火 20min 后横向扩散 Ni/Si 偶的亮场 TEM 图像
(C. H. Chen 等提供,1985)[6]

图 8.7 为 200nm Ni 薄膜沉积在 Si 晶圆上,经过 250℃退火 1h 和 4h 后的卢瑟福背散射光谱。Ni_2Si 形成,光谱信号呈台阶状。通过测量 Ni 和 Si 的阶跃高度,阶跃高度的比值确定了相的成分为 Ni_2Si。当退火时间从 1h 延长到 4h 时,台阶的宽度增加,表明相增厚或生长。用掠射式希曼-波林 X 射线衍射仪进行 X 射线衍射,可以确定相为 Ni_2Si。衍射谱如图 8.8 所示。

以上结果表明,当 Ni 薄膜与 Si 晶圆反应时,形成的第一相为 Ni_2Si。当 Ni 全部消耗后,形成 NiSi,当 Ni_2Si 全部消耗后,在 NiSi 和 Si 之间形成 $NiSi_2$,如图 8.9

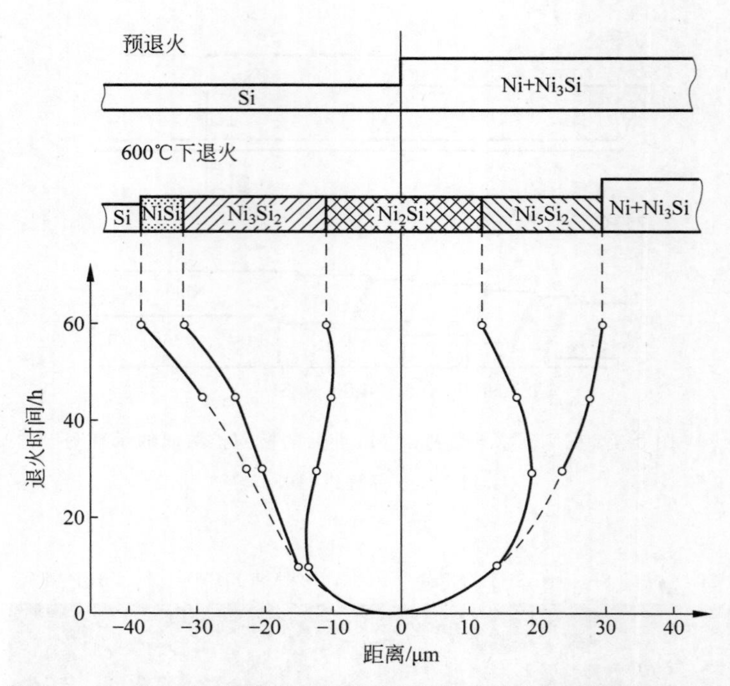

图 8.6 600℃下 Ni/Si 横向扩散偶中单个相的长度与退火时间的关系
(Courtesy of Zheng 博士论文，康奈尔大学，1985)[11]

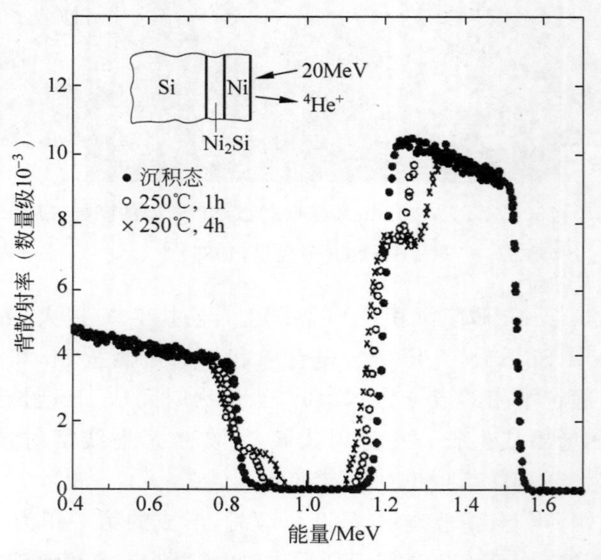

图 8.7 200nm Ni 薄膜沉积在 Si 晶圆上，经过 250℃退火 1h 和 4h 后的卢瑟福背散射光谱

所示。它显示了从 Ni_2Si 到 NiSi 再到 $NiSi_2$ 按顺序的形成。另外，如果我们在厚的 Ni 衬底上沉积一层 Si 薄膜，形成的第一相仍然是 Ni_2Si，但随后形成的相不同；它们是富镍硅化物，如图 8.9 所示。

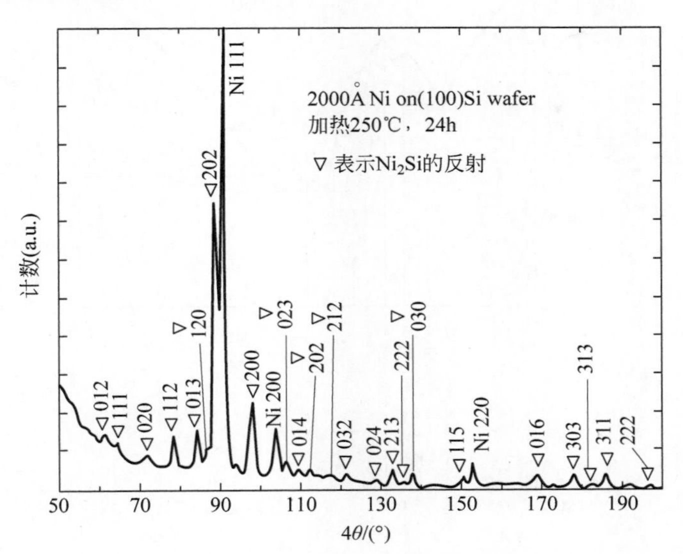

图 8.8　用掠射式希曼-波林 X 射线衍射仪对 200nm Ni 薄膜在 250℃退火 24h 后的 Ni-Si 的 X 射线衍射谱

回顾一下硅晶圆上的 Ni 薄膜的情况，其中整个样品的整体组成富硅。根据热力学，与 Si 衬底的平衡相应为 $NiSi_2$。但无论整体成分是富 Si 还是富 Ni，形成的第一相总是 Ni_2Si。如何预测第一相的形成一直是一个很有挑战性的问题。有许多尝试使用二元相图并应用选择条件，如最大自由能变化来预测第一相的形成。然而，进行这种尝试的困难之一是它不能预测第一相是非晶相，然而某些第一相可以是非晶的。比如在 Ti-Si 的情况下，从动力学的角度来看，选择条件似乎不是最大自由能变化，而是最大自由能变化的“速率”。

关于缺相和/或单相形成现象，可以通过横断面高分辨率 TEM 晶格成像进行实验验证[7-8]。可以分辨出在薄膜扩散偶中是否存在某一相。相的存在厚度必须大于其单元格的线性尺寸，这样才容易求解。

近年来，人们对硅纳米线中硅化物的形成进行了研究，本章将不讨论[9-10]。

8.2.2　硅化物形成的第一相

除 Ni 外，硅与其他金属薄膜反应形成硅化物 IMC 相的顺序相形成也在广泛研究中。例如，在 Si 与 Pt、Pd、Ni 或 Co 之间的反应中，形成的第一相是 M_2Si，其

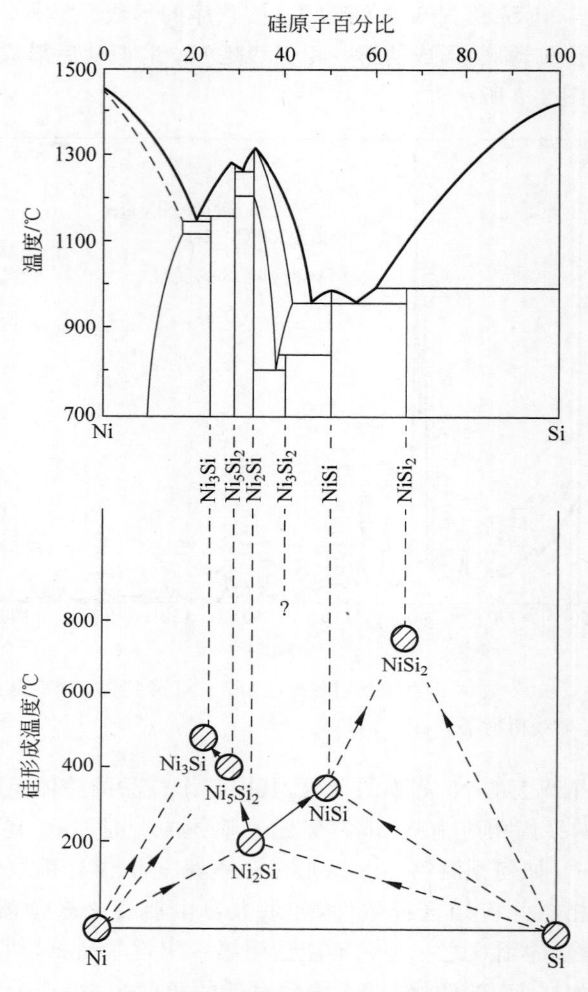

图 8.9　NiSi 薄膜系统中顺序相的形成

中 M 代表金属。在 Si 晶圆上形成 Ni 膜，形成顺序是 Ni_2Si 之后，NiSi 相和 $NiSi_2$ 相依次形成。同样的情况也发生在 Co-Si 中。在 Pt 和 Pd 的情况下，反应在 PtSi 和 PdSi 处停止。

对于过渡金属，如 Ti，形成的第一相被确定为 TiSi。然而有时，无定形 TiSi 是形成的第一相。

对于 Mo 和 W 等难熔金属，第一相分别为 $MoSi_2$ 和 WSi_2。由于它们是最富硅的相，所以也是最后一个相。

对于稀土金属，如 Dy，形成的第一相是二硅化物。

表 8.1 列出了三种金属硅化物相的形成情况。注意,对于贵金属和近贵金属、过渡金属和难熔金属,第一相形成温度分别约为 200℃、400℃和 600℃。实际上,Pd_2Si 可以在 100℃左右形成,它在硅片上形成温度最低。表 8.2 列出了各种金属在 Si 上的硅化物形成顺序及其形成自由能。

表 8.1　三种过渡金属硅化物的比较*

特　　性	近贵金属 (Ni,Pd,Pt,Co,…)	难熔金属 (W,Mo,V,Ta,…)	稀土金属 (Eu,Gd,Dy,Er,…)
形成的第一相	M_2Si	MSi_2	MSi_2
形成温度/℃	～200	～600	～350
生长速率	$X^2 \alpha t$	$X \alpha t$	?
生长活化能/eV	1.1～1.5	>2.5	?
优势物种	Metal	Si	Si
n-Si 势垒高度/eV	0.66～0.93	0.52～0.68	～0.40
电阻率/μΩ · cm	20～100	13～1000	100～300

* R. D. Thompson 和 K. N. Tu, *Thin Solid Films* 53(1982),4372。

表 8.2　硅化物形成的自由能

硅化物	ΔH(kcal · g · atom^{-1})	硅化物	ΔH(kcal · g · atom^{-1})	硅化物	ΔH(kcal · g · atom^{-1})
Mg_2Si	6.2	Ti_5Si_3	17.3	V_3Si	6.5
		TiSi	15.5	V_5Si_3	11.8
FeSi	8.8	$TiSi_2$	10.7	VSi_2	24.3
Fe_2Si	6.2				
		Zr_2Si	16.7	Nb_5Si_3	10.9
Co_2Si	9.2	Zr_5Si_3	18.3	$NbSi_2$	10.7
CoSi	12	ZrSi	18.5,17.7		
$CoSi_2$	8.2	$ZrSi_2$	12.9,11.9	Ta_5Si_3	9.5
				$TaSi_2$	8.7,9.3
Ni_2Si	11.2,10.5	HfSi			
NiSi	10.3	Hf_5Si_2		Cr_3Si	7.5
				Cr_5Si_3	8
Pd_2Si	6.9			CrSi	7.5
PdSi	6.9			$CrSi_2$	7.7
				Mo_3Si	5.6
Pt_2Si	6.9			Mo_5Si_3	8.5
PtSi	7.9			$MoSi_2$	8.7,10.5
RhSi	8.1			W_5Si_3	5
				WSi_2	7.3

* J. M. Poate, K. N. Tu 和 J. W. Mayer, eds, *Thin Films: Interdiffusion and Reactions*, Wiley-Interscience, New York(1978)。

在与硅片反应的金属薄膜中，最重要的动力学步骤是如何破坏单晶中的共价键。形成温度表明，由于形成温度的不同，不同金属的硅化物形成机制也不相同。

实验上，制备 Ni/Si 薄膜样品并在 400℃下短时间老化形成 NiSi/Si 结构，然后再沉积 Ni 薄膜形成 Ni/NiSi/Si 结构，如图 8.10 所示。然后在 250℃下退火样品，并可能预期 NiSi 的生长，因为 NiSi 已经存在。但是发现 Ni_2Si 是在 Ni 和 NiSi 之间形成，并且 Ni_2Si 的生长是以牺牲 NiSi 为代价的，如图 8.10 所示。当存在未反应的 Ni 和 Si 且温度在 250℃左右时，Ni_2Si 是第一个形成的相。

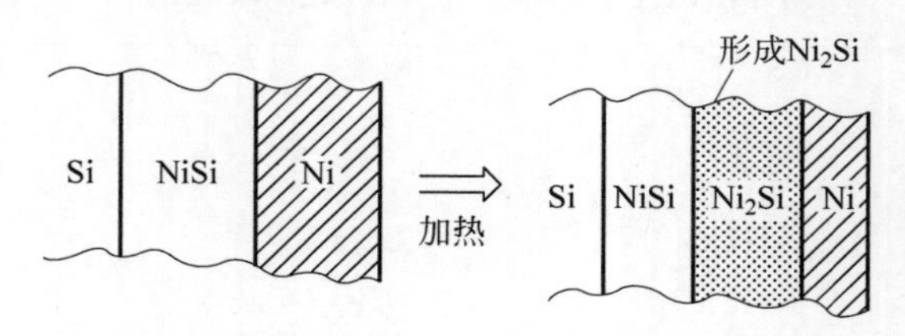

图 8.10 NiSi 和 Ni 之间 Ni_2Si 的形成

8.3 薄膜反应中界面反应控制生长动力学

5.2.2 节介绍了 Kidson 对单层相扩散控制生长的分析。扩散控制生长最重要的动力学性质是其生长速率与厚度成反比。因此，它不会消失，因为当其厚度减少到零时，它的生长速率将变成无穷大。如果在生长竞争中有两层，并且都是扩散控制的，不可能去掉其中任何一层来实现单相生长。为了解决这个问题，这里将引入界面反应控制生长。

图 8.11 描述了两种纯元素之间层状 IMC 相的生长，例如 Ni_2Si 在 Ni 和 Si 之间的生长。我们分别用 $A_\alpha B$、$A_\beta B$ 和 $A_\gamma B$ 来表示 Ni、Ni_2Si 和 Si。Ni_2Si 的厚度为 x_β，与 Ni 和 Si 的界面位置分别为 $x_{\alpha\beta}$ 和 $x_{\beta\gamma}$。在界面上，浓度突然发生变化。图 8.11 显示了 Ni 在界面上的浓度变化。在扩散控制的 x_β 生长中，假设其界面处的浓度具有平衡值，如图 8.11(a)中 x_β 层的断形曲线所示。在界面反应控制生长中，假设界面处的浓度是非平衡的，用实线表示。

为了考虑图 8.11(a)中 x_β 层状相的扩散控制生长，5.2.2 节已经表明，可以在一维扩散中使用菲克第一扩散定律来表示通量，如图 8.11(b)所示。得到 β 相的宽度 ω_β 或 x_β 为(式(5.13))。

$$\omega_\beta = x_{\beta\gamma} - x_{\alpha\beta} = (A_{\beta\gamma} - A_{\alpha\beta})\sqrt{t} = B\sqrt{t} \tag{8.1}$$

这表明 β 相具有抛物线生长速率或扩散控制生长。

扩散控制层生长的一个基本性质是其生长速度与厚度成反比。当厚度 ω 趋于

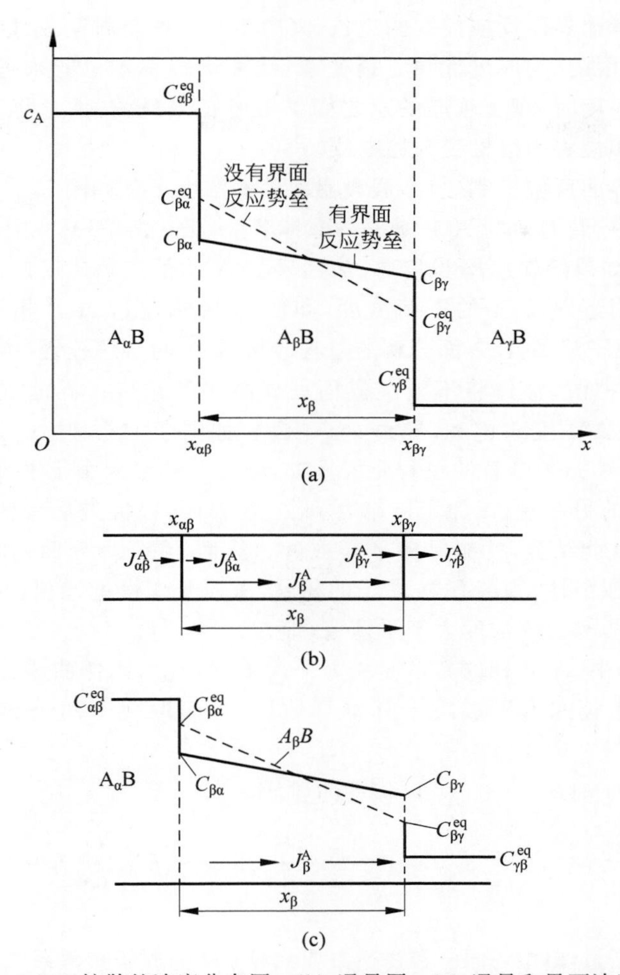

图 8.11　(a) 互扩散的浓度分布图；(b) 通量图；(c) 通量和界面浓度示意图

0 时，

$$\lim \frac{d\omega}{dt} = \frac{B}{\omega} \to \infty$$

生长速率将趋近于无穷大，或者驱动生长的化学势梯度将趋近于无穷大。因此，在多层硅化物结构的形成中，如 $Ni/Ni_2Si/NiSi/Si$ 或 $Cu/Cu_3Sn/Cu_6Sn_5/Sn$ 中，当两种 IMC 扩散控制生长时，它们将共存并一起生长。所以在依次生长 Ni_2Si、NiSi 或依次生长 Cu_6Sn_5、Cu_3Sn 的 Cu/Sn 反应中，不能假设 Ni_2Si 和 NiSi 或 Cu_6Sn_5 和 Cu_3Sn 可以通过扩散控制的过程同时成核和生长，因为它们是共存的，不会依次形成。

接下来将考虑界面反应控制的生长，其中生长速率与时间成线性关系，或者速率是恒定的、有限的，与厚度无关。请注意，线性增长率不可能永远保持下去。当层增长到一定厚度时，越来越厚的层之间扩散将是限速的，增长将变为扩散控制，或者其时间依赖性将由线性变为抛物线。

为了形成界面反应控制生长，假设界面处的浓度不是如图 8.11(a)所示的平衡值。从物理上讲，暂时认为 $A_\beta B$ 是一种液体溶液，正在溶解 $A_\beta B$ 中的 A 原子，$A_\beta B$ 是 A 的纯相。如果溶解速率非常高，并且只受 A 原子扩散速度的限制，那么液体将能够在界面附近保持 A 的平衡浓度，即使 A 原子通过 $A_\beta B$ 相被排到另一端。另外，如果 A 原子从 $A_\alpha B$ 表面分解的过程较慢或 A 的溶解较慢，由于 A 原子一旦溶解，就会迅速扩散，液体将不能在界面处保持平衡浓度。界面反应控制过程较慢，界面附近的 A 浓度欠饱和，导致 $C_{\alpha\beta} < C_{\alpha\beta}^{eq}$，如图 8.11(a)中 $x_{\alpha\beta}$ 界面所示。假设从 $A_\alpha B$ 表面 A 原子分解的过程是缓慢的，则 $C_{\beta\alpha}$ 的浓度小于平衡值。

在 $A_\beta B$ 相的另一端，A 原子被结合到 $A_\gamma B$ 表面，以促进后者的生长。如果原子一到达界面就能结合，就能保持平衡浓度。然而，在 $x_{\beta\gamma}$ 界面，如果在接受进入的 A 原子时存在惰性，则会有 A 原子的积聚，A 原子变得过饱和。因此，该过程是界面反应控制的，$C_{\beta\gamma}$ 的浓度大于平衡值，即 $C_{\beta\gamma} > C_{\beta\gamma}^{eq}$。

图 8.11(a)中，$A_\beta B$ 相的断形曲线为平衡浓度梯度，固体曲线为非平衡浓度梯度。$A_\beta B$ 相的生长速率不取决于其本身的扩散，而取决于两个界面的界面反应过程。

现在假设以速度 $v = \mathrm{d}x_{\alpha\beta}/\mathrm{d}t$ 移动的界面 $x_{\alpha\beta}$，

$$(C_{\alpha\beta}^{eq} - C_{\beta\alpha})\frac{\mathrm{d}x_{\alpha\beta}}{\mathrm{d}t} = J_{\alpha\beta}^{A} - J_{\beta\alpha}^{A} = \left(-\bar{D}_\alpha \frac{\mathrm{d}C_\alpha^A}{\mathrm{d}x}\right) - \left(-\bar{D}_\beta \frac{\mathrm{d}C_\beta^A}{\mathrm{d}x}\right) = \bar{D}_\beta \frac{\mathrm{d}C_\beta^A}{\mathrm{d}x} = -J_\beta^A \tag{8.2}$$

式中，J 为原子通量，单位为原子数每平方厘米秒；D 为原子扩散系数，单位为 cm^2/s；C 为浓度，单位为原子数每立方厘米；x 为长度，单位为 cm；v 是运动界面的速度，单位为 cm/s。

$J_{\alpha\beta}^{A}$ 趋于零是因为假设 $A_\alpha B$ 是纯 A，所以 A 的浓度是恒定的，它的梯度是零。最后一个方程的最后一个等式是通量方程的定义，它表明 $J_{\beta\alpha}^{A} = J_\beta^A$。在 $A_\beta B$ 化合物中，可以假设线性浓度梯度为

$$\frac{\mathrm{d}C_\beta^A}{\mathrm{d}x} = \frac{C_{\beta\alpha} - C_{\beta\gamma}}{x_\beta}$$

因此有

$$(C_{\alpha\beta}^{A} - C_{\beta\alpha})\frac{\mathrm{d}x_{\alpha\beta}}{\mathrm{d}t} = \bar{D}_\beta \frac{C_{\beta\alpha} - C_{\beta\gamma}}{x_\beta} = -J_\beta^A \tag{8.3}$$

如果从反应控制过程的观点来假设通量，得到

$$J_{\beta}^{A}=(C_{\beta\alpha}^{eq}-C_{\beta\alpha})K_{\beta\alpha} \tag{8.4}$$

式中，$K_{\beta\alpha}$ 定义为 $x_{\beta\alpha}$ 界面的界面反应系数。其速度单位 cm/s，可以推断出 A 原子从 $A_{\beta}B$ 表面去除的速率。如果没有界面迟缓，则 $C_{\beta\alpha}$ 接近 $C_{\beta\alpha}^{eq}$。但由于迟缓，界面处的实际浓度低于平衡值，因此 $K_{\beta\alpha}$ 是实际流出界面的通量 J_{β}^{A} 相对于界面处浓度变化的量度。界面反应系数 K（速度）的物理意义是界面迁移率。

相似地，在 $x_{\beta\gamma}$ 界面得到

$$J_{\beta}^{A}=(C_{\beta\gamma}-C_{\beta\gamma}^{eq})K_{\beta\gamma} \tag{8.5}$$

由式(8.4)和式(8.5)分别得到

$$\frac{J_{\beta}^{A}}{K_{\beta\alpha}}=C_{\beta\alpha}^{eq}-C_{\beta\alpha}$$

$$\frac{J_{\beta}^{A}}{K_{\beta\gamma}}=C_{\beta\gamma}-C_{\beta\gamma}^{eq}$$

将上两式相加得到

$$J_{\beta}^{A}\left(\frac{1}{K_{\beta\alpha}}+\frac{1}{K_{\beta\gamma}}\right)=(C_{\beta\gamma}-C_{\beta\alpha})+(C_{\beta\alpha}^{eq}-C_{\beta\gamma}^{eq})$$

令

$$\frac{1}{K_{\beta}^{eff}}=\frac{1}{K_{\beta\alpha}}+\frac{1}{K_{\beta\gamma}}$$

从式(8.3)可得

$$C_{\beta\alpha}-C_{\beta\gamma}=-\frac{J_{\beta}^{A}x_{\beta}}{\overline{D}_{\beta}}$$

如果定义

$$\Delta C_{\beta}^{eq}=C_{\beta\alpha}^{eq}-C_{\beta\gamma}^{eq}$$

可以得到

$$J_{\beta}^{A}=\frac{\Delta C_{\beta}^{eq}K_{\beta}^{eff}}{1+\dfrac{x_{\beta}K_{\beta}^{eff}}{\overline{D}_{\beta}}} \tag{8.6}$$

现在计算 $A_{\beta}B$ 的增厚率，取

$$\frac{dx_{\beta}}{dt}=\frac{d}{dt}(x_{\beta\gamma}-x_{\alpha\beta})=\left(\frac{1}{C_{\beta\gamma}-C_{\gamma\beta}^{eq}}-\frac{1}{C_{\alpha\beta}^{eq}-C_{\beta\alpha}}\right)J_{\beta}^{A}=G_{\beta}J_{\beta}^{A} \tag{8.7}$$

将式(8.6)代入式(8.5)，得到

$$\frac{dx_{\beta}}{dt}=\frac{G_{\beta}\Delta C_{\beta}^{eq}K_{\beta}^{eff}}{1+x_{\beta}K_{\beta}^{eff}/D_{\beta}} \tag{8.8}$$

式中,$1/K_\beta^{\mathrm{eff}}$ 为β相的有效界面反应系数。如果定义“转换”厚度为

$$x_\beta^* = \frac{D_\beta}{K_\beta^{\mathrm{eff}}} \tag{8.9}$$

$$\frac{\mathrm{d}x_\beta}{\mathrm{d}t} = \frac{G_\beta \Delta C_\beta^{\mathrm{eq}} K_\beta^{\mathrm{eff}}}{1 + \dfrac{x_\beta}{x_\beta^*}}$$

对于较大的转换厚度,$x_\beta/x_\beta^* \ll 1$,即 $\overline{D}_\beta \gg K_\beta^{\mathrm{eff}}$,在互扩散系数远大于有效界面反应系数的条件下,得到

$$\frac{\mathrm{d}x_\beta}{\mathrm{d}t} = G_\beta \Delta C_\beta K_\beta^{\mathrm{eff}} \quad 或 \quad x_\beta \propto t \tag{8.10}$$

该过程受界面反应控制,生长速率恒定。对于较小的转换厚度,$x_\beta/x_\beta^* \gg 1$,即 $\overline{D}_\beta \ll K_\beta^{\mathrm{eff}}$,该过程是扩散控制的,则

$$\frac{\mathrm{d}x_\beta}{\mathrm{d}t} = G_\beta \Delta C_\beta^{\mathrm{eq}} \frac{\overline{D}_\beta}{x_\beta} \quad 或 \quad (x_\beta)^2 \propto t \tag{8.11}$$

以上证明了众所周知的关系,即在界面-反应控制的生长中,层厚度与时间成线性关系,但在扩散控制的生长中,层厚度与时间的平方根成正比。此外,当层厚增长到足够大时,反应控制的生长总是会转变为扩散控制的生长,如图 8.12 所示。

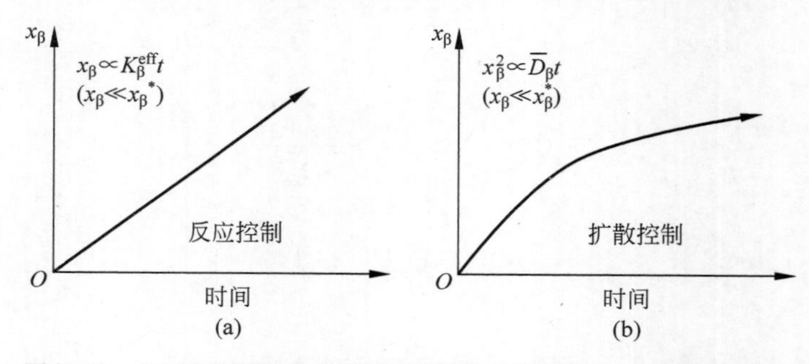

图 8.12 (a)反应控制和(b)扩散控制生长的层宽 x_β 随时间的变化

8.4 两层相竞争生长动力学

回想一下,界面反应控制的生长具有恒定的生长速率,与层厚度无关。因此,一个非常薄且具有缓慢的界面反应控制生长的相可以被具有更快的界面反应控制生长的邻近层消耗。

在假设两个共存相之间的生长竞争时,可以有三种组合,分别是:

（1）两者都是扩散控制的；

（2）两者都是界面反应控制的；

（3）一种是扩散控制的，另一种是界面反应控制的。

前两种情况之前已经讨论，很简单。这里分析第三种情况的动力学。

在图 8.13 中，考虑 $A_\beta B$ 和 $A_\gamma B$ 两层相在 A 和 B 之间的竞争生长。假设 $A_\beta B$ 的生长受界面反应控制（即 $x_\beta \ll x_\beta^*$），速度为 v_1。$A_\gamma B$ 的生长受扩散控制（即 $x_\gamma \gg x_\gamma^*$），速度为 v_2。当它们的厚度较小时，由于与层厚度成反比关系，v_2 的量级可以相当大，因此可以假设 $v_2 \gg v_1$，$A_\gamma B$ 的快速生长可以消耗全部 $A_\beta B$。如果有单相增长，定量地可以得到

$$J_\beta^A \cong \Delta C_\beta^{eq} K_\beta^{eff}$$

$$J_\gamma^A = \frac{\Delta C_\gamma^{eq} \overline{D}_\gamma}{x_\gamma}$$

那么通量比是

$$\frac{J_\beta^A}{J_\gamma^A} = \frac{\Delta C_\beta^{eq} K_\beta^{eff}}{\Delta C_\gamma^{eq} \overline{D}_\gamma} x_\gamma \tag{8.12}$$

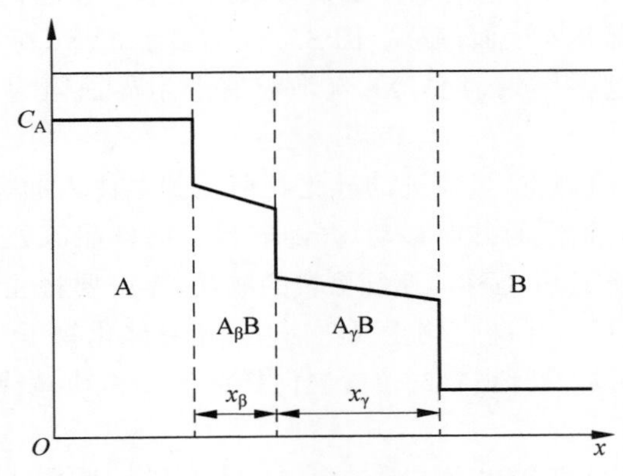

图 8.13　$A_\beta B$ 和 $A_\gamma B$ 两层相在 A 和 B 之间的竞争生长

当上述比值较小时，即 $J_\beta^A \ll J_\gamma^A$，在扩散控制生长的 $A_\gamma B$ 的通量非常大（当它很薄时），因此它的生长速度非常快，可以远远大于 $A_\beta B$ 的恒定生长速率。如果后者的厚度较小，则可被迅速生长的 $A_\gamma B$ 替代或消耗。

可以把上一个方程写成

$$x_\gamma^{crit} = \frac{\Delta C_\gamma^{eq} \overline{D}_\gamma}{\Delta C_\beta^{eq} K_\beta^{eff}} \frac{J_\beta^A}{J_\gamma^A} \tag{8.13}$$

x_γ^{crit} 的物理意义是当 x_γ 的厚度低于临界厚度时，它将能够消耗 x_β 并实现单相的

形成。临界厚度估计为微米量级，并通过前面讨论的薄膜的横向生长来验证。由于大多数薄膜扩散偶的厚度都在几百纳米，所以满足上述标准只能观察到单相生长。结果表明，将扩散控制生长和界面反应控制生长相结合，可以解释薄膜反应中的单相生长现象。

8.5 金属间化合物生成中的标记物分析

硅化物形成过程中一个关键的动力学问题是：哪一个是主要的扩散物种？正如 Darken 对体扩散偶互扩散的分析一样，要用标记分析来确定薄膜反应中扩散最快或最占优势的物质。由于薄膜太薄，不能使用 Mo 线作为标记，因此使用注入的惰性气体原子如 Ar 和 Xe 作为标记。将惰性气体原子注入 Si 表面，并将 Si 退火到 600℃以上，以重新排列注入层并去除大量的注入缺陷结构。在此退火过程中，对于 Xe 而言，在 Si 中形成了直径为 5～10nm 的 Xe 气泡。然后蚀刻硅表面以去除任何氧化物或碳氢化合物层。在表面清洗步骤之后，金属层如 Ni 沉积在硅表面以形成硅化物。图 8.14(a)显示了注入 Xe 标记物的 Ni-Si 样品在 300℃下反应 20min 和 40min 形成 Ni_2Si 前后的卢瑟福背散射光谱。在硅化物形成后，Xe 标记物被埋在硅化物内部并向表面偏移。图 8.14(b)显示了 Xe 标记物的位移量与硅化物厚度的关系。这些结果表明，Xe 气泡没有产生界面阻力，Ni 是主要的扩散物质。

如果 Si 是移动的物质，当前进的硅化物前沿到达注入的标记物时，标记物将与移动更快的物质向相反的方向移动，并随着界面向样品深处移动。该标记可以被界面拖动。为了确定 Si 是移动速度更快的物质，有必要将注入的标记物移动到沉积的金属层中。然后，在硅化物生长过程中，随着硅化物-金属界面向标记物推进，如果标记物被埋没，则标记物的位置会向样品深处移动，表明 Si 是主要的扩散物质。

为了确定 Ni 和 Si 在硅化物生长过程中的本征扩散系数，除了标记运动外，还需要知道化学互扩散系数。后者可以假定服从生长方程

$$x_i^2 = 4\overline{D}_i t \tag{8.14}$$

式中，x_i 为 IMC 厚度，$\overline{D}_i$ 为互扩散系数。为了分析标记物运动，图 8.15 描绘了薄膜反应中单一化合物形成的示意图，显示了 Matano 界面和标记物位移。如果将标记物放置在 A 和 B 之间的原始界面上，每个通过标记物的 B 原子将形成一个 AβB 分子，而每次通过标记物的 βB 原子将在另一侧形成一个 AβB 分子。如果假设 A 和 B 的摩尔体积相等，得到

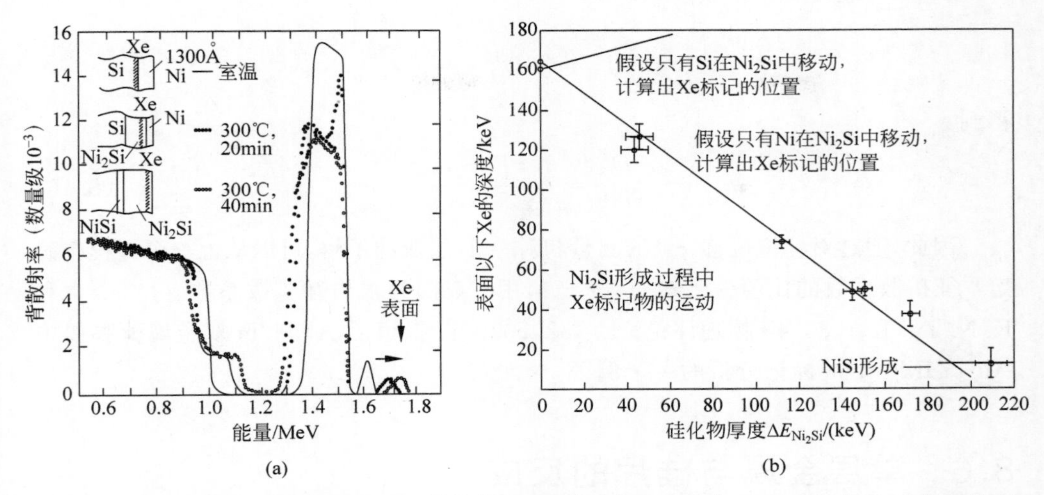

图 8.14　(a) 注入 Xe 标记物的 Ni-Si 样品在 300℃下反应 20min 和 40min 形成 Ni_2Si 前后的卢瑟福背散射光谱。在硅化物形成后，Xe 标记物被埋在硅化物内部并向表面偏移。(b) Xe 标记物的位移量与硅化物厚度的关系

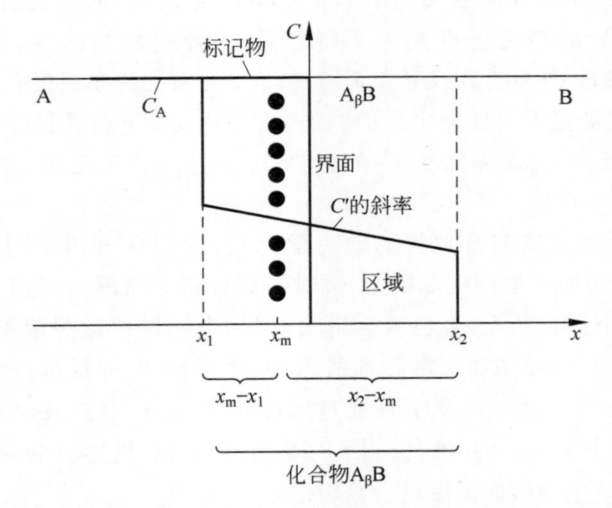

图 8.15　薄膜反应中单一化合物形成的示意图。显示了 Matano 界面和标记位移

$$\frac{J_B}{\beta J_A}=\frac{x_m-x_1}{x_2-x_m} \tag{8.15}$$

由通量方程

$$J_A=-D_\beta^A\frac{\partial C_A}{\partial x}$$

$$J_B = -D_\beta^B \frac{\partial C_B}{\partial x}$$

得到

$$\frac{D_\beta^B}{D_\beta^A} = \frac{\beta(x_m - x_1)}{x_2 - x_m} \tag{8.16}$$

因此，通过对标记位移 x_m 的测量和对 $A_\beta B$ 组成的了解，可以从上一个方程中确定本征扩散系数的比值。已知$(x_2 - x_1)$，用式(8.14)求出互扩散系数。J. Tardy 和 K. N. Tui 在 1985 年《物理评论》B.，32，2070 上 报道了 Al 和 Ti 双金属薄膜偶中 Al_3Ti IMC 形成标记分析的一个例子。

8.6 单层金属与硅片的反应

硅化物形成过程中最重要的动力学问题是如何打破硅中的硅共价键，使硅原子从硅表面移出，与金属原子发生反应。令人困惑的是，Pd 和 Ni 可以分别在 100℃和 250℃下与 Si 反应生成 Pd_2Si 和 Ni_2Si。与 550℃的转变温度相比，它们是低温反应。550℃的转变温度是为了将非晶 Si 转变为晶体 Si，氧化 Si 则需要 800℃的温度，在 Si 中掺杂 B 或 P 则需要 1000℃左右的掺杂温度。然而，并不是所有的金属都能在低温下与硅发生反应。如表 8.1 所示，贵金属和近贵金属在 200℃左右与 Si 发生反应，过渡金属如 Ti 在 400℃以上与 Si 发生反应，难熔金属如 W 在 800℃时与 Si 发生反应。

贵金属和近贵金属都有独特的动力学性状，它们在 Si 中产生间隙扩散。例如，Ni 可以相当快地扩散到硅晶圆上。同样，如果在硅晶圆上沉积 10nm 的 Au 薄膜，样品在室温下保存几天，金色就会消失，因为金已经扩散并溶解在硅中。结合 Ni_2Si 形成过程中 Ni 是主要扩散物质的发现，可以给出 Si 低温反应的合理机理。在 Ni_2Si/Si 界面处，一些 Ni 原子会通过间隙扩散向 Si 中扩散，导致电荷从共价 Si—Si 键转移到金属 Ni—Si 键，使得 Si—Si 键不饱和，更容易断裂。如果没有间隙，其他金属的硅化物形成温度就会高得多。

在 Si(001)表面沉积了一层单层 Pd 原子，并利用紫外发射光谱(UPS)研究 Pd 与 Si 的相互作用。结果表明，Pd 原子没有停留在 Si 表面；相反，它们沉入硅中并在硅中形成间隙杂质。

参考文献

[1] J. W. Mayer，J. M. Poate and K. N. Tu，Thin films and solid-phase reactions，Science，190

(1975),228-234.

[2] K. N. Tu and J. W. Mayer,"Silicide Formation," Ch. 10 of Thin Films: Interdiffusion and Reactions, eds J. M. Poate, K. N. Tu and J. W. Mayer (Wiley-Interscience, New York, 1978).

[3] Marc-A. Nicolet and S. S. Lau, "Formation and characterization of transition-metal silicides," in VLSI Electronics, Vol. 6, eds N. G. Einspruch and G. B. Larrabee (Academic Press, New York, 1983).

[4] L. J. Chen and K. N. Tu, "Epitaxial growth of transition-metal silicides on silicon," Materials Science Reports 6(1991), 53-140.

[5] U. Goesele and K. N. Tu,"Growth kinetics of planar binary diffusion couples: thin film case versus bulk cases", J. Appl. Phys. 53(1982), 3252.

[6] S. H. Chen, L. R. Zheng, C. B. Carter and J. W. Mayer,"Transmission electron microscopy studies on the lateral growth of nickel silicides", J. Appl. Phys. 57(1985), 258.

[7] H. Foell, P. S. Ho and K. N. Tu,"Cross-sectional TEM of silicon-silicide interfaces", J. Appl. Phys. 52(1981), 250.

[8] R. T. Tung and J. L. Batstone,"Control of pinholes in epitaxial CoSi2 layers on Si(111)", Appl. Phys. Lett. 52(1988), 648.

[9] Kuo-Chang Lu, Wen-WeiWu, Han-WeiWu, Carey M. Tanner, Jane P. Chang, Lih J. Chen and K. N. Tu, "In-situ control of atomic-scale Si layer with huge strain in the nano-heterostructure NiSi/Si/NiSi through point contact reaction," Nano Letters 7:8(2007), 2389-2394, s.

[10] Y. C. Chou, W. W. Wu, L. J. Chen and K. N. Tu,"Homogeneous nucleation of epitaxial CoSi2 and NiSi in Si nanowires," Nano Lett. 9(2009), 2337-2342.

习题

8.1 物质 A 与物质 B 反应生成化合物 A_2B。反应前在 A-B 界面处放置标记物。在 250℃下退火 15min 后，对样品进行检查，化合物的厚度为 80nm，标记物距离 A/A_2B 界面 12.3nm。计算 A_2B 中各组分 A 和 B 的扩散系数。

8.2 将合金 1($A_{50}B_{50}$)和合金 2(纯 B)结合，加热 $t_1=40$min 形成扩散偶。假设 $D_A=D_B=D_{\text{interdiff}}=3.04\times10^{-7}\text{cm}^2/\text{s}$，且与成分无关。

(a) 距离为 $x=0.2$cm 和 $x=-0.2$cm 处 A 的浓度是多少？

(b) 退火更长时间 t_2，在 $x=0.4$cm 处 A 的浓度与(a)在 $x=0.2$cm 处相同，求 t_2 是多少？

8.3 加热 10000s 形成化合物 A_2B。从 x_1($x_1=0$)开始测量，发现 $x_m=40$nm，$x_2=200$nm。计算互扩散系数以及本征扩散系数之比 D_A/D_B。

8.4 用 Al 标记线制备一种 Pb-Pb(50%)In 体扩散偶。由于偶中的晶粒尺寸较大,因此可以忽略晶界扩散的影响。在173℃下退火118h后,使用SEM中的能量色散X射线分析单元获得In的浓度分布图 A_2(见下图)。互扩散前In的初始浓度曲线为 A_1 曲线。使用Matano-Boltzmann分析确定Matano界面处的互扩散系数 D,用Darken分析确定In和Pb处的本征扩散系数。可以假设标志速度遵循 $v=x_m/2t$。标记已经在合金中移动67μm,Matano界面的In浓度为0.41。

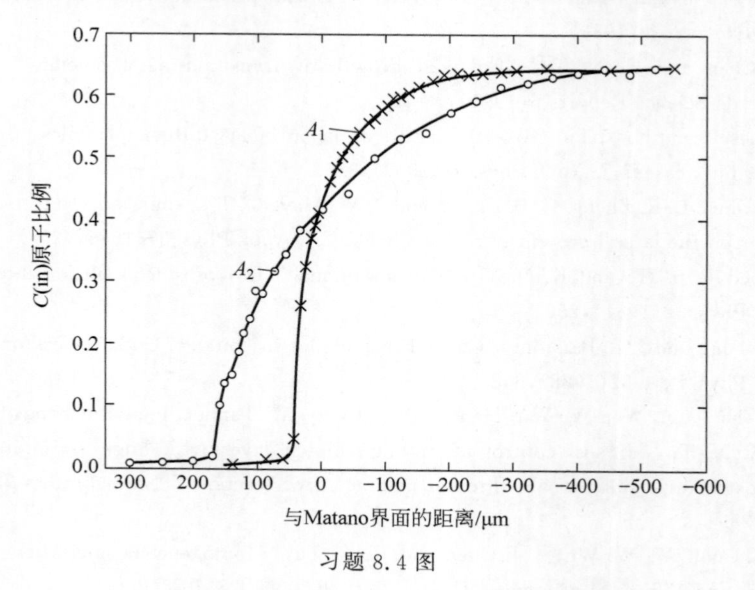

习题8.4图

8.5 A相 $A_\beta B(\beta=3)$ 生长在纯A相和 $A_\gamma B(\gamma=3)$ 相之间的横向扩散偶中,式中,A为优势移动物质。设互扩散系数为 $1.27\times10^{-11}\ cm^2/s$, $\Delta C_\beta^{eq}=2\%$, $K_\beta^{eff}=2.79\times10^{-7}\ cm/s$,原子体积 $\Omega=18\times10^{-24}\ cm^3/atom$。

(a) 求 $A_\beta B$ 相的转变厚度;

(b) 求 $A_\beta B$ 在转变厚度处的生长速率,A通过 $A_\beta B$ 相的通量是多少?

8.6 Al_3Pd_2 单相 δ 在Al和Pd之间的生长遵循 $x_\delta^2=K_\delta t$ 的扩散限制规律,式中,$K_\delta=3.3\times10^{-12}\ cm^2/s$,温度为250℃。浓度变化 $\Delta C_\beta^{eq}=3.6\%$,浓度比 $G_\delta=4.17$, $\Omega=10\times10^{-24}\ cm^3$。计算互扩散系数。

8.7 本章研究了两层化合物相竞争生长的情况,其中一层表现为扩散控制生长,另一层表现为界面反应控制生长。描述在这种情况下会发生什么?

(a) 两层均表现为扩散控制生长;

(b) 两层都表现为界面反应控制生长。

晶界扩散

9.1 引言

微电子器件使用的大多数金属薄膜是多晶而非单晶，其中的晶界扩散值得关注。它在 Si 器件中引起了两种非常显著的失效模式：Al 互连中的电迁移和 Al 透过扩散阻挡层向 Si 中的渗透。在电迁移中，空隙形成在晶界的三相点处并且沿着晶界向外延伸。接下来的两章将详细讨论电迁移和电迁移所引起的失效。在 Al 渗透时，Al 会在 Si 中形成凹坑，并在 p-n 结中形成短路，同时 Si 的析出物也会分布在 Al 的晶界。

通常，原子沿着晶界的扩散比在晶粒中的扩散更快。这可能意味着原子在边界上有着较低的运动活化能，并且由于边界中的额外体积，更容易形成晶界内的空位[1-5]。一些实验证明了晶界扩散的行为。

(1) 通过比较 Ag^* 在单晶 Ag 和多晶 Ag 中的示踪剂扩散系数，发现在温度低于 750℃时，多晶 Ag 中的扩散系数更高。

(2) 沉积在体双晶体上的放射性示踪剂在自动射线照相图像中沿着晶界显示出了更深的渗透。

(3) 这里比较了两组 Pb/Ag/Au 样品中的薄膜反应：一种在岩盐上外延生长，另一种沉积在熔融石英上以生长多晶晶粒。后者在 200℃时显示了 Pb_2Au 化合物的结晶而前者并没有。在前者的情况下，Ag 层是生长在 Au/NaCl 上的单晶层，它成为扩散阻挡层，以防止 Pb 和 Au 之间的反应。而熔融石英上的 Ag 和 Au 层是多晶的，并且在 Ag 中发生晶界扩散，允许 Pb_2Au 的形成。

晶界是原子扩散的快速路径。许多研究致力于研究这个问题。然而，如果将晶界扩散与第4章讨论的晶格扩散相比较,会发现我们目前对于晶界扩散的理解是唯象的,还没有形成晶界扩散的原子图像。这是因为任意晶界的原子结构和原子位置是未知的。没有这些信息,原子的跳跃频率和跳跃距离是不明确的,所以只能对晶界扩散进行粗略的、宏观的分析,或者采用连续介质方法。

必须指出,学者对于确定晶界的结构研究已经付出了非常多的努力。对于小角度倾斜型和扭转型晶界,提出位错模型是非常成功的。因此,在晶界的位错核心非常远的情况下,小角度晶界中的扩散问题可以被简化为单个位错的扩散问题,如"管道扩散"。下一节将描述小角度倾斜型晶界中的扩散测量。对于大角度晶界,已有系统的工作来开发"重合位置晶格",用于模拟边界的能量和结构。同时,研究人员利用高分辨透射电子显微镜(TEM)观察晶界的原子图像,可以发现晶界中原子团簇的周期性单元或者重复性的风筝结构。例如,图9.1示出了Au中的大角度(100)倾斜晶界的晶格图像。X射线衍射检测到高密度的重合晶格位置的大角度倾斜型晶界中的周期性结构。尽管如此,与晶界扩散中原子跳跃过程的直接联系还是缺失的。例如,晶格扩散中的基本概念是点缺陷,而是否能够定义晶界中的点缺陷仍不清楚。

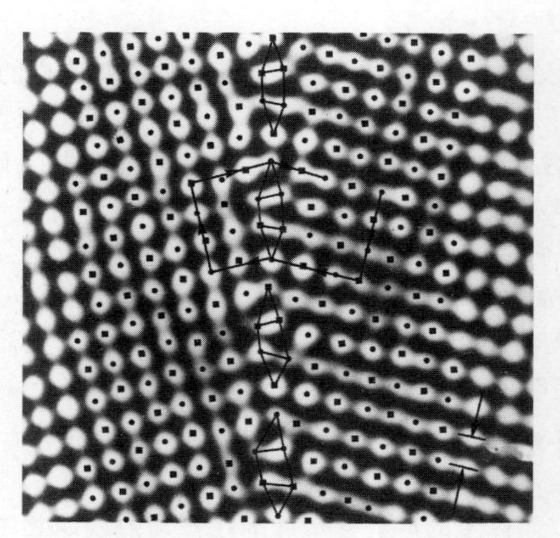

图9.1 Au薄膜中(100)倾斜型大角度晶界的高分辨率TEM图像。点和正方形是两个交替堆叠层中的原子位置。最邻近的晶面间距为0.202nm(Courtesy of W. Krakow, IBM T. J. Watson Research Center)

9.2 晶界扩散与体扩散的比较

为了对晶界扩散和晶格扩散的相对大小有一个直观的感受,这里以放射性示踪剂 Ag* 在 Ag 中的扩散数据为例。

对于 Ag 中的自扩散，扩散系数为

$$D_l = 0.67 \times e^{-\frac{1.95\text{eV}}{kT}}\text{（晶格扩散）} \tag{9.1}$$

$$D_b = 2.6 \times 10^{-2} e^{-\frac{0.8\text{eV}}{kT}}\text{（晶界扩散）} \tag{9.2}$$

在 200℃时，

$$D_l = 0.67 \times e^{-\frac{1.95\times 23000}{2.3\times 2\times 473}} \cong 10^{-21}\text{cm}^2/\text{s}$$

$$D_b = 0.67 \times e^{-\frac{0.8\times 23000}{2.3\times 2\times 473}} \cong 10^{-10}\text{cm}^2/\text{s}$$

如果退火时间为 10^5s（28h 或者大约一天），预测扩散距离为

$$x_l^2 \cong D_l t \cong 10^{-16}\text{cm}^2, \quad x_l \cong 1\text{Å}$$

$$x_b^2 \cong D_b t \cong 10^{-5}\text{cm}^2, \quad x_b \cong 30\mu\text{m}$$

晶界穿透率与晶格穿透率之比为

$$\frac{x_b}{x_l} \cong 3 \times 10^5$$

Ag 在 200℃时 D_l 和 D_b 之间存在非常大的差异。在此温度下，Ag 中的晶格扩散可以忽略不计，但晶界（GB）扩散走了很长的路程。在 400～800℃的扩散系数下，表 9.1 列出了三个温度下 Ag 中的 D_l 和 D_b 以供比较。观察到 D_l 随温度的增加比 D_b 快得多，它们的比率也是如此。如图 9.2 所示，可以将它们的比例分为三个区域。

① 在第一个区域，如图 9.2(a)所示，晶界扩散占主导地位，并且主要沿着晶界渗透。该区域通常是在 150～300℃。

② 在中间温度下，在到邻近晶界的晶粒中出现显著渗透，如图 9.2(b)所示。

③ 在最后一个区域，如图 9.2(c)所示，在 800℃时，尽管晶界扩散仍然比晶格扩散快，但由于原子从晶界流入晶界两侧的晶粒，可以忽略不计晶界的相对影响。因此，如果扩散的原子没有流入相邻晶粒，其沿着晶界的渗透也是较慢且较浅的。

表 9.1　Ag 中 D_l 和 D_b 的对比

	200℃	**400℃**	**800℃**
$D_l/(\text{cm}^2/\text{s})$	10^{-21}	10^{-15}	10^{-10}
$D_b/(\text{cm}^2/\text{s})$	10^{-10}	10^{-8}	10^{-6}
$D_l/D_b/(\text{cm}^2/\text{s})$	10^{-11}	10^{-7}	10^{-4}

通过晶界和晶粒的传质比例为

$$R = \frac{J_l A_l}{J_b A_b} = \frac{D_l \pi r^2}{D_b 2\pi r\delta} \tag{9.3}$$

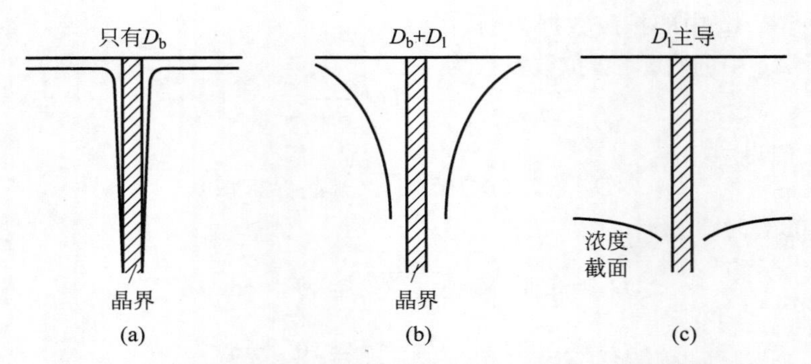

图 9.2 结合晶界和晶格扩散的三种浓度情况下渗透分布的示意图

(a) 晶界扩散占主体；(b) 两者可比较；(c) 晶格扩散占主体

式中，r 是晶粒的半径。假设 $r=50\text{nm}$（在 100nm 厚度的膜中，晶粒尺寸为 100nm），并且$\delta=0.5\text{nm}$，δ 是晶界宽度，200℃时有

$$R=\frac{10^{-21}\times 5\times 10^{-6}}{10^{-10}\times 2\times 5\times 5\times 10^{-8}}\cong 10^{-9}$$

晶界的传质远大于晶粒内的传质。

Al 膜也有类似的情况，如果将 Al 中的晶格扩散和晶界扩散的活化能分别取为 1.3eV 和 0.7eV，扩散温度为 1000℃，大致是硅器件的工作温度。因此，很容易看出，Al 膜中的电迁移是以晶界扩散为主的，因此 D_b 如此快，并且沿着大角度晶界的原子扩散流很明显。

为了说明晶界扩散流通量确实重要，并且可以导致导电线或通过扩散阻挡层的实际失效，考虑了 Al 沿着晶界从三岔点开始传质的情况，如图 9.3 所示。

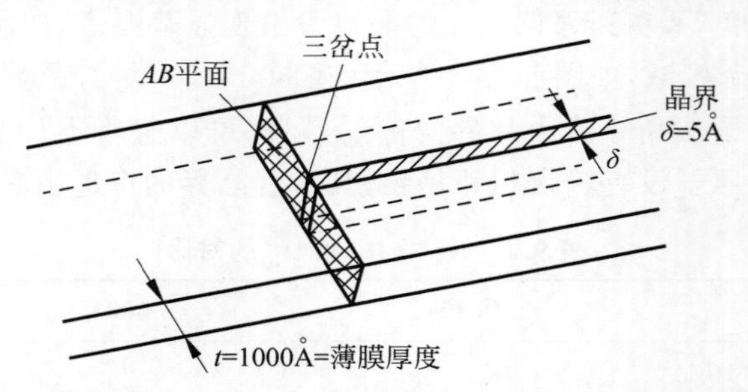

图 9.3 两个晶界相交处的三相点示意图。在三相点处存在扩散通量的发散

图 9.3 中，AB 平面上有一个通量散度。沿着横截面 A_b 的晶界传输的 M_b 原子的数量由下式给出：

$$M_b=J_bA_bt \tag{9.4}$$

式中，$A_b = 0.5\text{nm}\times100\text{nm} = 5\times10^{-13}\text{cm}^2$，$t$ 是扩散时间。

$$J_b = -D_b\frac{\partial C_b}{\partial x} \tag{9.5}$$

如果假设它是一条 Al 线，则在 127℃ 处的晶界扩散系数为

$$D_b \cong 0.1\times e^{-0.7\text{eV}/kT} \cong 10^{-10} \sim \text{cm}^2/\text{s}$$

如果取

$$\frac{\partial C_b}{\partial x} = \frac{\Delta C_b}{\Delta x} = \frac{0.01\times10^{23}\ \text{原子数每立方厘米}}{10^{-4}\sim\text{cm}} = 10^{25}\ \text{原子数每四次方厘米}$$

这里假设沿着晶界长度为 1μm 的浓度变化 1%，将 Al 浓度近似为 $10^{23}/\text{cm}^3$ 而不是 $6\times10^{22}/\text{cm}^3$。将扩散时间 t 取为 100d，即 10^7s，这大约是 Al 线由于器件工作期间的电迁移导致的失效时间。因此

$$\begin{aligned}M &= JAt\\ &= \left(-D_b\frac{\partial C_b}{\partial x}\right)A_b t\\ &= \left(-\frac{10^{10}\ \text{厘米}^2}{\text{秒}}\right)\left(-10^{25}\ \frac{\text{原子数}}{\text{厘米}^4}\right)(5\times10^{-13}\ \text{厘米}^2)(10^7\ \text{秒})\\ &= 5\times10^9\ \text{原子数}\end{aligned}$$

这意味着已经传输了 5×10^9 个原子。如果所有这些原子都来自于晶界旁的晶粒，可以从线中消耗大量的 Al 并产生开口或空隙。该线的横截面为 $A = 1\mu\text{m}\times100\text{nm} = 10^{-9}\text{cm}^2$。由于每平方厘米有 10^{15} 个原子，即在横截面上有 $10^{15}\times10^{-9} = 10^6$ 个原子。因此，已经大约传输了 5×10^3 个原子层，长度约为 1μm，与线宽大致相同。这是一个很大的空洞，意味着线中有一个开口。

相同的计算可以应用于通过 1μm 晶粒尺寸的扩散阻挡层的沿晶界渗透。上述计算的不确定度为 $\Delta C_b/\Delta x$。如果这个梯度改变一到两个数量级，结论仍然一样，即晶界扩散在中等温度下的薄膜很多。

9.3 节将考虑如何在晶界扩散分析中测量 D_b。

9.3 费舍晶界扩散分析

对图 9.4 中沿着晶界（$D = D_b$）的扩散流（y 方向）和通过晶格扩散（$D = D_l$）进入相邻晶粒（x 方向）的扩散流进行二维分析。引用连续性方程[6]

$$\frac{\partial C}{\partial t} = -(\nabla\cdot\boldsymbol{J}) = -\left(\frac{\partial J_x}{\partial x} + \frac{\partial J_y}{\partial y}\right) \tag{9.6}$$

在晶粒中，得到

$$\frac{\partial C}{\partial t}=D_1\left(\frac{\partial^2 C}{\partial x^2}+\frac{\partial^2 C}{\partial y^2}\right) \tag{9.7}$$

但在晶界板中，首先考虑小区域 $\delta \mathrm{d}y$ 内的连续性方程，令

$$\Delta J_x=J_{x_1}-J_{x_2}=2\left(-D_1\left.\frac{\partial C}{\partial x}\right|_{x=\delta/2}\right) \tag{9.8}$$

且 $\Delta x=\delta$。因此，在板坯中

$$\frac{\partial C_{\mathrm{b}}}{\partial t}=D_{\mathrm{b}}\frac{\partial^2 C_{\mathrm{b}}}{\partial y^2}-\frac{\Delta J_x}{\Delta x}=D_{\mathrm{b}}\frac{\partial^2 C_{\mathrm{b}}}{\partial y^2}+\frac{2D_1}{\delta}\left.\frac{\partial C}{\partial x}\right|_{x=\frac{\delta}{2}} \tag{9.9}$$

在费舍(Fisher)的分析中：$C=C(x,y,t)$。

初始状态

$$C(x,0,0)=C_0$$
$$C(\pm\delta/2,y,t)=0$$

边界条件

$$C(x,0,t)=C_0$$
$$C(\infty,\infty,t)=0$$

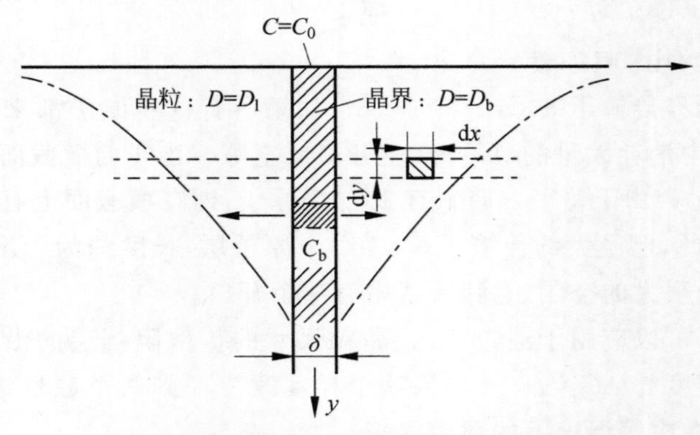

图 9.4　费舍晶界扩散分析的二维示意图

(1) 假设板坯中达到稳态

$$0=D_{\mathrm{b}}\frac{\partial^2 C_{\mathrm{b}}}{\partial y^2}+\frac{2D_1}{\delta}\left.\frac{\partial C}{\partial x}\right|_{x=\frac{\delta}{2}} \tag{9.10}$$

(2) 假设在晶粒中$\partial C/\partial y=0$，即仅在 x 方向上扩散

$$\frac{\partial C}{\partial t}=D_1\frac{\partial^2 C}{\partial x^2} \tag{9.11}$$

这些假设的物理图像如图 9.5 所示，其中考虑沿着平行于自由表面的堆叠层的扩散。这里总结了沿着每一层的扩散，除了晶界处之外，层与层间没有物质交流。

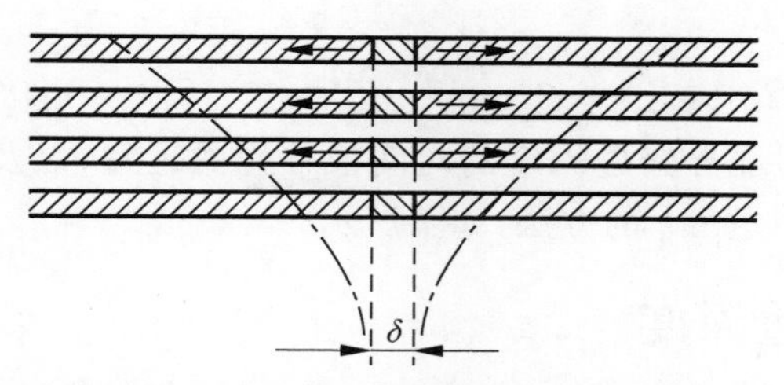

图 9.5　平行于自由表面的堆叠层的二维示意图。通过费舍分析，除了在晶界处，假设层之间没有物质交流

式(9.11)的结果是

$$C(x,y,t)=C_{\mathrm{b}}(y)\left[1-\operatorname{erf}\left(\frac{x-\delta/2}{2\sqrt{D_{1}t}}\right)\right] \tag{9.12}$$

在 $x=\delta/2$ 时，式(9.12)的偏导数给出

$$\left.\frac{\partial C(x,y,t)}{\partial x}\right|_{x=\frac{\delta}{2}}=\frac{C_{\mathrm{b}}(y)}{(\pi D_{1}t)^{1/2}} \tag{9.13}$$

将式(9.13)代入式(9.10)

$$D_{\mathrm{b}}\frac{\partial^{2}C_{\mathrm{b}}}{\partial y^{2}}+\frac{2D_{1}C_{\mathrm{b}}}{\delta(\pi D_{1}t)^{1/2}}=0 \tag{9.14}$$

存在解

$$C_{\mathrm{b}}(y)=C_{0}\exp\left[\frac{-\sqrt{2}\,y}{(\pi D_{1}t)^{1/4}\left(\frac{D_{\mathrm{b}}\delta}{D_{1}}\right)^{1/2}}\right] \tag{9.15}$$

这可以替换掉式(9.12)中的 $C_{\mathrm{b}}(y)$

$$C(x,y,t)=C_{0}\exp\left[\frac{-\sqrt{2}\,y}{(\pi D_{1}t)^{1/4}\left(\frac{D_{\mathrm{b}}\delta}{D_{1}}\right)^{1/2}}\right]\left[1-\operatorname{erf}\left(\frac{x-\delta/2}{2\sqrt{D_{1}t}}\right)\right] \tag{9.16}$$

令

$$\eta=\frac{y}{(D_{1}t)^{1/2}},\quad \zeta=\frac{x-\delta/2}{2\sqrt{D_{1}t}},\quad \beta=\frac{D_{\mathrm{b}}\delta}{2D_{1}(D_{1}t)^{1/2}}$$

有

$$\eta\beta^{-1/2}=\frac{\sqrt{2}\,y}{(D_{1}t)^{1/4}\left(\frac{D_{\mathrm{b}}\delta}{D_{1}}\right)^{1/2}}=y\,\frac{(4D_{1}/t)^{1/4}}{(D_{\mathrm{b}}\delta)^{1/2}} \tag{9.17}$$

式中，η、ζ、β 均为无量纲量。

费舍的解为

$$C(x,y,t)=C_0\exp[-\pi^{1/4}\eta\beta^{-1/2}][1-\text{erf}\zeta] \tag{9.18}$$

该解答给出了对晶界穿透深度的时间依赖性的理解，以及通过将放射性示踪剂扩散剖面剖切来测量 D_b 的方法，如下所示。

9.3.1 穿透深度

在晶界的边缘估计解。在 $x=\delta/2, \text{erf}(0)=0, C/C_0=\exp(-\pi^{-\frac{1}{4}}\eta\beta^{-\frac{1}{2}})$ 时

$$\ln\frac{C}{C_0}=\ln(-\pi^{-1/4})+\ln\eta-\frac{1}{2}\ln\beta$$

式中，β 可以从给定的 C/C_0 和 η（仅取决于 D_1）确定

$$\frac{\partial\ln\beta}{\partial\ln\eta}=2$$

设 C/C_0 为常数，则 $\eta\beta^{-1/2}$ 为常数，且有等式(9.17)，因此

$$y\propto(D_b\delta)^{1/2}t^{1/4} \tag{9.19}$$

穿透深度与 $t^{1/4}$ 而不是 $t^{1/2}$ 成正比。由于原子流会扩散到邻近边界的晶粒，因此扩散比较慢。

9.3.2 切片法

沿着层的平均浓度 $\overline{C}$，通过连续的层移除步骤（去除厚度为 Δy）之间的放射性物质的计数的差来测量。切片法给出了 Δy 厚度的层中每平方厘米的示踪剂原子数。

$$\begin{aligned}\overline{C}(y,t)\Delta y&=\Delta y\int_{-\infty}^{\infty}C(x,y,t)\mathrm{d}x\\&=\Delta yC_0\exp(-\pi^{-\frac{1}{4}}\eta\beta^{-\frac{1}{2}})\int_{-\infty}^{\infty}\left[1-\text{erf}\left(\frac{x-\frac{\delta}{2}}{2\sqrt{D_1t}}\right)\right]\mathrm{d}x\end{aligned} \tag{9.20}$$

它的积分是常数。因此

$$\ln\overline{C}=-\pi^{-1/4}(\beta^{-1/2}\eta)+\text{const.} \tag{9.21}$$

考虑微分式(9.17)

$$\frac{\partial\beta^{-\frac{1}{2}}\eta}{\partial y}=\frac{\left(\frac{4D_1}{t}\right)^{\frac{1}{4}}}{(D_0\delta)^{\frac{1}{2}}}$$

$$D_b\delta=\frac{\left(\frac{4D_1}{t}\right)^{\frac{1}{4}}}{\left(\frac{\partial\beta^{-\frac{1}{2}}\eta}{\partial y}\right)^2}=\frac{\left(\frac{4D_1}{t}\right)^{\frac{1}{4}}}{(\partial\beta^{-\frac{1}{2}}\eta/\partial\ln\overline{C}/\partial y/\partial\ln\overline{C})^2} \tag{9.22}$$

重新整理

$$D_{\mathrm{b}}\delta=\left(\frac{\partial\ln\bar{C}}{\partial y}\right)^{-2}(4D_{\mathrm{l}}/t)^{1/2}\left(\frac{\partial\ln\bar{C}}{\partial\beta^{-1/2}\eta}\right)^{2}$$

由式(9.21),最后一项为 $\pi^{-1/2}$。因此

$$D_{\mathrm{b}}\delta=\left(\frac{\partial\ln\bar{C}}{\partial y}\right)^{-2}(4D_{\mathrm{l}}/t)^{1/2}\pi^{-1/2}\tag{9.23}$$

式(9.23)是费舍切分解的关键结果。它表明,通过测量 $\ln\bar{C}$ 作为 y 的函数,并通过知道 D_{l},可以确定 D_{b}。

用费舍分析法对晶界扩散的分析,可以通过图 9.6 所示的多晶 Ag 中 Ag 的放射性示踪数据来进行。如果在 479℃(725K)下使用连续 5d($t=4.3\times10^{5}$s)获得的数据,可以从曲线的斜率得到

$$\frac{\partial\ln\bar{C}}{\partial y}=\frac{1}{2.5\times10^{-3}\sim\mathrm{cm}}=400$$

对 Ag 的晶格扩散使用式(9.1)

$$D_{\mathrm{l}}=0.67\mathrm{e}^{-30.1}=5.7\times10^{-14}$$

我们在式(9.23)中插入数值得到

$$D_{\mathrm{b}}\delta=(2.5\times10^{-3})^{2}\times\left(\frac{4\times5.7\times10^{-14}}{4.3\times10^{5}}\right)^{1/2}\pi^{-1/2}=25.6\times10^{-16}$$

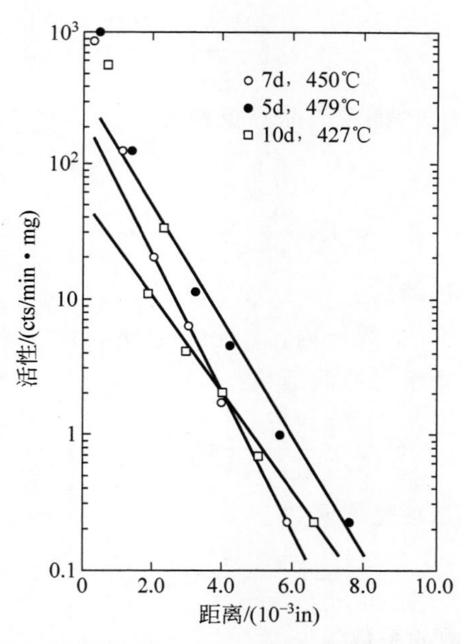

图 9.6　多晶 Ag 中 Ag 的放射性数据。晶界扩散系数通过使用费舍分析得到

如果晶界的厚度为 0.5nm，则

$$D_b = 5 \times 10^{-8} \sim \mathrm{cm^2/s}$$

该结果接近式(9.2)中在 725K 下所得到的答案 $8\times10^{-8}\mathrm{cm^2/s}$。

9.4 维普的晶界扩散分析

晶界具有宽度和晶界扩散系数 D_b。在晶界之外，我们有 D_l。分析的坐标如图 9.7 所示[7]。

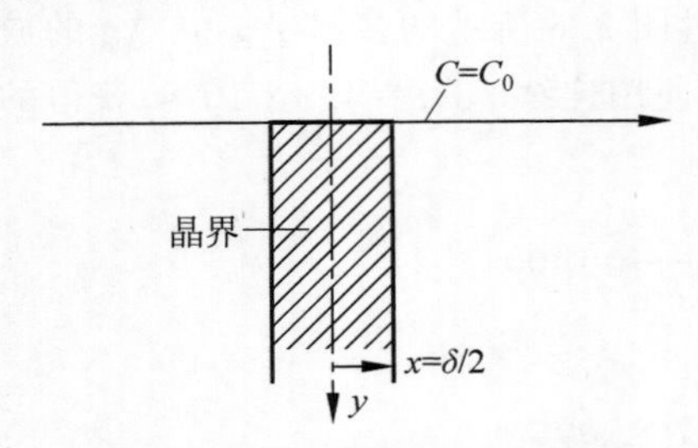

图 9.7 维普晶界扩散分析中使用的坐标

初始条件为

$$\begin{cases} C(x,0,0) = C_0 \\ C(x,y,0) = 0 \end{cases}$$

边界条件为

$$\begin{cases} C(x,0,t) = C_0 \\ C(\infty,\infty,t) = 0 \end{cases}$$

在晶粒中

$$\frac{\partial C}{\partial t} = D_l\left(\frac{\partial^2 C_b}{\partial x^2} + \frac{\partial^2 C_b}{\partial y^2}\right) \tag{9.24}$$

在晶界中

$$\frac{\partial C_b}{\partial t} = D_b\left(\frac{\partial^2 C_b}{\partial x^2} + \frac{\partial^2 C_b}{\partial y^2}\right) \tag{9.25}$$

假设在 $x=\pm\delta/2$ 的位置处，晶粒与晶界板相遇

$$C = C_b \tag{9.26}$$

$$D_b\frac{\partial C_b}{\partial x} = D_l\frac{\partial C}{\partial x} \tag{9.27}$$

即浓度和原子流流量是连续的。

维普(Whipple)认为在晶界板内，C_b 是 x 的偶函数。请注意，下面所示的薄膜扩散到棒中的解是第 4 章给出的偶函数：

$$C = \frac{C_0}{2(\pi Dt)^{1/2}}\exp\left(-\frac{x^2}{4Dt}\right)$$

然后假设边界内的浓度是偶函数，

$$C_b = C_b^0 + \frac{x^2}{2}C_b^1(y,t) \tag{9.28}$$

式中，C_b^0 和 C_b^1 是偶函数的系数。

将式(9.28)代入式(9.25)中，得到

$$\frac{\partial C_b^0}{\partial t}=D_b\left(\frac{\partial^2 C_b^0}{\partial y^2}+C_b^1\right) \tag{9.29}$$

在 $x=\delta/2$ 处，如果 δ 非常小，从式(9.26)、式(9.27)、式(9.28)得到

$$C=C_b^0$$

$$D_1\frac{\partial C}{\partial x}=D_b\frac{\delta}{2}C_b^1$$

将 C_b^0 和 C_b^1 代入式(9.29)，得到

$$\frac{\partial C}{\partial t}=D_b\left(\frac{\partial^2 C}{\partial y^2}+\frac{\delta}{2}\frac{D_1}{D_b}\frac{\partial C}{\partial x}\right) \tag{9.30}$$

如果在$\frac{\partial C}{\partial t}=0$ 时，这就是费舍的式(9.10)。

现在，如果将式(9.24)中的$\partial^2 C/\partial y^2$ 代入式(9.30)，

$$\frac{\partial C}{\partial t}=D_b\left(\frac{1}{D_1}\frac{\partial C}{\partial t}-\frac{\partial^2 C}{\partial x^2}+\frac{\delta}{2}\frac{D_1}{D_b}\frac{\partial C}{\partial x}\right)=\frac{D_b}{D_1}\frac{\partial C}{\partial t}-D_b\frac{\partial^2 C}{\partial x^2}+\frac{2D_1}{\delta}\frac{\partial C}{\partial x}$$

移项后得到

$$\left(\frac{D_b}{D_1}-1\right)\frac{\partial C}{\partial t}=D_b\frac{\partial^2 C}{\partial x^2}-\frac{2D_1}{\delta}\frac{\partial C}{\partial x} \tag{9.31}$$

有一对联立方程(9.24)和方程(9.31)，对于 C，这是维普分析的出发点。

维普的分析(总结)：

初始状态

$$\begin{cases}C(x,0,0)=C_0\\ C(x,y,0)=0\end{cases}$$

边界条件

$$\begin{cases}C(x,0,t)=C_0\\ C(\infty,\infty,t)=0\end{cases}$$

在费舍的分析中

当$\frac{\partial^2 C}{\partial y^2}=0$ 时，式(9.24)→$\frac{\partial C}{\partial t}=D_1\left(\frac{\partial^2 C}{\partial x^2}+\frac{\partial^2 C}{\partial y^2}\right)$；

当$\frac{\partial C}{\partial t}=0$ 时，式(9.31)→$\left(\frac{D_b}{D_t}-1\right)\frac{\partial C}{\partial t}=D_b\frac{\partial^2 C}{\partial x^2}-\frac{2D_1}{\delta}\frac{\partial C}{\partial x}$。

式(9.31)可以看作 C 在 $x=\delta/2$ 处的边界条件。

解得

$$C(x,y,t)=C_0\left(1-\operatorname{erf}\frac{\eta}{2}\right)+\frac{C_0\eta}{2\sqrt{\pi}}\times\int_1^{\Delta(\infty)}\frac{d\sigma}{\sigma^{3/2}}\exp\left(\frac{-\eta^2}{4\sigma}\right)\operatorname{erfc}\left[\frac{1}{2}\sqrt{\frac{\Delta-1}{\Delta-\sigma}}\left(\xi+\frac{\sigma-1}{\beta^1}\right)\right] \tag{9.32}$$

式中，σ 是积分变量，并且

$$\eta=\frac{y}{(D_1 t)^{1/2}},\quad \xi=\frac{x-\delta/2}{(D_1 t)^{1/2}},\quad \Delta=\frac{D_b}{D_1}$$

$$\beta^1=\left(\frac{D_b}{D_1}-1\right)\frac{\delta/2}{(D_1 t)^{1/2}}\sim\beta,\quad \text{从式(9.17)，当}\frac{D_b}{D_1}\gg 1$$

需要指出

$$\beta=\frac{D_b\delta}{D_1 S}\cong\frac{\text{通过晶界的原子流通量}}{\text{通过晶粒的原子流通量}}$$

式中，$S=2(D_1 t)^{1/2}$。

对于切片法的应用，需要记住

$$\begin{cases}\eta\beta^{-1/2}=y\,\dfrac{(4D_1/t)^{1/4}}{(D_1\delta)^{1/2}}\\ (\eta\beta^{-1/2})^m=y^m\,\dfrac{(4D_1/t)^{m/4}}{(D_1\delta)^{m/2}}\\ \dfrac{\partial(\eta\beta^{-1/2})^m}{\partial y^m}=\dfrac{(4D_1/t)^{m/4}}{(D_1\delta)^{m/2}}\\ \dfrac{\partial(\eta\beta^{-1/2})^m/\partial\ln\bar{C}}{\partial y^m/\partial\ln\bar{C}}=\dfrac{(4D_1/t)^{m/4}}{(D_1\delta)^{m/2}}\end{cases}\tag{9.33}$$

$$D_b\delta=\left(\frac{\partial\ln\bar{C}}{\partial y^m}\right)^{-\frac{2}{m}}(4D_1/t)^{1/2}\left(\frac{\partial\ln\bar{C}}{\partial(\eta\beta^{-1/2})^m}\right)^{\frac{2}{m}}\tag{9.34}$$

由式(9.33)，如果

$$\frac{\partial\ln\bar{C}}{\partial y^m}=\text{const.}$$

则

$$\frac{\partial\ln\bar{C}}{\partial(\eta\beta^{-1/2})^m}=\text{const.}$$

然后，通过计算条件

$$\frac{\partial\ln\bar{C}}{\partial(\eta\beta^{-1/2})^m}=\text{const.}$$

m 被确定为 6/5。事实上，如图 9.8 所示，

$$\frac{\partial\ln\bar{C}}{\partial(\eta\beta^{-1/2})^{6/5}}=0.78$$

所以最终得到

$$D_b\delta=\left(\frac{\partial\ln\overline{C}}{\partial y^{6/5}}\right)^{-5/3}\left(\frac{4D_1}{t}\right)^{1/2}(0.78)^{5/3} \tag{9.35}$$

注意式(9.35)是维普解的关键结果。它有一个类似的解——式(9.23)。表明通过绘制 $\ln\overline{C}$ 与 $y^{6/5}$ 的关系图,并通过知道 D_1,可以得到 $D_b\delta$。$\ln\overline{C}$ 与 $\eta\beta^{-1/2}$ 的斜率如图 9.8 所示。

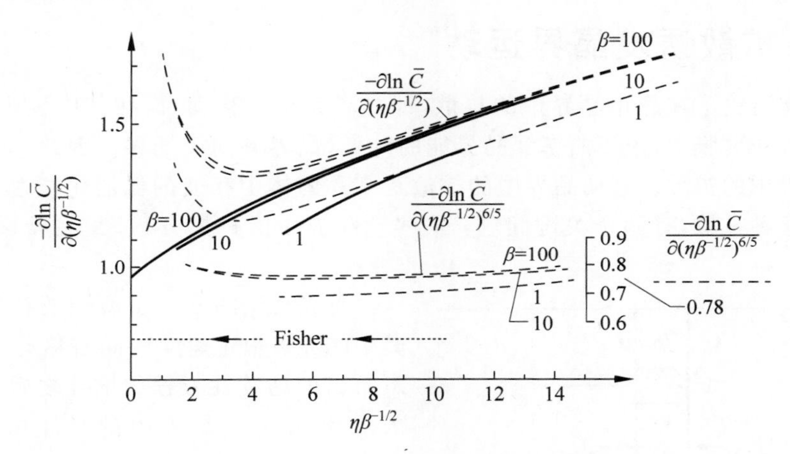

图 9.8　$\partial\ln C/[\partial(\eta\beta^{-\frac{1}{2}})^m]$ 为常数时的关系图。m 和常数分别被确定为 6/5 和 0.78

9.5　小角度的晶界扩散

晶界结构对扩散的影响已在小角度晶界中得到了展示。倾斜型的小角度晶界可以由刃位错的平行阵列表示。当这些位错相距较远时,沿着它们中的每一个扩散可以认为是管道中的扩散,即"管道扩散"。它们是高度各向异性的,因为沿着管道的扩散和垂直于管道的扩散非常不同,并且后者慢得多。此外,只要位错不是太彼此接近,管道扩散的活化能是不变的。已经发现,对于倾斜角 $\theta=9°\sim16°$,活化能都相同。一个例外是在更高的角度 $\theta=20°$(因为 D_0 更大,扩散得更快)。

如果假设倾斜型晶界中位错核之间的距离由下式给出:

$$d=\frac{a}{2\sin\theta/2} \tag{9.36}$$

式中,a 为晶格常数,θ 为倾斜角,则我们有

$$D_b\delta=\frac{D_p h^2}{d}=2D_p h^2\ \frac{\sin\theta/2}{a} \tag{9.37}$$

式中,D_p 和 h^2 分别是位错管道的扩散系数和有效横截面面积,并且

$$D_{\mathrm{p}}=A\exp\left(-\frac{Q}{kT}\right) \tag{9.38}$$

可以看出,Q 不依赖于 θ。当扩散垂直于管道进行时,测得的扩散系数低得多,并且也随 θ 而变化。

9.6 扩散诱发晶界运动

上文讨论了在静止晶界中的扩散,即晶界完全不移动,而在其中发生原子扩散。在细粒薄膜中,由于曲率和晶界能的降低,晶界倾向于迁移。因此,遇到了在移动晶界中的扩散。移动晶界中的扩散是多晶固体中相变的低活化能过程[8-10]。要考虑这种扩散,有两个关键问题:①移动晶界中的扩散方程,②晶界移动的驱动力。

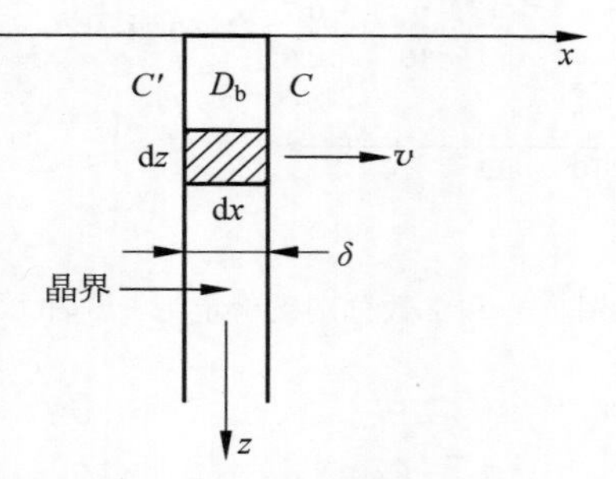

图 9.9 由沿晶界扩散引起的运动中晶界的坐标系

首先讨论图 9.9 中所用的扩散方程,其中晶界以恒定速度 v 向右移动。在第 4 章给出的连续性方程的推导之后,考虑流入和流出一个晶界中的小正方形平面 $\mathrm{d}x\mathrm{d}z$,我们假设这是个二维问题,因此忽略 y 的维度。为了简化问题,这里进一步假设此时可以忽略晶格扩散。对于扩散发生在低于固体熔点温度的一半以下情况,这种假设是合理的。

如图 9.9 所示,在 z 方向上,得到

$$J_z=-D_{\mathrm{b}}\frac{\partial C_{\mathrm{b}}}{\partial z} \tag{9.39}$$

式中,D_{b} 和 C_{b} 分别是晶界中的扩散系数和浓度。在 x 方向上得到

$$\begin{cases}J_x=vC-vC'\\ \Delta x=\delta\end{cases} \tag{9.40}$$

式中,C 和 C' 是晶界前后的晶格浓度,那么面积 $\mathrm{d}x\mathrm{d}z$ 上的散度可以由下式给出

$$\nabla\cdot J=\frac{\partial J_x}{\partial x}+\frac{\partial J_z}{\partial z}=0 \tag{9.41}$$

$$\begin{cases}\dfrac{v(C-C')}{\delta}+\dfrac{\partial}{\partial z}\left(-D_{\mathrm{b}}\dfrac{\partial C_{\mathrm{b}}}{\partial z}\right)=0\\[2ex] \delta D_{\mathrm{b}}\dfrac{\partial^2 C_{\mathrm{b}}}{\partial z^2}-v(C-C')=0\end{cases} \tag{9.42}$$

为了解这个方程，假设

$$\frac{C}{C_{\mathrm{b}}}=k \tag{9.43}$$

比率 k 被称为偏析系数。则得到

$$\frac{\partial^2 C}{\partial z^2}-\frac{vk}{D_{\mathrm{b}}\delta}(C-C')=0 \tag{9.44}$$

如果令 $p^2=vk/D_{\mathrm{b}}\delta$，则它具有简单指数函数形式的解。只要给定边界条件，就可以得到解。

将考虑该方程在图 9.10 中所示薄膜中的一个简单应用。在厚度为 Z 的薄膜中，晶界以速度 v 移动。如果假设晶格扩散可以忽略不计，则晶界扩散系数可以估计为

$$D_{\mathrm{b}}\cong\frac{Z^2 v}{\delta} \tag{9.45}$$

式中，δ/v 大致是用于晶界扩散的时间，Z 是扩散距离。

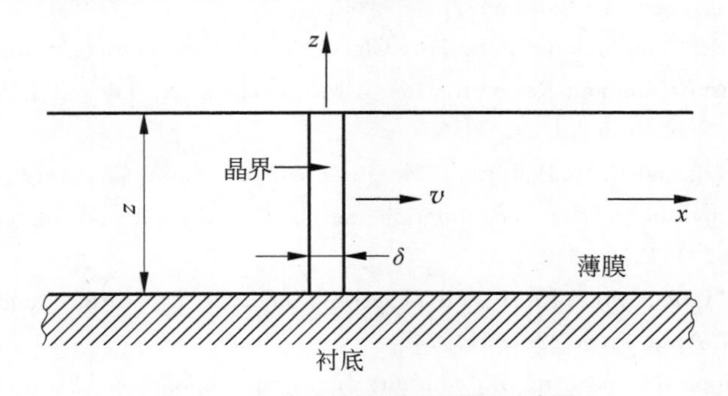

图 9.10　薄膜中运动的晶界示意图

上述动力学过程已应用到金属中的扩散引起的晶界运动（DIGM）现象的解释中，例如多晶硅膜中的掺杂剂扩散引起的晶粒生长和氧化铜膜中的氧扩散引起的相界迁移。DIGM 的一个例子是多晶 Cu 膜和多晶 Au 膜在 160℃左右的互扩散。温度低到在一定时间段内的晶格扩散可以忽略不计。互扩散通过 Cu 沿着 Au 中的移动晶界发生扩散，从而导致在已经被那些移动晶界扫过的区域中形成 CuAu 固溶体。

下一步讨论晶界运动的驱动力。请注意，当晶界两侧的晶粒只有晶体学取向发生变化时，移动的晶界会导致晶粒生长。在这样的晶界运动中，不需要沿着晶界的长程扩散，原子在宽度为 δ 的晶界上移动，并且使它们自身重新定向到生长晶粒的晶轴。另外，在 DIGM 中，需要长程晶界扩散。常规正常晶粒生长和 DIGM 转变模式之间的主要区别在于驱动力。

在正常晶粒生长中,移动晶界后的驱动力来自于晶界能量(或者面积)的减少,并且晶界总是逆其曲率移动。

在 DIGM 的情况下,驱动力本质上是化学的,也就是说,这是由于相变的自由能变化。因此,晶界运动可以沿曲率进行,或者它可以移动直的晶界。这是因为化学驱动力为 1eV 的量级,远大于晶粒生长中曲率变化的量级为 0.01eV 的驱动力。

参考文献

[1] D. Turnbull and R. H. Hoffman,"The effect of relative crystal and boundary orientations on grain boundary diffusion rates," Acta Met. 2(1954),419.

[2] A. D. LeClaire,"The analysis of grain boundary diffusion measurements," Brit. J. Appl. Phys. 14(1963),351.

[3] R. W. Balluffi and J. M. Blakely," Special aspects of diffusion in thin films," in Low Temperature Diffusion and Applications to Thin Films, eds A. Ganguler, P. S. Ho and K. N. Tu(Elsevier, Sequoia, Lausanne, 1975), 363.

[4] D. Gupta, D. R. Campbell and P. S. Ho, Ch. 7 of "Grain boundary diffusion" in Thin Films—Interdiffusion and Reactions, eds J. M. Poate, K. N. Tu and J. W. Mayer (Wiley-Interscience, New York, 1978).

[5] J. C. M. Hwang and R. W. Balluffi, " Measurement of grain boundary diffusion at low temperature by the surface accumulation method: I. Method and analysis," J. of Appl. Phys. ,50(1979),1339-1348.

[6] J. C. Fisher,"Calculation of diffusion penetration curves for surface and grain boundary diffusion," J. Appl. Phys. 22(1951),74.

[7] R. T. P. Whipple,"Concentration contours in grain boundary diffusion," Phil. Mag. 45(1954),1225.

[8] K. N. Tu,"Kinetics of thin-film reactions between Pb and the AgPd alloy," J. of Appl. Phys. ,48(1977),3400.

[9] J. W. Cahn and R. W. Balluffi,"Diffusional mass-transport in polycrystals containing stationary or migrating grain boundaries," Script. Met. 13(1979),499-502.

[10] K. N. Tu, J. Tersoff, T. C. Chou and C. Y. Wong, "Chemically induced grain boundary migration in doped poly-crystalline Si films", Solid State Communications 66 (1988), 93-97.

习题

9.1 在 DIGM 中,它是晶粒生长过程还是成核和生长过程?

9.2 在 DIGM 中,从对称倾斜型晶界出发,如何确定晶界迁移方向是向右还是向左？

9.3　Ni扩散到Cu薄膜中发生的DIGM。在350℃时，记录样品的晶界速度随温度的变化，速度为3.2×10^{-11}m/s，而在900℃时，速度为4.0×10^{-9}m/s。估算Ni在Cu中晶界扩散的激活能。

9.4　在$T=400$℃和$t=100$min时，扩散长度为150nm。

(a) 确定D(假设$D_0=1.0\text{cm}^2/\text{s}$)和活化能。

(b) 判断自扩散机制是晶格扩散还是晶界扩散，并说明原因。

9.5　根据下图中多晶材料的放射性示踪剂数据确定晶界扩散系数D_b(假设晶界宽度$\delta=0.5$nm)。为了从单晶材料获得晶格扩散系数，在相同温度(425℃)和相同时间(10d)下扩散，扩散长度$\lambda_D=2\times10^{-5}$cm。

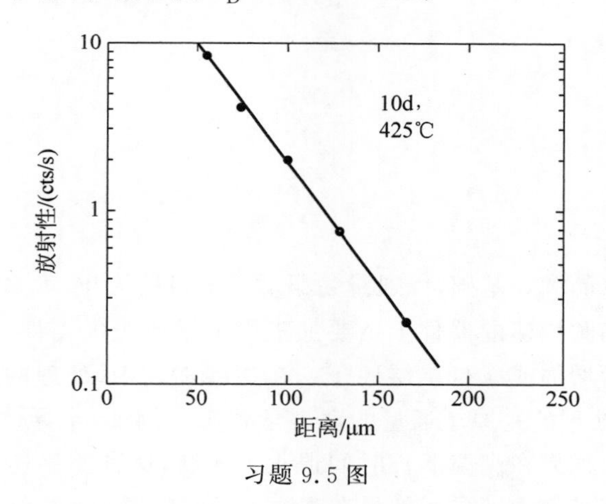

习题9.5图

9.6　50nm厚的多晶Al样品具有100nm的正方形晶粒尺寸，1nm的晶界宽度，扩散系数$D_b=10^{-10}\text{cm}^2/\text{s}$。使用同位素示踪剂发现，溶质在约0.1s内穿透1.78nm进入相邻晶粒。使用费舍分析，估计穿透整个颗粒所需的时间。

9.7　在边界条件$z=0$时$\mathrm{d}C/\mathrm{d}z=0$，$z=Z$时$C=C_e$下解方程(9.44)。

第10章 互连和封装技术中的不可逆过程

10.1 引言

薄膜材料学以晶圆为基础,以通量为驱动。到目前为止,大多数薄膜工艺应用都发生在半导体晶圆构建的器件上。要加工微电子或光电器件,其中基本的一个步骤是在晶圆表面增加或减少单层原子。在这些工艺中,处理的对象并不是材料的平衡态;相反,处理的是原子通量的动力学状态。例如,半导体中的 p-n 结不处于一种平衡状态。如果在高温下长时间退火 p-n 结,这种不平衡态就会通过 p 型和 n 型掺杂的相互扩散而消失。如果在高温下长时间退火 p-n 结,就会因 p 型和 n 型掺杂剂的相互扩散而消失。在接近室温的器件工艺中,掺杂剂过饱和并冻结在半导体中以产生引导电荷输运所需的电势,即内置电势。在掺杂半导体时,需要向半导体中扩散或植入原子通量,以获得所需掺杂剂的浓度分布。在基于场效应的器件工艺中,电流或电荷粒子流通过器件来打开或关闭场效应管。因此我们考虑以通量驱动的过程。

一般来说,一个系统中可以有物质的通量或流动、能量(热)流动或电荷粒子流动。诚然,在电子器件中,特定的工艺可以使这三种流动同时存在。最重要的是,从器件可靠性的角度来看,正是这三种流动之间的相互作用,才可能导致器件的失效。在 Al 和 Cu 互连的电迁移中,它可能涉及应力梯度驱动的原子流动以及高电流密度驱动的原子流动之间的相互作用。在共晶倒装焊点的热迁移中,浓度梯度不会阻碍温度梯度引发的相分离。

在简单的情况下,流动可以处于稳定状态,但流动可能不会从一个平衡状态转到另一个平衡状态。这是因为流动在平衡状态下会停止。然而在许多实际的工艺和系统中，在施加驱动力的情况下，流动会继续稳定地进行。如果没有平衡态，就不能用最小吉布斯(Gibbs)自由能的条件来描述状态。需要描述的不是状态，而是流动过程，处在非平衡态或不可逆热力学的领域。在热力学中，从一个平衡态到另一个平衡态的动力学过程可以是可逆的，也可以是不可逆的。理论上，可以可逆；但实际上往往是不可逆的。一方面，如果实际系统保持在齐次边界条件下，即在恒温恒压下，它会不可逆地达到平衡的最终状态，例如材料的相变；另一方面，如果系统保持在非齐次边界条件下，例如存在温度梯度或压力梯度，则它将不可逆地进入稳态，而不是平衡态。通常，稳态过程倾向于称为“不可逆过程”。

例如，在 Rd 和 Si 或 Ni 和 Zr 之间的双层薄膜反应中，薄膜样品在缓慢加热而不是快速淬火时形成 RdSi 或 NiZr 非晶合金。由于 RdSi 或 NiZr 的结晶金属间相必须比非晶合金具有更低的自由能，这显然不能使用最大自由能变化来描述非晶合金的形成，从而获得最小自由能状态。然而，或许可以用短时间内的最大自由能变化率(或增益)来解释它。这里得到

$$\Delta G=\int_0^{\tau}\frac{\Delta G}{\Delta t}\mathrm{d}t=\int_0^{\tau}\frac{\Delta G}{\Delta t}\frac{\Delta x}{\Delta t}\mathrm{d}t=\int_0^{\tau}-Fv\,\mathrm{d}t \tag{10.1}$$

式中，G/t 是吉布斯自由能变化，F 是反应的驱动力或化学势梯度，v 是反应速度或所考虑的相的形成速率。对于非晶合金，形成非晶相的驱动力将低于与之竞争形成晶相的驱动力，但如果非晶态的形成速率(在短时间内，τ)大于晶相，则非晶合金的 Fv 积可能大于晶相积，从而形成非晶相。这里把速率过程中的吉布斯自由能变化表示为

$$\frac{\mathrm{d}G}{\mathrm{d}t}=-S\frac{\mathrm{d}T}{\mathrm{d}t}+V\frac{\mathrm{d}p}{\mathrm{d}t}+\sum_i^j\mu_i\frac{\mathrm{d}n_i}{\mathrm{d}t} \tag{10.2}$$

式中，一方面可以利用快速淬火($\mathrm{d}T/\mathrm{d}t$ 变化大)、快速机械铣削($\mathrm{d}p/\mathrm{d}t$ 变化大)和离子注入($\mathrm{d}n_i/\mathrm{d}t$ 变化大)来产生非晶态或亚稳态材料。另一方面，当时间变成不定式时，平衡晶相就会胜出。然而，在不可逆过程中，其特征是熵变化，而不是自由能变化，下面通过一个传热的示例来讨论。

这里用热流来说明流动过程中的熵变。在图 10.1 中，假设温度分别为 T_1 和 T_2 的两个加热室，其中 T_1 高于 T_2。如果将这两个加热室连接起来，热量将从 T_1 流向 T_2。假设有 δQ 的热量从 T_1 流向 T_2；这两个加热室的熵变将是

$$\mathrm{d}S_1=-\frac{\delta Q}{T_1}$$

$$\mathrm{d}S_2=+\frac{\delta Q}{T_2}$$

净熵变等于

$$dS_{\text{net}} = dS_1 + dS_2 = \delta Q\left(\frac{1}{T_2} - \frac{1}{T_1}\right) = \delta Q\left(\frac{T_1 - T_2}{T_1 T_2}\right) \tag{10.3}$$

结果是正数。熵是不守恒的，所以热流产生了一定的熵。由于热流从一个腔室到另一个腔室需要时间，所以这是一个熵生成的速率过程。下面将考虑物质、热量和电荷流动中的熵增。这样做之前，需要定义通量和其驱动力以及交叉效应。

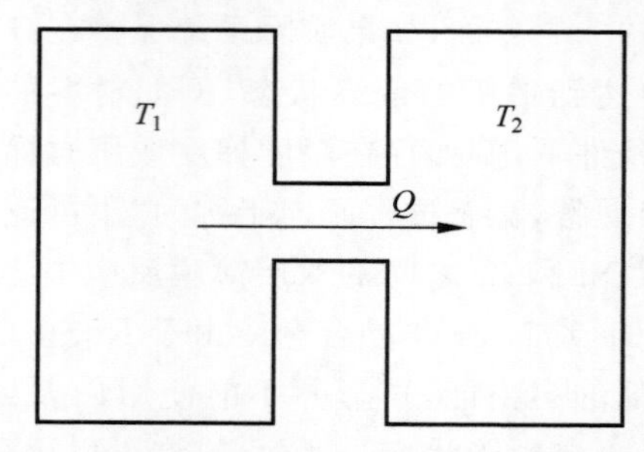

图 10.1 温度分别为 T_1 和 T_2 的两个加热室，其中 T_1 高于 T_2

10.2 通量方程

通量或流动有三种，它们受三个众所周知的定律支配：物质的流动（菲克定律）、热量流动（傅里叶定律）和电荷流动（欧姆定律）。在一维情况下，它们如下所示：

$$\begin{cases} J = -D\,\dfrac{dC}{dx} \\ J_Q = -k\,\dfrac{dT}{dx} \\ j = -\sigma\,\dfrac{d\phi}{dx} \end{cases} \tag{10.4}$$

其中物质通量 J 等于扩散系数乘以浓度梯度，热通量 JQ 等于导热率乘以温度梯度，载流子通量 J 等于导电性乘以电势（电压）梯度或电场梯度。最后一个方程可以写成 $E = j\rho$，其中 $E = -d\phi/dx$ 为电场，ρ 为电阻率。第 11 章对菲克定律和欧姆定律参数相似性进行了直接比较。

可以将以上三个方程合并为一个方程：

$$J = LX$$

对于每一个力 X，都有对应的 J 为共轭初始流，L 为比例常数或参数。例如，温度梯度中的初级流为热量，参数为导热系数。通常取负梯度 $-dT/dx$，或 $-dC/dx$，或 $-d\phi/dx$ 作为流动过程中的驱动力。但是，请注意，它们都没有“应力乘以面积"的机械力单位。回忆一下，kT 是热能，$e\phi$ 是电势能，因为 ϕ 被定义为电势。因此需要定义不可逆过程中的共轭力和通量，在了解熵产率之后，这一点就很清楚了[1-5]。

在热传导中，已经发现温度梯度也可以驱动电荷的流动以及原子的流动。这称为交叉效应。当温度梯度诱导电荷通量时，称为热电效应或塞贝克(Seebeck)效应；这种效应在于热电偶中测量温度的应用是众所周知的，当电场引起热流时，它被称为珀尔帖(Peltier)效应。这些热电效应是否对器件可靠性有影响尚不清楚。珀尔帖效应可能影响器件热端的界面反应。当温度梯度诱导原子通量时，这种现象被称为热迁移，或者当热迁移发生在合金中时称为索雷特(Soret)效应，从可靠性的角度来看，这是为人们所关注的。另一个在这里引起强烈关注的交叉效应是电迁移，即在高电流密度下，由电场驱动的原子扩散。

这里用一个矩阵来表示这些关系：

$$J_i = \sum_i^j L_{ij} X_j \tag{10.5}$$

式中，L_{ii} 为力与其原生流之间的系数，L_{ij} 为 $i \neq j$ 时交叉效应的系数。

需要指出，考虑热流时，温度不是一个常数，而是一个变量。因此，在考虑热电效应或热迁移时，温度应被视为一个变量。然而，原子流动和电荷载流子流动可以在恒定温度下发生，因此当像在电迁移中那样考虑它们之间的交叉效应时，可以假设一个恒定的温度过程，因此温度不是一个变量。

10.3 熵的产生

为了考虑流动过程中熵的产生，需要考虑处理非齐次系统。这种系统的主要热力学假设是系统中物理小体积的准平衡假设。每个物理上的小体积或细胞都可以认为处于准平衡态，它的熵可以通过使用热力学变量和参数从平衡热力学的关系中确定。可以表示理想二元系统的内能变化，例如，一种元素和它的同位素的混合物为

$$\mathrm{d}U = T\mathrm{d}S - p\mathrm{d}V + \sum_{i=1}^{2} \mu_i \mathrm{d}n_1 \tag{10.6}$$

注意，对系统施加压力做正功时，体积减小，所以有 $-p\mathrm{d}V$ 项，前有负号。然后

$$T\mathrm{d}S = \mathrm{d}U + p\mathrm{d}V - \sum_{i=1}^{2} \mu_i \mathrm{d}n_1 = \mathrm{d}H - V\mathrm{d}P - \sum_{i=1}^{2} \mu_i \mathrm{d}n_1 \tag{10.7}$$

式中，$\mathrm{d}S$、$\mathrm{d}U$、$\mathrm{d}H$、$\mathrm{d}V$、$\mathrm{d}n_i$ 分别为固定物理小胞内的熵、内能、焓(热函数)、体积、i 种粒子数的变化。在这里，整个系统的熵(及其变化)被简单地定义为所有细胞的

熵(及其变化)之和。每个细胞的熵的变化可以用两项的和来表示：$\mathrm{d}S=\mathrm{d}S_e+\mathrm{d}S_i$。第一项是由于熵通量的发散(描述细胞之间已经使用的熵的再分配)；它对应于通过边界进入细胞的熵与通过边界从细胞流出的熵之差。第二项表示细胞内的熵产生,并且总是正的(或者在系统处于平衡状态和通量为零时为零)。在稳态过程中,每个单元格的和 $\mathrm{d}S$ 为零,但 $\mathrm{d}S_e$ 或 $\mathrm{d}S_i$ 可能不为零。这是因为稳态意味着每个单元格的参数在时间上是恒定的。因此,作为状态函数的熵将保持不变,$\mathrm{d}S$ 将为零。在一个稳态过程中,当熵增 $\mathrm{d}S_i$ 不为零时,它由细胞内熵通量的散度 $\mathrm{d}S_e$ 来补偿。例如,在稳态过程中,当细胞内产生热量时,必须将热量传递出去或散发出去,否则温度会升高,无法保持稳定状态。

进一步解释第二项,众所周知,第二项即熵产率,总是可以表示为"通量"与其对应的或共轭的"力"的乘积。这里考虑流动的三个基本工艺：热传导、原子扩散、导电。

在热传导中,温度不是恒定的,应该作为变量来对待。另外,在原子扩散和电传导中,可以假设一个恒定的温度过程。需要记住这一点,特别是考虑它们之间的交叉效应时。

10.3.1 热传导

设想沿 x 轴的温度梯度引起的一维热流。设单元为薄层,其横截面面积为 A,宽度为 $\mathrm{d}x$,介于 x 和 $x+\mathrm{d}x$ 之间,如图 10.2 所示。单元格的体积为 $V=A\mathrm{d}x$。假设这个过程是等压的,没有原子流。那么细胞内熵的变化由焓的变化决定,反过来,这个焓的变化将由进出热通量的差决定。从式(10.7)得到

$$
\begin{aligned}
T\mathrm{d}S=\mathrm{d}H&=J_Q(x)\cdot A\cdot \mathrm{d}t-J_Q(x+\Delta x)\cdot A\cdot \mathrm{d}t\\
&=-V\frac{J_Q(x+\Delta x)-J_Q(x)}{\Delta x}\cdot \mathrm{d}t=-V\frac{\partial J_Q}{\partial x}\mathrm{d}t
\end{aligned}
\tag{10.8}
$$

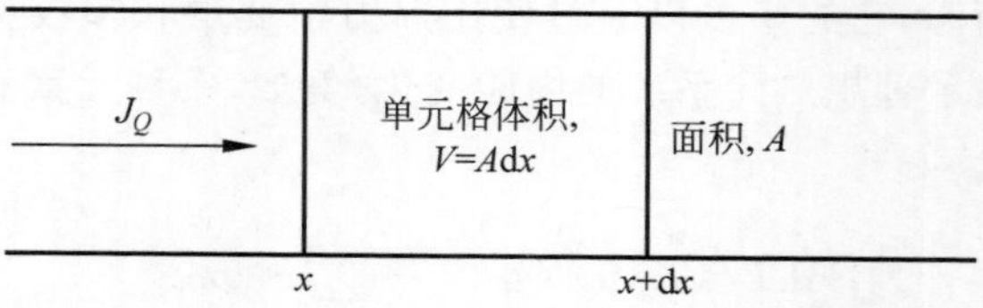

图 10.2 描绘一维热传导的示意图。设电池是一个薄层,其横截面面积为 a,长度为 $\mathrm{d}x$,介于 x 和 $x+\mathrm{d}x$ 之间

然后将两边除以 $TV\mathrm{d}t$,并使用众所周知的积的微分[$y\mathrm{d}x=\mathrm{d}(yx)-x\mathrm{d}y$],得到

$$\frac{\partial S}{V\mathrm{d}t}=-\frac{1}{T}\frac{\partial J_Q}{\partial x}=-\frac{\partial}{\partial x}\left(\frac{J_Q}{T}\right)+J_Q\frac{\partial}{\partial x}\left(\frac{1}{T}\right) \tag{10.9}$$

式中，温度被视为一个变量。上式右边第一项的 J_Q/T 是一个熵通量，$\partial(JQ/T)/\partial x$ 是这个通量的散度，表示每个单位体积的熵变化率由输入和输出的熵通量的差异引起。上式右侧的第二项是单位体积、单位时间内的熵产率。第二项是热通量和逆温度梯度的乘积，逆温度梯度可以解释为驱动热通量的力(或稍后讨论的共轭力)。由于

$$\frac{\partial}{\partial x}\left(\frac{1}{T}\right)=-\frac{1}{T^2}\left(\frac{\partial T}{\partial x}\right) \tag{10.10}$$

因此，

$$\frac{T\mathrm{d}S}{V\mathrm{d}t}=-T\frac{\partial}{\partial x}\left(\frac{J_Q}{T}\right)-J_Q\frac{1}{T}\left(\frac{\partial T}{\partial x}\right) \tag{10.11}$$

在稳态过程中，方程右边的两项相互补偿。注意，上述方程的维数是正确的。其单位是 $\mathrm{J/(cm^3\cdot s)}$，并且，回想一下，热通量 J_Q 的单位是 $\mathrm{J/(cm^2\cdot s)}$，但力的单位 $(1/T)(\partial T/\partial x)$ 与机械力中的能量/长度是不一样的。

10.3.2　原子扩散

设定一个等压条件下的二元系统，

$$T\mathrm{d}S=\mathrm{d}H-\sum_{i=1}^{2}\mu_i\mathrm{d}n_i$$

如果把二元系统看成是一个元素和它的同位素或者理想溶液，那么 $\mathrm{d}H=0$，所以

$$\frac{T\mathrm{d}S}{\mathrm{d}t}=-\sum_{i=1}^{2}\mu_i\left(\frac{\partial n_i}{\partial t}\right)$$

如果把上面的方程除以体积 V，取 $n_i/V=C_i$。为了简单起见，回想一下一维的连续性方程，得到

$$\frac{\partial C_i}{\partial t}=-\nabla\cdot J_i=-\frac{\partial J_i}{\partial x}$$

同样使用 $y\mathrm{d}x=\mathrm{d}(xy)-x\mathrm{d}y$ 的关系，得到

$$\frac{T\mathrm{d}S}{\mathrm{d}t}=\sum_{i=1}^{2}\mu_i\frac{\partial J_i}{\mathrm{d}x}=-\frac{\partial}{\partial x}\left(-\sum_{i=1}^{2}\mu_iJ_i\right)+\sum_{i=1}^{2}J_i\left(-\frac{\partial\mu_i}{\partial x}\right) \tag{10.12}$$

在稳态过程中，方程右侧的两项之和将为零，它们相互补偿。可以看到，最后一项，熵产率等于通量乘以它的驱动力的乘积。

10.3.3　导电性

设定纯金属在恒定温度下的一维导电。在这种情况下，得到 $\mathrm{d}n_i=0$，当假设

体积恒定时，$dV=0$：

$$T\,dS = dU$$

要考虑导电过程中的内能变化，回想一下物理单位转换中的关系“1 牛顿·米=1 焦耳=1 库仑·伏特”。这意味着内能的变化可以表示为电荷与其电势的乘积。电能的单位是 eV，也就是 C·V。电学中将 j 定义为电流密度，A/cm^2 定义为 $C/(cm^2\cdot s)$，也将 ϕ 定义为电压或电势。图 10.3 描绘了在 x 和 $x+dx$ 之间具有恒定横截面 A 的导体的导电性，压降为 ϕ。因此，jAt 即电荷或库仑。如果考虑恒定电流密度的传导，$j=$常数，通过体积 $V=A\,dx$ 的电池的传导将引起 ϕ 的电压降。然后可以写出

$$\begin{aligned} T\,dS &= dU = jA\,dt\,\Delta\phi = jA\,dt[\phi(x)-\phi(x+\Delta x)] \\ &= -jV\,dt\left[\frac{\phi(x+\Delta x)-\phi(x)}{\Delta x}\right] = jV\,dt\left(-\frac{d\phi}{dx}\right) \end{aligned}$$

其中 $V=A\,dx$。所以得到

$$\frac{T\,dS}{V\,dt} = j\left[-\frac{d\phi}{dx}\right] = jE = j^2\rho \tag{10.13}$$

式中，$E=-d\phi/dx=\rho j$ 为电场，ρ 为电阻率，$j^2\rho$ 称为单位体积的“焦耳热”。因此，在这个简单的示例里，熵的产生率是电流密度或通量（$C/(cm^2\cdot s)$）与产生该通量的力（电势或电场的负梯度）的乘积。熵的产生形式是焦耳热。

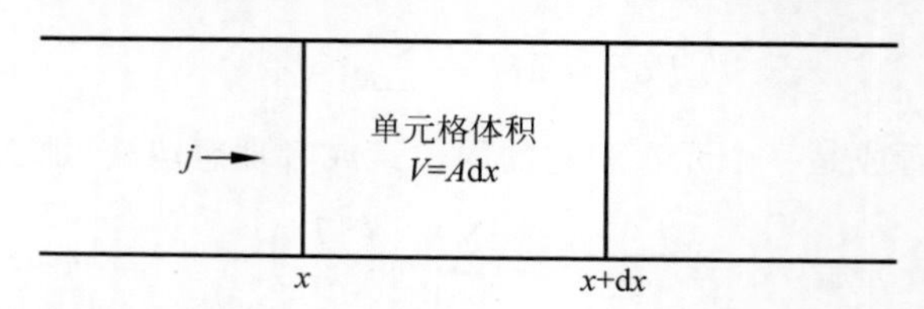

图 10.3　横截面积恒为 A 的导体从 x 到 $x+dx$ 区间内的电流传导示意图，电压降为 ϕ

在式(10.13)中，注意单独的焦耳热不能处于稳定状态。虽然施加的电流可以保持稳定，但没有散热时温度会升高。因此，要达到稳态，系统需要输出热通量 $J_Q=j^2\rho$，同时伴随着输出熵通量 J_Q/T。

10.4 随温度变化的共轭力

以上三个示例表明，在不可逆过程中，$T\,dS/V\,dt$ 等于通量 J 与驱动力 X 的乘积。Onsager[1] 将它们定义为共轭力和通量。共轭力的单位可能与机械力的单位不一样。

由热传导式(10.11)得到

$$\frac{T\mathrm{d}S}{V\mathrm{d}t}=J_QX_Q=-J_Q\left(\frac{1}{T}\frac{\mathrm{d}T}{\mathrm{d}x}\right) \tag{10.14}$$

所以对 J_Q 的共轭力是 $X_Q=-1/T(\mathrm{d}T/\mathrm{d}x)$，因此得到

$$J_Q=L_{QQ}X_Q=L_{QQ}\left(-\frac{1}{T}\frac{\mathrm{d}T}{\mathrm{d}x}\right)=-k\frac{\mathrm{d}T}{\mathrm{d}x} \tag{10.15}$$

得到 $L_{QQ}=Tk$，或者系数 L_{QQ} 等于温度乘以导热系数。

对于原子扩散和电传导中的共轭力，请注意在10.3节已经获得。然而已经含蓄地假设它们发生在恒定温度下。把温度作为一个变量时，可以得到以下三种流动的共轭力：

$$X_Q=T\frac{\mathrm{d}}{\mathrm{d}x}\left(\frac{1}{T}\right) \tag{10.16a}$$

$$X_{Mi}=-T\frac{\mathrm{d}}{\mathrm{d}x}\left(\frac{\mu_i}{T}\right) \tag{10.16b}$$

$$X_E=-T\frac{\mathrm{d}}{\mathrm{d}x}\left(\frac{\phi}{T}\right) \tag{10.16c}$$

式(10.16a)和式(10.16c)中的力学单位与式(10.16b)中的力学单位不同。后者的单位为机械力，是势能的梯度，而前者则不是。在非平衡态热力学中，由于共轭力与其对应的通量是耦合的，因此它们的乘积定义为单位时间每单位体积的熵产热 $T\mathrm{d}S/V\mathrm{d}t$，其单位为能量每立方厘米秒，因此共轭力的量纲由对应通量的量纲决定。在热传导中，热流的单位为能量每平方厘米秒，因此伴随热流的共轭力为 $T\mathrm{d}(1/T)/\mathrm{d}x=-(1/T)(\mathrm{d}T/\mathrm{d}x)$，其单位为 cm^{-1}。在原子扩散中，通量的单位是粒子数每平方厘米秒，所以共轭力的单位是能量每厘米。在导电性中，通量的单位是电荷粒子数每平方厘米秒，或者 $\mathrm{e}/(\mathrm{cm}^2\cdot\mathrm{s})$，所以共轭力的单位是 V/cm，它们的乘积是 $\mathrm{eV}/(\mathrm{cm}^3\cdot\mathrm{s})$。

在考虑热迁移时，由于原子通量的单位是原子数每平方厘米秒，所以需要在共轭力中加上 Q^*，即传递热。另外，原子扩散和电传导可以在恒定温度下发生。然后考虑原子流动和电流之间的相互作用，例如，在电迁移中可以假设温度恒定，因此分别在式(10.16b)和式(10.16c)中取 $X_{Mi}=-\mathrm{d}\mu_i/\mathrm{d}x$ 和 $XE=-\mathrm{d}\phi/\mathrm{d}x$。

知道了通量及其共轭力，可以将其应用到式(10.5)中，得到不可逆过程中的方程，研究热流、质流和电流相互作用中的交叉效应。因为热传导是在温度梯度下发生的，所以温度不是恒定的，在上面给出的共轭力中它就变成了一个变量。当考虑热电效应和热迁移时，必须把温度作为一个变量来显示下面的情况。

10.4.1 原子扩散

为了考虑原子扩散中的共轭力，为简单起见，这里设定一个恒压工艺。将

式(10.7)改写为

$$dS = \frac{1}{T}dH - \frac{1}{T}\sum_{i=1}^{2}\mu_i dn_i$$

$$\frac{\partial S}{V\partial t} = \frac{1}{T}\frac{\partial h}{\partial t} - \sum_{i=1}^{2}\frac{\mu_i}{T}\frac{\partial C_i}{\partial t} \tag{10.17}$$

式中,$h=H/V$ 为单位体积焓,$C_i=n_i/V$ 为 i 物质的浓度。回顾一下在一维分析中

$$\frac{\partial h}{\partial t} = -\nabla\cdot J_Q = -\frac{\partial J_{Qx}}{\partial x}$$

$$\frac{\partial C_i}{\partial t} = -\nabla\cdot J_i = -\frac{\partial J_{ix}}{\partial x}$$

同样为简单起见,假设没有热源和热沉,用一维方程将上述连续性方程代入式(10.17),然后应用 $y\mathrm{d}x=\mathrm{d}(xy)-x\mathrm{d}y$ 的关系式:

$$\begin{aligned}\frac{\mathrm{d}S}{V\mathrm{d}t} &= -\frac{\partial}{\partial x}\left(\frac{J_{Qx}}{T}\right) + J_{Qx}\frac{\partial}{\partial x}\left(\frac{1}{T}\right) + \frac{\partial}{\partial x}\left(\sum_{i=1}^{2}\frac{\mu_i}{T}J_{ix}\right) - \sum_{i=1}^{2}J_{ix}\left(\frac{\partial}{\partial x}\frac{\mu_i}{T}\right)\\ &= \frac{\partial}{\partial x}\frac{1}{T}\left(J_{Qx} - \sum_{i=1}^{2}\mu_i J_{ix}\right) + J_{Qx}\frac{\partial}{\partial x}\left(\frac{1}{T}\right) + \sum_{i=1}^{2}J_{ix}\left(-\frac{\partial}{\partial x}\frac{\mu_i}{T}\right)\end{aligned}$$

如果把最后一个方程乘以 T,就得到了式(10.16b)中最后一项的共轭力。值得注意的是,在温度梯度下,能量通量 $J_{Qx}-\mu J$ 不仅包含热流通量,还包含扩散原子传递的化学势能通量。

10.4.2 电传导

为了考虑电传导,假设在纯元素中恒流恒压工艺中的一维情况,ϕ 和 T 都是 x 的函数。由10.3.3节,取 $V=A\mathrm{d}x$,$H/V=h$,得到

$$\mathrm{d}S = \frac{\mathrm{d}H}{T} + \frac{jA\mathrm{d}t}{T}[\phi(x+\Delta x) - \phi(x)]$$

$$\frac{\mathrm{d}S}{V\mathrm{d}t} = \frac{1}{T}\frac{\mathrm{d}h}{\mathrm{d}t} - j\left(\frac{1}{T}\frac{\partial\phi}{\partial x}\right)$$

$$\begin{aligned}\frac{\mathrm{d}S}{V\mathrm{d}t} &= -\frac{\partial}{\partial x}\left(\frac{J_{Qx}}{T}\right) + J_{Qx}\frac{\partial}{\partial x}\left(\frac{1}{T}\right) - j\left[\frac{\partial}{\partial x}\left(\frac{\phi}{T}\right) - \phi\frac{\partial}{\partial x}\left(\frac{1}{T}\right)\right]\\ &= -\frac{\partial}{\partial x}\left(\frac{J_{Qx}}{T}\right) + (J_{Qx} + j\phi)\frac{\partial}{\partial x}\left(\frac{1}{T}\right) + j\left[-\frac{\partial}{\partial x}\left(\frac{\phi}{T}\right)\right]\end{aligned}$$

当最后一个方程乘以 T 时,从最后一项得到式(10.16c)中所示的共轭力。值得注意的是,在温度梯度下,能量通量 $J_{Qx}+j\phi$ 不仅包含热流通量,还包含随电流

运动的电荷传输的电能通量和等于 jAt 的电荷。

10.5 焦耳热

上面已经说明导电中产生的熵就是焦耳热。通常，焦耳热的功率写成

$$P = I^2R = j^2\rho V \tag{10.18}$$

式中，I 为施加电流，$I/A=j$，A 为试样的截面积，R 为试样的电阻，$R=\rho l/A$，l 为试样的长度，则体积 $V=Al$，I^2R 为整个试样单位时间（功率＝能量/时间）的焦耳热，$j^2\rho$ 为试样单位时间单位体积的焦耳热。

由于硅器件是电驱动的，焦耳热是可靠性的内在原因。为了计算焦耳热，这里使用倒装焊技术，其中每两个焊点通常通过芯片侧的铝互连线连接，如图 10.4 所示。铝中的电流密度约为 $10^6\,A/cm^2$，焊点的电流密度约为 $10^4\,A/cm^2$。这是因为铝互连线的横截面比焊点的横截面小两个数量级。为了计算它们的焦耳热，如果取铝的 $j=10^6\,A/cm^2$ 和 $\rho=10^{-6}\,\Omega\cdot cm$，则 ρj^2 的焦耳热$=10^6\,J/(cm^3\cdot s)$。对于焊点，若取 SnAgCu 焊点 $j=10^4\,A/cm^2$，$\rho=10^{-5}\,\Omega\cdot cm$，则焦耳热 $\rho j^2=10^3\,J/(cm^3\cdot s)$，则铝互连将比焊点更热；反过来，芯片侧会比基板侧更热，因此在整个焊点上会有温度梯度。

图 10.4　倒装焊技术示意图，其中通常每两个焊点通过芯片侧的铝互连线连接

虽然焦耳热是一种废热，不能用来做功，但是，它会产生热量，并会增加导体的温度。因此，它将增加导体的电阻，反过来又会引起更多的焦耳热。导体温度的升高会导致导体的热膨胀，这是在使用不同热膨胀系数的各种材料时产生热应力不变性的基本原因。应力和应力梯度可能导致断裂和蠕变。当由于半导体器件频繁开启和关闭而导致热应力循环时，由于系统中塑性应变能的积累，可能会发生疲劳。此外，焦耳热引起的较高温度将增加器件中的原子扩散、相变速率以及相互扩散和界面反应。此外，焦耳热会导致器件中的温度梯度，例如，如前所述，穿过倒装焊焊点，就会引起热迁移。因此，焦耳热是影响器件可靠性的主要问题。

值得一提的是，焦耳热在保险丝中的应用，以防止家用电器过热。采用薄焊条

作为熔断器。当电器消耗的电流接近 10A 时，保险丝会熔化，电路就会断路。如果假设保险丝的横截面为 2mm×0.1mm，保险丝内的电流密度将约为 5×10^4 A/cm^2。这将导致焊料熔断器熔化。事实上，当将如此高的电流密度应用于倒装焊点时，可以观察到焊点凸点的熔化。已知焊料的热容量，只要知道了散热速率，就可以计算出焦耳热引起的温升。由于硅芯片本身是一个非常好的导热体，这就是硅上铝和铜互连可以采用接近 10^6 A/cm^2 的电流密度的原因，这比家用电线或延长线要高得多。

10.6 电迁移、热迁移和应力迁移

电迁移和热迁移分别是由电子流和热流驱动的原子在电位梯度和温度梯度下的通量。应力迁移是蠕变，是由应力势梯度驱动的原子通量。换句话说，蠕变不是在均匀压力或静压力下发生的，因此它是一个不可逆的过程。电迁移和热迁移都是不可逆过程中的交叉效应，但应力迁移不是。应力势能是驱动原子扩散的化学势的一部分，因此蠕变是一种初级流。这三个主题的基本原理将在后面的章节中介绍。

从可靠性的角度来看，稳态工艺可能不会导致器件失效。当没有发生失效时，就较少关注工艺了。例如，如果考虑悬挂在老房子墙上的铅管在重力作用下数百年的稳态蠕变，铅管会爬行和弯曲，但没有发生破坏。另一个例子是连接两个无限大的互连铝焊盘的铝线的电迁移。如果电迁移发生在稳定的状态，那么当铝原子的均匀通量从阴极稳定地传输到阳极时，就不会发生失效。只有在输运中出现散度，同时散度导致多余的空位或原子时，多余的空位或原子才会分别凝结形成空洞和小丘，因此电路中电气开路或短路而发生失效，这时就出现可靠性问题了。

铝和铜互连中的电迁移一直是硅技术中超大规模集成电路中最持久的可靠性问题。在高电流密度下，高于 10^5 A/cm^2，在器件工作温度约 100℃时，在铝互连的阴极和阳极分别形成了空洞和小丘。对铝制短条的电迁移研究表明，存在一个临界长度，在此长度以下不会发生电迁移，如图 10.5 所示。Blech 和 Herring 提出(见第 11 章)，这是由于铝条中背应力的影响。背应力势的梯度诱导出原子通量来对抗电迁移的原子通量。当这些通量相互平衡时，就不存在电迁移。下面将通过使用不可逆过程来考虑电迁移和应力迁移之间的相互作用。它是原子流和电荷流之间的相互作用。

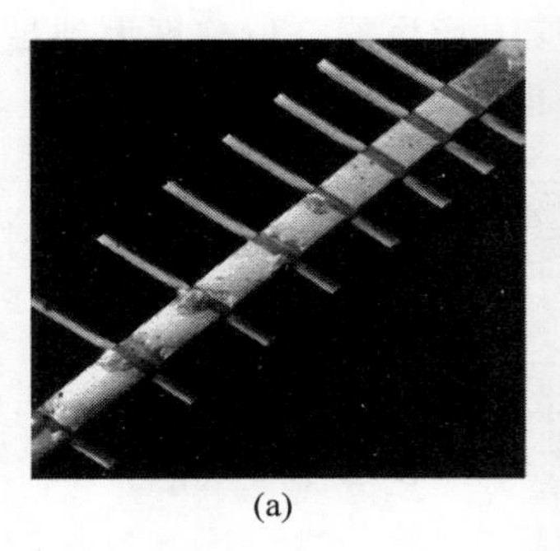
(a)

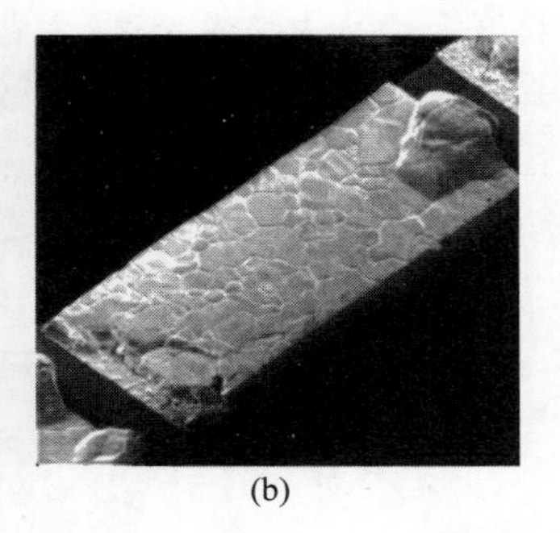
(b)

图 10.5　(a) 电迁移后 TiN 基线上一组短铝条的 SEM 图像。有一个临界长度，在此长度以下没有电迁移；(b) 其中一个铝条的高倍图像(由德国斯图加特 MPI Alexander Straub 博士提供)

10.7　电迁移中的不可逆过程

图 10.6 描绘了在 TiN 基线上绘制的短铝条示意图。由于 TiN 是不良导体，电子将从 TiN 绕到 Al 以减小电阻。在电子从左向右移动的高电流密度下，电迁移会将 Al 原子从左边的阴极传输到右边的阳极，导致阴极耗尽或形成空洞，阳极堆积或形成小丘。因此，利用短条测试样品可以直接识别电迁移的损伤。可以测量阴极处的耗尽速率，并推导出电迁移的漂移速度。此外，还发现条带越长，电迁移过程中阴极侧的耗尽时间越长。然而，在临界长度以下，没有观察到如图 10.5 所示的耗尽。

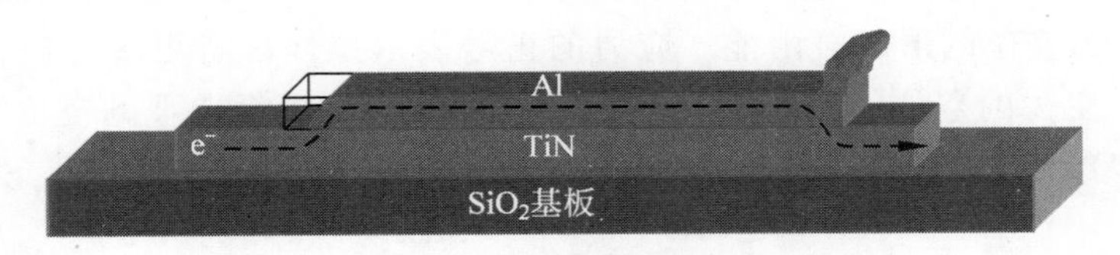

图 10.6　在 TiN 基线上绘制的短铝条示意图

损耗对条带长度的依赖可以用 Blech 和 Herring 的背应力效应来解释。本质上，当电迁移将条带中的铝从阴极传输到阳极时，后者将处于压缩状态，前者处于张力状态。根据第 13 章将要讨论的受应力固体中平衡空位浓度的纳巴罗-荷尔图模型(见 14.3 节)，与非受应力区域的平衡空位相比，拉伸区域的空位较多，压缩区域的空位较少，因此在铝带中存在从阴极到阳极的空位浓度梯度递减，如图 10.7 所示。空位梯度诱导铝从阳极向阴极扩散的通量，与由阴极向阳极电迁移驱动的铝通量相反。空位浓度梯度取决于条带的长度；条带越短，其斜率或梯度越大。

在一定的短长度上定义为临界长度，由背应力产生的空位梯度大到足以平衡电迁移，因此在阴极处不会发生耗尽，在阳极处也不会发生挤压[10-13]。

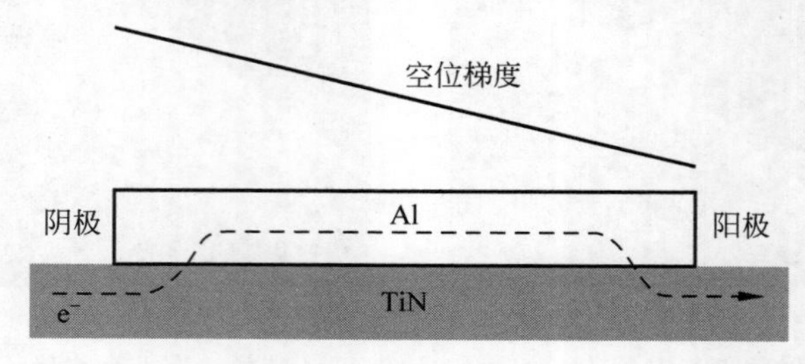

图 10.7　由于铝条中的背应力，铝条中从阴极到阳极的空位浓度梯度递减的示意图

10.7.1　铝条的电迁移和蠕变

我们将用不可逆扩散过程假设结合电力和机械力来分析原子扩散。假设这些工艺发生在恒定温度下，因此温度不是一个变量。亨廷顿（Huntington）和格罗内（Grone）提出的电磁力（见第 11 章）取为

$$F_{\mathrm{em}}=Z^{*}eE$$

机械力被看作是受应力固体中化学势的梯度（见第 13 章）。考虑纯 Al 互连，因此 Al 中不存在浓度梯度，因此浓度变化引起的化学势为零。相反，这里有一个应力势梯度来驱动原子通量：

$$C_V=C_V^{\mathrm{eq}}\exp\left(\frac{\pm\sigma\Omega}{kT}\right)=C\exp\left(\frac{-\Delta G_{\mathrm{f}}\pm\sigma\Omega}{kT}\right)$$

式中，C_V、C_V^{eq} 和 C 分别为应力区空位的平衡浓度、非应力区空位的平衡浓度和原子浓度，G_{f} 为空位的形成自由能。应力的正号表示拉伸区有更多的空位，负号表示压缩区有更少的空位。因此，从拉伸区到压缩区存在一个向下的空位浓度梯度。驱动力可以给出为

$$F_{\mathrm{em}}=-\nabla\mu=-\frac{\mathrm{d}\sigma\Omega}{\mathrm{d}x}\tag{10.19}$$

式中，σ 为金属中的流体静力应力，Ω 为原子体积，σ 为应力势能。本质上它是一个蠕变过程，其中压力不是恒定的，但温度是恒定的。

这样就有了原子通量和电子通量的一对现象学方程[6]，

$$J_{\mathrm{em}}=-C\frac{D}{kT}\frac{\mathrm{d}\sigma\Omega}{\mathrm{d}x}+C\frac{D}{kT}Z^{*}eE\tag{10.20a}$$

$$j=-L_{21}\frac{\mathrm{d}\sigma\Omega}{\mathrm{d}x}+n\mu_{e}eE\tag{10.20b}$$

式中，J_{em} 为原子通量，单位为原子数每平方厘米秒，j 为电子通量，单位为 C/

$(cm^2 \cdot s)$,C 为单位体积内原子的浓度,n 为传导的浓度单位体积的电子数。D/kT 为原子迁移率,E 为电场,$E=\rho j$,ρ 为电阻率,j 为电流密度,μ_e 是电子迁移率,D/kT 的单位是$(\mu_e \cdot cm^2)/(eV \cdot s)$和 $cm^2/(V \cdot s)$,其中 V 为电势。L_{21} 是不可逆过程的现象学系数,包含形变势。

在式(10.20a)中,第一项为蠕变,为一次通量,第二项为电迁移引起的电作用力对原子扩散的交叉效应。在式(10.20b)中,最后一项为导电中的电子通量,第一项为机械力对导电的交叉效应。

注意,在式(10.20a)的通量方程中,既不考虑散度,也不考虑格移。换句话说,该方程并不指示是否应该发生失效。第 15 章将进一步讨论,即使通量散度存在,它也是失效的必要条件,但不是充分条件。例如,对于由于空洞的形成而发生的失效,要求有多余的空位,因此空位的分布是非平衡的。回想一下,在第 5 章提出的 Darken 互扩散分析中,样品中发生了通量散度,但没有柯肯德尔空洞形成,也没有应力,因为假设了空位平衡的条件,发生了晶格移位以适应平衡空位的产生和湮灭。

值得一提的是,在 Blech 和 Herring 关于背应力的模型中,空位被假设与样品中到处存在的应力处于平衡态。在应力作用下,平衡空位浓度的变化很小,因此可以假设样品中空位的源和汇都能做到这一点。然而,在平衡态下,既不会形成空洞,也不会形成丘状。如图 10.5 所示,在大于临界长度的 Al 条带中,电迁移通量大于应力迁移通量时,阴极和阳极分别出现空洞和丘状。为了解释这种失效,需要假设在较长的条带中不存在空位平衡,也不存在晶格移位。因此,由于电迁移而产生的额外通量将需要在阴极中产生额外的晶格位置以形成空洞,在阳极中形成小丘。在小丘生长过程中,应力也需要从 Al 带的内部迁移到自由表面。

例如,在式(10.20)中,如果取 $J_{em}=0$,则没有净电迁移通量或没有损坏。换句话说,它在不可逆过程中达到稳态平衡。得到临界长度的表达式为

$$\Delta x=\frac{\Delta\sigma\Omega}{Z^{*}eE} \tag{10.21}$$

由于导体的电阻在恒定温度下可以认为是恒定的,因此通过将电流密度从上述方程的右侧移动到左侧,从而得到 $j\Delta x$ 的临界积或阈值积:

$$j\Delta x=\frac{\Delta\sigma\Omega}{Z^{*}e\rho} \tag{10.22}$$

在上面的方程中,右边的所有参数都是给定导体的。在恒定的外加电流密度下,式(10.22)中的临界积值越大,表示临界长度越长,式(10.21)中的背应力越大。对于 Al 和 Cu 互连,取 $j=10^6\ A/cm^2$,$x=10\mu m$;这里有一个典型的临界极值,约为 $10^3\ A/cm^2$。

请注意，虽然上面的背应力是由电迁移引起的，但外加应力和电迁移之间的相互作用是相同的。例如，在阳极处施加压应力会延缓电迁移。或者可以增加导体中的屈服应力，即如果可以增加式(10.22)中的σ，就可以增加临界积和临界长度。

临界长度可以通过将电迁移时间延长到足够长的一段时间，直到条带中的质量输运停止，如图10.5所示。可以用式(10.21)来计算Al条带的临界长度x。如果假设阳极处的挤压伴随着一定的塑性变形，则可以将弹性应力的变化取为弹性极限所对应的值。对于Al，有$\sigma_{\mathrm{Al}}=-1.2\times10^{9}\mathrm{dyn/cm^2}$，$\Omega_{\mathrm{Al}}=16\times10^{-24}\mathrm{cm^3}$，$e=1.6\times10^{-19}\mathrm{C}$和$E=j\rho$，其中在350℃时$j=3.7\times10^{5}\mathrm{A/cm^2}$和$\rho_{\mathrm{Al}}=4.15\times10^{-6}\Omega\cdot\mathrm{cm}$。将这些值代入式(10.18)，得到

$$\Delta x_{\mathrm{Al}}=-\frac{78\mu\mathrm{m}}{Z^{*}}$$

采用Al块的$Z^{*}=-26$，发现临界长度为3μm，这是正确的数量级，但比实验发现的$10\sim20\mu$m短。由于Al是多晶薄膜，晶界扩散在电迁移中起主导作用，因此晶界扩散原子的Z^{*}应不同于体扩散或晶格扩散原子的Z^{*}。对于多晶Al薄膜，Z^{*}似乎低于10。

在式(10.20b)中，如果取系数$L_{21}=ne\mu_{e}N^{*}$(其中N^{*}是一个下面要被讨论的参数)，并且如果假设沉积在绝缘衬底上的短条并取$j=0$，这里得到

$$N^{*}=-\frac{1}{\Omega}\left|\frac{\mathrm{d}\phi}{\mathrm{d}\sigma}\right|,\quad j=0 \tag{10.23}$$

式中，$j=0$时的$\mathrm{d}\phi/\mathrm{d}\sigma$是变形势，定义为零电流时单位应力差的电势。利用Onsager的互易关系$L_{12}=L_{21}$，得到

$$\frac{\mathrm{d}\phi}{\mathrm{d}\sigma}=-\frac{Z^{*}D\rho e}{kT} \tag{10.24}$$

$\mathrm{d}\phi/\mathrm{d}\sigma$和$N^{*}$的维度分别为$\mathrm{cm^3/C}$和$\mathrm{C^{-1}}$。

为了计算如式(10.24)所示的变形势，取$T=500$℃时Al的$Z^{*}=-26$，$kT=0.067\mathrm{eV}$，500℃时Al的晶格扩散系数约为$2\times10^{-10}\mathrm{cm^2/s}$，电阻率约为$4.83\times10^{-6}\Omega\cdot\mathrm{cm}$。得到

$$\frac{\mathrm{d}\phi}{\mathrm{d}\rho_{j=0}}=3.7\times10^{-13}\ \frac{\mathrm{cm^3}}{\mathrm{C}}$$

然而，预计变形势的数量级接近Ω/e，约为$10^{-4}\mathrm{cm^3/C}$或$10^{-10}\mathrm{V/(N/m^2)}$。似乎在式(10.24)的基础上计算出来的数值太小了。一方面，这是因为式(10.24)中涉及的变形过程是蠕变的，这取决于远程原子扩散和非常缓慢的变形过程。另一方面，通常意义上的机械变形不涉及热激活的原子扩散；相反，施加机械应力下的原子位移是通过原子运动的声学模式进行的，即以大约$10^{5}\mathrm{cm/s}$或等于$a_{0}v$的

声速进行，其中 $a_0=3\times10^{-8}$ cm 是原子间距离，$\nu=10^{13}\,\mathrm{s}^{-1}$ 是原子振动频率。因此，取式(10.24)中的 $D=(a_0)^2\nu$，得到 $\dfrac{\mathrm{d}\phi}{\mathrm{d}\rho_{j=0}}=0.2\times10^{-4}\,\mathrm{cm}^3/\mathrm{C}$，这是期望的数量级。因此，由蠕变引起的变形势确实非常小。

10.8　热迁移中的不可逆过程

当温度梯度作用于均匀合金时，合金变得不均匀，称为索雷(Soret)效应。合金中的一种成分会逆其浓度梯度扩散，导致偏析。最后建立浓度梯度，达到稳态。因此，在热迁移中将考虑热流和原子流之间的相互作用。共轭力分别为 X_Q 和 X_M，如式(10.25)和式(10.26)所示。

$$J_M=L_{MM}X_M+L_{MQ}X_Q=C\frac{D}{kT}\left[-T\frac{\mathrm{d}}{\mathrm{d}x}\left(\frac{\mu}{T}\right)\right]-C\frac{D}{kT}\frac{Q^*}{T}\frac{\mathrm{d}T}{\mathrm{d}x} \tag{10.25}$$

$$J_Q=L_{QM}X_M+L_{QQ}X_Q=L_{QM}\left[-T\frac{\mathrm{d}}{\mathrm{d}x}\left(\frac{\mu}{T}\right)\right]+\kappa\frac{\mathrm{d}T}{\mathrm{d}x} \tag{10.26}$$

式中，Q^* 是传递热，当原子的通量从热端扩散到冷端时，由于它们失去热量，传递热为负，而当原子从冷端被驱动到热端并获得热量时，Q^* 为正。J_Q 方程的最后一项是傅里叶定律，κ 是导热系数。

10.8.1　未通电化合物焊点的热迁移

图 10.8(a)、(b)、(c)分别显示了基板上倒装焊的原理图，芯片与基板之间的复合倒装焊点的横截面，和一个倒装焊点横截面的 SEM 图像。在图 10.8(a)中，基板上的小正方形是电接触垫。该复合焊点由芯片侧 97Pb3Sn 和基板侧共晶 37Pb63Sn 组成。焊点凸点高度为 105μm。芯片一侧的触点开口直径为 90μm。芯片侧 UBM 的三层薄膜为 Al(～0.3μm)/Ni(V)(～0.3μm)/Cu(～0.7μm)。在基板侧，键合垫金属层为 Ni(5μm)和 Au(0.05μm)薄膜。

作为对照实验，将倒装焊复合材料样品在 150℃和常压下的烘箱中进行一个月的恒温退火，如图 10.9 所示。利用光学显微镜和 SEM 观察复合焊点的断面组织。利用能量色散 X 射线(EDX)和电子探针微量分析(EPMA)对成分进行分析。观察到富铅相和共晶焊料之间没有混合，图像与图 10.8(c)几乎相同。根据 SnPb 共晶相图，在 150℃时，富铅相的 97Pb3Sn 与共晶相的 37Pb63Sn 的化学势大致相同。因此，不存在二者混合的驱动力。

为了利用焦耳热引起的温度梯度进行热迁移，对倒装焊样品中硅芯片外围的一组 24 个凸点进行了测试。图 10.10(a)描绘了在芯片外围从右到左的一排 24 个焊料凸点，每个凸点都具有电迁移应力前的原始微观结构，如图 10.8(c)所示。回

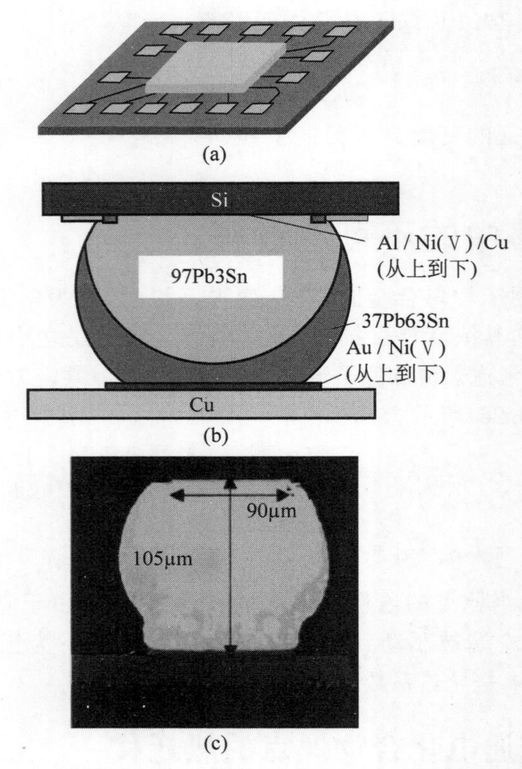

图 10.8 (a) 基板上倒装焊示意图；(b) 芯片与基板之间的复合倒装焊点的横截面；(c) 倒装焊点的 SEM 图像

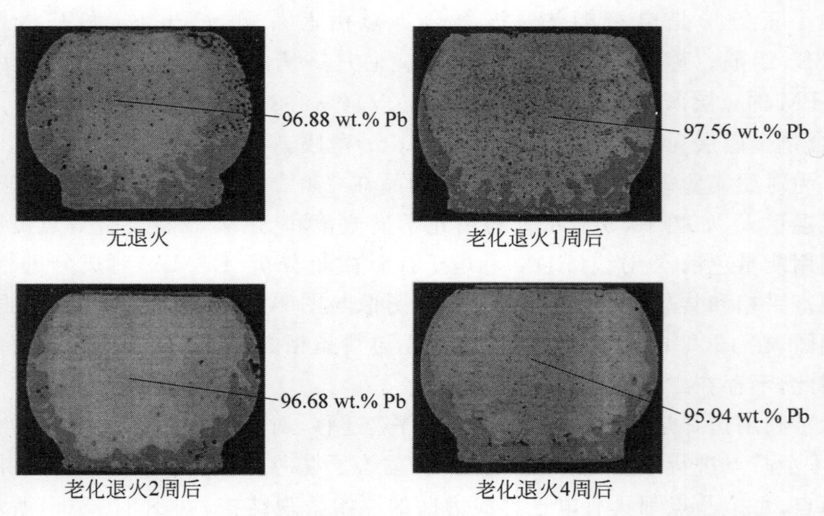

图 10.9 复合钎焊料凸点在 150℃恒温老化下的 SEM 横截面图像

想一下,每个凸点底部较暗的区域是共晶 SnPb,顶部较亮的区域是 97Pb3Sn。

电迁移只通过芯片外围 24 个凸点中的 4 对凸点进行。它们分别是图 10.10(b)所示的 6/7、10/11、14/15 和 18/19 数字。箭头表示电迁移过程中的电子路径。电流从其中一个触点到达其中一个凸点的底部,向上到达硅芯片上的铝薄膜互连,然后到达下一个凸点的顶部,向下到达基板上的另一个触点。值得注意的是,可以只让电流通过一对凸点或几对连续的凸点进行电迁移。芯片上铝薄膜线的焦耳热为热源。由于硅具有优异的导热性,相邻的未通电焊点将经历与电流应力对相似的温度梯度。

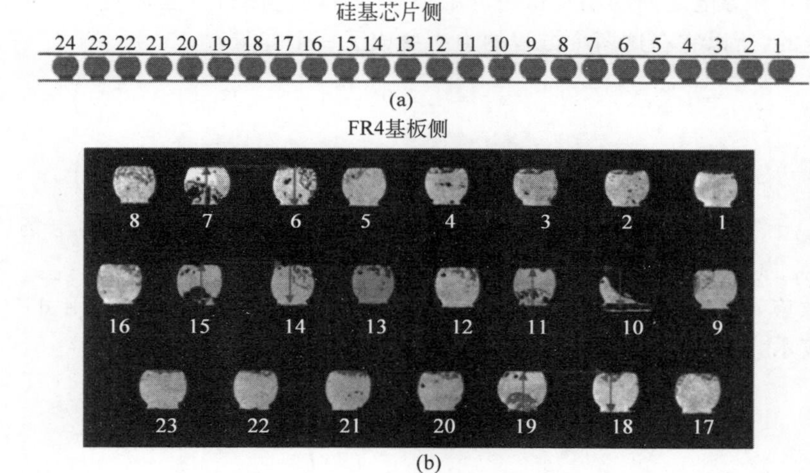

图 10.10 (a) 芯片外围从右到左一排 24 个焊点的示意图;(b) 在 150℃下施加 $1.6\times10^4\,A/cm^2$ 应力后,6/7、10/11、14/15 和 18/19 对焊料凹凸排的 SEM 图像。其他未通电的凸点显示 Sn 和 Pb 由于热迁移而重新分布

在 150℃下、$1.6\times10^4\,A/cm^2$ 的电流应力下 5h 后,凸点对 10 和 11 出现失效,之后进行横截面分析。为了研究热迁移,对邻近的未通电凸点进行了检查。如图 10.10(b)所示,在未通电的整排焊点上,可以清楚地看到热迁移的影响。在所有这些过程中,Sn 都迁移到了硅侧,即热端,Pb 迁移到了基板侧,即冷端。Sn 和 Pb 的重新分布或共晶相和富铅相的重新分布是由于没有施加电流导致焊点上的温度梯度造成的。对于距离通电的凸点最近的未通电的凸点,Sn 的再分布也向通电的凸点倾斜。例如,通电的凸点 10 位于未通电凸点 9 的左侧,凸点 9 中的富锡区域向左倾斜,并且观察到一个空洞。那么通电的凸点 15 在不通电的凸点 16 的右侧,凸点 16 中的富锡区域向右倾斜。在那些远离通电的凸点中,例如从凸点 1 到凸点 4 和从凸点 21 到凸点 23,Sn 相当均匀地积聚在硅侧。

第 13 章将介绍热迁移和蠕变之间的耦合。

10.9 热电效应中的不可逆过程

热电效应是热流和电流之间的相互作用，特别是塞贝克效应和珀尔帖效应。它们是交叉效应。塞贝克效应是由温度梯度产生电流或电势。它是应用热电偶测量材料温度的基础。珀尔帖效应是由电势梯度产生热流。它是固态冷却装置的基础。

热传导和导电之间的相互作用可用一对不可逆过程的方程来表示。因为温度不是恒定的，所以它在这两个方程的力中变成了一个变量：

$$\begin{cases} J_Q = L_{QQ}X_Q + L_{QE}X_E = L_{QQ}T\dfrac{\mathrm{d}}{\mathrm{d}x}\left(\dfrac{1}{T}\right) - L_{QE}T\dfrac{\mathrm{d}}{\mathrm{d}x}\left(\dfrac{\phi}{T}\right) \\ J_E = L_{EQ}X_Q + L_{EE}X_E = L_{EQ}T\dfrac{\mathrm{d}}{\mathrm{d}x}\left(\dfrac{1}{T}\right) - L_{EE}T\dfrac{\mathrm{d}}{\mathrm{d}x}\left(\dfrac{\phi}{T}\right) \end{cases} \tag{10.27}$$

式中，$L_{QQ}=T\kappa$，$L_{EE}=ne\mu_e$，L_{QE} 和 L_{EQ} 是交叉效应的系数。L_{QE} 为电场诱导的热流，L_{EQ} 为温度梯度诱导的电流。根据 Onsager 互易关系，$L_{QE}=L_{EQ}$。为了理解热电效应，对这两个方程进行分析。可以将式(10.27)中的方程用 $\mathrm{d}T/\mathrm{d}x$ 和 $\mathrm{d}\phi/\mathrm{d}x$ 表示为

$$\begin{cases} J_Q = (-L_{QQ} + \phi L_{QE})\dfrac{1}{T}\dfrac{\mathrm{d}T}{\mathrm{d}x} - L_{QE}\dfrac{\mathrm{d}\phi}{\mathrm{d}x} \\ J_E = (-L_{EQ} + \phi L_{EE})\dfrac{1}{T}\dfrac{\mathrm{d}T}{\mathrm{d}x} - L_{EE}\dfrac{\mathrm{d}\phi}{\mathrm{d}x} \end{cases} \tag{10.28}$$

10.9.1 汤姆孙效应和塞贝克效应

图 10.11(a)描绘了给定长度的单根金属线，其两端保持在两个温度下(T_1 和 T_2)，其中 $T_1>T_2$。因此，存在温度梯度，预计它会驱动电荷载流子的电流。由于导线是开放式的，因此不会产生电流。因此，在式(10.28)中的第二个方程中，得到 $J_E=0$ 和

$$0 = (-L_{EQ} + \phi L_{EE})\frac{1}{T}\left(\frac{\mathrm{d}T}{\mathrm{d}x}\right) - L_{EE}\frac{\mathrm{d}\phi}{\mathrm{d}x}$$

因此有

$$\frac{\Delta\phi}{\Delta T} = \frac{(-L_{EQ} + \phi L_{EE})}{TL_{EE}} \tag{10.29}$$

这被称为汤姆孙(Thomson)效应，意为由于温度梯度，两端之间会存在电位差。上面通过假设 $J_E=0$ 得到 $\Delta\phi/\Delta T$。

然而，如果通过图 10.11(a)中的导线施加电流，则施加的电势将在一个方向上增加，而在相反方向上施加电势则会减少。除了在恒定温度下发生导电时的传统焦耳热，由于汤姆孙效应，还会增加或减少焦耳热。

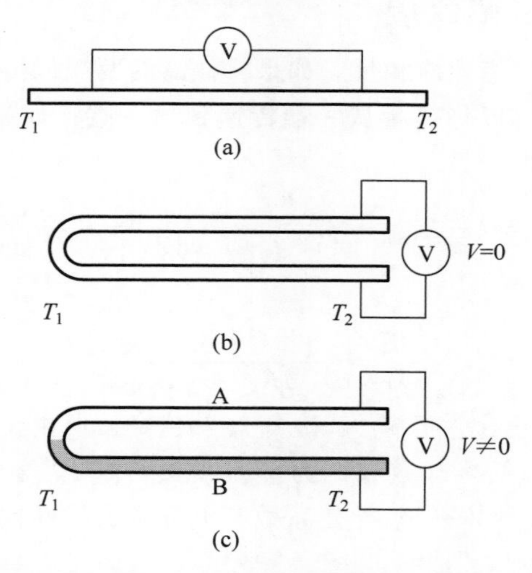

图 10.11 (a) 给定长度的单根金属线，其两端保持不同温度 T_1 和 T_2，其中 $T_1>T_2$。(b) 有两个分支的弯曲导线的原理图。弯曲的一端在 T_1，另一端在 T_2。两端在 T_2 处的电位差为零，$V=0$。(c) 一端连接的 A、B 两种金属丝示意图。连接的一端保持在 T_1，未连接的一端在 T_2。T_2 端的两个开放端之间存在电位差。连接的一端是热电偶中的探头

现在将导线的长度加倍，并在中间将其弯曲成两支，将弯曲的一端放置在 T_1，另一端放置在 T_2，如图 10.11(b)所示。虽然在 T_1 处的一端和 T_2 处的两端之间会有电位差，但由于两个分支的电位差相同，因此保持在 T_2 的两端之间不会有净电位差。如果用电位计来测量 T_2 两端之间的电位差，它为零。

然后，如果用不同的金属代替弯曲导线的一个分支，或者如果取两种金属导线 A 和 B，并在 T_1 处连接它们，如图 10.11(c)所示，有一个热电偶。如果将连接的一端置于高温下，将未连接的一端置于参考温度 0℃或室温下，就得到了一个热电偶，这样可以使用电位器来测量保持在参考温度下的两端之间的电位差 ϕ。这是因为两根导线的电势变化是不一样的，所以会产生电位差。如果在不同温度下校准电偶，可以得到塞贝克系数，

$$\frac{\Delta\phi}{\Delta T}=\varepsilon_{AB}=\varepsilon_{A}-\varepsilon_{B}$$

式中，ε_{AB} 为图 10.11(c)热电偶中导线 A 和导线 B 的热电特性组合。为方便起见，

已经测量了 ε_A、ε_B 等单个材料的热电性能,因此可以选择一对作为热电偶,在各种温度范围内测量温度。

10.9.2 珀尔帖效应

珀尔帖效应与塞贝克效应相反。如果将样品的两端保持如图 10.11(c)所示的恒定温度,施加电场,可以将热量从一端传递到另一端。如果令式(10.28)中的第一个方程 $J_Q=0$,得到

$$0=(-L_{QQ}+\phi L_{QE})\frac{1}{T}\left(\frac{\mathrm{d}T}{\mathrm{d}x}\right)-L_{QE}\frac{\mathrm{d}\phi}{\mathrm{d}x}$$

因此有

$$\frac{\Delta T}{\Delta\phi}=\frac{TL_{QE}}{(-L_{QQ}+\phi L_{QE})} \tag{10.30}$$

式中,T 与 ϕ、L_{QE} 成正比。T 越大,冷却效果越好。但由于 T 的存在,热量会从热端传递到冷端,会降低冷却效果。为了减少热传递,需要降低样品中的导热系数。然而,对于大多数导体来说,导热系数与电导率成线性比例。

参考文献

[1] I. Prigogine, Introduction to Thermodynamics of Irreversible Processes, 3rd edn(WileyInterscience, New York, 1967).
[2] David V. Ragone, "Nonequilibrium thermodynamics", Ch. 8 of Thermodynamic of Materials, Vol. II(Wiley, New York, 1995).
[3] Paul Shewmon, Diffusion in Solids, 2nd edn(TMS, Warrendale, PA, 1989).
[4] R. W. Balluffi, S. M. Allen and W. C. Carter, "Irreversible thermodynamics: coupled forces and fluxes," Ch. 2 of Kinetics of Materials(Wiley-Interscience, New York, 2005).
[5] J. C. M. Li, "Caratheodory's principle and the thermodynamic potential in irreversible thermodynamics", J. Phys. Chem., 66(1962), 1414-1420.
[6] K. N. Tu, "Electromigration in stressed thin films", Phys. Rev. B45(1992), 1409-1413.

习题

10.1 什么是共轭力和通量?在热传导中,什么是热的共轭力和相应的热通量?

10.2 可以把焦耳热产生的热量用来做功吗?如果不可以,为什么?

10.3 在电流密度为 $10^5\ \mathrm{A/cm^2}$ 的 Al 互连的电迁移中,由于导电而产生的焦耳热和由于电迁移而产生的焦耳热是什么?

10.4　当背应力可作为Cu的弹性极限时，计算Cu的电迁移的临界长度。

10.5　在温度梯度为3000℃/cm的温度迁移中，原子运动的驱动力是什么？

10.6　在倒装焊点中，芯片侧的Al互连截面为$0.5\mu m \times 80\mu m$，长度为$300\mu m$。当通过Al互连施加$10^5 A/cm^2$的电流密度时，焦耳热是多少？当电流流过直径为$100\mu m$，高度为$100\mu m$的圆柱形横截面的焊点时，如果假设焊点中的电流密度均匀，那么焊点中的焦耳热将是多少？（假设Al和焊料的电阻率分别为$10^{-6}\Omega \cdot cm$和$10^{-5}\Omega \cdot cm$）。

第11章 金属中的电迁移

11.1 引言

1.2 节讨论了金属氧化物半导体场效应晶体管的工作原理。一个指甲盖大小的硅芯片上装有数亿甚至数十亿个这样的晶体管。为了用 VLSI 技术互连所有这些晶体管,使用了由 Al 或 Cu 制成的多层薄膜互连线。电迁移是微电子技术中硅芯片互连结构中最为重要和持久的可靠性问题。这是因为通常薄膜导线传导的电流密度为 $10^5 \sim 10^6\,A/cm^2$。在如此高的电流密度下,原子扩散和重排增强,导致互连的阴极形成空隙和阳极挤压。一方面,在电路中,空洞会成为开路,挤压会造成电路短路;另一方面,在家庭和实验室使用的普通延长线中,不会产生电迁移。电线中的电流密度较低,约为 $10^2\,A/cm^2$,而且环境温度或室温过低,电线中的铜线内不会发生原子扩散。

金属导电性的自由电子模型假设,除了由于声子振动和结构缺陷的晶界、位错和晶格中空位等而引起的散射。传导电子在金属中自由移动,不受完美原子晶格的约束,散射是产生电阻和焦耳热的原因。当一个原子离开其平衡位置时,例如,一个处于激活态的扩散原子,它具有非常大的散射截面,反过来又有很高的电阻。然而,当电流密度较低时,电子与扩散原子之间的散射或动量交换并不会增强后者的位移,并且对原子扩散没有净效应。然而,在高电流密度($10^4\,A/cm^2$ 以上)下,电子的散射会增强扩散原子在电子流方向上的原子位移。在电场的影响下(主要是由于高密度的电流而不是高电压),原子位移的增强和质量输运的累积效应被称为电迁移[1-8]。

值得注意的是,家用电线只允许承载很低的电流密度,否则焦耳热会烧坏保险丝。然而,硅芯片上的薄膜互连可以承载更高的电流密度,这有利于电迁移。这是因为硅片是一种很好的导热材料，可以去除大部分的焦耳热。一方面，硅片上的互连电路可以承载很高的电流密度而不会过热。另一方面，在高密度集成电路器件中，热管理或散热是一个很重要的问题，它将成为未来硅器件中实现超大规模集成电路的限制因素。通常情况下，为了将工作温度维持在100℃左右，器件需要通过风扇或其他散热片进行冷却。

在VLSI电路中，假设宽0.5μm、厚0.2μm的Al或Cu薄膜线承载电流为1mA，则电流密度为10^6A/cm^2。这样的电流密度会在器件工作温度为100℃的情况下导致线路中的电迁移，并可能导致阴极处形成空穴，阳极处挤压。随着器件小型化要求互连越来越短，电流密度提高，由电迁移引起的电路失效概率也随之上升。这就是电迁移一直是薄膜集成电路中可靠性失效最持久、最严重的原因，并已成为一个备受关注的课题。

图11.1(a)和(b)是在铜互连双阻尼结构中，阴极端两层导线之间的互连通孔的上、下端分别由于电迁移而形成空洞的SEM截面图像。它们因为电阻阻值增加而被检测到，并形成了开路。这种空洞形成的动力学过程将在后面讨论，由于在铜互连表面上的一系列小空洞的传播和累积，铜互连中的电迁移以表面扩散为主。

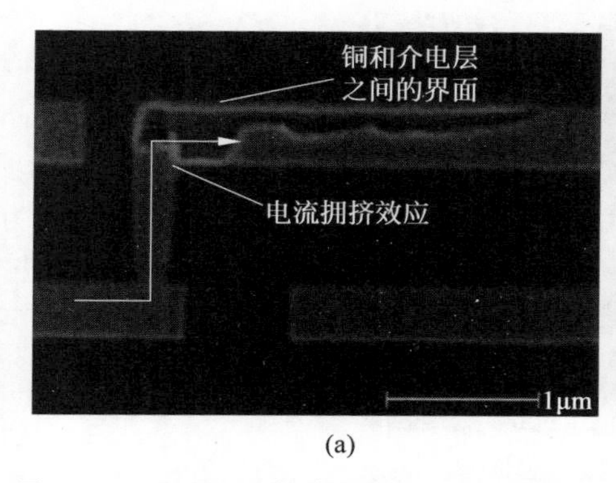

(a)

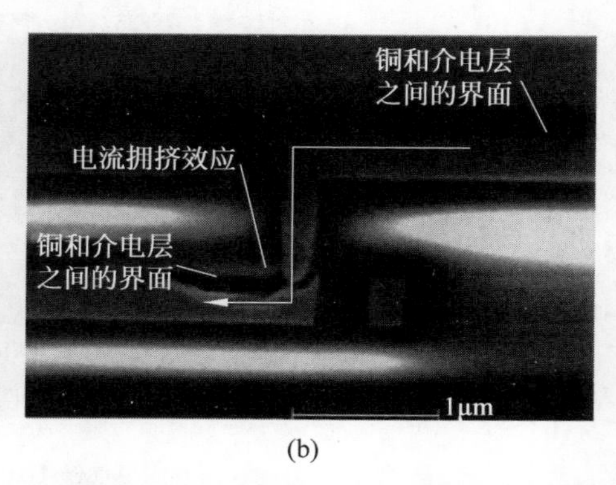

(b)

图11.1　(a)和(b)分别展示了双大马士革结构中铜互联线两个层级间通孔的上端和下端，由于电迁移作用导致空洞形成的截面SEM图像。(图片来源：S. G. Mhaisalkar教授，新加坡南洋理工大学)

图11.1源于一个失效的器件照片。它对失效部位进行定位，然后对该部位的横截面进行检查。可以从一组短Cu条带在Ta基线上的形态变化中直接观察到电迁移现象，如图11.2所示。直接观察电迁移的短条形结构是由Blech发现的[3]。这种测试结构称为电迁移Blech结构，如图10.5所示。图11.2(a)显示了在350℃下电流密度为5×10^5A/cm^2，电迁移99h后Cu条带的形貌。在Cu条带的阴极端，可以看到耗尽区域，但在阳极端，可以观察到挤压。根据质量守恒定律，耗尽(空洞)的体积等于同一条带中的挤压。通过测量阴极的耗尽速率，可以计算

出漂移速度，从而确定电迁移的驱动力。损耗的漂移速度或生长速度约为 2μm/h。图 11.2(b)是在与图 11.2(a)所示 Cu 条带相同的测试条件下拍摄的 Cu 2wt.% Sn 带阴极耗尽的 SEM 图像，表明 Cu(Sn)条带的漂移速度或电迁移速度要慢得多。

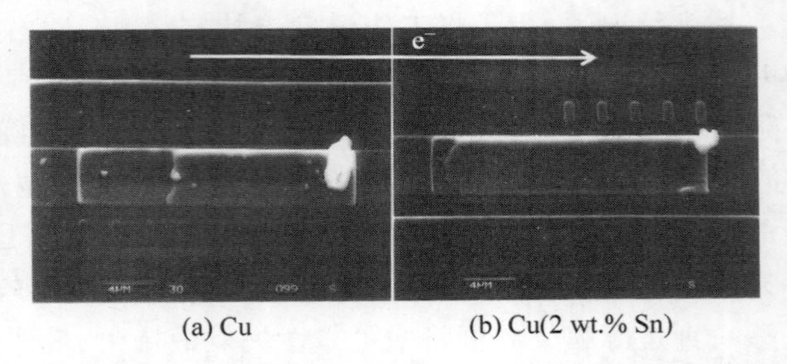

(a) Cu (b) Cu(2 wt.% Sn)

图 11.2 (a) 在 350℃条件下，电流密度为 5×10^5 A/cm^2，电迁移 99h 后，W 基线上 Cu 条带的 SEM 图像。漂移速度约为 2μm/h。(b) 在与图 11.2(a)中 Cu 条带相同的测试条件下拍摄的 Cu 条带 2wt.% Sn 条带阴极端耗尽的 SEM 图像

图 11.3 显示了一组短的铝条带在 TiN 基线上的电迁移现象。铝条带线宽为

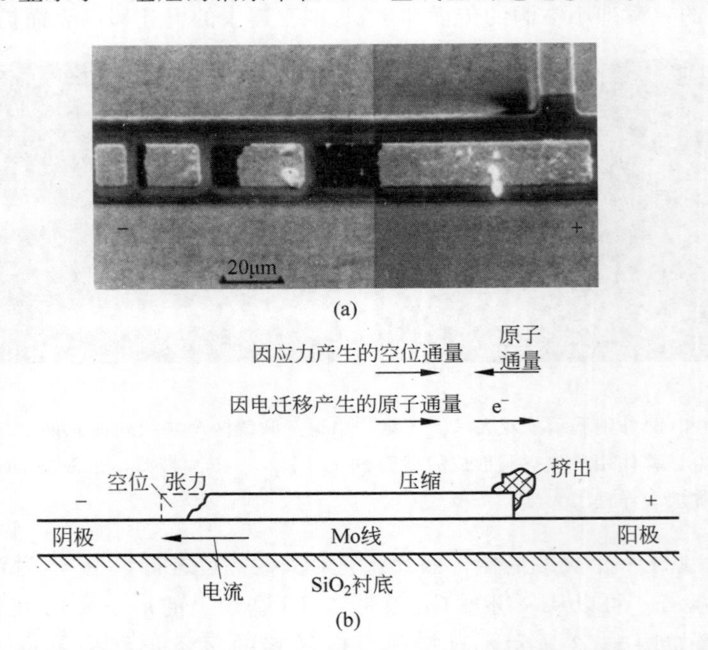

图 11.3 在 350℃下，在 TiN 基线上施加 3.7×10^5 A/cm^2 电流密度 15h 下，一组短铝条的电迁移 SEM 图像。(a)铝条带的线宽为 20μm，厚度为 100nm，长度分别为 10μm、20μm、30μm 和 85μm。(b) 描绘了条带中空洞和丘状结构的形成。原子位移和质量输运与电子流方向一致，为从左向右

$20\mu m$,厚度为 100nm,长度分别为 $10\mu m$、$20\mu m$、$30\mu m$ 和 $85\mu m$。由于铝条带是低电阻的路径,所以施加在钼基线上的电流绕了一圈。当电流密度和温度足够高时,原子传输开始发生,可以直接观察到空洞和挤出的形成。在 350℃下施加 $3.7\times10^5 A/cm^2$ 的电流密度 15h 下,可以在图 11.3(a)中观察到较长条带的阴极端耗尽和阳极端挤压。值得注意的是,在左手边最短的带材中看不到电迁移损伤。图 11.3(b)是其中一个条带的示意图,图示了空洞和丘状的形成。注意,原子位移和质量传输与电子流从左向右的方向一致。

由于电迁移是电子流和原子扩散之间的相互作用,需要考虑原子通量和电子通量。对定义和用于定义这两种通量的变量进行直接比较是有帮助的。为了便于比较,表 11.1 将它们并列列出。

表 11.1 原子通量和电子通量的比较

原子通量	电子通量
化学势：μ	电场势：Φ 施加电压：V
化学势：$F=-\dfrac{\partial\mu}{\partial x}$	电场：$\varepsilon=-\dfrac{\partial\phi}{\partial x}=-\dfrac{\partial V}{\partial x}$
迁移率：$M=\dfrac{D}{kT}$	电子迁移率：$\mu=\dfrac{e\tau}{m}$
漂移速率：$v=MF$	漂移速率：$v=\mu\varepsilon$
原子通量：$J=Cv=CMF$	电子通量：$j=nev=ne\mu\varepsilon=\dfrac{\varepsilon}{\rho}=\dfrac{ne^2\tau\varepsilon}{m}$(电子电流密度)
黏度(摩擦系数)：$1/M$	电阻率：$\rho=\dfrac{1}{ne\mu}=\dfrac{m}{ne^2\tau}$
散度：$\nabla\cdot J=\dfrac{\partial J}{\partial x}+\dfrac{\partial J}{\partial y}+\dfrac{\partial J}{\partial z}=-\dfrac{\partial C}{\partial t}$	散度(高斯定理)：$\nabla\cdot j=-\dfrac{\partial(ne)}{\partial t}$

为了比较电导和原子扩散,这里将"力"定义为原子扩散中的负势能梯度,因此作用在扩散原子上的化学力为 $F=-d\mu/dx$,式中 μ 为化学势能。在导电性中,$\varepsilon=-d\phi/dx$ 称为电场,而不是电场力。

电场力用 $e\varepsilon$(或 eE)表示。这意味着如果在电场中放置一个"e"电荷,该电荷将受到作用在其上的力 $F=e\varepsilon=-d(e\phi)/dx$。回想一下,$\phi$ 或 V 称为电势,它不是电势能。电势能定义为"$e\phi$"或"eV"。再次回想一下,用 kT 表示热能,用 eV 表示电能。在扩散工艺中,活化能可以用 kcal/mol 或电子伏每原子数表示。

为了比较电荷的迁移率和原子的迁移率,它们的单位应该是相同的。电荷载流子迁移率 μ_e 由 v/ε 给出,式中 v 为速度,单位为 cm/s,ε 为电场,单位为 V/cm,

因此电荷迁移率的单位为 $\mathrm{cm^2/(V \cdot s)}$。另外，电荷载流子迁移率 $\mu_e = e\tau/m^*$，式中 τ 为散射时间，m^* 为电子质量。一方面，利用牛顿定律 $F=ma$，得到质量的单位为力/加速度，等于能量 $\mathrm{s^2/cm^2}$ 或 $\mathrm{eV \cdot s^2/cm^2}$。同样得到载流子迁移率的单位 $(=e\tau/m^*)$ 为 $\mathrm{cm^2/(V \cdot s)}$。另一方面，原子迁移率用 D/kT 表示，式中 D 为扩散系数，单位为 $\mathrm{cm^2/s}$，kT 为热能，因此原子迁移率的单位为 $\mathrm{cm^2/(J \cdot s)}$ 或 $\mathrm{cm^2/(eV \cdot s)}$。第 4 章讨论了电子迁移率和原子迁移率的区别。这是因为电磁力给出为 $F=e\varepsilon=-\mathrm{d}(e\phi)/\mathrm{d}x$，所以载流子迁移率中电荷"$e$"给取消了。

关于电流和电流密度，请注意，电流的定义是单位时间内通过导体面积 A 横截面的电荷总数。因此，$I/A=j$，式中 j 定义为电流密度。I 的单位是 A 或 C/s，j 的单位是 $\mathrm{A/cm^2}$ 或 $\mathrm{C/(cm^2 \cdot s)}$。

为方便比较，原子通量 J 定义为 $J=$原子数每平方厘米秒，电子通量 j 或电流密度定义为 $J=$电荷数每平方厘米秒$=$库每平方厘米秒$=$安每平方厘米。在电子迁移中，作用在扩散原子(离子)上的电磁力用电场来表示，式中电场或电磁力定义为电势的梯度，或者等于电流密度乘以电阻率(稍后讨论)：$Z^* eE = Z^* \rho j$，式中，Z^* 是离子的有效荷数。

11.2 欧姆定律

第 10 章将欧姆定律描述为

$$j = -\sigma \frac{\partial \phi}{\partial x} = -\frac{1}{\rho} \frac{\partial \phi}{\partial x}$$

式中，σ 为电导率，ρ 为电阻率。上式可写成 $E=-\mathrm{d}\phi/\mathrm{d}x = j\rho$。更常见的是，欧姆定律将电流 I 与导体中施加的电压降 ΔV 联系起来。其表达式为

$$\Delta V = IR$$

式中，R 是导体的电阻。V、I 和 R 的单位分别是伏特、安培和欧姆。欧姆定律指出，当电流通过导体时，导体中的电阻会产生电压下降或电势下降。图 11.4 描述了测量长度为 l，横截面面积为 A 的一块金属的电阻的简单电路，这里可以用导体的电阻率 ρ 表示电阻 R，

$$R = \rho \frac{l}{A}$$

现在将 $\Delta V = IR$ 的压降方程重新排列为

$$\frac{\Delta V}{l} = \frac{I}{A} \frac{RA}{l} = j\rho$$

注意，$\Delta V/l$ 为负。这是因为 $l = x_2 - x_1 > 0$ 是正的，由于电压降 $\Delta V = V_2 - V_1 < 0$

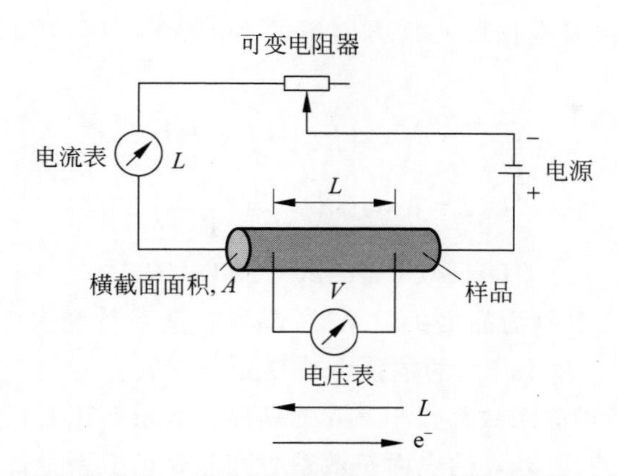

图 11.4　测量长度为 l，横截面面积为 A 的金属块电阻的电路示意图

是负的。因为 $V/l=\varepsilon=-\mathrm{d}\phi/\mathrm{d}x$ 是电场，可以将欧姆定律表示为 ε（或 E）$=j\rho$，式中 j 为电通量或电流密度，单位为 $\mathrm{A/cm^2}$ 或 $\mathrm{C/(cm^2\cdot s)}$，ρ 为电阻率，单位为 $\Omega\cdot\mathrm{cm}$。由于电场的物理意义是若电场中存在电荷为 e，则电荷将受到作用于其上的力"eE"；因此，如果一个离子的有效电荷为 Z^*e，将离子置于电场中时，它将受到 Z^*eE 的力，或者有 $Z^*\rho j$ 的力。在电迁移中，Z^* 的含义已经由 Huntington 和 Grone[1] 给出。

11.3　金属互连中的电迁移

电迁移是质量输运过程中热和电效应共同作用的结果。如果导线保持在非常低的温度下（例如液氮温度），即使存在电驱动力，也不会发生电迁移，因为原子的迁移率非常低，没有原子扩散。热效应的贡献可以通过以下事实来认识：在绝对温度下，块状共晶焊凸点中的电迁移发生在熔点的四分之三左右；在绝对温度下，多晶铝薄膜线中的电迁移发生在熔点的一半以下；在具有竹节型晶粒结构的 Cu 薄膜线中，电迁移发生在熔点的四分之一左右。在相同温度下，在块状焊料凸点、铝薄膜线的晶界和 Cu 大马士革互连的自由表面分别存在随机游走的原子，这些原子是在施加的高电流密度下参与电迁移的原子。

事实上，假设 Si 器件的工作温度为 100℃，约为焊料熔点的四分之三，略低于 Al 熔点的一半，约为 Cu 熔点的四分之一。在该温度下，晶格扩散、晶界扩散和表面扩散主要发生在焊料、Al 互连和 Cu 互连绝对温度的四分之三、一半和四分之一处。

表 11.2 列出了 Cu、Al 和共晶 SnPb 中与电迁移行为相关的熔点和扩散系数。

Cu 和 Al 的扩散系数是根据面心立方金属的 log D vs T_m/T 图中的以下方程计算的[9]：

$$\begin{cases} D_l = 0.5\exp(-34T_m/RT) \\ D_{gb} = 0.3\exp\left(-\dfrac{17.8T_m}{RT}\right) \\ D_s = 0.014\exp(-13T_m/RT) \end{cases} \tag{11.1}$$

式中，D_l、D_{gb} 和 D_s 分别为晶格扩散系数、晶界扩散系数和表面扩散系数，T_m 为熔点，$34T_m$、$17.8T_m$ 和 $13T_m$ 的单位为 cal/mole。从表 11.2 可以看出，在 100℃时，Cu 和 Al 的晶格扩散系数都很小，Cu 的晶界扩散系数比 Cu 的表面扩散系数小 3 个数量级。在 350℃时，Cu 的表面扩散系数和晶界扩散系数的差异要小得多，表明不能忽略后者。表 11.2 给出的共晶 SnPb(非面心立方金属)在 100℃时的晶格扩散系数是合金中 Pb 和 Sn 示踪剂扩散系数的平均值。它在很大程度上取决于共晶样品的片层微观结构。由于直径为 100μm 的焊点通常具有几个大晶粒，因此较小的扩散系数更适合考虑。在 100℃下，Cu 的表面扩散系数、Al 的晶界扩散系数和焊料的晶格扩散系数实际上相当接近。要比较金属中这三种扩散传递的原子通量，应该用扩散系数乘以它们对应的扩散路径截面积，结果是一样的。

表 11.2　Al、Cu 和共晶 SnPb 的熔点和扩散系数

	熔点/K	温度比例 373K/T_m	100℃时的扩散系数/(cm^2·s)	350℃时的扩散系数/(cm^2·s)
Cu	1356	0.275	晶格 $D_l=7\times10^{-28}$ 晶界 $D_{gb}=3\times10^{-15}$ 表面 $D_s=10^{-12}$	$D_l=5\times10^{-17}$ $D_{gb}=5\times10^{-17}$ $D_s=10^{-8}$
Al	933	0.4	晶格 $D_l=1.5\times10^{-19}$ 晶界 $D_{gb}=6\times10^{-11}$	$D_l=10^{-11}$ $D_{gb}=5\times10^{-7}$
共晶 SnPb	456	0.82	晶格 $D_l=2\times10^{-9}$ 至 2×10^{-10}	熔化状态 $D_l>10^{-5}$

表 11.2 还给出了器件工作温度为 100℃时 Cu、Al 和焊料的同源温度，分别为 0.25、0.5、0.82。焊料的均匀温度非常高。这意味着焊点在器件中的应用将受到焊料高温性能的影响，或者受到扩散等热激活过程的影响。例如，在器件工作温度下，焊点的机械性能会受到蠕变的极大影响。这是在研究焊点的机械性能和其他物理性能时要记住的非常重要的一点。

在面心立方金属如 Al 和 Cu 中，原子扩散是由空位介导的。当铝原子的通量由电迁移驱动到阳极时，它需要空位的通量以相反的方向进入阴极。如果能阻止空位通量，就能阻止电迁移。为了保持空位通量，必须从空位来源处不断提供空位。因此，我们可以通过消除空位的来源或供应来阻止空位的流动。在金属互连中，位错和晶界是空位的来源，但自由表面通常是最重要和最有效的空位来源。对于 Al，它的天然氧化物具有保护性，这意味着金属与其氧化物之间的界面不是空位的良好来源或湮灭处。Sn 也是如此。因此，Al 和 Sn 没有作为空位源和汇集的自由表面。当要去除空位而不补充或在没有有效汇集的情况下添加空位时，无法维持平衡的空位浓度，因此会产生背应力。11.7 节将讨论这个话题。

如果原子通量或相反的空位通量在互连中是均匀连续的，即阳极可以供应空位，阴极可以连续接受空位，并且阴极和阳极之间不存在通量发散，空位浓度在所有位置都处于平衡状态，那么就不会出现电迁移引起的空洞和挤压形成等损伤。换句话说，在没有质量通量发散的情况下，当原子和空位的通量能够均匀地通过互连时，互连中不会发生电迁移损伤。因此，原子或质量通量发散是实际器件中发生电迁移失效的必要条件。最常见的质量通量发散于三个晶粒晶界的交汇处，也是不同材料之间的界面。由于倒装焊点有两个界面，一个在阴极，另一个在阳极，它们是常见的失效部位，特别是阴极界面，在那里发生空位的累积导致空洞的形成。然而，在第 12 章关于电迁移引发的失效中，将强调质量通量发散是结构失效的必要但不充分条件；要发生结构破坏，必须考虑是否存在晶格平面移位。

综上所述，电迁移涉及原子通量和电子通量。当考虑到电迁移损伤时，它们在互连中的分布是最重要的考虑因素。在两者分布均匀的区域，会出现电迁移，但由于缺乏通量发散，不会出现电迁移引起的损伤。

关于原子通量或空位通量，第一个重要的因素是表 11.2 所示的温度标度。原子扩散必须是热激活的。第二个重要的因素是互连结构的设计和加工。互连中不均匀的通量分布或散度发生在晶界三点和界面等微结构不规则处，它们是诱发失效的部位。第三个重要的因素是空位和点阵平面运动的来源和汇集。第 12 章将讨论微观结构、溶质和应力对 Al 和 Cu 互连中电迁移影响的物理分析。第 15 章将对基于电迁移导致倒装焊点中空洞形成的统计平均失效寿命(MTTF)进行分析。

关于电子通量，电流密度必须足够高才能发生电迁移。因为器件中的场效应管是通过脉冲直流电通的，所以只考虑直流电下的电迁移和基于晶体管的器件(如计算机)的脉冲电流。虽然在直线上会有均匀的电流分布，但在导线转弯的角落、电导率变化的界面以及金属基体中的空洞或沉淀周围，会出现不均匀的电流分布或电流拥挤。

人们已经广泛观察到，电迁移引起的损伤往往发生在低电流密度区域，而不是在高电流密度区域。这与在亨廷顿(Huntington)电子风力模型基础上得出的结论不符。为了解释这种差异,需要考虑一种新的电迁移驱动力,即电流密度梯度力,这将在11.10节中讨论。

在倒装焊点中,影响电迁移的最重要因素之一是独特的线到凸点的几何形状,从线到凸点,电流密度发生非常大的变化,进而导致线和凸点之间的接触处有很大的电流拥挤。第15章将讨论电流拥挤对倒装焊点中电迁移引起的损伤的影响。

11.4 电迁移的电子风力

作用在扩散原子(离子)上的电场力为[1]

$$F_{em}=Z^{*}eE=(Z_{el}^{*}+Z_{wind}^{*})eE \tag{11.2}$$

式中,e为电子的电荷,E为电场,Z^{*}为电迁移的有效电荷数,由Z_{el}^{*}和Z_{wind}^{*}组成。当忽略动态屏蔽效应时,Z_{el}^{*}可视为金属中扩散离子的标称价态,负责电场效应,$Z_{el}^{*}eE$称为直接力,在反对电子流动的方向。取Z_{el}^{*}的大小为金属原子的标称价电子数。Z_{wind}^{*}是一个假设的电荷数,表示电子与扩散之间的动量交换效应,而$Z_{wind}^{*}eE$称为电子风力,与电子流的方向相同。一般来说,对于良导体,Z_{wind}^{*}的数量级为10,因此电子风力远大于金属中电迁移的直接力。因此,在电迁移中,原子扩散的增强通量与电子流的方向相同。

为了理解电子风力,图11.5(a)描绘了面心立方晶格结构中阴影Al原子和相邻空位沿〈110〉方向交换位置之前的构型。它们有四个最近的共同邻居,包括由虚线圆圈所示的两个,一个在紧密排列的原子平面的顶部,另一个在底部。当阴影原子向图11.5(b)所示的空位扩散一半时,它处于激活状态,位于鞍点上,同时取代了四个最邻近的原子。由于鞍点不是晶格周期性的一部分,因此鞍点位置的原子脱离了其平衡位置,将经历更大的电子散射。因为邻近的原子也会发生位移,所以包括扩散原子和邻近原子在内的原子簇对电流电阻的贡献会比普通晶格原子大得多。因此,扩散原子经历更大的电子散射和更大的电子风力,这将把它推向平衡位置(空穴),以减小电阻。原子的扩散在电子流的方向上得到加强。所以强调,扩散原子将经历电子风的力,不仅仅是在鞍点,而是在扩散的整个跳跃路径中从头到尾都要经历电子风。

为了估计电子风力,Huntington和Grone[1]提出了散射过程的弹道方法。该方法假定由于扩散原子的散射,单位时间内自由电子从一种自由电子状态向另一种自由电子状态的跃迁概率。力,即单位时间内的动量转移,是通过对散射电子的初始和最终状态求和计算的。该模型的逐步推导在附录C中给出。下面给出一个简单的推导。

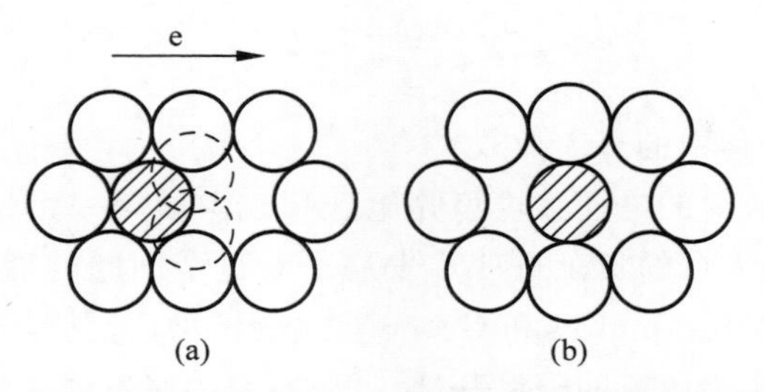

图 11.5　在激活状态下，它具有非常大的散射截面

在电子被扩散原子弹性散射期间，系统动量是守恒的。电子动量在输运方向上的平均变化等于 $m_e\langle v\rangle$，而不是 $2m_e\langle v\rangle$。式中，m_e 是电子质量，$\langle v\rangle$ 是电子在电流流动方向上的平均速度。这是因为原子在运动。由散射引起的作用于移动离子的力为

$$\boldsymbol{F}_{wd}=\frac{m_e\langle v\rangle}{\tau_{col}} \tag{11.3}$$

式中，τ_{col} 为两次碰撞时间的平均时间间隔，则每单位体积电子每秒向扩散离子损失的净动量为 $nm_e\langle v\rangle/\tau_{col}$，而作用在单个扩散离子上的力为

$$\boldsymbol{F}_{wd}=\frac{nm_e\langle v\rangle}{\tau_{col}N_d} \tag{11.4}$$

式中，n 为电子密度，N_d 为扩散离子的密度。电子电流密度可以写成

$$j=-ne\langle v\rangle \tag{11.5}$$

将式(11.5)中的$\langle v\rangle$代入式(11.4)，得到

$$\boldsymbol{F}_{wd}=-\frac{m_e j}{e\tau_{col}N_d}=-\frac{m_e}{ne^2\tau_{col}}\frac{neE}{\rho N_d}=-\left[\frac{\rho_d}{N_d}\right]\left[\frac{n}{\rho}\right]eE \tag{11.6}$$

式中，$\rho=E/j$ 为导体的电阻率，$\rho_d=m/ne^2\tau_{col}$ 为扩散原子引起的金属电阻率，E 为外加电场。

除了电子风力，电场 E 还会对扩散离子产生一个直接的力，

$$F_d=Z_{el}^*eE \tag{11.7}$$

式中，当忽略离子周围的动力学散射效应时，Z_{el}^* 可视为金属离子的标称价。所以总力将为

$$F_{EM}=\left[Z_{el}^*-Z\left[\frac{\rho_d}{N_d}\right]\left[\frac{N}{\rho}\right]\right]eE \tag{11.8}$$

式中，N 是导体的原子密度，使用 $n=NZ$。式(11.8)可写成

$$F_{EM}=Z^*eE \tag{11.9}$$

以及

$$Z^* = \left[Z_{\text{el}}^* - Z\left[\frac{\rho_{\text{d}}}{N_{\text{d}}}\right]\left[\frac{N}{\rho}\right]\right] \tag{11.10}$$

Z^* 称为离子在电迁移中的有效荷数。

基于电子弹道散射的电迁移模型是电迁移现象的第一个也是最简单的方法。迄今为止，众多研究人员的贡献进一步发展了对这个问题的理论认识。尽管有了这些理论上的发展，Huntington 和 Grone 建立的模型，特别是电迁移的漂移速度，几乎是所有电迁移实验研究的理论基础。例如，将漂移速度取为

$$v_{\text{d}} = MF = \frac{D}{kT}Z^* ej\rho \tag{11.11}$$

这表明，如果用短条测量漂移速度，并且知道扩散系数 D，就能够计算出 Z^*。

上面的模型表明，有效电荷数可以用扩散原子和正常晶格原子的比电阻率给出，

$$Z_{\text{wd}}^* = -\frac{\dfrac{\rho_{\text{d}}}{N_{\text{d}}}}{\dfrac{\rho}{N}}\frac{m_0}{m^*} \tag{11.12}$$

式中，$\rho = m_0/ne^2\tau$ 和 $\rho_{\text{d}} = m^*/ne^2\tau_{\text{d}}$ 分别为平衡晶格原子和扩散原子的电阻率；m_0 和 m^* 分别是自由电子质量和有效电子质量，我们可以假设它们相等；而 τ 和 τ_{d} 分别是晶格原子和扩散原子的弛豫时间。在面心立方晶格中，沿⟨110⟩方向有 12 条等效的跃迁路径。对于给定的电流方向，扩散原子的平均比电阻率必须以 1/2 的系数进行修正。通过改写式(11.10)，得出

$$Z^* = -Z\left[\frac{1}{2}\frac{\dfrac{\rho_{\text{d}}}{N_{\text{d}}}}{\dfrac{\rho}{N}}\frac{m_0}{m^*} - 1\right] \tag{11.13}$$

式中，Z_{el} 取为 Z，即金属原子的标称价电子。这是电迁移有效电荷数的 Huntington 和 Grone 方程。要计算 Z^*，需要知道扩散原子的比电阻率，或者它与晶格原子的比电阻率的比值。

11.5 有效电荷数的计算

如果假设金属中原子的比电阻率与散射的弹性截面成正比，而散射的弹性截面又假设与偏离平衡的平均平方位移成正比，或者⟨x^2⟩，则可以从原子振动的爱因斯坦模型中估计出正常晶格原子的截面，其中每个模态的能量为

$$\frac{1}{2}m\omega^2\langle x^2\rangle=\frac{1}{2}kT \tag{11.14}$$

式中,乘积 $m\omega^2$ 为振动的力常数,m 和 ω 分别为原子质量和角振动频率。为了得到扩散原子的散射截面$\langle x_d^2\rangle$,假设如图 11.5(b)所示的原子及其周围的原子已经获得了与温度无关的扩散运动能 ΔH_m,

$$\frac{1}{2}m\omega^2\langle x_d^2\rangle=\Delta H_m \tag{11.15}$$

最后两个方程的比值给出了散射截面的比值,

$$\frac{\langle x_d^2\rangle}{\langle x^2\rangle}=\frac{2\Delta H_m}{kT} \tag{11.16}$$

可以看出,该比值随温度成反比关系。这种依赖性来自于一个众所周知的事实,即正常金属的电阻率在高于德拜温度时随温度线性变化。将最后一个方程代入 Z^* 方程,得到

$$Z^*=-Z\left[\frac{\Delta H_m}{kT}\frac{m_0}{m^*}-1\right] \tag{11.17}$$

在上述方程中,当测量面心立方金属中 12 个⟨110⟩路径中在给定方向(即电子流方向)上平均跃迁的概率时,1/2 的数值因子被取消。现在,通过使用式(11.17),可以在给定温度下计算出 Z^* 的值。Z^* 的计算值与 Au、Ag、Cu、Al 和 Pb 的测量值相当一致,见表 11.3。例如,在 480℃时,测量和计算的 Al 的 Z^*(取 $H_m=0.62$ 电子伏每原子数) 分别约为−30 和−26。计算出 Au 的 Z^* 的温度依赖性也与实测值吻合得很好,如图 11.6 所示。

表 11.3　Z^* 的测量值与计算值比较

金属	Z^* 的测量值	温度/℃	ΔH_m/eV	Z^* 的计算值
一价				
Au	−9.5～−7.5	850～1000	0.83	−7.6～−6.6
Ag	−8.3±1.8	795～900	0.66	−6.2～−5.5
Cu	−4.8±1.5	870～1005	0.71	−6.3～−5.4
三价				
Al	−30～−12	480～640	0.62	−25.6～−20.6
四价				
Pb	−47	250	0.54	−44

大致来说,可以从图 11.5(b)中看到,在激活状态下扩散原子的散射截面约为 10 个原子,因此它的有效电荷数将近似等于 10Z,式中 Z 是它的标称价数,因此得到铜(贵金属)、铝和铅(或锡)的 Z^* 的数量级分别为−10、−30 和−40。

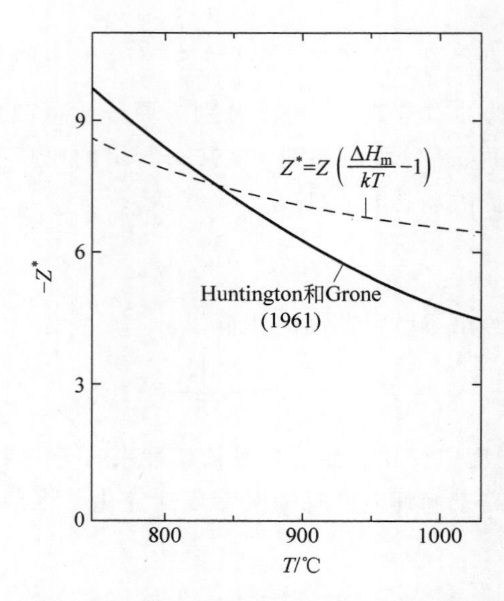

图 11.6　计算金的 Z^* 的温度依赖性，这与实测值吻合得很好

11.6　背应力的影响及临界长度、临界积、有效电荷数的测量

图 10.6 描述了在 TiN 基线上图案化的短铝条带的示意图。在短条带的电迁移中，高电流密度的电子从左向右移动，并将 Al 原子从阴极传输到阳极，导致阴极耗尽或空洞形成，阳极堆积或丘状形成。此外，研究还发现，在电迁移过程中，短条带越长，阴极侧的耗尽越多。但在临界长度以下没有观察到损耗，如图 11.3(a)[1,3] 所示。

损耗对 Al 条带长度的依赖可以用背应力的影响来解释。本质上，当电迁移将条带中的铝从阴极传输到阳极时，后者将处于压缩状态，前者处于张力状态。在 14.3 节将要讨论的应力固体平衡空位浓度的纳巴罗-荷尔图模型的基础上，与非应力区相比，拉伸区有更多的空位，压缩区有更少的空位，因此从阴极到阳极存在一个空位浓度递减的梯度，如图 10.7 所示。梯度诱导从阳极向阴极扩散的铝原子通量，与由阴极向阳极电迁移驱动的铝通量相反。空位浓度梯度取决于条带的长度，条带越短，梯度越大。在某一定义为临界长度的短处，梯度大到足以平衡电迁移，使阴极处不发生耗尽，阳极处不发生挤压。

在分析这种应力对电迁移的影响时，如 10.7.1 节所讨论的，通过将电力和机械力结合在原子扩散上，提出了不可逆过程。式(10.21)中计算出铝条的临界长度约为 3μm,属于正确的数量级,但由于晶界扩散的影响,小于 10～20μm 的实验值。

临界长度的温度依赖性可以通过将 Z^* 代入式(10.21)来检验,得到

$$\Delta x=\frac{\Delta\sigma\Omega}{-Z\left[\left(\frac{\Delta H_{\mathrm{m}}}{kT}\right)\left(\frac{m_0}{m^*}\right)-1\right]ej\rho} \tag{11.18}$$

对于在德拜温度以上电阻率随温度线性增加的普通金属,最后一个方程表明,只要 $\Delta H_{\mathrm{m}}\gg kT$ 可以去掉分母中的单位,则临界长度对温度相当不敏感。

一方面,为了计算有效电荷数,假设测量了 x 和 σ,这里可以使用式(10.21);另一方面,如果使用很长的条带并忽略背应力效应并测量漂移速度,得到

$$v_{\mathrm{d}}=MF=\frac{D}{kT}Z^*ej\rho=\frac{D_0}{kT}\exp\left(-\frac{Q}{kT}\right)Z^*ej\rho \tag{11.19}$$

这表明,如果知道扩散系数 D,就能够计算 Z^*。此外,如果测量几个温度下的漂移速度,就可以取最后一个方程的自然对数 ln,得到

$$\ln(v_{\mathrm{d}}T)=\ln\left(\frac{D_0}{k}eZ^*j\rho\right)-\frac{Q}{kT} \tag{11.20}$$

因此,通过绘制 $\ln(v_{\mathrm{d}}T)$ 与 $1/kT$,可以确定电迁移中扩散过程的活化能。

11.7 为什么在铝互连中存在背应力

虽然 Blech 结构广泛使用于铝条电迁移的实验研究中,但背应力的来源一直是一个问题。如果用刚性壁限制的短条带,如图 11.7 所示,可以很容易地想象由电迁移引起的阳极压应力。在阳极处固定或恒定体积的 V 中,由于电迁移导致的添加原子或添加 ΔV,进而导致的应力改变为

$$\Delta\sigma=-B\frac{\Delta V}{V}=-B\frac{\frac{\Delta V}{\Omega}}{\frac{V}{\Omega}}-B\frac{\Delta C}{C} \tag{11.21}$$

式中,B 是体积模量,Ω 是原子体积。负号表示应力为压应力。换句话说,是把原子体积加到固定体积中。假设固定体积中的晶格平面不能移动,如果固定体积不能膨胀,就会产生压应力。当越来越多的铝,例如 n 个铝扩散到体积 V 中时,式(11.21)中的应力增大。理论上,固定体积意味着恒定体积的约束。因此,关于背应力起源的隐式假设就是定容约束的假设。在铝短条带中为什么有这样的约束将在下面解释。

在限定在刚性壁上的固定体积中,如果不允许晶格位移,则压应力随着原子的加入而增加。然而,在短条带实验中,除了天然氧化物,没有刚性壁覆盖铝条。如

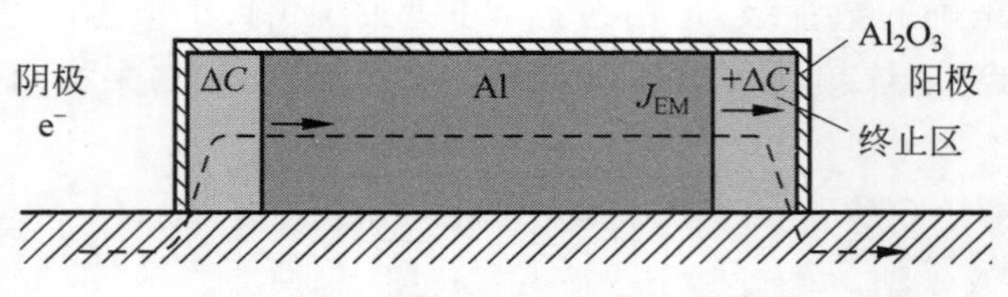

图 11.7　被刚性墙壁限制的短条带

果天然氧化物不是刚性壁，那么背应力是如何在阳极处积聚起来的呢？

5.3.2 节 1 提到，在 a 和 B 的体扩散偶对中相互扩散的经典柯肯德尔效应中，虽然更多的 A 原子扩散到 B 中，但在分析 Darken 的互扩散模型时没有假设应力。由于有更多的 A 原子扩散到 B 中，根据上文给出的恒体积论证，可以预期 B 中会存在压应力。然而，Darken 做了一个关键的假设，即空位浓度在任何地方都处于平衡状态。空位（或空置的点阵位）可以根据需要在样品中产生和/或湮灭，导致点阵移位；换句话说，点阵位和点阵平面可以迁移出固定体积，因此不会产生应力，也不会形成空洞。因此，如果假设恒定体积的约束，必须允许多余的点阵位和点阵平面迁移出体积，这样就不会产生应力。否则，应力就会累积起来。

对铝短条中背应力的合理解释是，由于铝薄膜表面有一种天然的保护性氧化物，天然氧化物从表面移除了空位的源和汇。因此，当电迁移驱动原子进入阳极区域时，如果没有空位源补充，空位的向外扩散会迅速降低阳极区域的平衡空位浓度。此外，如果氧化物束缚住晶格平面的末端并阻止其移动，则会产生压应力。这种氧化物是有效的，因为铝膜很薄。这是铝互连中背应力产生的基本机制。

在上述讨论的基础上，背应力的来源，反过来是铝短条中临界产物或临界电迁移长度的存在，取决于样品中表面氧化物空位的来源和吸收的有效性及晶格位移。如果源和汇是有效的，晶格位移可以发生，就像 Darken 互扩散模型的假设一样，就不会有背应力，也不会有电迁移的临界产物。

电子风力被认为是原子扩散的驱动力，而后者是一个热激活的过程。从理论上讲，即使在 1K 时，原子扩散也可以发生，只是交换跳变的概率或频率将无穷小，电迁移也是如此。然而，在真正器件中，值得关注的不是电迁移本身，而是电迁移引起的结构损伤，而且这种损伤不应在器件的使用寿命内发生。Blech 短条结构能够在阴极看到电迁移引起的空洞损伤以及在阳极处形成丘状结构。实际上，铝短条带存在一个阈值电流密度、一个背应力和一个临界长度，但由于薄膜铝短带表面的氧化物，它们是独一无二的。对于 Cu 互连来说，情况就不同了，因为它没有保护氧化物。

应力的本质是能量密度，密度函数服从连续性方程，因此电迁移在短条带中应力积累的时间依赖性可以通过求解连续性方程得到，可以从上一个方程将 ΔC 转

换为 $\Delta\sigma$，

$$\frac{C}{B}\frac{\partial\sigma}{\partial t}=-\frac{D}{kT}\frac{\partial^2\sigma}{\partial x^2}-\frac{D}{BkT}\left(\frac{\partial\sigma}{\partial x}\right)^2-\frac{CDZ^*eE}{BkT}\frac{\partial\sigma}{\partial x} \tag{11.22}$$

有限条带的解和应力随时间累积作为时间函数的方式如图 11.8 所示[10-11]。显然，在电迁移开始时，背应力沿着条带的长度是非线性的，用曲线表示。实际上，堆积是不对称的，因为阴极处的流体静拉应力很难形成。

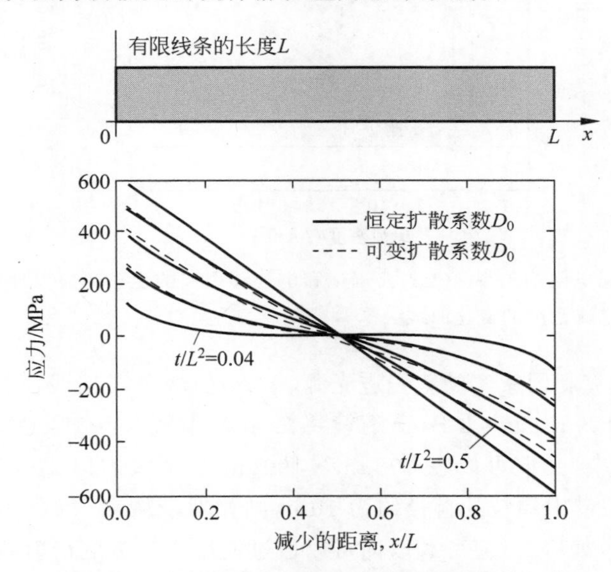

图 11.8　有限条带的解和应力随时间累积的方式

11.8　电迁移引起的背应力的测量

对电迁移过程中背应力铝条带的测量已经进行了认真的研究。这不是一件容易的事，因为条带又薄又窄；通常，它只有几百纳米厚，几微米宽，所以强度非常高，而且需要聚焦 X 射线束，才能精确测量铝晶粒中的晶格参数。

利用同步辐射的微束 X 射线衍射技术已被用于研究背应力。Cargill 等[12]利用来自布鲁克海文国家实验室同步加速器光源（NSLS）的 10μm×10μm 光束的白色 X 射线研究纯铝系中电迁移引起的应力分布。该线路长 200μm，宽 10μm，厚 0.5μm，顶部为 1.5μm 的 SiO_2 钝化层，底部为 10nm 的 Ti/60nm 的 TiN 分流层，两端为 0.2μm 厚的 W 焊片，用于连接线路与触点焊片。电迁移测试在 260℃下进行。稳态电阻增加率 $\delta(\Delta R/R)/\delta t$ 和电迁移引起的稳态压应力梯度 $\delta\sigma EM/\delta x$ 随电流密度的变化结果如图 11.9 所示。在阈值电流密度 j_{th} 为 $1.6\times10^5\,A/cm^2$ 以下没有电迁移发生。在阈值电流密度以下，电迁移引起的稳态应力梯度随电流密度线性增加，其中电子风力被机械力抵消，因此未观察到电迁移漂移。

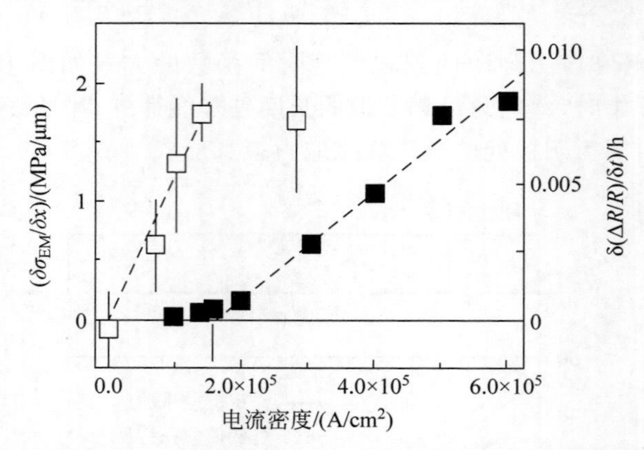

图 11.9　稳态电阻增加率 $\delta(\Delta R/R)/\delta t$ 和电迁移引起的稳态压应力梯度 $\delta\sigma EM/\delta x$ 随电流密度的变化曲线

劳伦斯·伯克利国家实验室先进光源（ALS）的微束 X 射线衍射装置能够通过一对椭圆弯曲的 Kirkpatrick-Baez 透镜将白光 X 射线（6～15keV）聚焦到 0.8～1μm。在该设备中，光束可以在 100μm×100μm 的区域内以 1μm 的步长进行扫描[13-14]。如果条带中颗粒的直径约为 1μm，则相对于微束，每个颗粒都可以视为单晶。结构信息，如应力/应变和取向可以通过使用白束劳厄衍射获得。利用大面积（9cm×9cm）电荷耦合器件（CCD）探测器，在 1s 以上的曝光时间下采集劳厄图，并由此推导出每个被照射颗粒的取向和应变张量，并通过软件显示出来。白色微束劳厄技术的分辨率为 0.001%的应变。此外，可以在光束中插入一个四晶单色仪，产生用于衍射的单色光。结合白光和单色光束衍射，就能够确定每个晶粒中的总应变-应力张量。MacDowell 等已经介绍扫描 X 射线微衍射（μSXRD）的技术和应用[13]。

Wang 等[12]利用原位同步辐射微束 X 射线衍射在 ALS 上研究了 Al-0.5wt.%Cu 互连中电迁移早期的瞬态应力状态。线的尺寸为 4.1μm 宽，30μm 长，0.75μm 厚。该线夹在顶部 10nm Ti 和底部 45nm Ti 之间，并有 0.7μm SiO_2 钝化层。线的两端通过 W 过孔连接到接触垫上。电迁移是在 224℃下进行的，电流密度为 1×10^6 A/cm^2，持续时间为 25h。利用微米级白光扫描的 X 射线微衍射劳厄图表征了活性位错滑移系统作为应力函数的多角化及阴极和阳极区域晶粒的旋转。电迁移引起的晶粒塑性变形导致劳厄点的扩大，这是由于形成亚晶界所需几何位错的多边形化而导致的弯曲。对劳厄斑点展宽模式的分析可以识别产生弯曲的主动位错滑移系统。位错是边缘型的，并且在相对于当前流动方向的5°范围内定向。有人提出，以这种方式排列的位错是为了尽量降低位错的电阻。

值得一提的是，虽然观察到位错滑移，但在电迁移下没有发现太多的位错爬升。而空位产生、湮灭和晶格移位引起的应力松弛则需要位错爬升。缺乏位错爬升的现象表明，电迁移引起的背应力会随着时间的推移在Al(Cu)互连中逐渐增加。施加应力25h后，发现应变高于弹性极限，并发生塑性变形。

在器件工作温度下，Cu大马士革结构中的电迁移是否存在背应力尚未得到证实。如果在Cu大马士革结构中发生电迁移，那么需要一个由表面扩散引起的结构主体中背应力产生的机制。如果没有保护表面氧化物，Cu就会发生表面扩散，这意味着表面是一个很好的空位源和汇集。

11.9　电流拥挤

VLSI技术中的互连是三维多层结构。当电流转向时，例如在三维结构中的过孔处，电流从一个互连层传递到另一个互连层，就会发生电流拥挤，并显著影响电迁移。假设空位和溶质原子等缺陷在高电流密度区比在低电流密度区具有更高的电势。高电流密度区空位和溶质原子的平衡浓度低于低电流密度区。电流拥挤区的电位梯度提供了一种驱动力，将这些多余的缺陷从高电流密度区推到低电流密度区。因此，孔洞倾向于在低电流密度区，而不是在高电流密度区形成。换句话说，在三维互连中，失效往往发生在低电流密度区域。

图11.10(a)是著名的Blech电迁移短条带测试结构的横截面示意图。假设电子从左边(阴极)向右边(阳极)移动。TiN基线电阻比短Al条带的高，因此电子将从TiN绕道进入Al，因为后者是更好的导体。在电流进入或离开Al的区域，会发生电流拥挤。对条带左半部分的电流拥挤进行模拟，如图11.10(b)所示，其中箭头表示左上角及其邻近区域为低电流密度区域。显然，Al-TiN界面的左下角，即电流拥挤发生的地方，是高电流密度区域。

许多SEM图像显示，由于电迁移，在条带的阴极处形成了空洞。如图11.10(c)所示，如果在高电流密度区域的左下角有一个空洞成核并生长，由于空洞是一个开口，它将无法延伸到左上角的低电流密度区域，进入Al的电流将被推回阳极，才能耗尽整个阴极，空位必须走到低电流密度区域，所以空位必须从条带左端上角开始。

图11.11为W型过孔连接的两级Al互连结构截面示意图。同样假设电子从左向右移动，电流在通过过孔时发生拥挤。由于W中的原子扩散比Al中的原子扩散慢得多，W-Al界面是扩散的通量发散面，更多的Al原子离开。空位的反向通

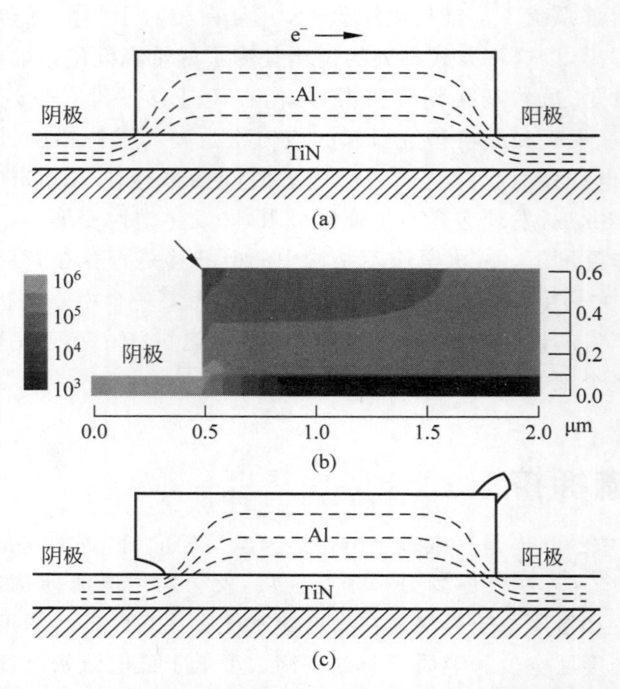

图 11.10 (a) 著名的 Blech-Herring 电迁移短条带测试结构的截面示意图；(b) 当前拥挤图的模拟；(c) 如果一个空洞在高电流密度区域成核并生长，它将不能完全耗尽阴极

量会导致界面附近的空位凝结。在 W 孔上方会形成一个空洞。当空洞的尺寸大到足以覆盖整个通孔时，就会发生电路开路。在微电子工业中，这被称为失效的磨损机制。非常有趣的是，业界采用的延迟磨损失效的方法是在 W 通孔上方增加一个 Al 互连的悬垂，如图 11.11 中的箭头和虚线所示。悬垂为空隙生长提供了额外的体积或储层，因此可以延长 MTTF。然而，在这种补救措施中隐含地假设空缺将进入悬垂的低电流密度区域。实际上，在悬垂中不存在电迁移。为什么空位会去那里？

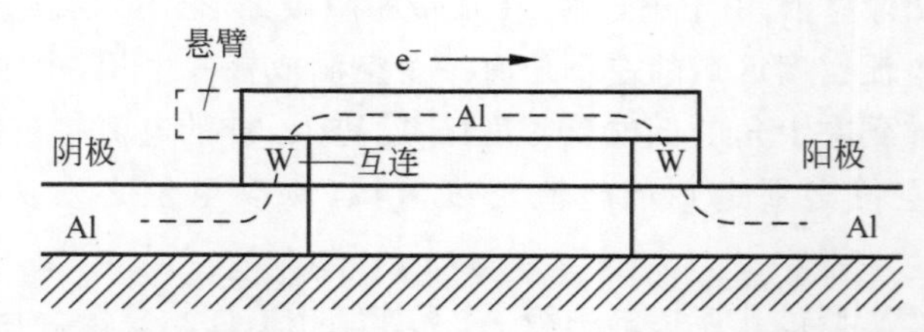

图 11.11 用 W 过孔连接的两级 Al 互连结构的截面示意图。延迟损耗失效的一种方法是在 W 孔上方增加一个 Al 互连的悬垂，如虚线所示

通常假定存在应力梯度来驱动图 11.10 中低电流密度区域的空位。这里应该检查左上角的空洞成核是否可以用应力迁移来解释。如果我们按照电子风力，空位被驱动到高电流密度区域(这里假设它处于张力状态)，在高电流密度和低电流密度区域之间产生空位的浓度梯度。后者可以假定为没有应力。应力梯度将驱动空位从高电流密度区向低电流密度区移动。那么问题来了：它会导致低电流密度区域形成空洞吗？由于假设了空位浓度梯度，所以高电流密度区域的空位浓度始终高于低电流密度区域。由于空穴成核需要空位过饱和，且高电流密度区域的空位浓度更高，因此假设空穴在低电流密度区域而不是高电流密度区域成核是不合理的。

根据电子风力，预计空位会进入 Al-W 界面的高电流密度区域并达到过饱和，并且在那里发生空洞成核，但这是不可能的，因为空洞的形成必须发生在低电流密度区域，否则悬臂梁不能被耗尽。

11.10 电迁移的电流密度梯度力

除了电迁移的电子风力，还需要另一种力，即电流密度梯度力，来解释低电流密度区域的空隙形成。这个力会在空位到达高电流密度区之前，将它们转移到低电流密度区。由于空位进入低电流密度区，空位的浓度可以达到过饱和，空洞可以在那里成核。

电流密度梯度力的存在是由于电流拥挤中电势梯度的存在[15-16]。在场论中，势能的梯度就是力，就像用化学势能的梯度来定义扩散的化学力，或者用应力势能的梯度来定义蠕变中的机械力一样。然而，原子间的电势梯度相当小，梯度力可以忽略不计，但由于空位的电阻大约是原子的 100 倍，因此空位上的电势梯度力很明显。

假设空位和溶质原子等缺陷在高电流密度区的电势比在低电流密度区的高，电流拥挤区域的电位梯度提供了一种与电流流向垂直(或与电子风力垂直)的驱动力，将多余的缺陷从高电流密度区域推向低电流密度区域。因此，孔洞容易在低电流密度区域而不是在高电流密度区域形成。换句话说，在三维互连中，电迁移失败确实容易发生在低电流密度区域。

当电势作用于导体时，每个原子和空位的化学势能都会增加。因为缺陷的电阻要比晶格原子高得多，所以空位或溶质原子的势能增加要大得多。而且，这种增加与电流密度成正比。在高电流密度区域，空位会有更高的势能，因此高电流密度区域的空位浓度会降低。也就是说，在高电流密度区，空位的形成势能更高，所以浓度会更低，类似于第 6 章讨论的压应力区。

假设如图 11.10 所示的短条带的电迁移。在短条带的中间，电流密度是均匀的，并且有一个均匀的空位通量从阳极一侧向阴极一侧移动。接近阴极端时，电流将转向进入 TiN 基线，发生电流拥挤。当空位跟随高电流密度时，相对于均匀区域中的空位，其势能增加，平衡浓度降低。电势梯度会将多余的空位从高电流密度区推到低电流密度区。低电流密度区比均匀区有更高的平衡空位浓度。下面给出定量分析。

为了设想使空位从高电流密度区向低电流密度区移动的驱动力，假设单晶铝条，并假设铝晶格中的空位具有 ρv 的比电阻率，比电阻率可能取决于焦耳热引起的电流密度，因为电阻率取决于温度。但是，为了简单起见，这里忽略温度效应，并假设比电阻率与电流密度无关，以便进行下面的简单分析。由于空位是晶格缺陷，可以把其比电阻率看作是超过晶格原子的多余电阻。在电流密度为 j_e 的电迁移下，横跨空位会出现一个 j_eAR_v 的电压降，式中，a 为空位的横截面面积，R_v 为空位的电阻。从能量的角度来看，可以认为空位在周围晶格原子之上具有 j_eAR_v 的电势。知道了空位的电荷，就有了空位在 j_e 电流密度下的势能。设空位的电荷为 $Z^{**}e$，式中，Z^{**} 是空位的有效荷数，e 是电子的电荷；我们有一个空位在电流密度下的势能 $P_v=Z^{**}ej_eAR_v$。

如果假设在没有电流的情况下晶体中的平衡空位浓度($j_e=0$)为 C_v，

$$C_v=C_0\exp\left(-\frac{\Delta G_f}{kT}\right) \tag{11.23}$$

式中，C_0 是晶体的原子浓度，ΔG_f 是空位的形成能。对晶体施加电流密度 j_e 时，空位浓度将降为

$$C_{ve}=C_0\exp\left(-\frac{\Delta G_f+Z^{**}ej_eAR_v}{kT}\right) \tag{11.24}$$

在均匀的高电流密度下，晶体中的平衡空位浓度降低。换句话说，电流不喜欢任何过量的高阻障碍(或缺陷)，而倾向于摆脱它们，直到达到平衡。当存在电流密度梯度时，如在电流拥挤中，就会存在这样做的驱动力，

$$F=-\frac{\mathrm{d}P_v}{\mathrm{d}x} \tag{11.25}$$

这个力驱使多余的空位沿与电流垂直的方向扩散。现在，如果回到图 11.10(a)，假设短条带中的电迁移通量，在短条带中间部分，电流密度是恒定的，因此铝原子从左向右移动的通量是恒定的，空位从右向左移动的通量是平衡的。表面或衬底附近的少数空位可能逃逸到表面或衬底界面，但维持式(11.24)给出的浓度。当空位通量接近阴极并进入电流拥挤区时，一些空位变得多余，并且将它们转移到低电流密度区的力开始发挥作用。因此，空位通量的一部分向与电流垂直的方向移动，

$$J_{cc}=C_{ve}\left(\frac{D_v}{kT}\right)\left(-\frac{dP_v}{dx}\right) \tag{11.26}$$

式中，D_v/kT 是迁移率，D_v 是晶体中空位的扩散系数。由于电迁移，从阳极到阴极的空位通量是恒定的，所以向阴极移动的空位总通量由两个分量的和给出，

$$\boldsymbol{J}_{sum}=\boldsymbol{J}_{em}+\boldsymbol{J}_{cc}=C_{ve}\left(\frac{D_v}{kT}\right)\left(-Z^*eE-\frac{d\boldsymbol{P}_v}{dx}\right) \tag{11.27}$$

式中，第一项是由于电流密度(电子风力)驱动的电迁移，第二项是由于电流密度梯度力驱动的电流拥挤。在第一项中，Z^* 是扩散的Al原子的有效荷数，$E=j_e\rho$(式中 ρ 是Al的电阻率)。注意，这里假设空位通量相反，但等于Al通量。另外，需要注意的是，式(11.27)中的和是矢量和；第一项是沿电流方向，第二项是垂直于电流方向。换句话说，空位是由电流拥挤区域的两种力驱动的。如图11.12所示，由于电流在电流拥挤区域发生转弯，因此 J_{sum} 的方向随位置变化。显然，为了解开电流拥挤区域中力的大小和分布，需要进行详细的模拟。

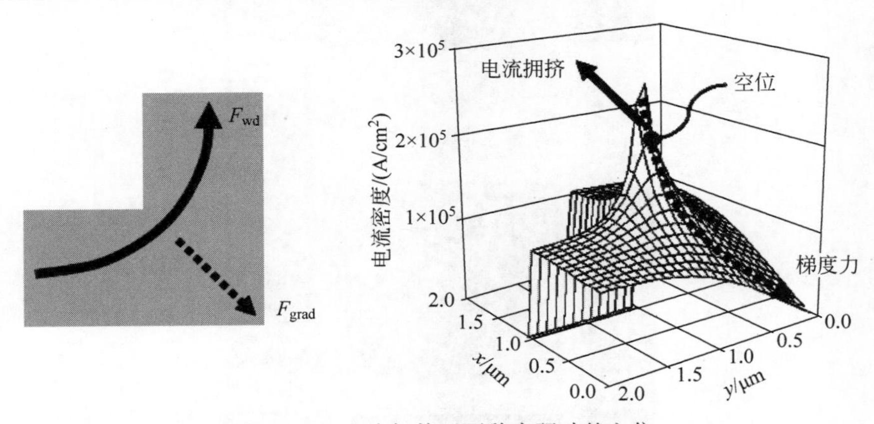

图11.12 电流拥挤区两种力驱动的空位

我们关注的是梯度力的大小。如果通过条带施加 10^5 A/cm^2 的电流密度，并假设电流密度在 1μm 的条带厚度上降为零，则梯度可以高达 10^9 A/cm^3。梯度力的大小与电子风力的大小相同。在如此大的梯度下，可能会存在高阶效应，但此时将其忽略。

11.11 β-Sn各向异性导体中的电迁移

白锡(β-Sn)具有本体为中心的四方晶体结构，其晶格参数为 $a=b=0.583$nm 和 $c=0.318$nm。其电导率为各向异性；沿 a、b 轴的电阻率为 13.25$\mu\Omega\cdot$cm，沿 c 轴

的电阻率为 20.27μΩ·cm。Lloyd 报道,在电流密度为 6.25×10^3 A/cm^2,温度为 150℃的电迁移中,发现 β-Sn 条带显示出高达 10%的电压降。白锡(熔融温度 $T_m=232$℃)中的电迁移值得关注,因为大多数无铅焊料是锡基,器件工作温度下的电迁移主要是通过晶格扩散发生的,这可能导致受其各向异性电导率影响出现明显的微观结构变化[17]。

图 11.13(a)和(b)分别为在 2×10^4 A/cm^2 下,在 100℃条件下电迁移 500h 时,锡条带在电迁移前后的 SEM 俯视图。从图中可以看出,电迁移后,有少量晶粒发生了旋转。

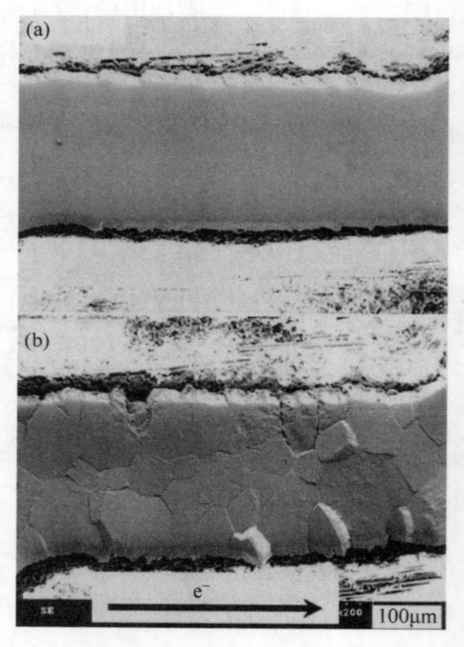

图 11.13 (a)和(b)在 2×10^4 A/cm^2、100℃下,电迁移 500h,锡条在电迁移前后的 SEM 俯视图(图片来源:C. R. Kao 教授)

如图 11.14 所示为 β-Sn 晶粒的截面示意图。它为体心四方结构,假设其 c 轴与 x 轴成角 θ,其 a 轴在图形平面上,与 x 轴成直角$(90°-\theta)$,其 b 轴垂直于图形平面。施加的电子电流密度 j 是沿 x 轴从左向右的。沿 a 轴和 b 轴的电阻率相同,且小于沿 c 轴的电阻率。由于电阻率的各向异性,电场 E 可以分别写成两部分。沿 a 轴的电场为 $E_a=\rho_a j_a$,沿 c 轴的电场为 $E_c=\rho_c j_c$,式中,j_a 和 j_c 分别是沿 a 轴和 c 轴的电流密度 j 的两个分量。

在各向同性材料中,如 Cu 或 Al,它们在所有轴上的电阻率相同;因此,$\rho_c j_c$ 的大小与 $\rho_a j_a$ 相同。这也意味着 $E_a=E_c$ 时,晶粒内的整体电场与电流流动方向

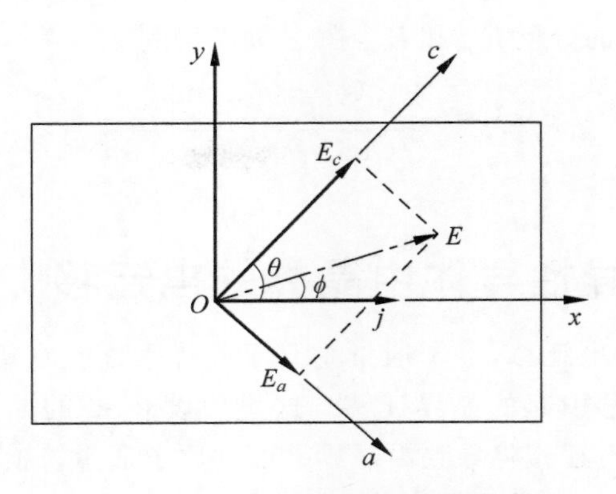

图 11.14　β-Sn 晶粒截面

j 一致。但是,由于各向异性材料(如 β-Sn)中 E_a 和 E_c 的量级不同,组合电场 E 与晶粒内 j 方向之间会有一个角 ϕ,如图 11.14 所示。这是各向异性导电材料的一个独特性质,分析研究 ϕ 如何影响电流和施加在晶粒上的电作用力之间的相互作用很重要。

在图 11.14 中,沿 a 轴和 c 轴的电流密度 j 的两个分量将是

$$j_a = j\sin\theta,\quad j_c = j\cos\theta \tag{11.28}$$

因此,沿这两个轴的电场将是

$$E_a = \rho_a j\sin\theta,\quad E_c = \rho_c j\cos\theta \tag{11.29}$$

总电场将是

$$E = \sqrt{E_a^2 + E_c^2} = \sqrt{(\rho_a j\sin\theta)^2 + (\rho_c j\cos\theta)^2} = j\sqrt{(\rho_a\sin\theta)^2 + (\rho_c\cos\theta)^2} \tag{11.30}$$

为了计算角度 ϕ 的大小,假设 E 的分量 E_a 和 E_c 在 y 轴上。从图 11.14 中,

$$E\sin\phi = E_c\sin\theta - E_a\cos\theta \tag{11.31}$$

通过重新排布得到

$$\sin\phi = \frac{E_c\sin\theta - E_a\cos\theta}{E} = \frac{(\rho_c j\cos\theta)\sin\theta - (\rho_a j\sin\theta)\cos\theta}{E} \tag{11.32}$$

式(11.30)代入 E,得到

$$\sin\phi = \frac{j[(\rho_c\cos\theta)\sin\theta - (\rho_a\sin\theta)\cos\theta]}{j\sqrt{(\rho_a\sin\theta)^2 + (\rho_c\cos\theta)^2}} \tag{11.33}$$

电流项 j 可以消去,代入 $2\sin\theta\cos\theta = \sin2\theta$,最后的方程变成

$$\sin\phi = \frac{(\rho_c - \rho_a)\sin2\theta}{2\sqrt{(\rho_a\sin\theta)^2 + (\rho_c\cos\theta)^2}} \tag{11.34}$$

类似地，如果假设 E 的分量 E_a 和 E_c，在 x 轴上得到

$$\cos\phi = \frac{(\rho_c - \rho_a)\sin 2\theta}{2\sqrt{(\rho_a \sin\theta)^2 + (\rho_c \cos\theta)^2}} \tag{11.35}$$

11.12 各向异性导体中晶界的电迁移

这里假设晶界的电迁移，电子通量垂直于晶界平面。在铝薄膜中晶界的情况下，已经观察到电迁移引起的晶界迁移。这里假设 β-Sn 的晶界，它是一种各向异性导体，我们将证明电迁移将导致沿晶界平面的原子通量。换句话说，沿着晶界的诱导原子通量是朝着与电子通量或电子风力垂直的方向运动的。

在图 11.15 中，描述了两个 β-Sn 晶粒之间的晶界的简单和几何上理想的情况；晶界 1 的右侧为 1 号晶界，左侧为 2 号晶界。假设在左边的晶粒 2，其晶体学 c 轴的方向是沿着电子电流的流动方向 j，电子电流的方向是由左向右的，用一个长箭头表示。进一步假设，右边的晶粒 1 的结晶学 a 轴也沿着电流流动方向。由于 β-Sn 沿 a 轴和 c 轴的电阻率和扩散系数不同，因此 c 轴(晶粒 2)和 a 轴(晶粒 1)上的电子风力和相应的空位通量不同：

$$J_{\mathrm{v}}^{c} = \frac{C_{\mathrm{v}}^{\mathrm{bulk}} D_{\mathrm{v}}^{c,\mathrm{bulk}}}{kT} Z^* e\rho^c j, \quad J_{\mathrm{v}}^{a} = \frac{C_{\mathrm{v}}^{\mathrm{bulk}} D_{\mathrm{v}}^{a,\mathrm{bulk}}}{kT} Z^* e\rho^a j \tag{11.36}$$

式中，J_{v}^{c} 和 J_{v}^{a} 分别是晶粒 2 沿 c 轴和晶粒 1 沿 a 轴的空位通量。下面是 Sn 原子沿这两个方向的扩散系数和电阻率的参考数据：

$$D^c = 5.0 \times 10^{-13}\ \frac{\mathrm{cm}^2}{\mathrm{s}}, \quad \rho^c = 20.3 \times 10^{-6}\ \Omega \cdot \mathrm{cm}$$

$$D^a = 1.3 \times 10^{-12}\ \frac{\mathrm{cm}^2}{\mathrm{s}}, \quad \rho^a = 13.3 \times 10^{-6}\ \Omega \cdot \mathrm{cm}$$

电迁移下的原子通量应该与电流方向一致。因此，空位的反通量从右向左流动，如图 11.15 中的两个短箭头所示。有效电荷 Z^* 被认为在两个方向上是相同的。由于 $D^c\rho^c < D\rho^a$，由式(11.36)可知，从晶粒 1 到晶粒 2 到达晶界的空位通量较大，而离开晶界进入晶粒 2 的空位通量较小。在晶粒 2 中，晶界处出现空位过饱和，晶界附近出现相应的拉应力。

如果假设 $d \times h \times \delta$ 晶界内的小体积，式中，d 为晶粒宽度，h 为晶粒高度，δ 为有效晶界宽度，在稳定状态下有通量的平衡或质量守恒，

$$\frac{C_{\mathrm{v}}^{\mathrm{bulk}} Z^* ej}{kT}(D_{\mathrm{v}}^{a,\mathrm{bulk}}\rho^a - D_{\mathrm{v}}^{c,\mathrm{bulk}}\rho^c) \times d \times h \cong D_{\mathrm{v}}^{\mathrm{GB}} \frac{C_{\mathrm{v}}^{\infty} - C_{\mathrm{v}}^{\mathrm{L}}}{h} \times d \times \delta \tag{11.37}$$

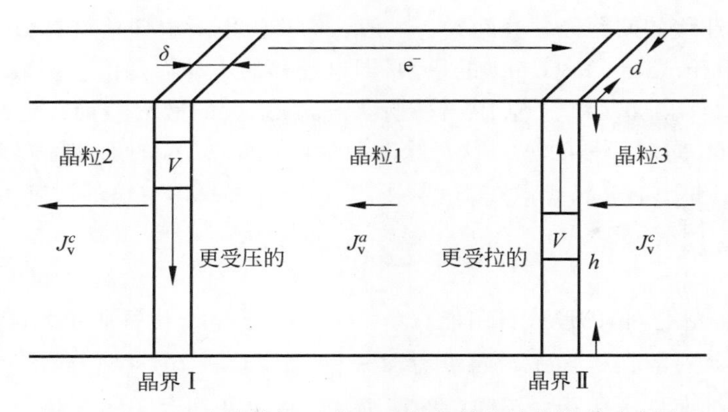

图 11.15　一个简单的、几何上理想的晶粒结构情况示意图

这个方程的第一项表示通过体扩散的通量的差值；方程的第二项表示空位通量的差值通过晶界扩散到达表面，因为表面是一个很好的空位汇/源。

由式(11.37)可知，空位浓度的差值可计算为

$$\frac{\Delta C_{\mathrm{v}}}{h} \cong \frac{C_{\mathrm{v}}^{\mathrm{bulk}} Z^{*} ej}{kT\delta D_{\mathrm{v}}^{\mathrm{GB}}}(D_{\mathrm{v}}^{a,\mathrm{bulk}}\rho^{a} - D_{\mathrm{v}}^{c,\mathrm{bulk}}\rho^{c}) \times h \tag{11.38}$$

$\Delta C_{\mathrm{v}} = C_{\mathrm{v}}^{\infty} - C_{\mathrm{v}}^{\mathrm{L}}$，式中，$C_{\mathrm{v}}^{\infty}$ 为自由表面平衡空位浓度，$C_{\mathrm{v}}^{\mathrm{L}}$ 为晶界空位浓度。因此得到了沿晶界的空位(或原子)通量，前提是晶界末端存在空位汇，空位汇可以是自由表面，也可以是空洞。再次注意，这个通量是在与电子通量垂直的方向上运动的。回想一下，这是原子或空位通量与电子通量垂直运动的第二种情况，第一种情况是由于 11.10 节中介绍的电流密度梯度。

如果我们将上述分析扩展到一个 c 轴晶粒夹在两个 c 轴晶粒之间的三粒结构，它将导致夹心结构中 c 轴晶粒的晶粒旋转。此外，上述分析也可以应用于相间界面。例如，如果假设倒装焊点中焊料与 Cu_6Sn_5 之间的界面，由于这两相的电阻率和扩散系数不同，因此在电迁移下沿界面会出现空位通量，电子流垂直于界面平面。这种界面通量可能导致界面的空洞形成和形态变化，这将在 15.4.3 节中讨论。

11.13　交流电迁移

互连中的电迁移通常是直流行为。一方面，在基于场效应管(FET)的计算机器件中，如动态随机存取存储器(DRAM)器件，晶体管的栅极是由脉冲直流电流接通和关断；另一方面，在大多数通信设备中，使用交流(AC)电。特别是在功率开关器件、射频和音频功率放大器中，在运行过程中会出现较大的 AC 摆动。AC 是

否会引起电迁移的问题经常会问到。一般认为交流电对电迁移没有影响。

遵循 Huntington 和 Grone 的模型，即电迁移的驱动力是由于扩散原子散射电子时的动量交换。扩散原子会脱离平衡状态，有很大的散射截面。如果考虑频率为 60Hz 或 60 周期每秒的 AC，这意味着散射将在 1/120s 的周期内反转一次。假设有空位的 Pb 中的晶格扩散在 100℃下，$1cm^3$ Pb 中平衡空位的浓度由下式给出：

$$\frac{n_v}{n}=\exp\left(-\frac{\Delta G_f}{kT}\right)$$

式中，ΔG_f 为晶格空位的形成自由能。令 $\Delta G_f=0.55$ 电子伏每原子数，得到 $n_v/n=10^{-7}$。如果取 $n=10^{22}$ 原子数每立方厘米，得到 $nV=10^{15}$ 空位每立方厘米，这表示这些空位都在试图跳跃。扩散中的连续跃迁受到频率因子的限制

$$\nu=\nu_0\exp\left(-\frac{\Delta G_m}{kT}\right)$$

式中，ν_0 是扩散原子的德拜频率或尝试跃迁频率，对于高于德拜温度的金属来说大约是 10^{13} Hz。假设 Pb 空位的无运动能 $\Delta G_m=0.55$ 电子伏每原子数，得到 $v=10^6$ 跃迁每秒。然后，在 1/120s 内，10～15 空位每立方厘米中的每一个都有大约 10^4 的连续跳跃。这里已经隐含地假设过渡态或激活态的寿命非常短。换句话说，在 60Hz AC 的每个周期中，在电迁移的驱动下，在周期的前半段有大量的空位(或原子)向一个方向跳跃，然后在后半段有同样数量的空位向相反的方向跳跃。它们在统计上相互抵消，所以没有由 AC 电流驱动的净原子通量。然而，AC 将产生焦耳热，焦耳热可能产生温度梯度，诱导原子扩散。

在上述分析中，隐含的假设是电场或电流是均匀的。然而，当电流分布不均匀时，是否会发生交流电迁移尚不清楚。当电流转向时，如在倒装焊点，或在 Al 和 W 孔之间的界面，或在沉积及其基体具有不同电阻率的两相合金中，或在反应性界面(如 Sn-Cu)中，电流分布不均匀。在最后一种情况下，如果界面处于不平衡状态，原子在一个方向上跨越界面的跳跃与在相反方向上的跳跃是不一样的。由于电迁移是不可逆的，AC 效应可能会增强一个方向上的跳变。在横跨金属-n 型半导体界面的肖特基势垒处，载流子流是从半导体到金属的单向流动，因此高电流密度的交流可能会增强半导体向金属的扩散。因此，由于电流拥挤和整流界面，有可能发生交流电迁移。

参考文献

[1] H. B. Huntington and A. R. Grone, "Current-induced marker motion in gold wires," J. Phys. Chem. Solids 20 (1961), 76. https://doi.org/10.1017/CBO9780511777691.012

Published online by Cambridge University Press 268 Chapter 11 Electromigration in metals.

[2] I. Ames, F. M. d'Heurle and R. Horstman, "Reduction of electromigration in aluminum films by copper doping," IBM J. Res. Develop. 4(1970), 461.

[3] I. A. Blech, "Electromigration in thin aluminum films on titanium Nitride," J. Appl. Phys. 47(1976), 1203-1208.

[4] I. A. Blech and C. Herring, "Stress generation by electromigration," Appl. Phys. Lett. 29(1976), 131-133.

[5] P. S. Ho and T. Kwok, "Electromigration in metals," Rep. Prog. Phys. 52(1989), 301.

[6] K. N. Tu, "Electromigration in stressed thin films," Phys. Rev. B 45(1992), 1409-1413.

[7] R. S. Sorbello, in Solid State Physics, eds H. Ehrenreich and F. Spaepen (Academic Press, New York, 1997), Vol. 51, pp. 159-231.

[8] R. Kirchheim, "Stress and electromigration in Al-lines of integrated circuits," Acta Metall. Mater. 40(1992), 309-323.

[9] N. A. Gjostein, in Diffusion, ed. H. I. Aaronson (American Society for Metals, Metals Park, OH, 1973), Ch. 9, p. 241.

[10] M. A. Korhonen, P. Borgesen, K. N. Tu and Che-Yu Li, "Stress evolution due to electromigration in confined metal lines," J. Appl. Phys. 73(1993), 3790-3799.

[11] J. J. Clement and C. V. Thompson, "Modeling electromigration-induced stress evolution in confined metal lines," J. Appl. Phys. 78(1995), 900.

[12] P. C. Wang, G. S. Cargill III, I. C. Noyan and C. K. Hu, "Electromigration-induced stress in aluminum conductor lines measured by X-ray microdiffration," Appl. Phys. Lett. 72(1998), 1296.

[13] A. A. MacDowell, R. S. Celestre, N. Tamura, R. Spolenak, B. Valek, W. L. Brown, J. C. Bravman, H. A. Padmore, B. W. Batterman and J. R. Patel, "Submicron X-ray Diffraction," Nuclear Inst. and Meth. A 467(2001), 936.

[14] K. Chen, N. Tamura, B. C. Valek and K. N. Tu, "Plastic deformation in Al (Cu) interconnects stressed by electromigration and studied by synchrotron polychromatic X-ray microdiffraction," J. Appl. Phys. 104(2008), 013513.

[15] K. N. Tu, C. C. Yeh, C. Y. Liu and Chih Chen, "Effect of current crowding on vacancy diffusion and void formation in electromigration," Appl. Phys. Lett. 76(2000), 988-990.

[16] C. C. Yeh and K. N. Tu, "Numerical simulation of current crowding phenomena and their effects on electromigration in VLSI interconnects," J. Appl. Phys. 88(2000), 5680-5686.

[17] Albert T. Wu, A. M. Gusak, K. N. Tu and C. R. Kao, "Electromigration induced grain rotation in anisotropic conduction beta-Sn," Appl. Phys. Lett. 86(2005), 241902.

习题

11.1　在面心立方金属中,证明原子从平衡晶格位置到激活位置的位移为

$\sqrt{2}a/4$,式中,a 为晶格常数。取$\langle x_{\mathrm{d}}^{2}\rangle=(\sqrt{2}a/4)^{2}$,并证明 $1/2(m\omega^{2})/8$ 是其运动活化能 ΔG_{m} 的良好近似值。

11.2 使用式(11.12)绘制 Al 从 350℃到 650℃的 Z^{*} 与温度的关系图。

11.3 给定漂移位移 x 作为时间的函数,计算漂移速度$\langle v\rangle$,并通过已知 D 来计算 Z^{*}。

11.4 计算电流密度为 $10^{5}\mathrm{A/cm^{2}}$ 时的电场力 $Z^{*}eE$ 和 Au 弹性极限处的化学势 $\sigma\Omega$,并利用式(11.16)计算 Au 的临界长度。

11.5 两个长度分别为 $20\mu\mathrm{m}$ 和 $30\mu\mathrm{m}$ 的 Al 短条带发生电迁移。计算当电流密度为 $10^{5}\mathrm{A/cm^{2}}$ 时阳极处的应力。

铝和铜互连中电迁移引发的失效

12.1 引言

虽然电迁移是微电子器件互连中最古老的可靠性问题,但它并不一定会导致微观结构失效。在电迁移均匀稳定的互连区域,可能不会造成微结构损伤。当原子从阴极被驱动到阳极,同时空位被驱动到相反的方向时,只要空位分布处于平衡状态,并且空位的来源和湮灭分别在阳极和阴极有效,就不会出现空洞或小丘。只有在电迁移过程中空位分布处于不平衡状态时,才会导致空洞和挤压形成微观结构失效。出现这些失效必然涉及原子通量发散和晶格点位总数的变化。这是一个随时间变化的可靠性问题[1-5]。

第 11 章讨论了短条带的 Blech 结构可以直接显示电迁移失效。这是因为短条带两端本身具有的原子发散通量,Al 原子不能从 Al 扩散到 TiN 基线中,也不能从 TiN 扩散到 Al 中,因此原子通量发散是电迁移引起损伤的必要条件。有时会在条带的中间发现空洞或小丘,在那里电流看起来是均匀的,但这是由于晶界的三点或其他类型的结构缺陷导致的线中间的通量发散。因此,为了理解电迁移失效,需要讨论互连中质量通量发散的原因。

此外,超大规模电路(VLSI)技术中的互连是一种三维多层结构。当电流转向或会聚时,例如在三维结构中的过孔处,会发生电流拥挤,并显著影响电迁移。电流拥挤会对原子通量发散产生很大的影响,从而导致结构的损伤。电流分布的模拟对于了解结构的设计是否存在严重的电迁移问题非常有用。

在讨论电迁移对 Al 和 Cu 互连造成的损伤之前，将先讨论原子通量发散和电流拥挤。

12.2 原子通量发散引起的电迁移失效

在电学中，基尔霍夫定律规定，进出一个点的所有电流之和必须为零，因此电流的流入通量等于电流的流出通量，因此在该点不存在电通量发散，除非该点是电荷的来源或汇集。但是原子通量可以在物理点上有通量发散，例如在晶体微观结构中三个晶界相交的二维三相点上。如果我们假设扩散的扩散系数和有效晶界宽度是相同的，那么当流入通量来自一个晶界，而流出通量则沿着另外两个晶界流出时，原子通量在三相点处就会出现发散，反之亦然。在长时间的电迁移事件后，通量散度的净效应是空位（或原子）的积累或耗尽。空位的积累可导致散度部位形成空洞。问题是能否对互连中原子通量发散的位点进行系统分类？一般来说，可以根据一个微观结构中空位吸收和发射的机制对其进行分类，或者可以利用空位的来源和汇集进行分类。

最常见的空位吸收和发射部位是薄膜的自由表面。然而，当表面被氧化并且氧化物具有保护作用时，如铝、铝氧化物界面不再是空位的有效来源和汇集，将发生通量发散。接下来，界面如 W 通孔和 Al 线之间的界面，是另一个常见的通量发散点。这是因为溶解度和扩散系数在整个界面发生了巨大的变化。那么，晶界，尤其是三相点，就是通量发散的位置。其他平面缺陷如孪晶界、层错等都不是有效的通量发散点。但这里必须强调，当孪晶界或层错遇到晶界、自由表面或界面时，三相点可以成为通量发散点，并已被证明对电迁移有很大的影响。12.5.4 节将详细讨论纳米孪晶对铜中电迁移的影响。

毫无疑问，必须考虑位错，特别是在边缘位错线上的扭结位置。与位错爬升一样，扭结位可以吸收和发射原子和空位。因此，点阵位甚至点阵平面都可以通过位错爬升产生或破坏。在第 5 章讨论的 Darken 互扩散分析中，点阵平面迁移通过标记运动表现出来。晶格平面迁移事件对微观结构损伤有很大的影响。当互扩散过程中没有晶格平面迁移（晶格位移）时，会导致柯肯德尔空洞的形成。电迁移中的空洞形成也需要不出现晶格位移。

12.3 因电流拥挤的电迁移引起的失效

电流拥挤通常发生在电子流动发生转弯时，所有电子为了减少电阻都选择最短路径。如图 12.1(a)和(b)所示，在高电流密度下，在重掺杂 Si 通道中形成了一条 Ni 硅化线[6]。在图 12.1(a)中,硅化线以连接阴极和阳极直线的方式形成。在图 12.1(b)中,当两个电极与 Si 通道成 90°夹角时,线发生转动。值得注意的是,硅化线是在通道的内角周围形成的,而不是在通道的中间。因其形成是由电流引发的,所以这种形成表现出电流拥挤的行为。

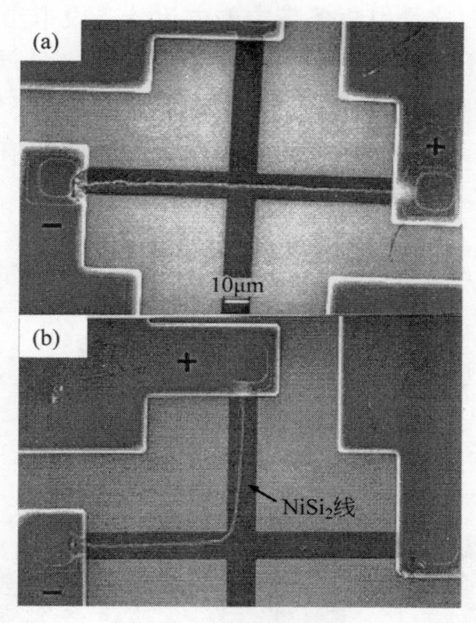

图 12.1 (a) 在高电流密度下,在重掺杂 Si 通道中形成 Ni 硅化线。硅化线以连接阴极和阳极直线的方式形成。(b) 当两个电极与 Si 通道成 90°夹角时,线发生转动。图中显示了电流拥挤对硅化物形成的影响

通过对导体中电流分布的模拟,可以很容易地显示出电流拥挤现象作为互连结构的几何和电阻的函数,例如 Al 和 W 通孔或倒装焊点的多层互连结构。一般来说,在三维多层互连结构中,有过孔连接两层互连,因此导通路径有很多匝数,电流拥挤现象很常见。除了匝数,当导体的厚度或宽度发生变化时,也会发生电流拥挤。在界面上,例如在 Al 和 TiN 之间,电流拥挤不仅取决于 Al 和 TiN 的电阻,还取决于 Al-TiN 界面的接触电阻。接触电阻越大,电流拥挤越小。

12.3.1　电流密度区域的空隙形成

由空洞形成引起的电流拥挤导致失效的独特之处在于,空洞不会像预期的那样出现在高电流密度区域,而是发生在低电流密度区域附近。图 11.10 和图 11.11 分别展示了铝短条带中低电流密度区域的空洞形成现象。下面将使用更多的实验观察来说明这一现象。

图 12.2(a)是 TiN 基线上的铝条带示意图,用于电迁移中空洞形成的原位

TEM 研究。铝条的宽度设计得足够细，以便从侧面进行横向成像，如长而直的箭头所示，该箭头表示 TEM 中观察电子束的方向。施加 50mA 的电迁移电流，沿铝条从右向左，用两个短箭头表示为“Z”形。在电迁移中，Okabayashi 等在铝条的右上角，即阴极端的上角处看到了一个空洞，如图 12.2(b)～(c)[7] 所示。请注意，右上角的电流密度非常低，这是由短条带中的电流分布模拟给出的。此外，经过很长的电迁移时间后，施加电流的极性被逆转，并且在阴极尖端再次观察到空洞的形成。图 12.3 显示，在阴极尖端再次形成空洞（阴极在极性改变前为阳极）。同样，阴极尖端的电流密度应该很低，但空洞随着电迁移而不断增大。这些结果表明，电迁移引发的空洞发生在低电流密度区域。

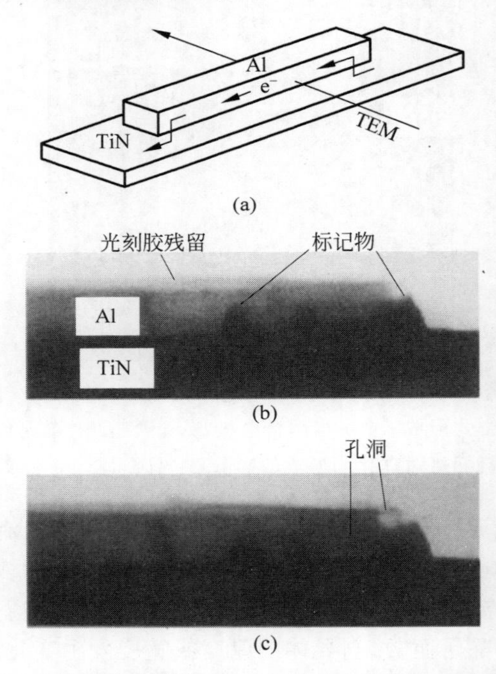

图 12.2　(a) 铝条在 TiN 基线上的示意图，用于电迁移中空洞形成的原位 TEM 研究。铝条的宽度设计为可以从侧面进行横向成像，如长而直的箭头所示，该箭头表示 TEM 中观察电子束的方向。(b) 电迁移前铝条阴极 TEM 图像。(c) 50mA 电迁移 14s 后阴极上角空洞形成的 TEM 图像

图 12.4 为 U 型 TiN 型基线示意图，在该基线上沉积短铝条带[8]。一些短条从 U 型转弯中伸出来，所以铝短条带从基线伸出来。突出部分大约有 20μm。很明显，当电流施加到基线时，在电迁移期间，悬垂中不会有电流。然而，在电迁移过程中，观察到在悬垂处形成空洞。

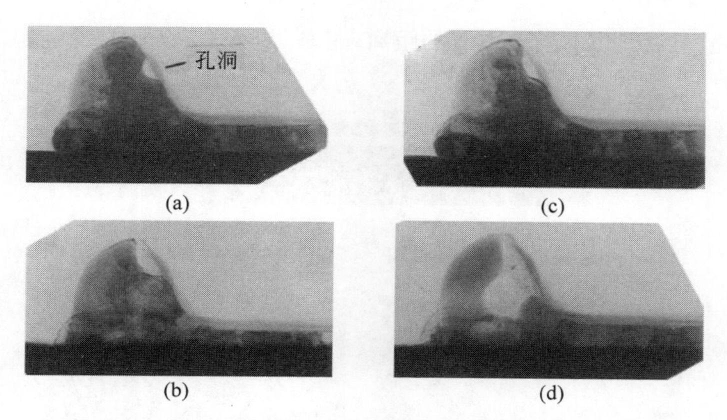

图 12.3　(a)～(d) 在反向电流下的电迁移过程中，TEM 图像显示阴极(极性改变前为阳极)尖端形成了一个空洞。同样，阴极尖端的电流密度应该很低，但随着电迁移，空洞不断增长，如图所示。这些结果表明，电迁移诱导的空穴形成发生在低电流密度区域

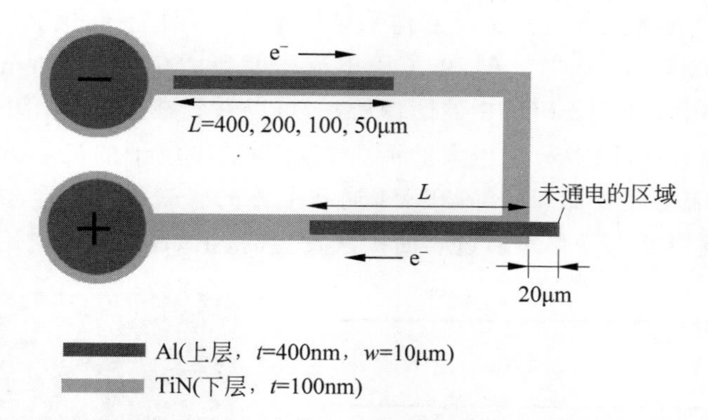

图 12.4　TiN 的 U 型基线示意图，在其上沉积短铝条带。一些短条从 U 型转弯中伸出来，所以铝短条从基线伸出来

图 12.5 为电迁移前后铝单晶线和焊盘的 SEM 图像[9]。为了消除晶界扩散的影响，采用簇束沉积法制备了单晶铝线和焊盘试样。在 240℃条件下，以 $3.5\times10^6\,A/cm^2$ 电流密度施加应力 19h 后，在阴极和阳极分别观察到空洞和丘状结构。值得注意的是，空洞和丘状形成的损伤是不对称的。在线两端的放大图像中，可以看到小丘是在线内的高电流密度区域形成的，但空洞是在焊盘内的低电流密度区域形成的，而不是在线内的高电流密度区域形成。焊盘的横截面比铝线大得多，因此焊盘内的电流密度比线内的电流密度低得多。孔洞呈三角形，表明单晶铝薄膜具有[111]取向。如果计算铝中空位的扩散系数，可以发现在 240℃的加速测试

19h 中，空位可以扩散超过 100μm 的距离，这是焊盘中空洞形成的范围，如图 12.5 所示。

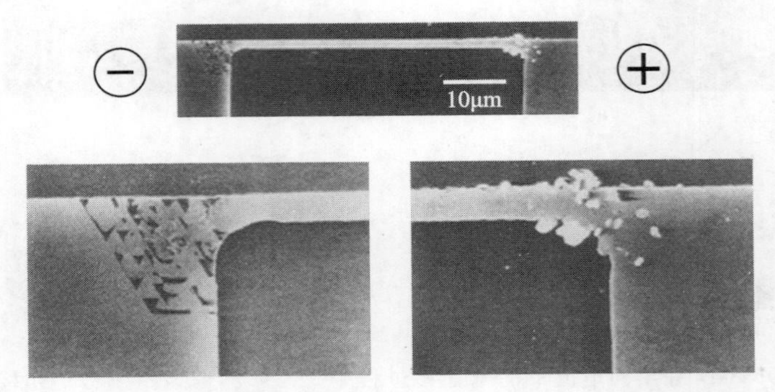

图 12.5 电迁移前后铝单晶线和焊盘的 SEM 图像。为了消除晶界扩散的影响，采用簇束沉积法制备了单晶铝线和焊盘试样。在 240℃条件下，以 3.5×10^6 A/cm^2 电流密度施加应力 19h 后，在阴极和阳极分别观察到空洞和丘状结构

图 12.6(a)为铜三级大马士革互连铜结构示意图，两个铜过孔(V1 和 V2)连接三层线(M1、M2 和 M3)[10]。在 295℃下电流密度为 2.5×106A/cm^2 的电迁移测试中，在 100h 内，如图 12.6(b)中的图像所示，可以看到在 V1 的左侧形成了一个大空洞。然而，图 12.6(b)中弯曲粗大的箭头表示测试中电子的流动方向，表示空洞形成区域的电流密度较低。此外，在 V1 通孔上方的线表面发现了空洞，这与已知事实一致，即铜中的电迁移是通过表面扩散发生的，正如第 11 章讨论的那样。

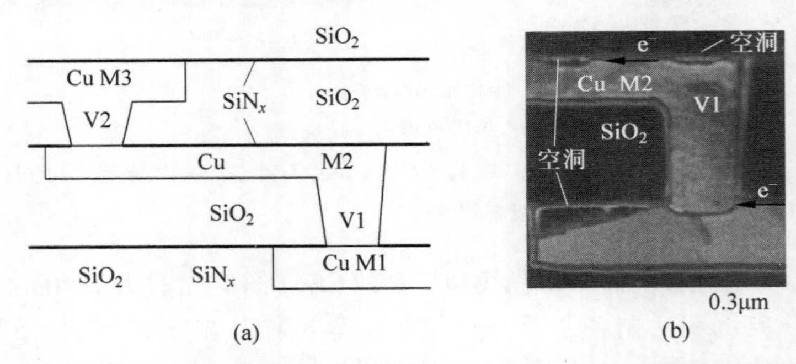

图 12.6 (a) 铜三级大马士革互连铜结构示意图，两个铜过孔(V1 和 V2)连接三个线级(M1、M2、M3)；(b) 在 295℃下超过 100h 的电流密度为 2.5×10^6 A/cm^2 的电迁移测试中，如图所示，可以看到在 V1 通孔的左侧形成了一个大空洞

上述观察结果有一个共同的特征，即电迁移引发的空洞发生在互连中的低电流密度区域。基于我们在电迁移中电子风力的理解，这个特征是出乎意料的。这个力表示电流密度越高，驱动力越大；反过来，更多的原子(或空位)将被驱动到高

电流密度区域。实际上，在低电流密度区域，电子风力非常弱，应该不会发生电迁移。

12.4　铝互连中电迁移引起的失效

尽管 Cu 是一种更好的电导体，但微电子工业 60 年来一直使用 Al 作为互连导体。选择 Al 是因为其在光刻加工领域拥有一定的优势。它对 SiO_2 表面有很好的附着力，可以通过电子束蒸发或溅射沉积，也可以通过烘干或反应离子蚀刻进行图案化。它不会像 Cu 那样侵害 Si，因此 Al 可以直接沉积在 Si 上，作为 Si 器件的接触金属化。

20 世纪 60 年代就发现 Al 导线中的电迁移损伤，并很快通过晶界扩散识别出来。在研究 Al 中电迁移的早期，在发明 Blech 结构之前，强调微观结构的影响和溶质的影响。为了减少电迁移，必须研究晶界结构和扩散。实际上已经研究了竹型微结构和单晶铝薄膜线。在溶质效应方面，发现在 Al 中加入 1 个原子百分比的 Cu 可以大大降低 Al 中的晶界扩散，这可能是互连技术中最重要的发明之一。

12.4.1　Al 微观结构对电迁移的影响

晶界的三交点可以作为原子通量发散的中心。人们研究了晶界三点处的空穴形成和沿晶界生长成孔洞的机理。因此，Al 的加工形成竹型微观结构，不含晶界三重点，不含连续晶界路径，备受关注。有趣的是，人们认识到当线宽小于晶粒尺寸时，微观结构自然变成竹状，但同时也发现，要制造出具有完美或 100% 竹型微观结构的线很难。

12.4.2　多层 Al 线和 W 过孔磨损的失效模式

当单级 Al 互连向多级 Al 互连推进时，原子通量散度从晶界三点转移到 Al 线与 W 连接点之间的界面。界面发散是由于 Al 和 W 的原子扩散系数完全不同。所以建立了如图 11.11 所示的磨损失效模式。在具有 Al 线和 W 孔多层结构的真实器件中，由于界面处的通量发散，与单级 Al 互连相比，其寿命缩短至 1/50。然后，人们发明了一种侧壁悬梁来提高磨损寿命。

12.4.3　Cu 溶质对 Al 中电迁移的影响

在块体合金中，某些溶质具有阻滞或增强溶剂扩散的作用。例如，已知本体 Al 中 Cu 的溶质原子可以增强 Al 溶剂原子的晶格扩散。这种效应可以根据 Al 晶格中 Cu 空位对周围的原子跳跃频率来计算。基于这种利用合金化效应延缓 Al 晶界扩散的推理,因此不选择 Cu。然而,当少量 Cu 与 Al 共沉积时,共沉积的薄膜样品实际上表现出更少的电迁移。现在,工业上普遍的做法是在 Al 中加入 1 个原子百分比左右的 Cu,其抗电迁移寿命的改善可以比纯 Al 好几个数量级。过量的 Cu 在 Al 晶界中形成 Al_2Cu 沉淀。当电迁移将 Cu 原子驱动到阳极时,这些析出物溶解并作为 Cu 的来源,以补充 Al 晶界中 Cu 的损失。

为什么 Cu 能够延缓 Al 中的晶界电迁移一直是人们关注的问题。由于很难精确了解晶界结构,所以对合金化的影响还没有明确的答案。最有可能的答案是驱动力的降低或动力学的降低,或两者兼而有之。从动力学上讲,Cu 可以降低晶界空位的浓度,也可以提高 Al 晶界扩散的活化能。对工业制造来说,重要的是发现 Cu 加入 Al 的过程是容易的,这意味着它往往展现出比较好的服役性能。

12.4.4 Al 互连的平均故障时间

平均故障时间(MTTF)的布莱克方程已给出,为

$$\mathrm{MTTF}=B\,\frac{1}{j^{n}}\exp\left(\frac{E}{kT}\right) \tag{12.1}$$

式中,B 为预因子常数,j 为电流密度,$n=2$ 为 j 的功率因数,E 为活化能,kT 通常表示热能。注意 E/kT 前面没有负号。对于大多数实验数据,已经发现 n 的功率因数接近于 2,然而为什么 $n=2$ 一直是关于布莱克方程最常见的问题。

Shatzkes 和 Lloyd 对 $n=2$ 给出了最合理的解释[11]。他们通过求解与时间相关的扩散方程提出了一个模型,并得到了 MTTF 的解,其中的平方功率取决于电流密度。这是因为一个空洞的成核,需要阴极侧的空位过饱和。成核的孕育时间比将空洞生长到可以导致电路开路的尺寸所需的时间长得多。虽然形成临界核所需的空位数量很少,但成核所需的过饱和度可能相当高。实际上,由于样品中出现空位的湮灭,在其湮灭之前可能会消耗大量空位,因此需要一段时间才能建立过饱和,因此孵化时间可能相当长。

下面展示,对于单独的生长因子 n 应该接近于 1,而不是 2。如果假设电路失效所需的空位体积为 V,忽略背应力,可以得到

$$V=\Omega J_{\mathrm{v}}At=\Omega\left(C_{\mathrm{v}}\,\frac{D_{\mathrm{v}}}{kT}Z^{*}\rho j\right)At \tag{12.2}$$

因此

$$t=\frac{VkT}{\Omega CDZ^{*}\rho j}=B\,\frac{1}{j}\exp\left(\frac{E}{kT}\right) \tag{12.3}$$

式中,B 为前因子,$B=VkT/CD_0Z^{*}\rho$,为空位的原子体积,A 为空位的横截面面积(假设空位形状为矩形),或者 A 为球形空位的表面积,C_{v} 和 D_{v} 分别为样品中

空位的浓度和扩散系数，可以取 $C_v D_v = CD$，其中 C 和 $D = D_0 \exp(-E/kT)$ 分别为原子浓度和扩散系数。因此，E 是原子扩散的活化能，而不是空位运动的活化能，其他物理量均代表其原本的含义。这里看到 $n=1$。

实验已经发现，使空洞生长到失效的大小所花费的时间要比空洞成核的孕育时间短得多。在倒装焊点中，由于阴极接触界面中饼状空洞的成核和生长而引起电迁移导致的失效就是这种情况；成核的孕育时间比生长时间长得多。因此需要考虑成核作用来解释 $n=2$。

为了假设电迁移中空洞的成核，回想一下，正如 12.3 节所讨论的，已经反复报道过在低电流密度区域开始形成空洞，而不是在高电流密度区域形成空洞。为了使空穴从高电流密度区移动到低电流密度区，存在一个与电子风力垂直的力。提出了垂直于电子风力的电流密度梯度力。由于力是一个矢量，将空位驱动到低电流密度区域形成空洞的合力的大小，就是这两种力大小平方和的平方根。这样就有了对电流密度 $n=2$ 的依赖性。上面证明 $n=2$ 的论证是从驱动力的角度出发的，而 Shatzkes 和 Lloyd 的论证是从动力学的角度出发的。

然而，关于 $n=2$ 的一个更简单的答案是，这是因为焦耳热，因为焦耳热单位为 $j^2\rho$ 每单位体积。但直觉上，MTTF 似乎应该与焦耳热成正比，而不是成反比。这是因为似乎加热越高，失效越快或 MTTF 越短。的确，焦耳热是器件失效的一个非常重要的因素。但是需要考虑焦耳热对阴极中空洞成核和生长的影响。这里需要考虑时间、温度以及空洞成核和生长的速率。这类似于基于时间-温度-相变(TTT)图的经典相变理论。TTT 图表明，时间或总转换速率是过冷的函数。过冷对成核的影响较大。成核必须有过冷。过冷度越小，成核越慢。由 TTT 图可知，过冷度小，温度高，而扩散快，成核慢，因此整体转变速率小。过冷度大时，虽然成核快，但由于温度较低，扩散慢，所以整体转变速度也慢。在适度过冷的情况下，当形核和扩散都相对较快时，相变速率达到最大值。

焦耳热影响样品在电迁移过程中的过冷。焦耳热较大时，试样的温度升高，使孔洞成核所需的过冷量减少，从而使孔洞成核延迟，MTTF 增大。焦耳热较小时，样品温度降低，则扩散缓慢，但空洞成核更容易。由于 MTTF 更多地依赖于空洞成核而不是生长，焦耳热与 MTTF 成反比，因此有 j^{-2} 依赖性。焦耳热对扩散的影响用 $\exp(E/kT)$ 表示，这与 MTTF 成正比。因此，j^{-2} 和 $\exp(E/kT)$ 对 MTTF 的影响是相反的。

12.5 Cu 互连中电迁移引起的失效

虽然 Al(Cu)合金长期以来在微电子技术中作为互连导体表现良好，但最近小型化趋势要求改变,原因如下:一是由于细线信号传输中的电阻-电容(RC)延迟;二是由于建造八层以上的多层人工智能互连结构成本高;三是因为对电迁移的担忧。对于使用越来越细的线路,不仅线路电阻增大,线路间的电容也会拖累信号的传播。如果选择保持 Al 互连的尺寸不变,就必须增加更多 Al 层,从六层到八层或十层。由于成本的原因,在硅上进行多层金属化很不可取。此外,如果必须再增加两层互连,额外的工艺步骤可能会降低产量。这就是 Cu 互连的双大马士革工艺有吸引力的原因。它将制作一层线的步骤和制作一层过孔的步骤结合在一起,所以省略了大部分的过孔制作工艺。使用相同数量的工艺步骤,可以构建比 Al 互连更多层次的 Cu 互连。

由于 Cu 的熔点(1083℃)比 Al(660℃)高得多,在相同的器件工艺温度下,Cu 的原子扩散应该比 Al 慢得多。因此,Cu 互连中电迁移预计会少得多。令人惊讶的是,这种好处并没有预期的那么大。正如一开始所述,Cu 中的电迁移是通过表面扩散发生的,其活化能比晶界扩散低。为什么电迁移从人工智能的晶界扩散转变为 Cu 的表面扩散?具有讽刺意味的是,这是因为使用了大马士革工艺来制造 Cu 互连。此外,这是因为 Cu 本质上不黏附在氧化物表面。为什么必须使用大马士革工艺来生产 Cu 互连?这是因为 Cu 不能通过干离子或反应离子蚀刻或图案化。因此必须通过电解将 Cu 镀成电介质中的沟槽来形成 Cu 线,然后通过化学机械抛光(CMP)的湿法工艺将 Cu 与其周围的电介质压平。在抛光的平面上重复大马士革工艺,并建立如图 12.7 所示的多级 Cu 互连。在大马士革工艺中,在介质层上蚀刻通孔和沟槽,然后将 Cu 同时电镀到沟槽和通孔中。与制作 Al 线和 W 插头过孔的工艺相比,双大马士革工艺省去了制作过孔的步骤。在将 Cu 填充到沟槽和电介质上的孔中,我们需要提高 Cu 与电介质的附着力,因此在电镀 Cu 之前,在沟槽和孔的底部和侧壁上使用一种衬垫,如 Ta、TaN 或 TiN。衬垫还起到扩散屏障的作用,防止 Cu 向硅扩散。为了镀上 Cu,在电镀之前需要一层化学 Cu 或气相沉积 Cu 的种子层。

使用化学机械抛光(CMP)对没有衬里的铜的顶表面进行抛光,然后沉积介电层,从而可以重复构建另一个通孔和线互连层的双重大马士工艺。因此,CMP 在铜互连的顶部产生铜的自由表面,而不黏附在其上沉积的介电层上。铜互连顶部表面的原子扩散为电迁移的“内置高速公路”[12-17]。此外,铜通孔与其下方的铜线之间的直线是通量发散的界面。这两个界面,即上表面和通孔界面,是发生电迁移失效的两个薄弱环节。哪一个界面是较弱的,可能取决于工艺控制,并可能导致早期失效,导致失效的双峰分布、早期失效和磨损失效。然而,孔道中表面扩散引起空洞形成的机制值得关注。可能在铜和它的衬垫之间会发生一定量的界面扩散。然后,由于附着力差,通孔的成核可能由应力引发。此外,第三种失效模式是阳极处的

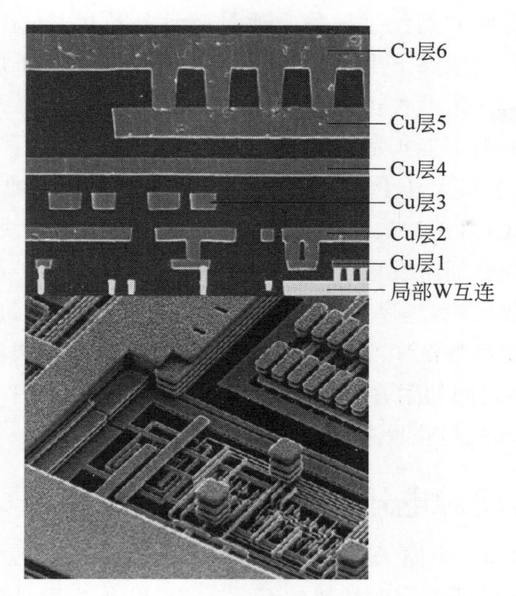

图 12.7　多级 Cu 互连的大马士革工艺

应力引发挤压,导致介电分层或断裂,特别是对于超低 k 介电绝缘的长互连。

12.5.1　微观结构对电迁移的影响

由于 Al 互连中的电迁移沿晶界发生,因此微观结构的影响是一个关键问题。从铝互连可靠性研究中获得的知识应用于铜互连,旨在提高电迁移电阻,但成功率较低。例如,在多颗粒和长颗粒的竹铜互连中,电迁移失效上没有明显差异。电解铜的显微组织具有在室温附近发生异常晶粒生长或再结晶的特点,在镀态下形成很强的[111]织构。电解铜中的一些晶界在室温附近为什么迁移率高尚不清楚,可能是由于电镀液中微量的有机和无机添加剂。此外,沿着这些晶界的晶界扩散系数是否与表 11.2 中给出的相同也值得关注。晶粒尺寸和杂质都可能影响电导率,良好的电导率是互连金属化的首要要求。到目前为止,这还不是电解铜的问题。电镀液中微量的添加剂对电导率影响不大,晶粒生长前的晶粒尺寸一般在 0.1μm 左右。

室温晶粒生长导致互连中大晶粒和小晶粒簇状分布不均匀。大晶粒呈竹状,与小晶粒的晶界有三相点。因此,如果电迁移由晶界扩散主导,则不希望出现微观结构,但当电迁移由表面扩散主导时,微观结构就变得无关紧要了。表面上晶界三相点不是有效的通量发散点。[111]取向晶粒的表面及其孪晶的三相点值得关注,因为它们会影响表面扩散。

化学或气相沉积铜的种子层的微观结构也很有趣,因为其晶粒尺寸与厚度成线性关系。沉积过程中的晶粒生长称为通量驱动晶粒生长，但沉积后的晶粒不像电解铜中的晶粒那样在室温下生长。然而，当电解铜镀在种子层上时，后者的微观结构由于成熟而丢失。这两种类型的铜之间的相互作用值得关注，似乎电解质铜中的有机和无机添加剂可能扩散到种子层中以增强其晶界迁移率。

在铜互连中，由于双大马士革工艺，通过 W 连接的 Al 导线接口的发散不再是一个问题。尽管如此，由于衬垫的存在，连接部分和它下面的线之间的界面仍然可能是一个界面不连续和通量发散。除了附着力，衬垫还起到扩散屏障的作用，防止铜到达硅。作为扩散屏障，越厚越好。然而厚的衬垫会增加互连的阻力，所以实际上越薄越好。虽然在衬垫沉积之前要对通孔进行清洗，但如果清洗不当，则会影响铜通孔与其下方铜线之间的附着力。因此，除了作为通量发散平面，由于热应力下附着力差，通孔和线之间的衬垫也存在可靠性问题。

12.5.2　溶质对电迁移的影响

由于向 Al 中添加 1 个原子百分比的 Cu 有利于提高 Al 互连中的电迁移电阻，知道在 Cu 互连中是否可以发现类似的有益效果，以及溶质是什么。同样，如果试图找到一种溶质来减缓 Cu 的晶界扩散，这是无关紧要的，因为真正需要的是一种能够减缓 Cu 表面扩散的溶质。在认识到 Cu 互连中的电迁移是由表面扩散主导之前，没有找到这样一个溶质的指导方针。为了维持 Cu 的连续表面原子通量，必须能够从表面台阶上的扭结处连续释放 Cu 原子。换句话说，从扭结位置解离 Cu 原子所需的机制和能量，如在固体表面的原子解吸和低温升华，对表面电迁移很重要。

在 Cu 中加入多种元素并进行测试后，发现 Sn 在 Cu 中表现出显著的抗电迁移效果。表 12.1 比较了 Al 和 Cu 互连的电导率。图 12.8 采用范德堡测试结构显示了 Cu(0.5wt.% Sn)和 Cu(1.0wt.% Sn)合金的电阻率随温度的函数。图 12.9 为 Cu(Sn)和纯 Cu 薄膜在 250℃ 和 10^6 A/cm^2 下电迁移时的电阻变化。Cu 的电阻随时间变化很快，而 Cu(Sn)的电阻保持不变。图 12.10 显示了在 300℃ 电流密度为 2.1×10^6 A/cm^2 时，150μm 长和 5μm 宽的 Cu 和 Cu(Sn)测试条的测量边缘位移与时间的比较。边缘位移随时间的斜率给出了电迁移过程中 Cu 质量输运的平均漂移速度。Cu(Sn)合金带中 Cu 质量输运的平均漂移速度在试验开始时很小，随着时间的推移逐渐增加，最终达到与纯 Cu 相当的水平。

表 12.1　Al 和 Cu 互连的电导率比较

薄　膜	20℃时的电阻率/(μΩ·cm)
溅射 Cu	2.1
Al(2wt.% Cu)	3.2

续表

薄　膜	20℃时的电阻率/(μΩ·cm)
Cu(0.5wt.% Sn)	2.4
Cu(1wt.% Sn)	2.9
W	5.3

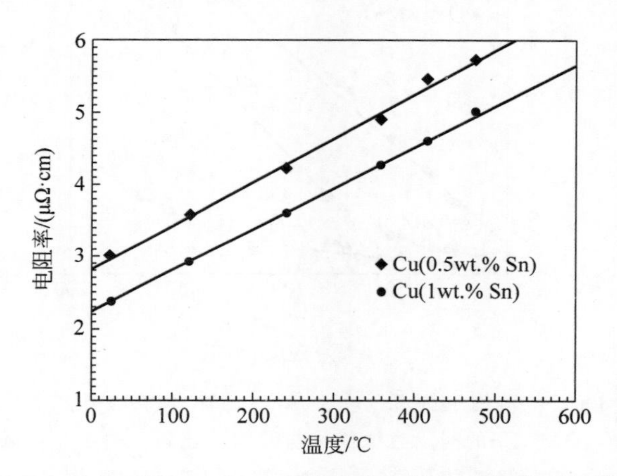

图 12.8　Cu(0.5wt.% Sn)和Cu(1.0wt.% Sn)合金的电阻率随温度的变化，采用范德堡测试结构

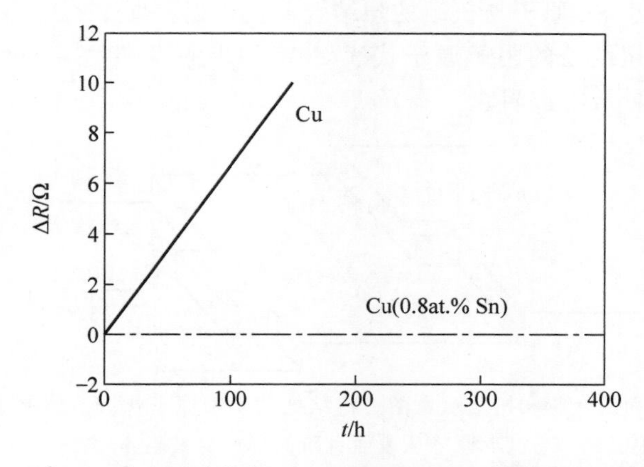

图 12.9　250℃、10^6 A/cm^2 电迁移条件下 Cu(Sn)和纯 Cu 薄膜的电阻变化。Cu 的电阻随时间变化很快，而 Cu(Sn)的电阻保持不变

Sn 为什么有利于抵抗 Cu 中的电迁移尚不清楚。由于已知 Cu 互连中的电迁移是通过表面扩散发生的，因此很可能通过添加 Sn 来减少 Cu 的表面扩散系数，

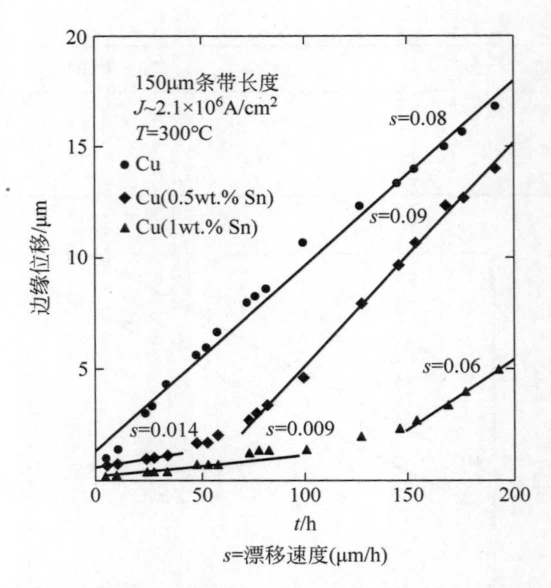

图 12.10　在 300℃电流密度为 $2.1\times10^6\,A/cm^2$ 时，150μm 长和 5μm 宽的 Cu 和 Cu(Sn)测试条的测量边缘位移与时间的比较。边缘位移随时间的斜率给出了电迁移过程中 Cu 质量输运的平均漂移速度

更重要的是，Cu 原子的表面通量的供应减少了，特别是 Cu 原子从 Cu 表面台阶上的扭结中解离由于 Sn 原子与扭结的强结合而被延迟。图 12.11 为 Cu 表面的台阶和扭结示意图。扭结处的阴影原子代表 Sn。如果假设那里有一个强结合，Cu 原子从表面台阶的释放将被阻止。

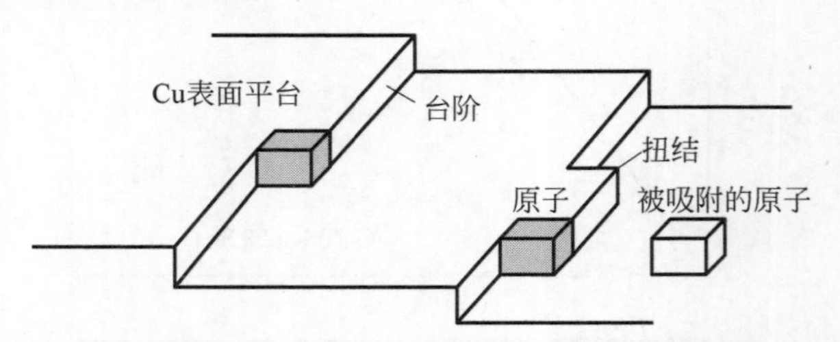

图 12.11　Cu 表面的台阶和扭结示意图。扭结处的阴影原子代表溶质原子。如果假设那里有很强的结合，Cu 原子从表面台阶的释放将被阻止

器件的工作温度在 100℃左右，仅为 Cu 绝对熔化温度的 0.275 左右。因此，在 100℃时可以忽略 Cu 中的晶格和晶界扩散。在 250℃的测试温度下，可能仍然能够忽略这两者。但在 350℃(约为 Cu 绝对熔化温度的 0.46)时，不能忽略 Cu 的晶界扩散。因此，高达 250℃的 Cu(Sn)中没有电迁移，但在 350℃时发生了一些电

迁移，这一发现表明，尽管 Sn 可能有效地延缓 Cu 的表面扩散，但它在延缓晶界扩散方面的效果较差。更重要的是要清楚对 Cu 互连进行加速电迁移测试的合适温度范围。基于器件中 Cu 互连中的电迁移主要由表面扩散主导的事实，可以在 250℃下进行测试，但不能在 350℃下进行测试。350℃下的结果可能会产生误导，因为它可能包括晶界扩散。

12.5.3　应力对电迁移的影响

施加压应力对铜中的电迁移的影响预计与 Al 中的相同，在阳极处阻滞电迁移。但背应力对铜中电迁移的影响尚不清楚。第一个问题是，在低于 250℃ 的温度下，铜带中的电迁移是否会引起任何背应力。如果 Cu 没有被像 Ta 这样的衬垫覆盖，或者没有被刚性壁所限制，很难想象在电迁移过程中如何通过表面扩散产生背应力。这是因为自由表面是空位最有效的来源和汇集，所以应力会很容易放松，不会积聚。因此，需要对铜互连中的背应力进行明确的实验测量。

在器件中，铜互连被嵌入层间介质中，因此它是受限的。即使电迁移通过表面扩散发生，电迁移也会在阳极端引发挤压或丘状形成。如果周围的电介质是软的，则挤压会使其变形，如果其附着力差，则会导致分层，如果电介质是脆的，则会使其开裂。电迁移引起的应力对铜/超低 κ 互连的影响值得关注。当超低介电常数绝缘体与铜金属化集成时，这将是一个严重的可靠性问题。

12.5.4　纳米孪晶对电迁移的影响

2004 年，Lu 和 Chen 等在《科学》杂志上发表了一篇关于纳米孪晶铜的论文[18-19]。采用脉冲电沉积的方法制备了具有高密度纳米孪晶的铜箔，铜箔在保持正常导电性的同时还有超高的强度。纳米孪晶铜的屈服应力约为粗晶铜的 10 倍。同时，纳米孪晶铜还有良好的延展性。优异的机械性能和正常的电学性能的罕见组合对于铜用作互连导体将很有价值。屈服应力比普通铜箔高 10 倍的超高强度将有利于多层互连结构的力学性能，也有利于化学-机械抛光(较少抛光)制造双大马士革结构。更重要的是，它可能导致电迁移的临界长度增加 10 倍，因为临界长度与屈服应力成线性关系。

此外，有报道称，对纳米孪晶铜中的电迁移进行的原位 TEM 观察表明，电迁移速率降低至 1/10。纳米孪晶与铜的晶界和自由表面相交形成三相点。三相点改变了铜的自由表面和晶界结构及性能。这些三相点减缓了由电迁移驱动铜的扩散。在高分辨率 TEM 视频记录中，观察到当铜原子扩散到一个三相点时，它们会停下来并等待很长一段时间。

图 12.12 是锯齿状(111)-(422)自由表面台阶运动的一组高分辨率 TEM 图

像。当电子风力驱动铜向阳极扩散时，表面台阶向阴极相反方向迁移。正是步进运动使人们能够认识表面扩散。这些图像被录像带记录下来，这样就可以测量台阶的速度。令人惊讶的发现是，表面台阶在每一个三点处停下来，等待很长一段时间(记录中为 5s)，然后跳过一个三点。这是因为在跨越一个三相点时，原子平面通常会从$(1\bar{1}\bar{1})$变为$(4\overline{22})$，反之亦然。停止是为了在新的原子平面上形成一个新的步骤所需的孵化时间，从$(1\bar{1}\bar{1})$到$(4\overline{22})$或从$(4\overline{22})$到$(1\bar{1}\bar{1})$。跳过一个三相点后，在平坦的$(1\bar{1}\bar{1})$平面或平坦的$(4\overline{22})$平面上的阶跃运动速度很快。$(4\overline{22})$平面上的阶跃速度略慢于$(1\bar{1}\bar{1})$平面上的阶跃速度。

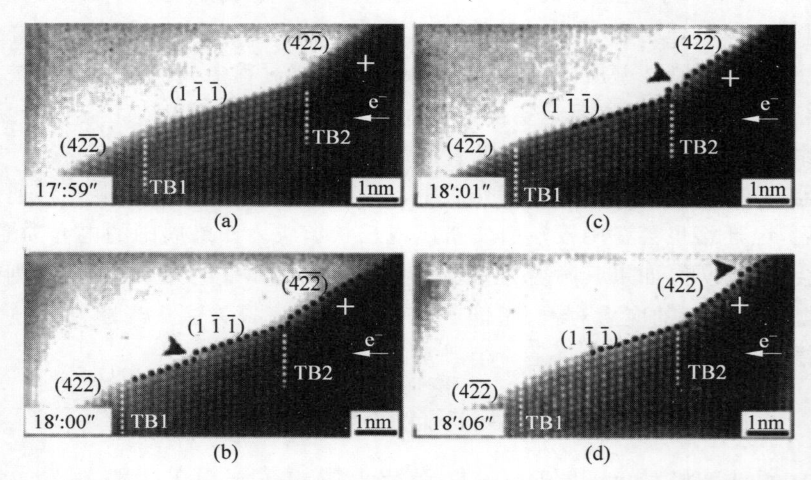

图 12.12　(a)～(d) 电迁移下(011)取向铜晶粒随时间变化的高分辨率 TEM 图像。在左下角的矩形框中给出了捕获图像的时间(单位为 min 和 s)。电子流的方向为从右到左。箭头表示自由表面上的原子台阶。到达一个三相点时，该步骤等待了大约 5s 的时间，然后移过三相点继续迁移。每个面板上的十字表示一个固定的参考点，便于检查

参考文献

[1] F. M. d'Heurle and P. S. Ho, "Thin Films: Interdiffusion and Reactions," eds J. M. Poate, K. N. Tu and J. W. Mayer(Wiley-Interscience, NY, 1978), 243.

[2] C. K. Hu and J. M. E. Harper, "Copper interconnects and reliability," Mater. Chem. Phys. 52(1998), 5.

[3] R. Rosenberg, D. C. Edelstein, C. K. Hu and K. P. Rodbell, "Copper metallization for high performance silicon technology," Annual Review Mater. Sci. 30(2000), 229.

[4] E. T. Ogawa, K. D. Li, V. A. Blaschke and P. S. Ho, "Electromigration reliability issues in dual-damascene Cu interconnections," IEEE Trans. Reliability 51(2002), 403.

[5] K. N. Tu,"Recent advances on electromigration in very-large-scale-integration of interconnects," J. Appl. Phys. 94(2003),5451-5473.

[6] J. S. Huang, H. K. Liou and K. N. Tu,"Polarity effect of electromigration in Ni_2Si contactson Si," Phys. Rev. Lett. 76(1996),2346-2349.

[7] H. Okabayashi, H. Kitamura, M. Komatsu and H. Mori, "In-situ side-view observation ofelectromigration in layered Al lines by ultrahigh voltage transmission electron microscopy," AIP Conf. Proc. 373(1996),214(see Figs. 2 and 4).

[8] S. Shingubara, T. Osaka, S. Abdeslam, H. Sakue and T. Takahagi, "Void formation mechanism at no current stressed area," AIP Conf. Proc. 418(1998),159(see Table I).

[9] M. Hasunuma, H. Toyota, T. Kawanoue, S. Ito, H. Kaneko and M. Miyauchi, "A highly reliable Al line with controlled texture and grain boundaries," Materials Reliability in Microelectronics V 391(1995).

[10] C. K. Hu, L. Gignac, S. G. Malhotra, R. Rosenberg and S. Boettcher,"Mechanisms for very long electromigration lifetime in dual-damascence Cu interconnections," Appl. Phys. Lett. 78(2001),904.

[11] M. Shatzkes and J. R. Lloyd,"A model for conductor failure considering diffusion concurrently with electromigration resulting in a current exponent of 2," J. Appl. Phys. 59 (1986),3890.

[12] C. S. Hau-Riege and C. V. Thompson,"Electromigration in Cu interconnects with very different grain structures," Appl. Phys. Lett. 78(2001),3451.

[13] K. L. Lee, C. K. Hu and K. N. Tu,"In-situ scanning electron microscope comparison studies on electromigration of Cu and Cu(Sn) alloys for advanced chip interconnects," J. Appl. Phys. 78(1995),4428.

[14] M. Y. Yan, K. N. Tu, A. V. Vairagar, S. G. Mhaisalkar and Ahila Krishnamoorthy, "Confinement of electromigration induced void propagation in Cu interconnect by a buried Ta diffusion barrier layer," Appl. Phys. Lett. 87(2005), 261906. https://doi. org/10. 1017/CBO9780511777691. 013 Published online by Cambridge University Press 288 Chapter 12 Electromigration-induced failure in interconnects.

[15] A. V. Vairagar, S. G. Mhaisalkar, Ahila Krishnamoorthy, K. N. Tu, A. M. Gusak, M. A. Meyer and Ehrenfried Zschech, "In-situ observation of electromigration induced void migration in dual-damascene Cu interconnect structures," Appl. Phys. Lett. 85(2004), 2502-2504.

[16] C. W. Park and R. W. Vook,"Activation energy for electromigration in Cu films," Appl. Phys. Lett. 59(1991),175.

[17] J. R. Lloyd and J. J. Clement,"Electromigration in copper conductors," Thin Solid Films 262(1995),135.

[18] L. Lu, Y. Shen, X. Chen, L. Qian and K. Lu, "Ultrahigh strength and high electrical conductivity in copper," Science 304(2004),422.

[19] Kuen-Chia Chen, Wen-Wei Wu, Chien-Neng Liao, L. J. Chen and K. N. Tu,"Observation of atomic diffusion at twin-modified grain boundaries in copper," Science 231(2008), 1066-1069.

习题

12.1　银是比铜和铝更好的导体，为什么不使用银作为互连导体？

12.2　为了减少 RC 延迟，需要一个低介电常数的绝缘体。由于空气的介电常数为 1，如果使用具有气隙互连甚至自由的铜互连，可靠性问题会是什么呢？如果可以使用气隙或独立互连，为什么不使用银原子？

12.3　众所周知，铝互连中可以加入 1 个铜原子来提高其抗电迁移能力。在铜互连中可以添加什么元素来提高其抗电迁移能力？解释一下你的选择标准。

12.4　在图 9.3 中，假设了浓度梯度驱动下晶界三相点的通量散度。如果将驱动改为电迁移，并采用相同的构型、温度和晶界扩散系数，通过忽略形核来计算生长相同空洞的时间。

12.5　图 11.11 为铝互连悬垂图。如果悬垂为纯铝，且悬垂长度为 5μm，计算形成空洞以耗尽整个悬垂所需的时间。如果悬垂梁是铝(添加 1 个原子百分比的铜)，会发生什么？

12.6　当导通路径出现转弯时，在多层互连结构中会出现电流拥挤。除了转弯，还有哪些结构特征会导致电流拥挤？

12.7　在 350℃温度下，在电流密度为 $1\times10^6\,A/cm^2$ 的条件下，在铜的 Blech 测试结构中测量到 2μm/s 的漂移速度。通过假设铜的表面扩散和晶界扩散，计算铜的有效电荷数 Z^*。

第13章

热 迁 移

13.1 引言

当非均相二元固溶体或合金在恒温恒压下退火时，它将变得均匀以降低自由能。相反，当均相二元合金在恒压下但在温度梯度下退火时，即一端比另一端热，则会发生相反的情况：合金将变得不均匀，自由能增加。如第 10 章所述，这种去合金化现象称为 Soret 效应。它是由温度梯度驱动的热迁移或质量迁移引起的[1-3]。由于非均质合金比均质合金具有更高的自由能，因此热迁移是一个将相从低能态转为高能态的高能过程。它不同于传统的通过降低吉布斯自由能而发生的相变。

在热力学中，在由恒定温度和恒定压力定义的均匀外部条件下（例如，如果 T 固定在 100℃，p 固定在大气压下），热力学系统将使其吉布斯自由能最小化，并且它将在给定的 T 和 p 下向平衡状态移动。一方面，焓和熵都是状态函数，因此平衡状态的吉布斯自由能在 T 和 p 给定时定义；另一方面，如果外部条件是不均匀的，例如，在测温过程中样品两端的温度不同，则无法达到最小吉布斯自由能的平衡状态。相反，如果与均匀性的偏差很小，则系统将向稳定状态而不是平衡状态移动。如第 10 章所讨论的，不可逆热力学表明，非均匀系统内部的熵是由温度梯度产生的热通量引起的。

热迁移应该发生在纯金属中。人们会认为，厨房用具，比如 Cu，在使用多年后应该会变大。在沸水中，壶内温度为 100℃，外部温度为 500～600℃。如果水壶的厚度在 1mm 左右，温度梯度非常大，4000～5000℃/cm 热迁移预计会发生。当水壶的外部比内部热时，Cu 原子就会从外部扩散到内部，而后者应该会膨胀。然而，这似乎并没有发生！其中一个原因是 Cu 中的晶格扩散是通过空位机制发生的。水壶的外部温度较高，因此空位的浓度会高于内部。空位浓度梯度产生一种反原子通量，这种通量可能补偿了几乎所有由温度梯度驱动的 Cu 原子的通量。净变化可能太小而被忽视。另一个原因是背部压力。水壶内的温度太低，不可能发生蠕变。当热迁移驱动越来越多的 Cu 原子进入冷侧并在那里建立高压应力时，应力梯度将产生反对热迁移的 Cu 原子通量。平衡空位浓度受到应力的影响，这将在 14.2 节讨论。

焊料是典型的二元系统，因此会出现 Soret 效应。实际上已有报道，Soret 效应发生在 PbIn 合金中，一方面在很宽的浓度范围内形成固溶体[4-5]。另一方面，共晶焊料具有两相组织，在共晶两相组织中的热迁移效应不同于在固溶体中的热迁移效应。在低于共晶温度的恒定温度下，共晶区域内两相的化学势相等，且与两相的组成无关。因此，由于不存在因成分重分布而产生的化学势梯度，两相可以无阻力地重新分布。由于这个原因，焊点的热迁移性质不同于固溶体的 Soret 效应。

然而，热迁移具有温度梯度，因此它不是一个恒温过程，然而温度梯度中的化学势变化对相的再分布的影响很小，前提是焊点的热端和冷端温差不大，只有几摄氏度。

值得注意的是，Al 和 Cu 互连中的热迁移很少有人研究。相比之下，在焊料合金中，特别是在倒装焊点中，更容易发生热迁移。这是因为可以在接头中有 1000℃/cm 的温度梯度，这个温度梯度大到足以引起热迁移。同样在器件工作温度为 100℃时，焊点中的晶格扩散速度很快，特别是在存在焦耳热的情况下，因此可以观察到热迁移的动力学效应。

出于两个原因，焊点的热迁移比电迁移更难研究[6-9]。首先，很难在一个小的倒装芯片焊点上施加温度梯度。对于直径尺寸为 100μm 的焊点，如果我们能在其上施加 10℃的温差，我们就有了 1000℃/cm 的温度梯度，这足以引发焊料中的热迁移，这将在 12.3 节讨论。因此，一个焊点上 10℃的温差甚至是几摄氏度的温差都是值得关注的。其次，由于一个焊点内有两个接口，散热难以控制。因此，一方面，由于芯片侧 UBM 和基板侧焊盘结构的复杂边界条件，难以模拟焊点内的温度分布或温度梯度。为了研究热迁移，必须简化焊点的测试结构。另一方面，焊锡的熔点较低，因此可以将焊锡的熔点作为内部校准。可以利用熔化实验中产生和耗散热量的条件，对模拟进行校核。

由于焦耳热，电迁移导致倒装焊点内温度分布不均匀，因此在任何电迁移实验中都可能存在热迁移的成分。换句话说，当施加较高密度的电流时，以及由于电流拥挤导致电流分布不均匀时，倒装焊点中的电迁移就会伴随着热迁移。在研究倒装焊点时,可以把电迁移和热迁移结合起来,这是一个优势。

13.2 节将讨论倒装焊点的测试结构的设计,这将能够在有和没有电迁移的情况下进行热迁移。结果表明,采用高 Pb 和共晶 SnPb 复合焊点,即使复合样品中原始成分分布不均匀,但在热迁移过程中 Sn 和 Pb 的重新分布可以通过光学显微镜很容易地识别出来。观察共晶 SnPb 倒装焊点的热迁移也很容易。

13.3 节将介绍热迁移的基本原理,并讨论热迁移和输运热的驱动力。13.4 节将给出直流或交流电迁移下的热迁移。13.5 节将介绍无铅倒装焊点的热迁移。在 13.6 节中,将讨论热迁移和应力迁移之间的相互作用。

13.2　SnPb 倒装焊点的热迁移

13.2.1　未通电复合焊点的热迁移

图 10.8(a)、(b)和(c)分别显示了基板上倒装芯片的原理图、97Pb3Sn 和 37Pb63Sn 倒装焊点复合材料的截面和 SEM 图像。复合焊点已被用于热迁移的研究。作为对照实验,将复合倒装芯片样品在恒温 150℃、常压下的烘箱中进行恒温加热,加热时间分别为一周、两周、四周。在光学显微镜(OM)和 SEM 下对截面的微观结构进行观察,如图 10.9 所示。高 Pb 和共晶之间没有混合,图像与图 10.8(c)基本相同,原因是在 150℃恒温下,高 Pb 和共晶 SnPb 之间的化学电位差可以忽略不计。

为了在复合焊点中进行热迁移,这里使用了电迁移中焦耳热引起的温度梯度。倒装焊样品的集合如图 10.10(a)所示,硅芯片外围有 24 个凸点,所有凸点都具有电迁移应力前的原始微观结构,如图 10.8(c)所示。每个凸点底部较暗的区域是共晶 SnPb,顶部较亮的区域是 97Pb3Sn。在电迁移仅通过四对凸点后,热迁移的影响在所有未通电的焊点上都清晰可见,如图 10.10(b)所示。因为在所有的焊点中都有 Sn 迁移到硅侧,即热端,Pb 迁移到基板侧,即冷端。由于没有施加电流,Sn 和 Pb 的重新分布是由焊点上的温度梯度引起的。

13.2.2　热迁移的现场观察

用图 13.1(a)所示的倒装芯片样品进行原位热迁移观察。芯片被切割后,只保留了一条薄薄的硅条。该条带有一排焊料凸点,将其连接到衬底上。凸点被切割并抛光到中间,以便在热移过程中暴露每个凸点的横截面以进行原位观察。

图 13.1(a)是硅条带和一排四个凸点的横截面示意图。由于硅优异的导热性和所使用的小焊条,当一对凸点在直流或交流电流下通电时,另一对未通电的焊点

经历与通电焊点几乎相同的热梯度。这组样品可以通过在电迁移和热迁移过程中直接观察横截面表面的变化来进行原位实验。图 10.10 所示的第一组样品与这一组样品的主要区别在于,后者凸点在测试过程中具有抛光的自由表面。除了成分重新分布,如果大量材料被热移驱动到冷端,表面还会出现鼓包现象,鼓包现象很容易观察到。

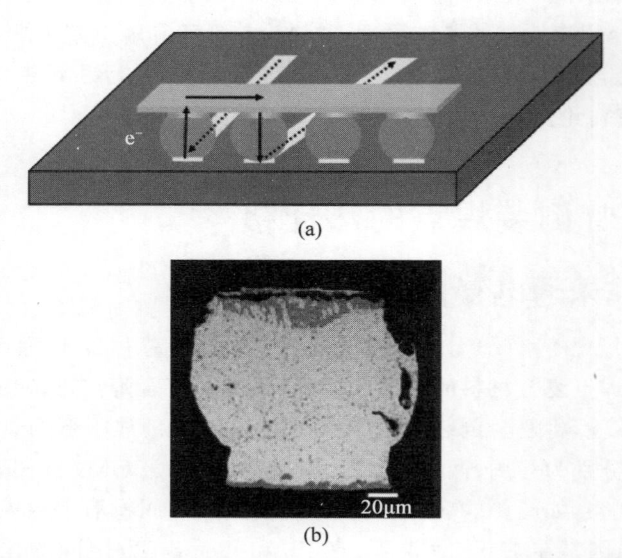

图 13.1 (a) 硅条带和一排四个横截面凸点的示意图。芯片被切割后,只保留了一条薄薄的硅条带。该条带上有一排焊料凸点,将其连接到衬底上。凸点被切到中间,以便在电迁移过程中暴露凸点的横截面进行现场观察。(b) 右边一个肿块经过热迁移后的 SEM 横截面图像

图 13.1(a)所示左侧的一对结点在 150℃下以 $2\times10^4\,A/cm^2$ 通电 20h;右边的一对结点完全没有电流,但它们都出现了元素成分再分布和损伤。右边的一对(未通电)显示在顶部的界面上形成均匀的空洞,即硅侧,也是热侧。其中一个的 SEM 图像如图 13.1(b)所示。在结点的主体部分,可以识别出一些相的再分布。Sn、Pb 和 Cu 元素的重新分布可以用电子探针从右边的未通电对的横截面上测量。Sn 迁移到热端,热端也有更多的 Cu、Pb 迁移到冷端。

如果假设图 13.1 右侧的一对凸点中没有温度梯度,换句话说,这些凸点中的温度是均匀的,那么它的热历程与等温退火相似,由于等温退火对相混合或分离没有影响,因此应该没有发现相再分布或空洞形成,如图 10.9 所示。然而,有人可能会问:是否还有其他种类的驱动力导致所观察到的相变?除了电力和热力还可以有机械力。然而机械力应该在等温退火中存在。退火确实会在芯片一侧的焊料和

UBM之间以及基板一侧的焊料与焊盘金属之间引起界面化学反应。IMC的生长可能由于摩尔体积的变化而产生应力。然而，在150℃等温退火四周的样品中应该存在这种影响，但没有检测到明显的变化，如图10.9所示。此外，焊料在150℃时有很高的同源温度；不太可能在四周内不放松应力。

因此得出结论，未通电凸点中的成分再分布和损伤(空洞形成)是由于热迁移造成的。那么，在热迁移中，哪个是主要的扩散物种，或者哪个物种随着温度梯度扩散值得关注。在150℃的电迁移过程中，发现Pb是主要的扩散物质。在复合焊点的热迁移过程中，温度梯度驱动Pb原子从热侧向冷侧迁移，Sn原子从冷侧向热侧迁移。由于热侧存在空洞，说明Pb是主要的扩散物质，Pb的通量大于Sn的通量。回流后形成高$PbCu_3Sn$，Sn向热侧扩散后Cu_3Sn转变为Cu_6Sn_5。在硅侧的整个接触区域内，空洞和Cu_6Sn_5的形成相当均匀。为什么Sn沿温度梯度在复合焊点中扩散是一个有趣的问题。为了回答这个问题，这里将讨论恒体积约束下两相微观结构中的驱动力和磁通运动。此外，13.5节将讨论无铅倒装焊点的热迁移，Sn从冷端移动到没有Pb的热端。

13.2.3 两相共晶结构中相分离的随机状态

图13.2(a)、(b)和(c)分别显示了加热30min、2h和12h后未通电复合焊点的一组SEM横截面图。在发生热迁移之前，图像类似于图10.8(a)所示。在图13.2(a)中，观察到一种随机的相分离状态。在图13.2(b)中，共晶向热端偏析。在图13.2(c)中，实现了近乎完全的相分离。在直流和交流应力下获得了许多类似图13.2(a)的图像，其中的四幅如图13.3所示，说明两相微观结构在实现完全相分离之前的随机相分离状态。可见，固态相分离过程中发生了类似流体的运动。

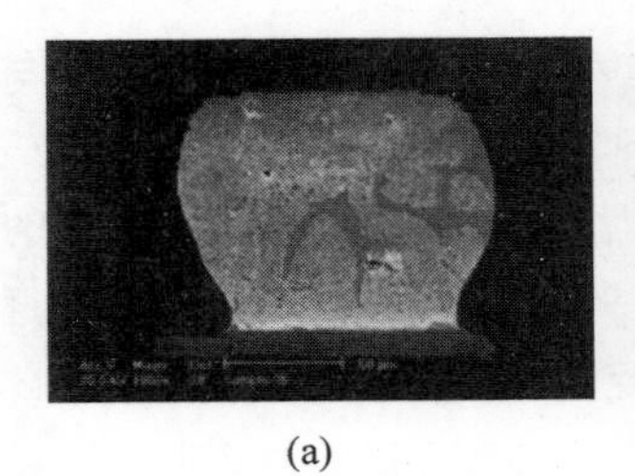
(a)

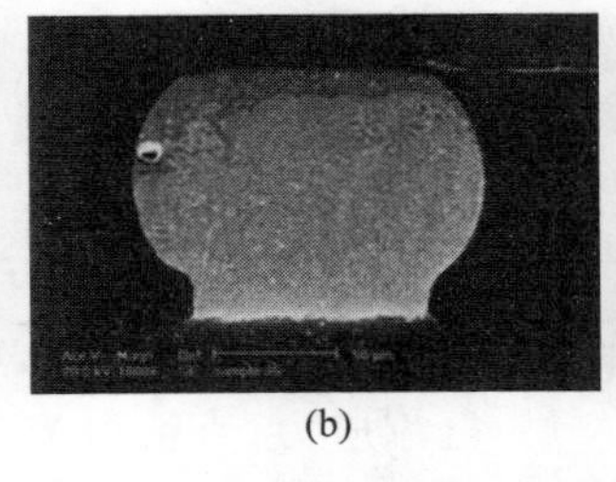
(b)

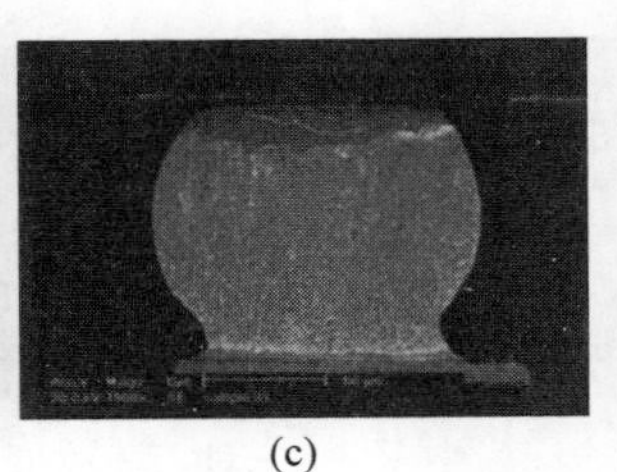
(c)

图13.2 (a)、(b)、(c)分别为热化30min、2h和12h后未通电复合焊点的一组SEM横截面图。测温前的图像与图10.8(a)所示相似。在图13.2(a)中，观察到相分离的随机状态。在图13.2(b)中，共晶向热端偏析。图13.2(c)实现了近乎完全的相分离

当使用电子探针测量热迁移后倒装焊样品抛光截面上的成分分布时，观察到三次扫描的高度不规则或随机成分分布，如图13.4所示；没有观察到平滑的浓度

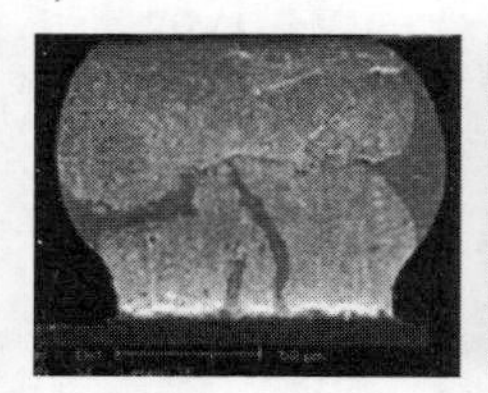
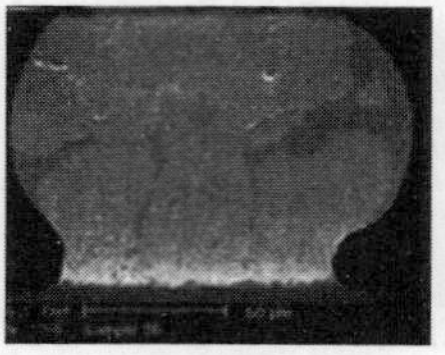
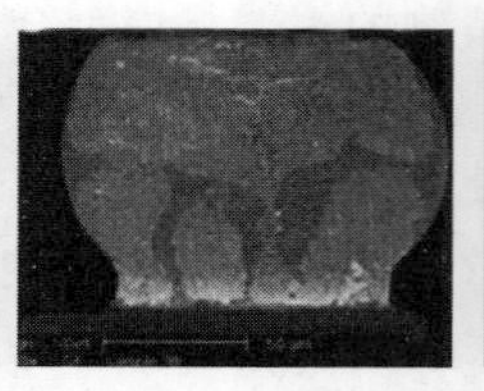
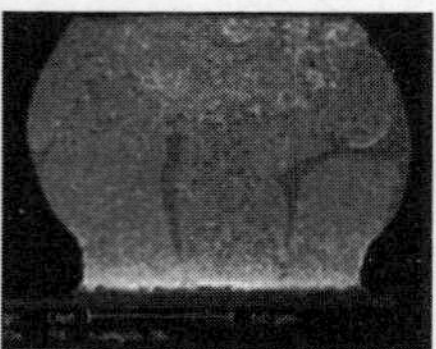

图 13.3　直流和交流应力下两相组织分离时的随机态图像

分布图。如果将电迁移实验延长几天，则发现未通电焊点中 Sn 和 Pb 存在明显的相分离。

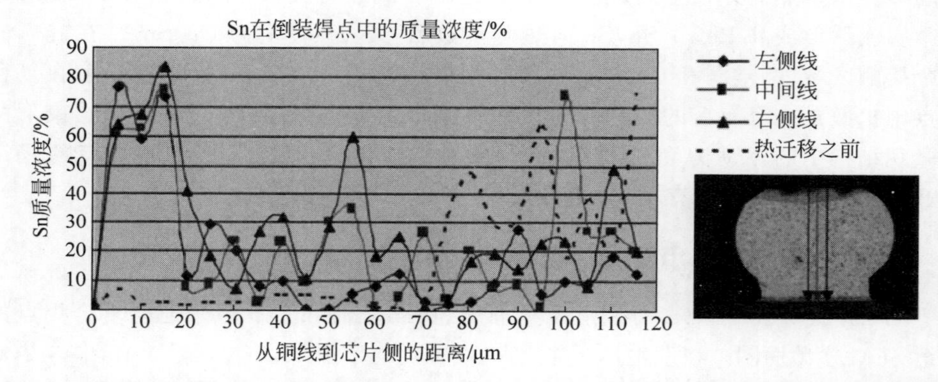

图 13.4　热迁移后倒装焊样品抛光截面上的电子探针测量的成分再分布。观察到高度不规则或随机的成分分布；没有观察到平滑的浓度分布

13.2.4　未通电的共晶 SnPb 焊点的热迁移

用于热迁移试验的共晶 37Pb63Sn 倒装焊点，没有很高的 Pb 含量，其排列与图 10.10(a)相似，只是有 11 个凸点。芯片侧 UBM 薄膜为 Al(～0.3μm)/Ni(V)(～0.3μm)/Cu(～0.7μm)溅射沉积。基板侧的焊盘金属层为电镀法制备的 Ni(5μm)/Au(0.05μm)。UBM 与焊盘的凸点高度为 90μm。芯片侧触点开口直径为 90μm。图 13.5 为初始状态下共晶 SnPb 焊料凸点的 SEM 横截面图像。

其中只有一对(编号 6/7)为电流应力，直流电流为 0.95A，100℃，27h。触点开孔处的平均电流密度为 $1.5\times10^4\,A/cm^2$。利用与有动力对相邻的无动力凸点来研究热迁移。

图 13.6(a)描绘了 11 个焊点的排列。图 13.6(b)显示了电迁移测试后所有 11 个焊点的 SEM 横截面图像。SEM 图像中较浅的颜色代表富铅相，较深的颜色代表富 Sn 相。与图 13.5 所示的接收样品相比，结果表明，在未通电的凸点中，富铅相已经移动到基板侧(冷侧)。此外，如图 13.6(b)所示，其中一个未通电的相邻凸

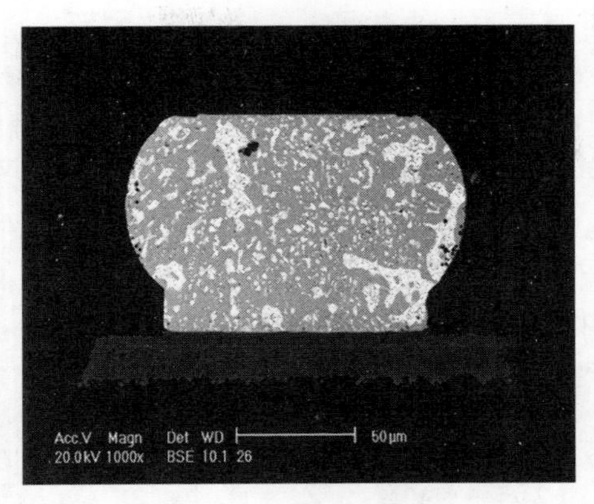

图 13.5 初始状态下共晶 SnPb 焊料凸点的 SEM 横截面图像

点呈现一些液相的枝晶结晶结构，表明其在测试中部分熔化。值得注意的是，熔融共晶相的结晶应该显示出共晶的微观结构。枝晶结构表明在熔化前就发生了相分离。熔点表明共晶 SnPb 在接近熔点的高温下发生热迁移。

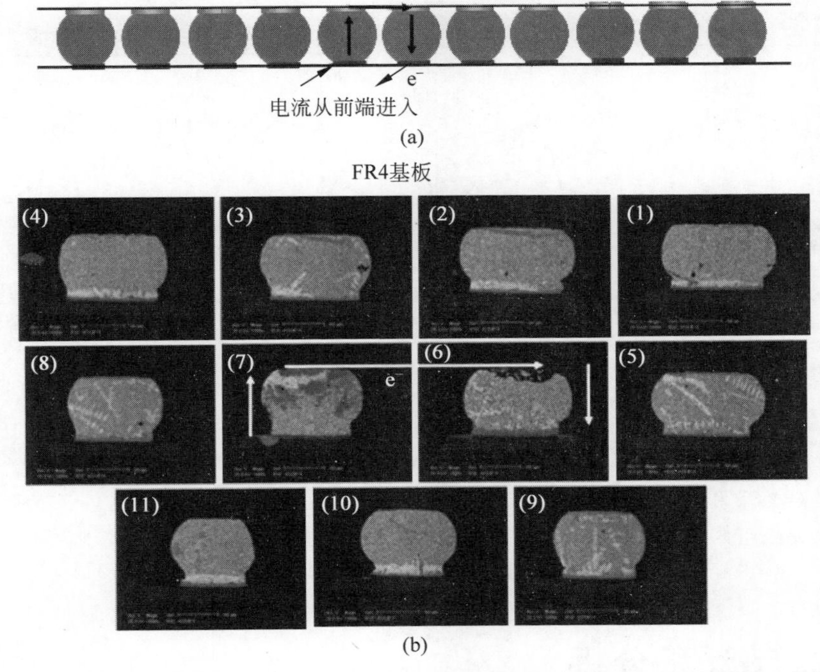

图 13.6 (a) 11 个焊点的分布示意图。(b) 仅对 6/7 号焊点施加电流应力后 11 个焊点的 SEM 横截面图像。电子流方向用箭头标示。SEM 图像中颜色较浅的区域为富 Pb 相，颜色较深的区域为富 Sn 相

图 13.7(a)显示了加热后未通电凸点的 SEM 放大图。Sn 和 Pb 的再分布表现为大量 Pb(颜色较浅)积聚在基板侧(冷侧),而 Sn 没有积聚在芯片侧(热侧),Sn 在凸点上的分布相当均匀。意外发现是,不仅焊点的微观结构相当均匀(除了积累的富 Pb 相),而且层状结构也更精细,这表明相分离后微观结构中存在更多的界面,从而达到更高的能态。回想一下,当共晶两相微观结构在恒温退火时,两相片层微观结构应该发生粗化而不是细化,以降低表面能。图 13.7(b)显示了冷侧富 Pb 相的 SEM 放大图像。图 13.7(c)和(d)分别显示了样品中 Pb 和 Sn 的浓度分布。

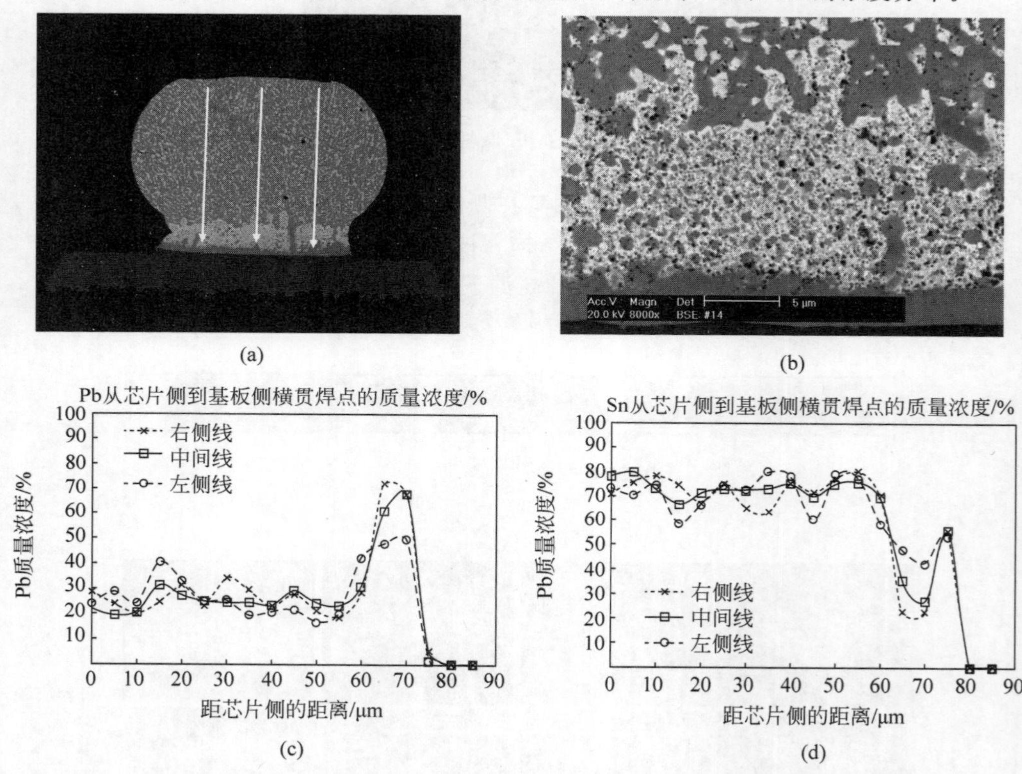

图 13.7 (a) 11 号凸点 SEM 放大图。Sn 和 Pb 的再分布可见。它显示了大量的 Pb 迁移到衬底侧(冷侧),而 Sn 没有积累到芯片侧(热侧)。(b) 冷端富 Pb 相的放大图像。(c) 和 (d) Pb 和 Sn 在凸点处的 EPMA 浓度分布图。扫描了跨越凸点的三条剖面线,每条线是三组数据点的平均值。从芯片侧到基板侧每隔 5μm 取每个点

13.3 热迁移分析

就不可逆过程而言,热迁移过程中的热流和质量流可以用温度梯度和化学势

梯度表示：

$$
\begin{cases}
J_Q = -L_{QQ}\dfrac{1}{T}\dfrac{\mathrm{d}T}{\mathrm{d}x} - L_{QM}T\dfrac{\mathrm{d}}{\mathrm{d}x}\left(\dfrac{\mu}{T}\right) \\
J_M = -L_{MQ}\dfrac{1}{T}\dfrac{\mathrm{d}T}{\mathrm{d}x} - L_{MM}T\dfrac{\mathrm{d}}{\mathrm{d}x}\left(\dfrac{\mu}{T}\right)
\end{cases}
\tag{13.1}
$$

当一种物质保持在一个温度梯度中，直到建立一个浓度梯度来平衡温度梯度，它就会达到一个稳定的状态，即质量流 J_M 将为零。取 $J_M=0$，从上一个方程得到

$$L_{MQ}\frac{1}{T}\frac{\mathrm{d}T}{\mathrm{d}x} = -L_{MM}T\frac{\mathrm{d}}{\mathrm{d}x}\left(\frac{\mu}{T}\right)$$

除去 $T/\mathrm{d}x$，得到

$$\mathrm{d}\left(\frac{\mu}{T}\right) = -\frac{L_{MQ}}{L_{MM}}\frac{\mathrm{d}T}{T^2}$$

通过微分得到

$$\mathrm{d}\left(\frac{\mu}{T}\right) = \frac{1}{T}\mathrm{d}\mu + \mu\mathrm{d}\left(\frac{1}{T}\right) = \frac{1}{T}\mathrm{d}\mu - \mu\frac{1}{T^2}\mathrm{d}T$$

利用热力学关系，

$$\mathrm{d}\mu = -S\mathrm{d}T + V\mathrm{d}\rho, \quad \mu = H - TS$$

把它们代入前面的方程，得到

$$\mathrm{d}\left(\frac{\mu}{T}\right) = \frac{V\mathrm{d}p}{T}\mathrm{d}\mu - H\frac{\mathrm{d}T}{T^2} = -\frac{L_{MQ}}{L_{MM}}\frac{\mathrm{d}T}{T^2}$$

因此

$$\frac{V\mathrm{d}p}{T} = \left(H - \frac{L_{MQ}}{L_{MM}}\right)\frac{\mathrm{d}T}{T^2}$$

为了理解 L_{MQ}/L_{MM} 的含义，假设等温条件下的热流与质量流之比，即 $\mathrm{d}T/\mathrm{d}x=0$ 时，得到

$$\frac{J_Q}{J_M} = \frac{L_{QM}}{L_{MM}} = \frac{L_{MQ}}{L_{MM}}$$

使用 Onsager 的关系 $L_{QM}=L_{MQ}$。

L_{MQ}/L_{MM} 表示与质量流相关的能量流。定义 $Q'=L_{MQ}/L_{MM}$，得到

$$\frac{V\mathrm{d}p}{T} = (H - Q')\frac{\mathrm{d}T}{T^2} = Q^*\frac{\mathrm{d}T}{T^2} \tag{13.2}$$

式中，明确传递热 $Q^*=H-Q$。它表示与流动的物质相关的能量(Q)和流动开始的热源中物质的焓(H)之间的差。Shewmon[1] 表明，在温度梯度下，在铁碳合金中碳向热端移动，并建立了稳态。α-Fe 中碳的 Q^* 值在 700℃附近约为 −24kcal/mol。Q^* 的符号将在下一节讨论。

13.3.1 热迁移的驱动力

在热电效应中，温度梯度可以使电子移动。同样，温度梯度也可以驱动原子。高温区中的电子本质上具有更高的散射能量，或者与扩散原子的相互作用更强，因此原子沿着温度梯度向下移动。关于原子扩散的驱动力，回想一下，由化学势驱动的原子通量可以给出为

$$J = C < v \geqslant CMF = C\frac{D}{kT}\left(-\frac{\partial \mu}{\partial x}\right) \tag{13.3}$$

式中，$\langle v\rangle$为漂移速度，$M=D/kT$ 为迁移率，μ 为化学势能。以温度梯度为驱动力，根据式(10.14)所示的共轭力，

$$J = C\frac{D}{kT}\frac{Q^*}{T}\left(-\frac{\partial T}{\partial x}\right) \tag{13.4}$$

式中，Q^* 定义为输运热。比较后两个方程，可以看到 Q^* 与 μ 具有相同的维数，因此它是每个原子的热能。Q^* 的定义是运动原子所携带的热量与原子在初始状态(热端或冷端)时的热量之差。

为了定义 Q^* 的符号，我们考虑式(13.4)中两点之间的原子通量 J；笛卡儿坐标中处点 $1(x_1, T_1)$和处点 $2(x_2, T_2)$，假设 $T_1 > T_2$ 和 $x_1 < x_2$，原子通量从热到冷，即从处点 1 到处点 2。然后，T/x 为负，故 Q^* 为正。回想一下，这也是式(10.4)所示的所有通量方程都带有负号的原因。因此，对于从热端移动到冷端的元素，Q^* 为正；对于一个从冷端移动到热端的元素，Q^* 为负。

热迁移的驱动力为

$$F = -\frac{Q^*}{T}\frac{\partial T}{\partial x} \tag{13.5}$$

为了做一个简单的估计，这里取 $\Delta T/\Delta x = 1000℃/\mathrm{cm}$，并考虑跨原子跃迁的温差，取跃迁距离 $a = 3\times10^{-8}\,\mathrm{cm}$。在原子间距上有 $3\times10^{-5}\,\mathrm{K}$ 的温度变化，所以热能的变化将是

$$3k\Delta T = 3\times 3.18\times10^{-23}\,(\mathrm{J/K})\times 3\times10^{-5}\,\mathrm{K} \approx 1.3\times10^{-27}\,\mathrm{J}$$

作为比较，假设在电流密度为 $1\times10^4\,\mathrm{A/cm^2}$ 或 $1\times10^8\,\mathrm{A/m^2}$ 的情况下电迁移的驱动力 F，就知道这在焊料合金中引起了电迁移：

$$F = Z^* eE = Z^* e\rho j \tag{13.6}$$

为此应当采取 $\rho = 10\times10^{-8}\,\Omega\cdot\mathrm{m}$，$Z^* = 10$，和 $e = 1.602\times10^{-19}\,\mathrm{C}$，得到 $F = 10\times1.6\times10^{-19}\,\mathrm{C}\times10\times10^{-8}\,\Omega\cdot\mathrm{m}\times10^8\,\mathrm{A/m^2} = 1.6\times10^{-17}\,\mathrm{C\cdot V/m} = 1.6\times10^{-17}\,\mathrm{N}$。

力在原子跃迁 $3\times10^{-10}\,\mathrm{m}$ 的距离上所做的功将为 $\Delta w = 4.8\times10^{-27}\,\mathrm{N\cdot m} =$

4.8×10^{-27}J。这个值接近于上面计算的热迁移的热能变化。因此，如果电流密度为 10^4 A/cm^2 可以诱导焊点中的电迁移，则温度梯度为 1000℃/cm 将诱导焊点中的热迁移。

关于输运热，请注意 Q^* 可以是正也可以是负。在 Fe-C 系统中，发现碳以正的输运热向热端移动。在 SnPb 合金中，当热迁移驱动 Pb 从热区向冷区移动时，它沿着温度梯度向下移动。但热迁移使 Sn 向相反方向运动；它逆着温度梯度移动。Pb 的 Q^* 为负或热量减少，但对于 Sn，似乎 Q^* 是正的，因为它移动到热端并获得热量。这是因为在两种物质的热迁移中都有一个温度梯度，不像扩散对中的互扩散，在扩散对中，两个互扩散物质的浓度梯度是相反的方向，所以互扩散中的化学势变化对于两种物质都可以是正的。

为了测量 Q^*，如果知道原子通量，可以使用通量方程，即式(13.3)，当已知扩散系数、平均温度和温度梯度时，来确定 Q^*。下面用通量方程(13.3)来估计 13.2.4 节讨论的 Pb 在热迁移中的输运热。

通过测量图 13.7(a)中 Pb 在基板侧的累积宽度(12.5μm)，可以通过宽度与焊点横截面的乘积得到原子输运的总体积。取 27Sn73Pb 的密度为 10.25g/cm^3，27Sn73Pb 的分子量为 183.3g/mol，则通量为 $J_{TM} = 4.26 \times 10^{14}$ 原子数每平方厘米秒。假设温度梯度为 1000℃/cm，热侧温度为 180℃，非常接近共晶 SnPb 的熔化温度，扩散系数为 $D_{Pb} = 4.41 \times 10^{-13}$ cm^2/s，则摩尔输移热 Q^*_{Pb} 估计为 79kJ/mol。

由于浓度分布不均匀，测定 Q^* 的精度可能受到式(13.3)中通量测量的影响。假设的温度梯度可能是不正确的。然而，更严重的是分析中的基本假设，即 Pb 和 Sn 都随温度梯度移动。实际上，如果 Pb 是主要的扩散物质，并且从热侧向冷侧移动，由于假定为恒定体积过程，Sn 将被反方向推回。应该研究 Sn 的反向通量效应对两相微观结构中传热计算的影响。

13.3.2　共晶两相合金中的热迁移

共晶合金中的热迁移是独特的，它不同于固溶体中的热迁移。低于共晶温度的共晶合金是处于平衡状态的两相合金。在两相混合物中，组分在恒温下的变化并不意味着化学势的任何变化；相反，它仅仅表示两相局部体积分数的变化。每个初级相的组成由它们之间的热力学平衡决定，并从平衡相图中得知。因此，如果共晶焊料中两相的一些重新分布是热迁移引起的，这表示体积分数梯度的变化，而不是化学势梯度的变化，因此由于缺乏抵消力，重新分布可能是巨大的。

严格来说，在温度恒定、压力恒定的情况下，得到的是平衡相图。因此，在恒定温度下，两个共晶相之间的恒定化学势的概念不能应用于上一段所讨论的测温，因为温度不是恒定的。它是一个近似值,假设 ΔT 很小。

在共晶两相结构的热迁移结束时,没有达到线性浓度梯度的稳定状态;相反,两个共晶相发生了近乎完全的偏析。此外,由于体积分数梯度不是驱动力,缺乏 $\Delta C/\Delta x$ 形式的反作用力,不会产生平滑的偏析,因此共晶混合物的热析过程中出现随机行为倾向,如图 13.3 所示。在固溶体的 Soret 效应中,不存在平滑的浓度梯度。

考虑一种几乎由纯成分构成的两相混合物;此后,下标 1 和 2 既对应于相,也对应于类型。假设样品的形状不变,因此在样品的每个部分都有恒定体积的约束。这说明在实验室参照系中,两种物质的体积通量之和应该处处为零:

$$\Omega_1 J_1 At + \Omega_2 J_2 At = 0 \tag{13.7}$$

或者

$$\Omega_1 J_1 = -\Omega_2 J_2 \tag{13.8}$$

式中,J_1、J_2 为单位时间内单位面积的原子通量,Ω_1、Ω_2 为原子体积。A、t 分别为样品的横截面和反应时间。在定容假设下,在两相体系中,J_2 与 J_1 方向相反。

13.4 倒装焊点在直流或交流电应力下的热迁移

在直流电迁移中,阴极和阳极之间存在极性效应。当直流电迁移测试凸点菊花状链时,在阴极与硅接触处的每个替代凸点上都会形成空洞。因此,在倒装焊点中识别直流电迁移很容易。但是必须考虑热迁移对直流电迁移的贡献。当后者的焦耳热在焊点上引起 1000℃/cm 量级的温度梯度时,热迁移可能伴随着电迁移。

如果假设图 13.1 中左侧一对焊点中的直流电迁移,电子在左侧焊点中向上流动,在右侧焊点中向下流动;如果假设硅芯片一侧(图 13.1 中的顶部)的温度更高,则热迁移将驱动主要的扩散物质向下运动,这与右侧受到向下电子流的焊点的电迁移方向一致,因此热迁移和电迁移的影响将被加在一起。热迁移和电迁移都将驱动空位向硅触点移动,并在触点附近形成空洞。然而,在对的左侧凸点处,电迁移将驱动原子向相反方向移动并抵消热迁移,即这两种效应倾向于相互抵消。由于可以在一对焊点中获得不同的实验结果,应该能够解耦热迁移和电迁移的贡献。

如果使用纯 Sn 倒装焊样品,出现一个元素扩散的简单情况,这里可以使用标记来确定通量的净效应。当两个元素处于共晶 SnPb 或固溶 PbIn 中时,问题更为复杂。在这种情况下,除了标记运动,还应确定 Sn 和 Pb(或 Pb 和 In)通量的浓度变化。由于共晶 SnPb 的随机特性,其分析比 PbIn 更为复杂。

无论向一对倒装芯片焊料凸点施加交流电还是直流电,焦耳热都没有区别。

这是因为如图 13.1 所示的一对通电凸点中的电流分布与电流方向或极性无关；因此，无论是否在电迁移中施加交流电或直流电，焦耳热都是一样的，除了在高频的交流电下可能会有所不同。然而，与直流电不同，通常假设交流电不会引起质量流动。如果假设在由交流电施加应力下的一对凸点中没有电迁移引起的质量迁移是正确的，那么我们应该预计在由交流电供电的一对凸点中只有热迁移，前提是交流电已经在这对凸点中产生了温度梯度。这是利用 AC 研究倒装焊点热迁移的优点；交流电只是作为热源，在没有电迁移的情况下在焊料凸点上产生温度梯度。

能够通过非常仔细地检查一对受到交流电压力的凸点和相邻的没有通电的凸点，来验证交流电不会引起大规模迁移的假设。图 13.1 描述了这种排列，其中左侧的一对凸点可以通过交流电施加压力，但右侧的相邻一对是虚拟对，不会携带电流。受交流电应力的一对左侧焊点产生的焦耳热将在两对中引起相同的热迁移。应在两对中进行标记位移实验，以确定质量迁移是否相同。还应与通直流电的实验进行直接比较。

13.5 无铅倒装焊点的热迁移

无铅 SnAg3.5 焊点的热迁移通过在保持 100℃的加热板上以 $1\times10^4\,A/cm^2$ 的 50Hz 交流电进行研究。在焊点的横截面上，由聚焦离子束制成的面积为 $10^4\,nm^2$ 的微孔标记阵列用于确定热迁移中原子通量的方向和大小。利用红外(IR)仪器，发现焊料凸点的温度梯度约为 2800℃/cm。温度梯度测量公式为$(T_{chip}-T_{subst})/h$，式中 h 为焊点 100μm 的高度，T_{chip}(约 154℃)和 T_{subst}(约 125℃)分别是芯片侧和基板侧的温度，这是通过 IR 扫描仪在抛光的焊点截面上确定的。图 13.8(a)和(b)分别是在 AC 电流密度为 $1\times10^4\,A/cm^2$ 和在 100℃下 800h，热迁移前后样品的 SEM 横截面图像。在图 13.8(b)中，在芯片一侧(热端)观察到大量的丘状结构。此外，在丘状结构的正下方还形成了一些空洞。确定该丘状的成分为 Sn。发现焊料中的 Ag 已经迁移到基板一侧，即冷端。发现标记物向基板侧移动，表明热迁移中的优势扩散物质已经移动到芯片侧或热端。

需要注意的是，800h 的退火时间非常长。小丘的形成和标志运动表明 Sn 元素从冷端向热端移动。标记运动测量的原子通量表明，该通量比共晶 SnPb 中的通量小一个数量级。测得 Sn 输运热约为+1.36kJ/mol。正传递热表示 Sn 原子在热迁移中吸热。

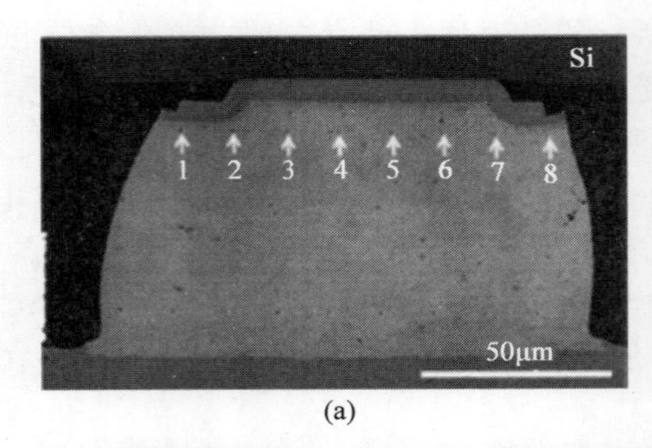

(a)

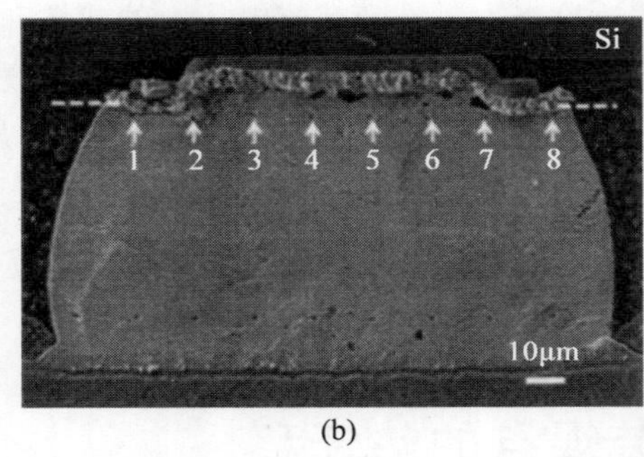

(b)

图 13.8 样品在 AC 电流密度 1×10^4 A/cm^2、温度为 100℃，通电 800h 下，热迁移前(a)和热迁移后(b)的 SEM 横截面图像

13.6 无铅倒装焊点的热迁移和蠕变

图 13.8(b)中热端形成的小丘表明热端受到了压缩。应力和温度对热端空位浓度的影响是混合的。根据纳巴罗-荷尔图蠕变模型(见 14.3 节)，压缩区的空位浓度低于非应力区的平衡浓度。从温度效应来看，热端应该比冷端有更高的空位浓度。由于热迁移已经发生，标记运动表明质量通量已经向热端移动，因此净空位通量正在向冷端移动，因此温度效应大于应力效应。然而，为什么在热端发现了一些空洞，却不能用温度效应来解释。

下文将把热迁移和蠕变耦合起来。回想一下，10.7.1 节已经耦合了电迁移和蠕变。电迁移和蠕变都是恒温过程，但热迁移不是。为了将热迁移和蠕变耦合起来，需要考虑以下分析。

首先，假设焊料成分为纯锡，因此没有浓度梯度。这是一个合理的假设，因为在 SnAg 焊料中，Ag 在 Sn 中间隙扩散，因此在热迁移的早期阶段，大多数 Ag 将被驱动到冷端。在之前报道的 800h 热迁移周期的大部分时间里，基本上是 Sn 元素在纯 Sn 元素中的扩散。

其次，应该考虑温度梯度下的蠕变，以便将其与热迁移耦合。为简单起见，在将温度作为变量时，需要使用恒温蠕变的概念，因为跨越的温差焊点只有几摄氏度，所以 $\Delta T/T_m$ 是非常小的，其中 T_m 是焊料的熔点。

最后，为了估计应力迁移的驱动力，假设一个直径为 100μm 的倒装焊点，以查看其是否与热迁移具有相同的数量级。阳极假设在屈服应力水平为 30MPa 的压应力，并且在阴极是无应力的。Sn 原子的原子体积取 $27\times10^{-24}\,\text{cm}^3$，所以得到

$$\sigma\Omega = 30\times10^7\,\text{dyn/cm}^2\times27\times10^{-24}\,\text{cm}^3 = 810\times10^{-17}\,\text{erg}$$

驱动力为

$$F = -\frac{\Delta\sigma\Omega}{\Delta x} = -\frac{0-8\times10^{-15}\,\text{erg}}{10^{-2}\,\text{cm}} = 8\times10^{-13}\,\text{erg/cm}$$

这个力在 0.3nm 的原子跃迁距离上所做的功为 2.4×10^{-27}J，这与热迁移计算的功的数量级相同。因此，驱动力将导致应力迁移，并且可以耦合到热迁移。

在式(10.25)和式(10.2)中，采用应力势 $\sigma\Omega$ 代替化学势 μ，并通过以下一对方程将蠕变和热迁移耦合起来：

$$J_M = C\frac{D}{kT}\left[-T\frac{\mathrm{d}}{\mathrm{d}x}\left(\frac{\sigma\Omega}{T}\right)\right] - C\frac{D}{kT}\frac{Q^*}{T}\frac{\mathrm{d}T}{\mathrm{d}x} \tag{13.9}$$

$$J_Q = L_{QM}\left[-T\frac{\mathrm{d}}{\mathrm{d}x}\left(\frac{\sigma\Omega}{T}\right)\right] - k\frac{\mathrm{d}T}{\mathrm{d}x} \tag{13.10}$$

这里可以将前两个方程改写为

$$J_M = C\frac{D}{kT}\left[-\frac{\mathrm{d}\sigma\Omega}{\mathrm{d}x} + \left(\frac{\sigma\Omega - Q^*}{T}\right)\frac{\mathrm{d}T}{\mathrm{d}x}\right] \tag{13.11}$$

$$J_Q = L_{QM}\left(-\frac{\mathrm{d}\sigma\Omega}{\mathrm{d}x}\right) + \left(L_{QM}\frac{\sigma\Omega}{T} - k\right)\frac{\mathrm{d}T}{\mathrm{d}x} \tag{13.12}$$

在式(13.11)中，只有 Q^* 是未知的。这是因为，在实验上可以从标记运动中测量 J_M，这里假设 σ 是弹性极限，所以得到 $\mathrm{d}\sigma/\mathrm{d}x$，并且知道 $\mathrm{d}T/\mathrm{d}x$ 和 T。从标记物的运动得出

$$\Omega J_M A t = A\Delta x$$

式中，Ω 为 Sn 的原子体积，A 为试样的横截面面积，t 为热迁移时间，x 为标记物的平均位移。发现 Q^* 为 −7.4kJ/mol。

在式(13.11)中，若令 $J_M=0$，则表示背应力与热迁移相平衡，稳态下不存在净原子通量，故有

$$\frac{\mathrm{d}\sigma\Omega}{\mathrm{d}x} = \left(\frac{\sigma\Omega - Q^*}{T}\right)\frac{\mathrm{d}T}{\mathrm{d}x} \tag{13.13}$$

通过重新排布方程，得到

$$\frac{\mathrm{d}T}{T}=\frac{\mathrm{d}\sigma\Omega}{\sigma\Omega-Q^*}$$

通过积分得到

$$\frac{T_1}{T_2}=\frac{\sigma_1\Omega-Q^*}{\sigma_2\Omega-Q^*}$$

然后，

$$\frac{\Delta T}{\Delta\sigma}=\frac{T_1-T_2}{\sigma_1-\sigma_2}=\frac{T_2\Omega}{\sigma_2\Omega-Q^*} \tag{13.14}$$

注意这里的 σ 和 Q^* 都可以是正数或负数。上面的方程表明了热迁移可以通过蠕变或应力迁移来平衡的条件。

本章的引言讨论了铜壶缺乏热迁移的问题。水壶内部，沸水的温度为 100℃，因此温度可能太低，无法通过原子扩散进行应力弛豫。即使温度梯度非常大，背应力也会累积起来，阻碍热迁移。

在无铅倒装焊点中，当锡被热迁移驱动到热端时，由于同质温度高，会发生应力松弛，因此可观察到热端形成丘状结构，如图 13.8(b)所示。丘状生长要求 Sn 原子沿垂直于样品表面的方向扩散，这就要求空位沿相反方向扩散。这些空位将在小丘周围形成空洞，如图 13.8(b)所示。

回想一下，在应力铝短条带的电迁移中，发现了一个临界长度，低于该长度将不会发生电迁移。在受应力的倒装焊点热迁移中，没有发现临界长度。

为了研究焊点的热迁移与外加机械应力的相互作用，实验上也可以采用铜线/焊球/铜线的样品，与研究电迁移和外加机械应力的相互作用一样。

参考文献

[1] Paul Shewmon, "Diffusion in solids," Ch. 7 of "Thermo- and Electro-Transport in Solids" (TMS, Warrendale, PA, 1989). https://doi.org/10.1017/CBO9780511777691.014 Published online by Cambridge University Press Problems 307.

[2] D. V. Ragone, "Thermodynamics of materials," Vol. II, Ch. 8 of Nonequilibrium Thermodynamics (Wiley, New York, 1995).

[3] R. W. Balluffi, S. M. Allen and W. C. Carter, "Irreversible thermodynamics: coupled forces and fluxes," Ch. 2 of Kinetics of Materials (Wiley-Interscience, Hoboken, NJ, 2005).

[4] W. Roush and J. Jaspal, "Thermomigration in Pb-In solder," IEEE Proc. CH1781 (1982), 342-345.

[5] D. R. Campbell, K. N. Tu and R. E. Robinson, "Interdiffusion in a bulk couple of Pb-PbIn alloy," Acta Met. 24 (1976), 609.

[6] H. Ye, C. Basaran and D. C. Hopkins, "Thermomigration in Pb-Sn solder joints under joule

heating during electric current stressing," Appl. Phys. Lett. 82(2003),1045-1047.
[7] Y. C. Chuang and C. Y. Liu,"Thermomigration in eutectic SnPb alloy," Appl. Phys. Lett. 88(2006),174105.
[8] Hsiang-Yao Hsiao and Chih Chen,"Thermomigration in Pb-free SnAg solder joint under alternating current stressing," Appl. Phys. Lett. 94(2009),092107.
[9] Annie Huang, A. M. Gusak, K. N. Tu and Yi-Shao Lai,"Thermomigration in SnPb composite flip-chip solder joints," Appl. Phys. Lett. 88(2006),141911.

习题

13.1　在Al和Cu互连的电迁移中,为什么热迁移不重要,或者为什么很少提及?而在倒装焊点的电迁移中,热迁移很重要,这是为什么?

13.2　在Al互连的电迁移过程中,当施加的电流密度在200℃下为10^5 A/cm^{2}时,通常会观察到电迁移。以$Z^* eE$表示的驱动力有多大?如果在热迁移中需要同样大小的力,那么温度梯度会是多少?

13.3　大多数金属的输运热为负,表明热迁移是从热端向冷端进行的,为什么?

13.4　如果在500℃退火一个扩散偶$Cu_{40}Ni_{60}$和$Cu_{60}Ni_{40}$,会发生什么?相比之下,如果在150℃下退火$Sn_{40}Pb_{60}$和$Sn_{60}Pb_{40}$的扩散偶,会发生什么?然后,如果在200℃下退火SnPb扩散偶,会出现什么情况?

13.5　在电迁移中,由于阳极处的背应力,存在临界长度。低于临界长度,就不会发生电迁移。在热迁移中,当原子被驱动到冷端(或热端)时,在冷端(或热端)存在背应力。在热迁移中是否存在一个临界长度,低于此长度不发生热迁移?

13.6　要用铜壶烧水,假设内外温度分别为100℃和600℃,铜壶壁厚度为0.5mm。热迁移力有多大?Cu在内外壁附近的自扩散系数是多少(参见第4章Cu的扩散系数)?假设水在10min内烧开,那么10min内Cu的扩散距离是多少?

13.7　当使用热电偶测量温度时,热电偶内部存在温度梯度。如果热电偶是由合金制成的,人们会担心热电偶中的热迁移吗?另外,使用珀尔帖装置来散热时,装置内部会有温度梯度,热迁移会有问题吗?

第14章

薄膜内应力迁移

14.1 引言

正如第10章所讨论的,应力引起的原子迁移就是蠕变,这里着重强调,引起原子迁移的是应力梯度而非应力。从器件可靠性的观点来看,必须提出以下几个问题:第一,应力是从哪里产生的?第二,应力梯度在互连中是如何产生的?第三,弹性应变的应力梯度是如何引起原子迁移的?第四,导致空洞或晶须形成以造成互连失败的蠕变机制是什么?最后,蠕变的速度是多少[1-4]?

对于第一个问题,通常的回答是由于互连结构中热膨胀系数的不同引发的热应力而产生应力。最明显的例子是Al(或Cu)金属线与层间电介质绝缘体之间的热应力,另一个例子来自倒装焊技术中的芯片-封装相互作用,其中应力是由芯片和封装基板之间巨大的热膨胀差异引起的。另外,正如11.6节所讨论的,电迁移可以在互连中引入背应力。在电子器件中,由外部施加的力所引起的机械应力是罕见的,但是应该考虑由于手持装置掉落到地上产生的冲击而引起的应力,这种冲击是在极短时间内高速率的剪切应力,时间大约为1ms,剪切速率大约为1×10^3 cm/s。由于冲击失效并不像蠕变那样是一个长期事件,因此这里不会涉及它。

对于第二个应力梯度问题,值得提及的是三维FEA软件已经在商业上可用。因此,获得互连结构的应力分布并不困难,故而可以检查应力梯度。然而,最常见的应力梯度出现在一个自由面和一个应力区域或者一个应力集中点之间。由于空洞有一个自由面,从应力迁移的角度来看,空洞和其周围的拉伸区域之间的应力梯度显得很重要,因为它会引起空位扩散到空洞中使得空洞生长。这就是所谓的应力诱生空洞。本章将给出关于应力梯度驱动力和应力引发空洞动力学的描述与解释。随着超低介电常数材料引入多层互连结构，且由于超低 k 材料有着较差的机械性能和热性能以及较弱的界面黏附性，应力引发的断裂变得越来越重要。除了空洞之外，这种失效还可能是开裂和分层。但这里将不会涉及裂纹扩展。

关于第三个问题，由应力迁移所产生的互连结构失效是一种磨损现象，表示它与时间相关且需要较长的时间才能失效。典型的解决方法是延长 MTTF 使其超过器件的使用寿命，因此器件将不会在其使用寿命内失效。或者，通过添加扩散屏障来阻止空位扩散到空洞中，这样就可以提高对抗应力迁移的可靠性。未来需要器件设计师和工艺及可靠性工程师之间进行更密切的互动，确保产生较少的应力迁移的可靠性问题。

需要注意的是，只要样品中的空位能够在各处保持平衡，稳态的蠕变可能不会导致失效。一个典型的例子是，数百年来，有些非常古老的房屋中的铅管会因为自重而下垂，但不会失效。由于铅的熔点是 327℃，所以室温对于铅来说是一个相对较高的同源温度，因此室温下的原子扩散相当迅速，足以发生蠕变。此外，值得一提的是，一个现代的有关蠕变的应用是在超高真空系统中使用退火良好的纯铜“O”形环作为压力密封结构。图 14.1 描述了两个钢边之间铜“O”形环的横截面示意图，螺丝被拧紧以使钢边的齿在高应力梯度下咬住柔软的铜“O”形环，形成凹槽。在室温下，“O” 形环可以发生原子尺度的蠕变来关闭凹槽密封中的原子级间隙，以维持超高真空压力。

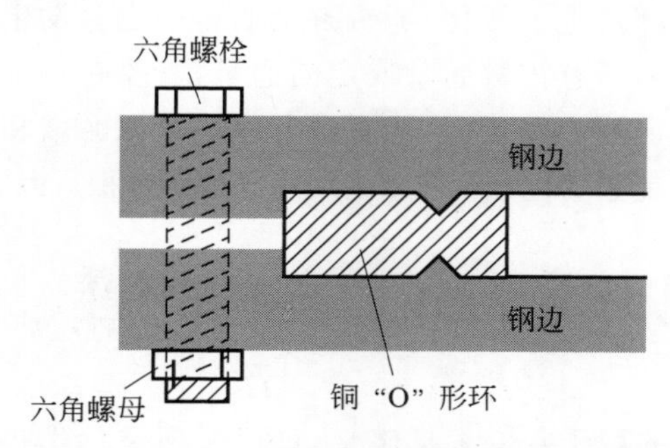

图 14.1　两个钢边之间铜“O”形环的横截面示意图

关于第四个问题，一般来说，蠕变是一种高温现象。但如果晶界扩散成为主导，此时只需要一个适当的温度就可产生蠕变。为了造成失效，第 12 章强调是原子通量散度以及缺失晶格位移造成了空洞或小丘的形成。这里应该考虑应力引发空洞中原子通量散度的位置。此外，与电迁移中的电流拥挤类似，必须考虑应力集中对空洞形成的影响。

至于最后的蠕变速率问题，它受限于晶格扩散或者晶格扩散的活化能。

14.2 受压固体中的化学势

假设一个纯金属棒处于单轴恒定拉应力或恒定拉伸载荷下，且在弹性极限内。在最初的弹性变形中，没有任何形式的通量，但如果应力或载荷保持不变，金属棒会随着时间的推移而慢慢伸长。随着时间变化的变形被称为扩散蠕变，这时存在一个自由面，允许在棒内形成应力梯度或化学势梯度。另外，在静水压力或张力下，没有蠕变产生。

下文讨论受压固体中的化学势。在热力学中，亥姆霍兹(Helmholtz)自由能 F 表示为

$$\mathrm{d}F = -S\mathrm{d}T - p\mathrm{d}V$$

如果变化发生在恒定温度，例如室温蠕变，去掉右侧第一项，改写为

$$p = -\frac{\partial F}{\partial V} \tag{14.1}$$

后一个方程可以解释为压强(应力)是一种能量密度(每单位体积的能量)。

这里应该解释一下，为什么在上面采取亥姆霍兹自由能而不是吉布斯自由能。这是因为要考虑受压固体中的化学势变化，应力被假设为静水压力或张力。评估在均匀的静水压力或张力下化学势能的变化或每个原子自由能的变化。因此需要压强是恒定的，所以必须使用亥姆霍兹自由能。然而，在静水压力或张力下，虽然每个原子的化学势能都发生了变化，随机游走的速率也会发生变化，但不会有原子的定向流动或通量。为了有扩散通量或定向通量，需要有一个应力势的梯度，这可以在拉伸区域和压缩区域之间建立，或者也可以在受压区域和自由面之间建立。

对于给定的体积，能量变化等于能量密度乘以给定体积。因此，对于一个原子体积 Ω，得到

$$p\Omega = -\frac{\partial F}{\partial V}\Omega = -\frac{\partial F}{\partial\left(\frac{V}{\Omega}\right)} = -\frac{\partial F}{\partial N} \tag{14.2}$$

式中，N 是体积 V 中的原子数。根据定义，最后一项是化学势，其中的负号用于表示由压力造成的体积减小会导致能量的增加。压强是一种压应力，为负值。在受压固体中的化学势变化可以由下式给出

$$\mu = \pm\sigma\Omega \tag{14.3}$$

式中，正负号分别指的是拉和压的静水应力，并遵循第 6 章中给出的符号约定。换句话说，可以将受压固体的亥姆霍兹自由能表示为

$$\mathrm{d}F = -S\mathrm{d}T - (p \pm \sigma)\mathrm{d}N\Omega \tag{14.4}$$

式中，p 是环境压强，σ 是外部施加应力。

为了获得对于 $\sigma\Omega$ 的定量感受，这里将考虑在一片弹性极限下受力的 Al(应变为 0.2%)。Al 的杨氏模量为 $Y=6\times10^{11}\,\mathrm{dyn/cm^2}$，因此，应力为

$$\sigma = Y\varepsilon = 1.2\times10^{9}\,\mathrm{dyn/cm^2} = 1.2\times10^{9}\,\mathrm{erg/cm^3}$$

由于 Al 是 fcc 晶格且晶格参数为 0.405nm，因此在一个体积为$(0.405\mathrm{nm})^3$的晶胞内有 4 个原子，即 0.602×10^{23} 原子数每立方厘米。那么

$$\sigma\Omega = \frac{1.2\times10^{9}\ \text{尔格}}{0.602\times10^{23}\ \text{原子数}} = 2\times10^{-14}\ \text{尔格每原子数} = 0.0125\ \text{电子伏每原子数}$$

有趣的是，将这个值与用式(6.9)计算的每个原子的弹性应变能进行比较，后者要小得多，其值约为 10^{-5} 电子伏每原子数。每个原子的弹性应变能是由于施加的应力使固体中原子变形所需的能量(通过增加或减少原子间距)。$\sigma\Omega$ 的化学势能是指从受压固体中移除一个原子或增加一个原子的能量变化。

然而，应力下原子扩散的驱动力不是应力势，而是应力势梯度(将在 14.3 节讨论)，而且这个力相当小。在 14.5.4 节中，当通过同步辐射微束 X 射线衍射讨论应力迁移引起的 Sn 晶须生长时，将介绍一个实验测量应力梯度以及计算力大小的例子。

对于热激活过程，例如扩散，化学势 $\sigma\Omega$ 是作为指数因子进入的。对于 Al 在 400℃受压到弹性极限，得到

$$kT = 0.058\mathrm{eV}$$

以及

$$\exp\left(\frac{\sigma\Omega}{kT}\right) = \exp\left(\frac{0.0125}{0.058}\right) = 1.23$$

通常情况下，蠕变发生在低得多的应力下($\sigma\Omega \ll kT$)，因此可以通过下式线性化指数项

$$\exp\left(-\frac{\sigma\Omega}{kT}\right) \cong 1 - \frac{\sigma\Omega}{kT} \tag{14.5}$$

然而，在使用线性化的时候必须要谨慎。例如，假设一个不同的情况，在保持 400℃的厚熔融石英衬底上沉积 Al 薄膜，然后将温度降低到 100℃，观察 Al 薄膜在拉应力下的弛豫情况。Al 薄膜中的拉应力是由于石英基板的热膨胀更小。在 100℃的温度范围内，Al 和石英的线性热膨胀系数分别为 $\alpha = 25\times10^{-6}/℃$ 和 $0.5\times10^{-6}/℃$，热应变是

$$\varepsilon = \Delta\alpha\Delta T = 25\times10^{-6}\times300 = 0.75\%$$

一方面，这大于典型的弹性极限。那么热应力为 $\sigma = Y\varepsilon = 4.5\times10^{9}\,\mathrm{dyn/cm^2}$，所以 $\sigma\Omega = 0.045\mathrm{eV}$。另一方面，在 100℃时，$kT = 0.032\mathrm{eV}$，因此在这种高应力和低温蠕变的情况下，就出现 $\sigma\Omega > kT$。

14.3 扩散蠕变(纳巴罗-荷尔图方程)

在图 14.2 中,假设多晶体材料中处于剪切应力下的六边形晶粒。可以想象,如图所示,晶粒受到了拉应力和压应力的组合作用。弹性应力的作用是使晶粒从实线划定的原始形状变形为虚线划定的形状。如果应力持续存在,晶粒可以通过将阴影区域的材料从压缩区域传输到拉伸区域来改变形状,以释放应力。如同弯曲箭头所示,这种传输是通过原子扩散进行的。为了分析这个问题,按照纳巴罗-荷尔图蠕变模型,其中假定晶界是介导质量传输的有效的空位源和空位汇,且扩散是通过晶格中的空位机制。

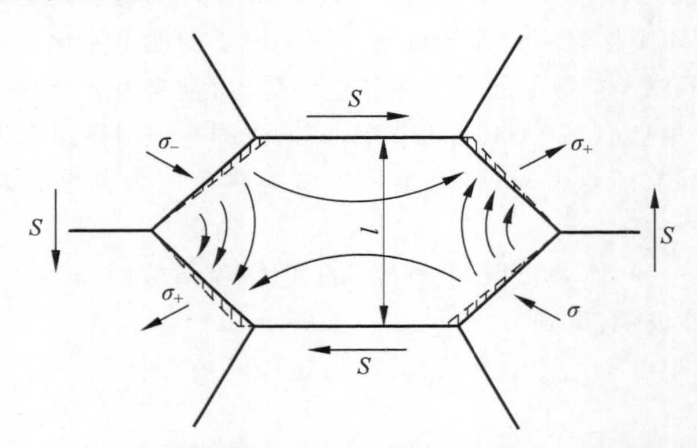

图 14.2　多晶体材料中处于剪切应力下的六边形晶粒

在非常接近晶界的拉伸区域,由于应力的作用,化学势偏离平衡值 μ_0,偏移量为 $\mu_1-\mu_0=\sigma\Omega$。

同样,在压缩区域,$\mu_2-\mu_0=-\sigma\Omega$,因此,从压缩区域到拉伸区域的化学势之差是

$$\Delta\mu=\mu_2-\mu_1=-2\sigma\Omega \tag{14.6}$$

这个势差会促使原子从压缩区域扩散到拉伸区域,如图 14.2 中晶粒中的箭头所示。作用在扩散原子上的力是一个应力-势梯度

$$F=-\frac{\Delta\mu}{\Delta x}=\frac{2\sigma\Omega}{l} \tag{14.7}$$

式中,l 是晶粒尺寸。根据式(4.7)和式(4.8),扩散原子的通量为

$$J=C\frac{D}{kT}F=C\frac{D}{kT}\frac{2\sigma\Omega}{l}=\frac{2D\sigma}{kTl} \tag{14.8}$$

式中,在纯金属中,$C=1/\Omega$。在一段时间 t 内,通过一个区域 A 的通量所运送的原子数为 $N'=JAt$,或者说累积的体积为

$$\Omega N' = \Omega J A t \tag{14.9}$$

那么应变就是

$$\varepsilon = \frac{\Delta l}{l} = \frac{\Omega N'/A}{l} = \frac{\Omega J t}{l} \tag{14.10}$$

因此应变率为

$$\frac{\mathrm{d}\varepsilon}{\mathrm{d}t} = \frac{\Omega J}{l} = \frac{2\sigma\Omega D}{kTl^2} \tag{14.11}$$

这就是著名的纳巴罗-荷尔图蠕变方程。它与晶粒尺寸的平方成反比；小晶粒尺寸的速率要快得多。

最后一个方程是通过考虑原子的通量得出的。由于原子扩散是通过空位向相反方向扩散而发生的，所以应该能够通过考虑空位的通量而得到相同的方程。这将在后面说明，以便进行比较。首先讨论空位在拉伸区域和压缩区域的浓度。

我们认为化学势在拉伸区域和压缩区域分别在平衡值的基础上改变了 $\sigma\Omega$ 和 $-\sigma\Omega$。由于化学势是每个原子的自由能，这表示，如果希望从这些受压区域中移除一个原子（创造一个空位），所需的功也会发生同样的变化。当考虑到受压固体中的一个空位时，假设 Ω 是一个空位的体积，就会发现形成能（实际上是势能）的改变是 $\pm\sigma\Omega$。正负号现在颠倒过来，分别指的是压应力和拉应力。换句话说，在拉伸区域，空位的形成能减少了 $\sigma\Omega$，而在压缩区域，它增加了 $\sigma\Omega$。这意味着，在压缩区域，形成一个空位需要更多的能量，而在拉伸区域，需要更少的能量，因此，拉伸区域在给定的温度下有更多的空位，在压缩区域有更少的空位。这两个区域之间有一个空位梯度，空位将从拉伸区域扩散到压缩区域。根据式(4.10)，可以表示空位的浓度为

$$C_{\mathrm{v}}^{\pm} = C\exp[(-\Delta G_{\mathrm{f}} \pm \sigma\Omega)/kT] \tag{14.12}$$

式中，C_{v}^{+} 和 C_{v}^{-} 分别对应于拉伸和压缩区域的空位浓度。假设 $\sigma\Omega \ll kT$，得到

$$C_{\mathrm{v}}^{\pm} = C_{\mathrm{v}}\left(1 \pm \frac{\sigma\Omega}{kT}\right) \tag{14.13}$$

式中，$C_{\mathrm{v}} = C\exp(-\Delta G_{\mathrm{f}}/kT)$是平衡状态下空位的浓度。那么浓度差为

$$\Delta C_{\mathrm{v}} = C_{\mathrm{v}}^{+} - C_{\mathrm{v}}^{-} = 2\sigma\Omega\,\frac{C_{\mathrm{v}}}{kT} \tag{14.14}$$

空位从拉伸区域到压缩区域的通量为

$$J_{\mathrm{v}} = -D_{\mathrm{v}}\,\frac{\Delta C_{\mathrm{v}}}{\Delta x} = \frac{-2\sigma\Omega D_{\mathrm{v}} C_{\mathrm{v}}}{kTl}$$

式中，D_{v} 是空位的扩散系数。那么原子通量为

$$J = \frac{2\sigma\Omega DC}{kTl} = \frac{2\sigma D}{kTl} \tag{14.15}$$

由于原子通量 J 与空位通量 J_v 相反，所以取 $DC=-D_vC_v$。

式(14.15)与式(14.8)相同，所以无论是假设原子通量还是空位通量，蠕变方程都是一样的。这里提出这两个方程，是因为当我们考虑空洞形成时，我们使用空位通量，但对于小丘或晶须的生长，使用原子通量。

式(14.11)中的蠕变关系表明，如果绘制 $\ln(T\mathrm{d}\varepsilon/\mathrm{d}t)$ 与 $1/kT$ 的关系，就能确定蠕变的活化能与晶格扩散的活化能相同。研究人员分析了许多纯金属的高温蠕变数据，测量的活化能确实与晶格扩散的活化能吻合很好，如图 14.3 所示。然而，较低温度的蠕变数据显示的活化能较小。这可能是由于晶界扩散或蠕变引起的位错运动。如图 14.2 所示，压缩区域的阴影体积可以沿着晶界传输到拉伸区域。在这种情况下，蠕变率变成

$$\frac{\mathrm{d}\varepsilon_{\mathrm{gb}}}{\mathrm{d}t}=A\ \frac{\sigma\Omega D_{\mathrm{gb}}\delta}{kTl^3} \tag{14.16}$$

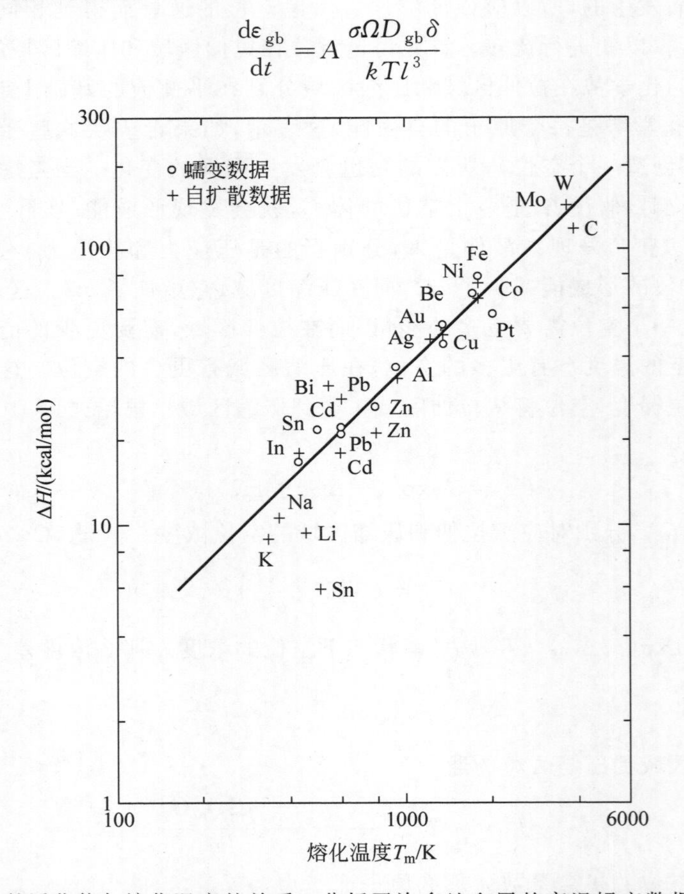

图 14.3 测量的活化能与熔化温度的关系。分析了许多纯金属的高温蠕变数据，测得的活化能与晶格扩散的活化能吻合良好

式中，A 是一个常数，D_{gb} 和 δ 分别是晶界扩散系数和晶界宽度。比较式(14.11)和式(14.16)，可以看到区别在于用 $D_{gb}\delta/l$ 代替 D。因子 $1/l$ 可以被看作是单位面积晶界横截面的密度。因此，δ/l 是单位面积晶界的横截面面积。晶界扩散的蠕变比晶格扩散的蠕变对晶粒尺寸的依赖性更强，它被称为科伯(Coble)蠕变。当晶格扩散和晶界扩散同时发生时，得到

$$\frac{\mathrm{d}\varepsilon}{\mathrm{d}t}=\frac{2\sigma\Omega D}{kTl^2}\left(1+\frac{A}{2}\frac{D_{gb}\delta}{Dl}\right) \tag{14.17}$$

对于基板上的薄膜，当弛豫均匀或同质时，扩散蠕变会导致松弛而不是变形。然而，如果弛豫是不均匀的(即局部的，例如当薄膜有一个保护性的氧化物表面时)，它会引发空洞的形成或小丘的增长，这可能是一个严重的可靠性问题。

14.2 节已经表明，弹性应变能比化学能小得多。因此，前者在大多数化学反应中是不重要的，例如硅化物的形成，然而本节表明，应力可以影响空位的浓度并影响扩散。区别在于反应所涉及的时间段：在硅化物形成中，反应通常在几分钟或几小时内完成；而在蠕变中，它通常持续几个月。这里忽略了短期事件中的长期影响。

14.4　拉应力驱动下的 Al 互连结构的空洞生长

众所周知，Al 薄膜对 SiO_2 和其他氧化物表面有着很好的黏附力。良好的黏附力意味着界面不是一个有效的空位源和空位汇。此外，由于良好的界面黏附力，晶格位移会变得困难，因此除非在高温下，应力松弛是难以发生的。在设备运行中，Al 薄膜的热应力通常是拉应力，因此，一个可靠性问题是应力诱生空洞的形成。对于空洞的形成和生长，首先必须成核，由于空洞的自由面是无应力的，在空洞表面和拉伸区域之间就会存在一个应力梯度，因此空位将从拉伸区域被驱动到空洞处，空洞就会生长。

图 14.4(a)是一块 Al 片在单向拉应力 σ 下的球形空洞的横截面示意图。由于它是一个空位的汇，因此出现空洞生长。

空隙的半径被 0.2%的弹性极限所限制。如果我们考虑在一个给定的体积 V 中，形成了大小为 ΔV 的空洞，那么 $\Delta V/V$ 的体积应变不能大于 0.2%，这是由于没有驱动力使空洞生长至超过这个数值。同样，在长度为 l 的 Al 互连结构中，如果假设空洞的宽度为 Δl，那么宽度与互连结构长度的比率 $\Delta l/l$ 不能大于 0.2%。因此，对于一条 100μm 长的线，空洞的最大宽度(或半径)只有大约 0.2μm。因此，我们不期望在由应力迁移引起的线中发现大的球形或圆柱形空洞；相反，在应力迁移中通常会发现狭缝型空洞，如图 14.4(b)所示。狭缝型空洞有可能是在拉应力下断裂

形成的裂缝。如果是这样，它就不是一个随时间变化的问题。

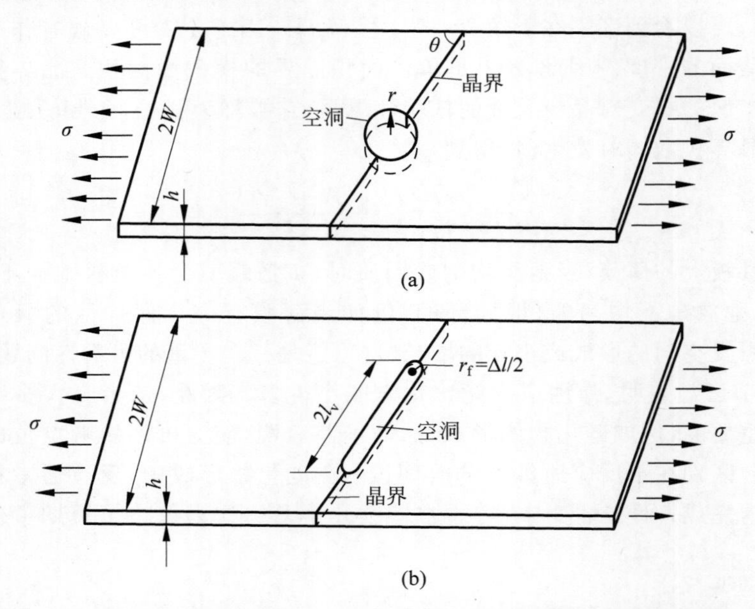

图 14.4 (a) 在 σ 的静水张力下，一块 Al 片上的球形空洞的横截面示意图；(b) 从 Al 线的边缘生长出狭缝型空洞的示意图

首先，我们考虑图 14.4(a)中所示的半径为 r 的球形空洞的生长。实际上，空洞生长的动力学与第 5 章处理的球形沉淀物的生长相似，在最初的生长阶段，半径是很小的。由于吉布斯-汤姆孙(Gibbs-Thomson)势，空洞周围的原子势为

$$p\,\mathrm{d}V=\frac{2\gamma}{r}\Omega$$

式中，γ 是空洞的单位面积表面能。在尖端附近的空洞浓度为

$$C_{\mathrm{v1}}=C\exp\left\{-\frac{[\Delta G_{\mathrm{f}}-(2\gamma/r)\Omega]}{kT}\right\}$$

式中，ΔG_{f} 是空位在无应力的 Al 中的形成能。在拉应力作用下的远处区域，空位浓度可以写为

$$C_{\mathrm{v2}}=C\exp\left[-\frac{(\Delta G_{\mathrm{f}}-\sigma\Omega)}{kT}\right]$$

为了使空洞生长，我们假设

$$\sigma\Omega>\frac{2\gamma}{r}\Omega$$

空位浓度差是

$$C_{v1}-C_{v2}=\Delta C_{v}=C_{v}\left(\exp\frac{\sigma\Omega}{kT}-\exp\frac{2\gamma\Omega}{rkT}\right)=C_{v}\left(\frac{\sigma\Omega}{kT}-\frac{2\gamma\Omega}{rkT}\right)\quad(14.18)$$

式中，$C_v=C\exp(-\Delta G_f/kT)$，我们假设 $\sigma\Omega$ 和 $\gamma\Omega/r$ 都比 kT 小很多。为简单起见，这里假设空位是线性浓度梯度并求得到达空洞表面的空位通量。然后可以使用质量守恒定律，取 $\Omega J_v 4\pi r^2\mathrm{d}t=4\pi r^2\mathrm{d}r$ 得到球体的生长率。

或者，如第 5 章所述，可以假设一个稳态过程以解决球面坐标中的连续方程，并通过菲克第一定律获得到达空洞表面的空位通量。然后通过空位扩散到空洞的总体积的守恒定律获得空洞的生长。

接下来，如图 14.4(b)所示，将考虑从 Al 线的边缘生长出的狭缝型空洞。其生长动力学与下一节将要介绍的晶须的生长非常相似，只是晶须的生长发生在晶须的底部，而不是像狭缝型空洞的生长那样发生在尖端。另外，晶须生长的驱动力是压应力梯度，而不是空洞生长的拉应力梯度。15.4.3 节将介绍电迁移下薄饼状空洞的生长。

14.5　压应力驱动下的 Sn/Cu 薄膜的晶须生长

14.5.1　Sn 晶须自发生长的形态学

β-Sn(β 锡)表面的自发晶须生长是一种由蠕变引起的表面凸起现象。它受到了压应力梯度的驱动并在常温下发生。已知在 Cu 表面的哑光 Sn 涂层上会自发生长 Sn 晶须。由于无铅焊料在商业电子产品的封装技术中广泛应用于 Cu 导体，其中的 Sn 含量很高，因此 Sn 晶须生长再次成为一个严重的可靠性问题。大多数基于 Sn 的无铅焊料的基体几乎是纯 Sn，因此锡的已知现象，如锡哭、锡害、锡晶须等现象再次引起人们的关注。

电子封装表面贴装技术中的 Cu 引线框架通常会涂上一层焊料进行表面钝化以及在引线框架与印刷电路板连接时增强润湿性。当焊料涂层为共晶 SnCu 或哑光 Sn 时，通常会观察到晶须的出现。一些晶须可能会生长到数百微米的长度，足以在引线框架相邻引脚之间形成电气短路。商业电子产品的趋势是在封装中集成越来越多的系统，因此设备元件和组件之间的距离越来越近，晶须短路的概率也越来越大。断裂的晶须可能会掉落在两个电极之间形成短路。

然而，晶须的严重问题对于手持的商业电子器件来说关注度不高，因为这些器件很便宜。当它们出现故障时，可以毫不犹豫地进行更换。对于高可靠性设备，例如卫星，它们不能轻易地进行更换，因此即便只生长一个晶须也会引起关注。

这里使用横截面扫描和 TEM 检查了 Sn 晶须，样品是通过聚焦离子束减薄和抛光制备的。此外，同步辐射中的 X 射线微区衍射也被用于研究在共晶 SnCu 和哑光 Sn 上生长的晶须根部和附近的结构、相形成和应力分布。

在图 14.5(a)中，展示了共晶 SnCu 涂层上一根长晶须的 SEM 放大图像。图 14.5(a)中的晶须是直的，其表面有凹槽。Sn 的晶体结构为体心四方晶系，晶格常数 $a=0.58311\text{nm}$，$c=0.31817\text{nm}$。晶须生长的方向，或沿晶须长度的轴，大多数情况下被发现是 c 轴，但也发现了沿[100]和[311]等其他轴向生长的情况。

在纯 Sn 或哑光 Sn 表面，如图 14.5(b)所示，观察到短晶须或小丘。图 14.5(b)中晶须的表面是有多面体的。除了形态上的差异，纯 Sn 涂层上的晶须生长速率要比 SnCu 涂层上慢得多，生长方向也更加随机。

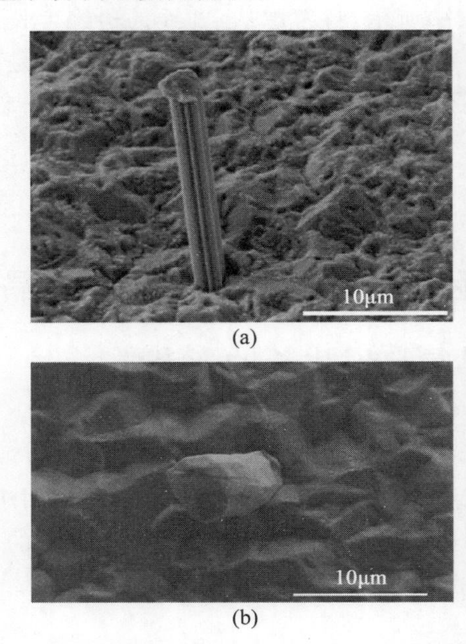

图 14.5 (a) 共晶 SnCu 涂层上的长晶须的 SEM 放大图像；(b) 哑光 Sn 涂层上的短晶须的 SEM 放大图像

与纯 Sn 形成的晶须相比，共晶 SnCu 上形成的晶须似乎表明 Cu 可以增强 Sn 晶须的生长。尽管共晶 SnCu 是由 98.7%的 Sn 原子和 1.3%的 Cu 原子组成，但少量的 Cu 似乎对共晶 SnCu 涂层上的晶须生长有深远的影响。

在图 14.6(a)中，展示了一个具有 SnCu 涂层的引线框架引脚的横截面 SEM 图像。矩形 Cu 引线框架芯被一个约 15μm 厚的 SnCu 涂层包围。图 14.6(b)展示了通过聚焦离子束制备的 SnCu 和 Cu 之间界面的高倍率图像。可以看到在 Cu 和 SnCu 之间存在不规则的 Cu_6Sn_5 化合物层。在界面处没有检测到 Cu_3Sn。SnCu 涂层中的晶粒大小约为几微米。更重要的是，在 SnCu 的晶界中存在 Cu_6Sn_5 沉淀。Cu_6Sn_5 晶界沉淀是 CuSn 涂层中应力产生的源头。它提供了自发 Sn 晶须生长的驱动力。稍后将讨论这个应力产生的关键问题。

在图 14.6(c)中，展示了通过聚焦离子束制备的 Cu 引线框架上哑光 Sn 涂层的横截面 SEM 图像。虽然可以在 Cu 和 Sn 之间看到 Cu_6Sn_5 化合物层，但是在 Sn 的晶界中却很少有 Cu_6Sn_5 沉淀。Sn 涂层中的晶粒大小也约为几微米。相对于晶须生长而言，Cu_6Sn_5 晶界沉淀的缺乏是共晶 SnCu 和纯 Sn 涂层之间最重要的区别。

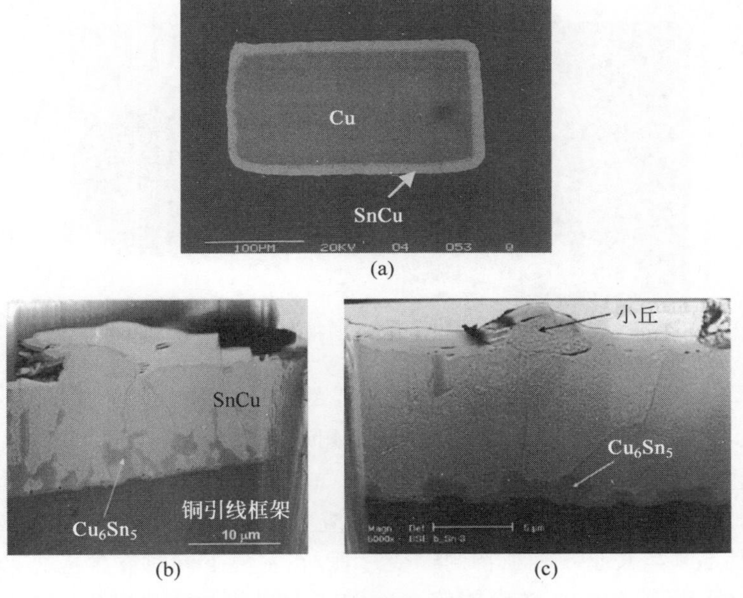

图 14.6　(a) 具有 SnCu 涂层的引线框架引脚的横截面 SEM 图像。矩形 Cu 引线框架芯被一个约 15μm 厚的 SnCu 涂层包围；(b) 通过聚焦离子束制备的 SnCu 和 Cu 之间界面的高倍率图像。Cu_6Sn_5 IMC 在 Cu-SnCu 界面和 SnCu 涂层的晶界处生长；(c) 哑光 Cu 和 Sn 之间界面的高倍率图像，Cu_6Sn_5 较少。

图 14.7(a)和(b)展示了晶须横截面的 TEM 图像，垂直于其长度，并附有电子衍射图案。生长方向为 c 轴。图像中有一些可能是位错的斑点。

在电子封装行业中，如何抑制 Sn 晶须的生长，以及如何进行系统性的 Sn 晶须生长测试以了解其驱动力、动力学和生长机制，是当前的挑战性任务。由于 Sn 晶须生长的温度范围仅从室温到约 60℃，非常有限，因此加速测试非常困难。这是因为如果温度过低，由于原子扩散速度缓慢，导致动力不足；如果温度过高，由于 Sn 的高同质温度，晶格扩散会导致应力释放，从而驱动力不足。

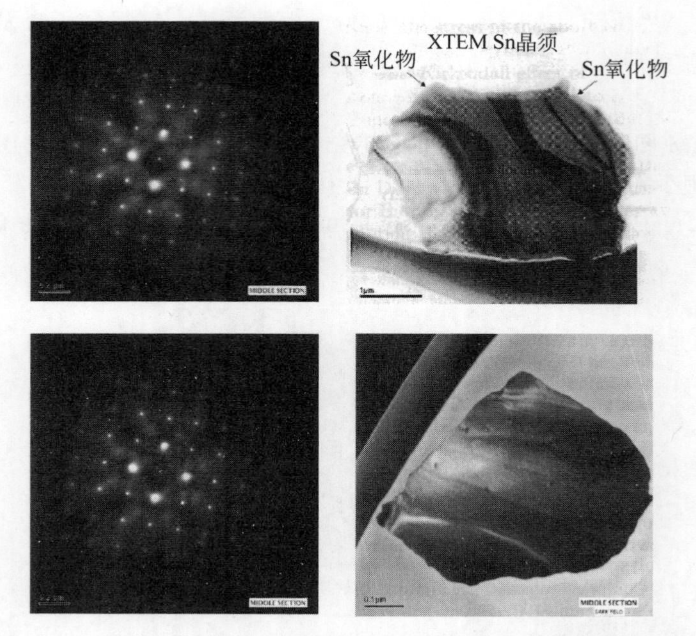

图 14.7 TEM 图像，垂直于晶须长度的横截面图像，以及电子衍射图案

Sn 晶须的生长是自发的，表明生长所需的压应力是自行产生的，不需要外部施加应力。否则，如果没有连续施加应力，预期生长速度会减慢并停止。因此，有意思的问题是自行产生的压应力来自哪里，如何保持自身的驱动力以维持自发的晶须生长，以及生长一个晶须需要多大的压应力梯度？

自发的晶须生长是一种独特的蠕变过程，在室温下同时发生应力产生和应力松弛。Sn 晶须生长的三个必要条件是：①Sn 中快速的室温扩散；②Sn 和 Cu 之间的室温反应形成 Cu_6Sn_5，在 Sn 中产生压应力；③Sn 表面氧化物的破裂。最后一个条件是为了产生一个压应力梯度来促进蠕变。当氧化物在一个薄弱点破裂时，暴露出的自由表面是无应力的，因此会形成一个压应力梯度，从而可以发生蠕变或晶须生长来弛豫应力。

尽管晶须生长发生在恒定温度下，但并不在恒定压强下发生；因此，我们不能使用最小吉布斯自由能变化来描述生长。相反，它是 Cu 通量形成 Cu_6Sn_5 和 Sn 通量生长晶须之间相互作用的不可逆过程。

Sn 晶须的生长是从底部开始的，而不是从顶部开始的，因为晶须顶端的形态随着晶须的生长不会改变[5]。许多 Sn 晶须足够长，可以短路引线框架的两个相邻引脚，如图 14.5(a)所示。当晶须顶端与另一个引脚的接触点之间的狭窄间隙存在高电场时，在晶须接触另一个引脚之前，可能会发生火花引燃火灾。火灾可能导致器件或卫星故障。

由于只需要一个晶须就可以使需要高可靠性的器件失效，因此这一直是防止晶须生长最具挑战性的问题。虽然从驱动力和动力学的角度来看，晶须生长的基本机制是清楚的，但由于生长是一种局部现象，很难保证完全不会有晶须生长。我们无法保证整个焊料表面没有局部微观结构变化。

14.5.2　Sn晶须生长中的应力产生(驱动力)

压应力的起源可以是机械、热和化学，但机械应力往往大小有限，因此它们不能在长时间内维持晶须的自发或连续生长。化学力对于自发的Sn晶须生长至关重要，但不是显而易见的。化学力的起源是由于Sn和Cu之间的室温反应形成Cu_6Sn_5的IMC[6-8]。只要反应在未反应的Sn和Cu之间持续进行，化学反应为晶须的自发生长提供了持续的驱动力。

压应力是由Cu在Sn中的间隙扩散和形成Cu_6Sn_5晶界引起的。当来自引线框架的Cu原子扩散到焊料表面形成Cu_6Sn_5晶界时，如图14.6(b)所示，由于IMC的生长导致的体积增加将对晶界两侧的晶粒施加压应力。在图14.8中，假设在Sn焊料中包含一处IMC沉淀的固定体积V，如虚线方框所示。由于Cu原子扩散到该体积中与Sn反应而引起的IMC生长会产生应力，

$$\sigma = -B\frac{\Omega}{V}$$

式中，σ是产生的应力，B是体积模量，而V是Cu原子在Cu_6Sn_5中的部分分子体积(为了简化，忽略了反应中Sn原子的摩尔体积变化)。负号表示应力是压应力。

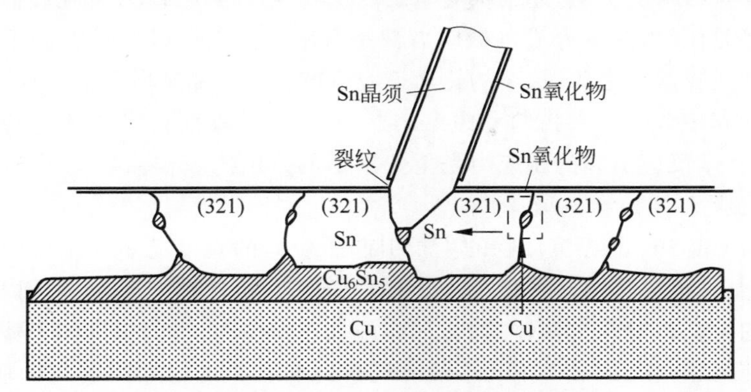

图14.8　含有Cu_6Sn_5沉淀的共晶锡铜精加工层上晶须的横截面示意图。除了晶须根部的氧化物被破坏，精加工和晶须表面都有氧化物。从破损的表面可以扩散出空位，使Sn原子得以扩散。扩散到体积V中的Cu会使体积膨胀并产生压应力

换句话说，这是在固定体积中添加原子体积。为了吸收因 Cu 内扩散而导致成品中固定体积 V 增加的原子体积，我们必须在该固定体积内增加晶格点位，正如图 14.8 所示。此外必须允许柯肯德尔位移或允许添加的晶格面迁移，否则会产生压应力。当更多的 Cu 原子（假设为 n 个）扩散到体积 V 中形成 Cu_6Sn_5 时，上述公式中的应力随着 Ω 到 $n\Omega$ 的变化而增加。

由于 Sn 表面具有一层天然的保护性的氧化物，氧化物和 Sn 之间的界面是空位的贫瘠源和汇。此外，保护性氧化物束缚了 Sn 中的晶格面边缘，防止其移动。这是自发 Sn 晶须生长中应力产生的基本机制。

为了氧化物有效地束缚晶格面迁移，SnCu 或 Sn 焊料不能太厚。在非常厚的焊料表面（例如超过 100μm）有更多汇能够吸收添加的 Cu 体积。请注意，晶须是一种表面浮雕现象。当发生体积浮雕机制时，晶须将不会生长。晶须形成与焊料表面厚度有关。由于晶须的平均直径为几微米，因此晶须更容易在厚度从几微米到几倍直径的焊料表面上生长。

有时让人困惑的是，Sn 晶须似乎在 Sn 焊料表面的拉伸区生长。例如，当 Cu 引线框架表面镀有 SnCu 时，镀层后 SnCu 层的初始应力状态是拉伸的，但是观察到了晶须生长。如果我们考虑如图 14.6(a)所示的涂有一层 Sn 的 Cu 引线框架引脚的横截面，引线框架经历了从室温到 250℃再回到室温的回流热处理。由于 Sn 的热膨胀系数比 Cu 高，所以在回流周期后，Sn 应该处于拉伸状态。然而，随着时间的推移，Sn 晶须生长了，因此看起来 Sn 晶须在张力状态下生长。此外，如果一条引脚被弯曲，一侧处于拉伸状态，另一侧则处于压缩状态。令人惊讶的是，无论是受压缩还是拉伸的一侧，晶须都会生长。这些现象很难理解，直到我们意识到无论是拉伸还是压缩，热应力或机械应力都是有限的。它可以通过室温下的原子扩散快速松弛或克服。之后，持续的化学反应将产生生长晶须所需的压应力，因此化学力是主导和持久的。当我们考虑 Sn 或 SnCu 焊料表面自发晶须生长的驱动力时，室温下化学反应引起的压应力是至关重要的。用薄膜样品研究了 Sn 和 Cu 之间的室温反应。

人们对 Cu_6Sn_5 晶界沉淀物的生长引起压应力的观点有一些不同。其中之一是楔形模型，在该模型中，Cu 和 Sn 之间的 Cu_6Sn_5 相具有楔形，生长到 Sn 的晶界中。楔形的生长将对两个相邻的 Sn 晶粒施加压缩应力，类似于用楔子劈开一块木头。到目前为止，在 XTEM 中几乎没有观察到楔形 IMC，如图 14.6(b)所示。

14.5.3 表面 Sn 氧化物对应力梯度产生的影响

为了讨论表面氧化物对 Sn 晶须生长的影响，这里将引用表面氧化物对 Al 小丘生长的相同影响机制。在超高真空中，当 Al 表面受压缩时，表面上没有发现任何小丘。只有当 Al 表面被氧化时，Al 表面上才会生长出小丘，而 Al 表面氧化物被认为具有保护性。在超高真空中，如果没有表面氧化物，Al 的自由表面是空位的良好源和汇，因此可以根据纳巴罗-荷尔图晶格蠕变模型或科伯晶界蠕变模型，在整个表面或每个 Al 晶粒的表面上均匀缓解压应力。当缓解是均匀的时候，由于小丘形成是一种不均匀或局部缓解现象，因此不会形成小丘。

需要注意的是，晶须或小丘是表面的局部生长现象。要有局部生长，表面不能没有氧化物，且氧化物必须是一种保护性氧化物，以便有效地阻止表面上所有空位的源和汇。此外，保护性氧化物还意味着它可以钉住 Sn(或 Al)基体中的晶格面，使得在图 14.8 中假设的体积 V 中没有可以发生的晶格面迁移来缓解应力。只有像 Al 和 Sn 这样生长保护性氧化物的金属才会出现严重的小丘或晶须生长。一方面，当它们处于薄膜或薄层形式时，表面氧化物可以轻松地钉住靠近表面的晶格面。另一方面，很明显，如果表面氧化物非常厚，它将物理上阻止任何小丘和晶须的生长。没有小丘或晶须可以穿透非常厚的氧化物或厚涂层。没有断裂意味着没有自由表面和没有应力梯度。因此，晶须生长的必要条件是保护性表面氧化物不能太厚，以便它可以在表面的某些薄弱点被打破，形成自由表面，并且晶须可以从这些点开始生长以缓解应力。

图 14.9(a)显示了 SnCu 表面一组晶须的离子束聚焦(FIB)图像。图 14.9(b)通过使用斜入射离子束对表面涂层的氧化物进行溅射，从而暴露氧化物下面的微观结构。图 14.9(c)显示了蚀刻区域的更高放大倍数图像，其中 Sn 晶粒和 Cu_6Sn_5 晶界沉淀物的微观结构很清晰。由于离子通道效应，一些 Sn 晶粒比其他晶粒更暗。Cu_6Sn_5 颗粒主要沿着 Sn 基体的晶界分布，由于离子通道较少、离子反射较多，它们比 Sn 晶粒更亮。晶须的直径为几微米，与 SnCu 表面的晶粒尺寸相当。

在大气环境中，我们假设表面涂层和每个晶须的表面都覆盖着氧化物。小丘或晶须的生长是从氧化表面喷发出来的，必须打破氧化物。当 Sn 基体受压缩时，其氧化物处于张力状态，因此在张力下氧化物会破裂。打破氧化物所需的应力可能是生长晶须所需的最小应力。似乎最容易打破氧化物的地方就是晶须的基部。然后，为了维持生长，断裂必须保持开放，以便它表现为无应力的自由表面，并且空位可以持续地从断裂处供应，并可以扩散到 Sn 层中以维持 Sn 原子的长程扩散，从而生长晶须。此外，自由表面是无应力的，并且它创建了所需的应力梯度，以便应力迁移发生。

如果晶须基部的断裂部分被氧化物愈合，晶须的生长就会变得不均匀，并导致晶须生长方向向着愈合的一侧转向；因此，形成了弯曲的晶须。

图 14.8 描述了一个晶须除了基部以外表面被氧化的情况。晶须的表面氧化物具有非常重要的限制作用，使得晶须生长基本上是一维生长。晶须的表面氧化

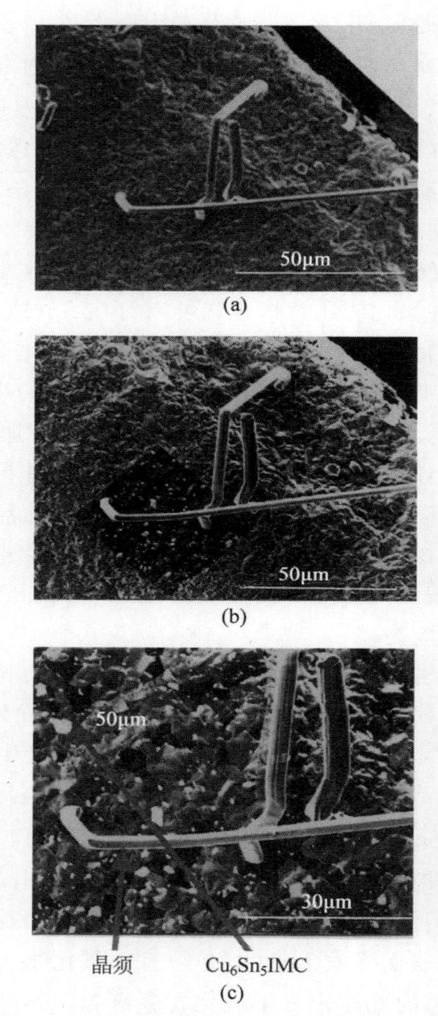

图 14.9 (a) SnCu 表面上一组晶须的 FIB 图像；(b) 当使用斜入射离子束除去表面矩形区域上的氧化物时的相同图像；(c) 蚀刻区域的高放大倍数图像，其中 Sn 晶粒和 Cu_6Sn_5 晶界沉淀物的微观结构清晰可见。一个低倍数的放大 CuSn 表面区域图像，其中可以看到并扫描到晶须

物防止它在横向方向上生长；因此，其截面保持不变，呈铅笔形状。此外，氧化表面可以解释为什么 Sn 晶须的直径只有几微米。这是因为晶须生长的应变能减少所得到的收益与晶须表面形成之间存在平衡。通过在晶须的单位长度中平衡应变能和表面能，$\pi R^2 \varepsilon = 2\pi R\gamma$，发现

$$R = \frac{2\gamma}{\varepsilon} \tag{14.19}$$

式中,R 是晶须半径,γ 是单位面积的表面能,ε 是单位体积的应变能。由于单位原子的应变能约比化学键能或氧化物表面能小四到五个数量级,因此发现晶须的直径为几微米,比 Sn 原子的原子直径大四个数量级左右。因此,很难有纳米直径的 Sn 晶须的自发生长。

14.5.4 同步辐射微区衍射测量应力分布

在劳伦斯·伯克利国家实验室的 ALS,微衍射设备被用于研究在铜引线框架上生长的 Sn 晶须,该框架带有 SnCu 涂层,实验温度为室温[9-10]。白色辐射光束的直径为 0.8～1μm,光束以 1μm 的步长在 100μm×100μm 的区域内扫描。扫描了几个 SnCu 表面区域,并选择其中每个区域都包含一个晶须,特别是包含晶须根部的区域。在扫描过程中,晶须和扫描区域内的每个晶粒可以被视为单个晶体。这是因为晶粒尺寸大于光束直径。在扫描的每个步骤中,都可以获得单晶的劳厄图案。通过劳厄图案可以测量 Sn 晶须和晶须根部周围 SnCu 基体中的晶粒的晶体取向和晶格参数。ALS 中的软件可以确定每个晶粒的取向,并显示这些晶粒的主轴分布。使用晶须的晶格参数作为无应力内部参考,可以确定和显示 SnCu 基体中晶粒的应变或应力。图 14.10 显示了一个低放大倍数的 SnCu 表面区域的图像,其中可以看到并扫描了一个晶须。

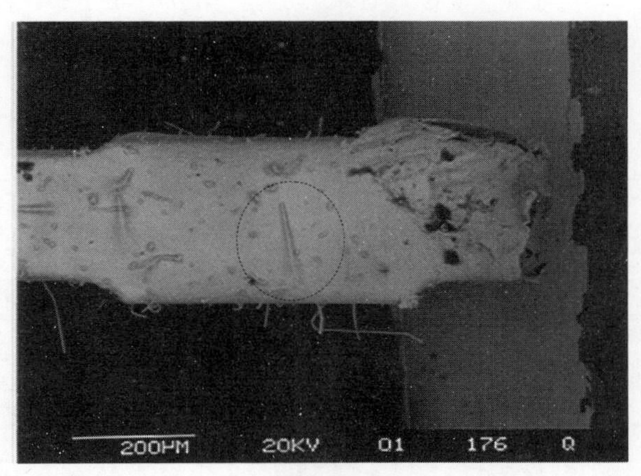

图 14.10 一个低放大倍数的 SnCu 表面区域图像,其中可以看到并扫描了一个晶须

图 14.11 显示了 Sn 晶粒的(100)晶面与实验室坐标系 x 轴之间夹角的平面取向。可以看到晶须的图像。X 射线微区衍射研究表明,在一个 100μm×100μm 的局部区域内,应力高度不均匀,从晶粒到晶粒存在变化。因此,涂层只受到平均双

轴应力。这是因为每个晶须都使周围区域的应力得到了缓解，但是晶须根部周围的应力梯度没有径向对称性。应力的数值和分布如图 14.12 所示，其中图 14.11 所示的晶须根部的坐标为 $x=-0.8415$ 和 $y=-0.5475$。总体上，压应力相当低，大约为几兆帕；然而，我们仍然可以看到从晶须根部区域到周围的应力梯度。这意味着晶须下方的应力水平略低于周围区域。这是因为晶须附近的应力已经被晶须生长所缓解。在图 14.12 中，箭头指示了局部应力梯度的方向。

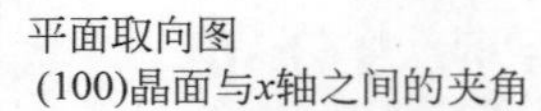

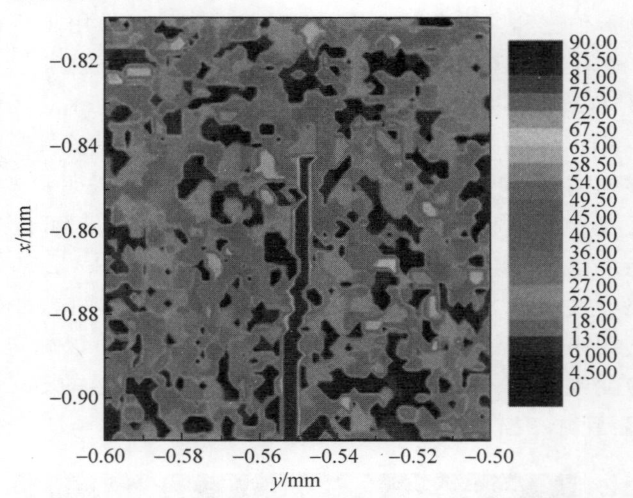

图 14.11　Sn 晶粒的(100)晶面与实验室坐标系 x 轴之间夹角的平面取向图

1.5μm　(单位：MPa)

	−0.5400	−0.5415	−0.5430	−0.5445	−0.5460	−0.5475	−0.5490	−0.5505	−0.5520	−0.5535	−0.5550
−0.8340	−2.82	−3.21	−2.26	−0.93	0.93	−0.23	−8.17	−2.22	1.49	1.6	−0.03
−0.8355	−2.26	−2.64	−2.64	−1.04	−1.37	−1.37	−1.31	0.87	0.87	0.87	−0.7
−0.8370	−2.53	−3.21	−3.21	−2.64	−1.04	−3.61	0.75	0.87	0.7	0.7	−0.19
−0.8385	−7.37	−9.62	−6.57	−2.64	3.61	−4.52	3.61	0.29	−1.31	0	−4.79
−0.8400	−7.37	−8.22	−6.57	−1.18	0.75	−4.23	−0.75	−2.25	−2.27	−2.91	−6.91
−0.8415	−4.17	−4.84	−4.17	−1.81	−0.67	0.00	−1.96	−1.96	−3.74	−5.08	−5.08
−0.8430	−4.17	−4.17	−3.63	−1.81	−1.81	−2.29	−2.29	−1.96	−1.96	−3.27	−3.27
−0.8445	−4.14	−4.17	−3.86	−3.63	−2.79	−4.64	−4.78	−0.84	−1.4	−1.49	−3.27
−0.8460	−3.14	−3.63	−3.86	−3.63	−3.13	−4.78	−4.78	0.04	0.04	−1.41	−2.33
−0.8475	−4.14	−4.49	−4.49	−4.64	−3.86	−6.04	−1.72	3.55	3.55	−0.41	−2.33
−0.8490	−3.33	−5.67	−6.29	−6.29	−2.66	−2.08	−1.72	−1.79	0	−1.79	−3.73

晶须

图 14.12　应力的数值和分布

总应变张量等于偏量应变张量和膨胀应变张量之和。膨胀应变张量是使用单色光束从劳厄斑点的能量测量得到的,偏量应变张量是使用白色辐射光束从晶体劳厄图案的偏差测量得到的。这里

$$\varepsilon = \varepsilon_{\text{deviatoric}} + \varepsilon_{\text{dilatational}}$$
$$= \begin{vmatrix} \varepsilon'_{11} & \varepsilon_{12} & \varepsilon_{13} \\ \varepsilon_{21} & \varepsilon'_{22} & \varepsilon_{23} \\ \varepsilon_{31} & \varepsilon_{32} & \varepsilon'_{33} \end{vmatrix} + \begin{vmatrix} \delta & 0 & 0 \\ 0 & \delta & 0 \\ 0 & 0 & \delta \end{vmatrix} \tag{14.20}$$

式中,膨胀应变 $\delta=(1/3)(\varepsilon_{11}+\varepsilon_{22}+\varepsilon_{33})$,且 $\varepsilon_{ii}=\varepsilon'_{ii}+\delta$。

下面将解释这两个应变张量的测量方法。应变张量的偏量部分是通过将劳厄图案中斑点的位置偏差相对于它们的"无应变"位置计算得出的。后者是通过一个"无应变"参考样品获得的。如图 14.13 所示通过假设晶须本身无应变,使用 Sn 晶须本身作为无应变参考,对样品-探测器距离和探测器倾斜角进行了校准。几何形状是固定的。根据应变样品的劳厄点位置,如果样品无应变时,我们可以测量其位置与计算位置的任何偏差。然后计算将无应变到应变劳厄点位置的转换矩阵,并将旋转部分移除。然后可以从此转换矩阵计算出偏量应变张量。劳厄图案中的斑点越多,确定偏量应变张量的精度就越高。需要注意的是,偏量应变与晶胞形状的变化有关,但是晶胞体积被假设为恒定,由五个独立分量组成。三个对角线分量的总和应为零。

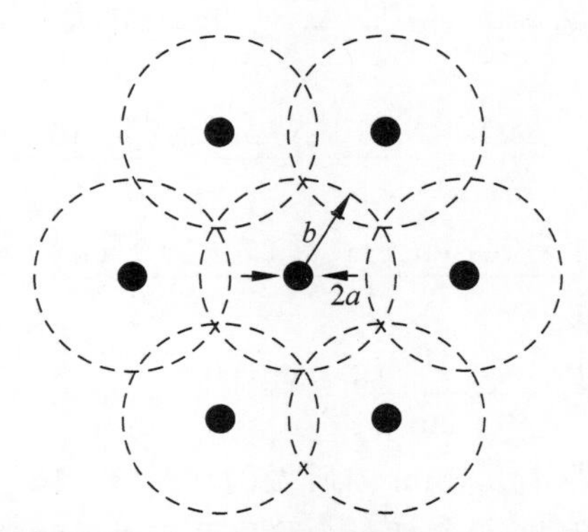

图 14.13 假设晶须的分布具有规则的排列方式,即每个晶须直径为 $2a$,并占据直径为 $2b$ 的扩散场

为了获得总应变张量,必须将膨胀应变张量与偏量应变张量相加。膨胀分量与晶胞体积的变化有关,由最后一个公式中的膨胀或收缩分量 δ 组成。原则上,当已知偏量应变张量时,只需要进行一次额外的测量,即需要测量单个反射的能量以获得这个单一的膨胀分量。这里可以使用单色光束来实现这一点。根据晶体的取

向和偏量应变,可以计算出每个反射在零膨胀应变情况下的能量 E_0。通过旋转单色器以扫描能量,并观察 CCD 相机上感兴趣峰的强度来获得实际反射的能量。使峰强度最大化的能量就是反射的实际能量。观察到的能量和 E_0 之间的差异给出了膨胀应变。

根据定义,$\sigma'_{xx}+\sigma'_{yy}+\sigma'_{zz}=0$,因此$-\sigma'_{zz}$是面内应力的度量(需要注意的是,对于有自由面或被钝化表面的平膜薄膜,平均总法向应力 $\sigma_{zz}=0$)。因此,可以通过这个公式计算出双轴应力 $\sigma_b=(\sigma_{xx}+\sigma_{yy})/2=(\sigma'_{xx}+\sigma'_{yy})/2-\sigma'_{zz}=-3\sigma'_{zz}/2$。这个关系在平均时始终成立。$-\sigma'_{zz}$的正值表示总的拉应力,而负值表示总的压应力。然而,测量的应力值对应的应变小于 0.01%,仅比白光劳厄技术的应变/应力灵敏度(技术灵敏度为 0.005%应变)略大。

没有观察到晶须根部周围存在非常长程的应力梯度,这表明晶须的生长已经释放了大部分周围几个晶粒内的局部压缩应力。在图 14.12 中,晶须部分被去除,以便更清晰地观察晶须根部周围的应力。晶须内的绝对应力值高于周围晶粒。如果假设晶须无应力,则 SnCu 表面处理处于压应力状态。

第 13 章比较了焊点中电迁移和热迁移的驱动力。就电迁移中移动一个原子距离所做的功或热迁移中在温度梯度内跨越一个原子的热能而言,它们的数量级为 10^{-27}。可以计算应力迁移引起的 Sn 晶须生长的驱动力和做功,看看它们是否相符。图 14.11 假设原点($x=0,y=0$)和左下角点($x=-0.5400,y=0.8490$)之间的应力梯度。结果发现 $\Delta\sigma\approx 4\text{MPa}$,$\Delta x\approx 10\mu\text{m}$,并将一个 Sn 原子的原子体积取为 $27\times10^{-27}\text{cm}^3$。

$$
\begin{aligned}
F&=-\frac{\Delta\sigma\Omega}{\Delta x}=\frac{4\times10^{6}\,\text{N/m}^2\times27\times10^{-24}\,\text{cm}^3}{10^{-3}\,\text{cm}}\\
&=\frac{4\times10^{7}\,\text{dyn/cm}^2\times27\times10^{-24}\,\text{cm}^3}{10^{-3}\,\text{cm}}\\
&=\frac{10^{8}\times10^{-17}\,\text{erg}}{10^{-3}\,\text{cm}}\approx10^{-12}\,\text{erg/cm}
\end{aligned}
$$

这个力在一个原子跳跃距离 0.3nm 内所做的功是 3×10^{-27}J,与计算出的电迁移和热迁移的量级相同。因此,这个驱动力将导致应力迁移。值得一提的是,如果计算出应力梯度下的一个 Sn 原子的屈服应力 σ 和横截面面积 A 产生的机械力 σA,计算出的力将比这个力大几个数量级。这是因为应力梯度对一个原子的影响非常小。

14.5.5 蠕变作用导致的应力弛豫:Sn 晶须生长中的断氧化物模型

晶须生长是一种独特的蠕变现象,其中应力产生和应力弛豫同时发生。因此必须考虑应力产生和应力松弛的两个动力学过程,以及它们通过不可逆过程的耦合。对于晶须生长中的这两个过程,第一个是 Cu 从引线框架扩散到 Sn 表面,形成 Cu_6Sn_5 晶界沉淀。这个动力学过程产生压应力。第二个是 Sn 从受应力区域向晶须根部的无应力区域扩散以缓解应力。第二个过程的扩散距离比第一个要长得多,而且第二个过程的扩散系数更慢,因此第二个过程往往控制晶须生长的速率。

Sn 的熔点为 232℃,故室温是对于 Sn 来说相对较高的同质温度,所以在室温下沿 Sn 晶界的自扩散速度较快。因此,室温下由化学反应引起的 Sn 的压应力可以通过晶界自扩散的原子重新排列在室温下得到松弛。

晶须的生长被推导出来是发生在根部。生长机制是什么?当 Sn 原子扩散到晶须根部时,它们如何被并入晶须根部?生长可以视为晶粒长大,因为晶须是单晶并随时间增长。在正常晶粒长大的经典模型中,基本过程是与其曲率相反的晶界迁移,通过原子从一个晶粒跨越晶界到达晶界另一侧的晶粒实现。然而,在晶须生长中,不清楚根部是否存在晶界迁移。使用一系列横截面 SEM 图像,观察了晶须根部及其周围晶粒的微观结构。这表明,在晶须生长过程中,晶须和周围晶粒之间的晶界很可能没有迁移。晶须生长是一种晶粒长大,晶须根部几乎没有晶界迁移。看起来,Sn 原子沿着晶界到达根部区域,它们可以被并入晶须根部,而不像正常晶粒生长中跨越晶界那样。这是因为 Sn 原子已经在晶界中扩散。因此,不需要晶界迁移。原子并入晶须的微观模型需要更多的研究,它可能发生在晶须底部的脊位,类似于薄膜外延生长中自由晶体表面的逐步生长。这里必须提到,在根部区域有来自表面裂纹的空位,由应力梯度驱动以协助生长。

为了分析晶须的生长动力学,假设一个二维模型,用柱坐标系描述。晶须的分布被假定为具有规则排列,每个晶须占据一个直径为 $2b$ 的扩散场,如图 14.13 所示。假设晶须具有恒定的直径 $2a$ 和间隔 $2b$,在扩散场中具有稳态生长,可以通过圆柱坐标系中的二维连续方程来描述。回忆一下,应力可以被视为能量密度,密度函数遵守连续方程:

$$\nabla^2\sigma=\frac{\partial^2\sigma}{\partial r^2}+\frac{1}{r}\frac{\partial\sigma}{\partial r}=0 \tag{14.21}$$

边界条件是

$$\begin{cases} r=b, & \sigma=\sigma_0 \\ r=a, & \sigma=0 \end{cases}$$

解为 $\sigma=B\sigma_0\ln(r/a)$,式中,$B=[\ln(b/a)]^{-1}$,σ_0 是 Sn 薄膜中的应力。知道了应力分布,就可以评估应力梯度

$$X_r=-\frac{\partial\sigma\Omega}{\partial r} \tag{14.22}$$

然后在 $r=a$ 处计算生长晶须的通量

$$J=C\frac{D}{kT}X_r=\frac{B\sigma_0 D}{kTa} \tag{14.23}$$

请注意，在纯金属中，$C=1/\Omega$，$\mathrm{d}t$ 时间内运输到晶须根部的材料体积为

$$JA\,\mathrm{d}t\Omega=\pi a^2\mathrm{d}h \tag{14.24}$$

式中，$A=2\pi as$ 是晶须根部生长步进的周边面积，s 是步进高度，$\mathrm{d}h$ 是晶须在 $\mathrm{d}t$ 时间内高度的增量。因此，晶须的生长速率为

$$\frac{\mathrm{d}h}{\mathrm{d}t}=\frac{2}{\ln(b/a)}\frac{\sigma_0\Omega sD}{kTa^2} \tag{14.25}$$

为了评估晶须的生长速率，需要知道 Sn 的自扩散系数。平行于 c 轴和垂直于 c 轴方向的自晶格扩散系数略有不同，分别为

$$D_{/\!/}=7.7\times\exp(-25.6\mathrm{kcal/kT})\mathrm{cm^2/s}$$

$$D_{\perp}=10.7\times\exp(-25.2\mathrm{kcal/kT})\mathrm{cm^2/s}$$

在室温下，晶格扩散系数约为 $10^{-17}\mathrm{cm^2/s}$。这意味着在一年内，即 $t=10^8\mathrm{s}$，通过使用 $x^2\approx Dt$ 计算的扩散距离大约为 1μm。因此，在室温下，晶格扩散速度过慢，无法负责晶须的生长。Sn 的自晶界扩散尚未确定。如果假设大角度晶界扩散需要上述晶格扩散的一半激活能，则得到一个约为 $10^{-8}\mathrm{cm^2/s}$ 的自晶界扩散系数。

这里取 $a=3\mu\mathrm{m}$，$b=0.1\mathrm{mm}$，$\sigma_0\Omega=0.01\mathrm{eV}$（在 $\sigma_0=0.7\times10^9\mathrm{dyn/cm^2}$ 时），$kT=0.025\mathrm{eV}$（室温下），$s=0.3\mathrm{nm}$，$D=10^{-8}\mathrm{cm^2/s}$（室温下的 Sn 自晶界扩散系数），得到生长速率为 $0.1\times10^{-8}\mathrm{cm/s}$。以这个速率，预计一年后晶须长度为 0.3mm，这与观察结果相符。由于假设晶界扩散，需要注意的是，连接晶须底部与其余 Sn 基体的晶界只有几个。因此，在将供应晶须生长的总原子通量 $JA\mathrm{d}t$ 取为 $A=2\pi as$ 时，假定通量流向整个晶须的周边"$2\pi a$"，但只为其生长的步进高度是"s"。在上述晶须生长率的计算中，如果将 b 的值取为如图 14.13 所示的几个晶粒直径，并将应力 σ_0 取为约 10MPa 或 $10^8\mathrm{dyn/cm^2}$，结果是相同的。

参考文献

[1] C. Herring,"Diffusional viscosity of a polycrystalline solid," J. Appl. Phys. 21(1950),437.

[2] B. Chalmers,Physical Metallurgy(Wiley,New York,1959).

[3] A. S. Nowick and B. S. Berry,Anelastic Relaxation in Crystalline Solids(Academic Press, New York,1972).

[4] M. F. Ashby and D. R. H. Jones,Engineering Materials I(Pergamon Press,Oxford,1980).

[5] Fan-Yi Ouyang,Kai Chen,K. N. Tu and Yi-Shao Lai," Effect of current crowding on

whisker growth at the anode in flip chip solder joints," Appl. Phys. Lett. 91(2007),231919.

[6] K. N. Tu,"Interdiffusion and reaction in bimetallic CuSn thin films," Acta Met. 21(1973), 347.

[7] K. N. Tu and R. D. Thompson,"Kinetics of interfacial reaction in bimetallic CuSn thin films,"Acta Met. 30(1982),947.

[8] K. N. Tu,"Irreversible processes of spontaneous whisker growth in bimetallic CuSn thin film reactions," Phys. Rev. B49(1994),2030-2034.

[9] G. T. T. Sheng,C. F. Hu,W. J. Choi,K. N. Tu,Y. Y. Bong and Luu Nguyen,"Tin whiskers studied by focused ion beam imaging and transmission electron microscopy," J. Appl. Phys. 92(2002),64-69.

[10] W. J. Choi,T. Y. Lee,K. N. Tu,N. Tamura,R. S. Celestre,A. A. MacDowell,Y. Y. Bong and L. Nguyen,"Tin whisker studied by synchrotron radiation micro-diffraction," Acta Mat. 51(2003),6253-6261.

习题

14.1 电迁移和热迁移都是不可逆过程中的交叉效应,为什么应力迁移不是一种交叉效应?

14.2 在给一块金属施加弹性应力后,金属中的主要通量或流量是什么?

14.3 当应力迁移和电迁移耦合时,可以获得一个临界长度,低于该长度时不存在电迁移。相比之下,当将应力迁移和热迁移耦合时,是否可以获得一个临界长度?如果没有,为什么?

14.4 已经基于晶格扩散建立了纳巴罗-荷尔图蠕变模型,也基于晶界扩散建立了科伯蠕变模型。能否基于表面扩散建立蠕变模型?

14.5 在第3章讨论的零蠕变情况下假设一根直径为1mm、长度为10cm、晶粒尺寸为2mm的Au金属丝。样品中的应力梯度是多少?在800℃下,蠕变速率有多快?

14.6 在800℃下使用直径为100nm、长度为100μm的Au纳米线进行零蠕变实验,会发生什么?

可靠性科学和分析

15.1 引言

什么是可靠性科学？当器件被制造用来提供独特的功能时，通常其预期微观结构被认为在其使用寿命内不会发生变化。然而，事实并非如此。在电子器件的应用中，我们必须施加电场或电流。在高电流密度下，电迁移会引起微观结构的变化，并引起由于空洞形成导致的开路或晶须挤出造成的短路导致的电路失效。过高的电流密度也会引起焦耳热，温度升高会导致器件中具有不同热膨胀系数的不同材料之间的应力。应力和温度梯度会引起原子扩散、相变和微观结构的不稳定。这些微观结构变化的独特之处在于它们发生在非平衡热力学领域，或者说它们是一个不可逆的流程。可靠性科学是了解导致器件失效不可逆过程相变中的基础科学。从应用的角度来看，基于可靠性科学的物理和统计分析可以用来预测器件的寿命[1-4]。

传统的冶金相变发生在两种平衡状态之间，它们都是在恒温恒压下定义的，例如一块共晶 SnPb 焊料在环境压力下从 200℃到 100℃的相变。焊料的相变是从熔融状态到固态。我们可以通过最小吉布斯自由能变化来描述相变过程，并使用平衡 Sn-Pb 相图来定义共晶中两种固相的微观组成结构。然而这种特殊情况属于接近平衡的相变，不是最终平衡，因为无法定义共晶中的层间距结构。

然而，当有温度梯度或压力(应力)梯度时，不具备恒温恒压的边界条件，故这种变化不能用最小吉布斯自由能来描述。相反这里有不可逆的过程，相变动力学属于非平衡热力学的范畴。一个典型的例子是热迁移的索瑞特(Soret)效应，其中均匀合金在温度梯度下变得不均匀。自从非均匀态比均匀态具有更高的自由能，它是一个增加自由能的过程。另一种情况是电迁移下的共晶焊点，这会导致两个没有层状微观结构的共晶相完全分离。

然而，这些不可逆过程可能不会导致器件失效。以电迁移为例：如果电迁移引起的原子通量在导体中均匀分布，阴极和阳极分别是非常大的原子源和原子汇集处，在将失效定义为导体中的空洞或小丘形成时，就没有失效。因此，为了让失效发生，需要不可逆过程中的质量通量发散。例如，在 Al 和 Cu 互连中的空洞产生于晶界的三相点，在其中原子通量发散发生。

尽管发散的条件是必要的，但对于恒定晶格位点或恒定体积过程还不足以产生空洞或小丘。值得注意的是，虽然原子总数守恒，空洞形成或小丘和晶须生长会导致晶格点数改变。为此，必须要求在通量发散区域没有晶格位移，因此有一个非常数晶格位置或非恒定的体积过程。

本章首先讨论定体积和非定体积流程。当不可逆过程伴随晶格位移时，晶格位总数守恒，是一个恒体积过程。没有空虚或小丘形成，且无失效。当晶格位移不存在时，它是一个非恒定体积过程并且会产生失效。为了分析失效，这里将讨论物理分析和统计分析，并且我们以倒装焊中的电迁移为例。物理分析将能够理解失效模式和机理。统计分析提供所需的 MTTF 以预测器件的使用寿命。最后，本章将简要讨论这两种分析之间的联系。

15.2 定体积和非定体积流程

回顾在 5.3.2 节中讨论的 A 和 B 之间相互扩散的柯肯德尔效应的经典案例，B 中 A 或 A 中 B 的浓度随时间和位置而变化，因此相互扩散中存在原子通量的发散。然而，在 Darken 对相互扩散的分析中，假设样品中各处的空位浓度都处于平衡状态，尽管空位扩散存在，没有应力，也没有空洞形成。由于处于平衡状态，不存在过饱和现象，因此没有空洞成核。当晶体结构内部没有形成空位时，可以假设不存在断路失效。

空位平衡假设的隐含要求是空位可以根据结构需要被吸收或创建，例如通过位错在大部分样品中移动。Darken 分析下的相互扩散导致晶格平面迁移或晶格移位，进而导致被嵌入晶格的标记物运动。在晶格位移中，总晶格位点的数量是恒定的。如果假设 AB 合金中 A 和 B 的偏摩尔体积相同，则总晶格位置恒定表示总体积保持恒定。此外，如果体积没有变化，则没有应力或应变。可以将相互扩散视为在“恒定体积”条件下发生，通过利用移动晶格假设如方程(5.37)所示，写成 $j_A + j_B = -j_V$，其中 j_A、j_B 和 j_V 分别为 A 原子、B 原子和空位的通量。

另外，许多相互扩散的情况会导致柯肯德尔或弗仑克尔空洞产生。这是因为缺失晶格位移或晶格位移不完全，因而空位不能在样品中各处均达到平衡。在此过程中总体积不是恒定的。如果假设扩散到 B 中的 A 原子多于扩散到 A 中的 B 原子，则为了容纳多余的 A 原子，B 中需要更多的晶格位点。另外，A 需要更多晶格位点来容纳多余的空位。过量的 A 原子可能积聚在自由表面上以减少应变，因此会产生小丘或晶须生长。当 A 中的多余空位过饱和时，柯肯德尔或弗仑克尔空洞可以成核。值得一提的是，B 中过量的 A 原子数量可能不等于 A 中多余的空位数量，这两者每一个都可以是独立的事件。当晶须或空洞增长时，就会产生失效。可靠性失效的本质是非恒定体积过程或晶格位移缺失。Al 互连情况下的晶格位移缺失已经在 5.3.2 节 3 中予以解释。

15.3 不可逆过程中晶格位移对质量通量散度的影响

15.3.1 电流密度、温度和化学势在器件运行前的初始分布

在打开电源运行器件之前，不会有电流流动，也没有焦耳热，因此导体中没有电流密度分布。在 p-n 结中，有掺杂原子分布，但在产生偏置电压之前没有电荷流动。这是因为在接近室温时掺杂原子被假设冻结在半导体晶格中，施加偏置电压前 p-n 结内电势为平衡状态。没有通电时，器件中的温度分布与环境一样均匀。此外，为了简单起见，可以假设最初器件中的化学势(包括应力势)也是均匀的。这可能是一个近似值，也可能不真实，这个稍后再讨论。有了这个非常简单的初始条件，假设施加电流来运行器件，它在器件结构中感应出电流分布；反过来，由于电流产生焦耳热，会在器件中引起温度分布。电子流和热流可以引起原子扩散，因此器件内会产生化学势梯度并导致微观结构和相随时间变化，因此会出现可靠性问题。焦耳热也可能引起热应力。显然，通电前不存在可靠性问题。

理解了器件结构的设计和不同材料之间的界面，就知道界面反应中的成分分布和成分梯度。原则上可以获得化学势分布以及器件结构中的应力势。

第 14 章提到应力势($\sigma\Omega$)是化学势的一部分。因此，应力势梯度($\mathrm{d}\sigma\Omega/\mathrm{d}x$)是原子运动的驱动力。由于不同的材料有不同的热膨胀系数，在器件加工过程中，器件内不同元件之间可能存在热应力。当界面上的热应力很大时，会导致裂纹形成或扩展。这是良率问题而不是可靠性问题。另外，热应力梯度产生原子流，这成为类似于机械应力梯度造成的蠕变的一个可靠性问题。然而，热应力及其梯度可以通过退火来降低。

在器件制造过程中，高成品率与良好的可靠性极为重要。如果没有良率，考虑

可靠性亦无意义。一个例子是集成低介电常数材料和 Cu 形成多层镶嵌互连。当多孔和聚合物材料作为超低 k 电介质与 Cu 集成在一起时，它们之间的热应力容易使电介质破裂。即使成功集成，当芯片通过倒装焊点连接到其封装基板时，芯片和基板之间的热应力可能导致在低 k 材料中形成裂纹，因为低 k 材料的机械性能比焊料弱。这种现象被称为芯片封装相互作用，能够影响器件的良率。

由于器件是由层状薄膜材料构建的，因此存在多种界面并且界面之间会发生反应。例如，在焊点形成时，焊料会与芯片侧的 Cu UBM 以及基板侧的 Cu 发生反应。因为固态焊料反应比液态焊料反应慢四个数量级，即使在 150℃ 退火 1000h 也不会消耗所有的 Cu 和焊料，因此在焊点处会有未反应的 Cu 和焊料。实际上出现未反应 Cu 和焊料是有益的，这样可以多次进行回流焊和返工，这在倒装焊结构中会导致化学势梯度存在。然而，Cu 和焊料之间形成的 IMC 成为扩散势垒，减缓扩散以及铜/焊料反应速率，并且化合物太厚，这使得化学反应速率在器件工作温度下形成更多的 Cu-Sn 化合物的速率将非常缓慢。然而，该反应能够被电或热力增强并导致可靠性问题。

15.3.2　器件运行期间分布的变化

在质量流、热流和载流子流中，正是后者引发器件中电流密度、温度和化学势的分布变化。通过给定器件的结构设计可知器件尺寸和材料，所以可以使用有限元分析来模拟电流分布。当器件结构中存在电流时，采用可靠的商业计算机程序，例如 ANSYS 进行电流的三维模拟分布。通过模拟了解电流密度的分布非均匀性非常重要，因为这会导致电流拥挤。

模拟电流分布之后的下一步将是获得器件中的温度分布。知道电流分布之后可以计算焦耳热，如第 10 章所述。获得其温度分布需要了解器件的散热情况，然而因为热传导相关研究已经足够深入，可以假设一组合理的热损失参数来表示热量器件中的耗散。然后可以使用红外传感器或其他温度测量技术来确定器件中的温度分布，这样就可以检查器件假设的参数是否准确，调控参数以匹配测量的数据。从温度分布就能知道发热位点和器件中的温度梯度。焊料的熔化可以用作检测标准。

除了电流密度分布和温度分布，还需要知道受电子流和热流引发和影响的化学势分布。电子流和热流影响原子流并达到稳态之前存在一个过渡态。电子流和热流对原子流的影响分别由电迁移和热迁移给出。在这些不可逆转的过程中，通常假设原子流入和流出处于稳定状态，而达到稳态需要一定时间。铝互连线中电迁移的瞬态已通过以下方法进行分析：使用连续性方程或散度。在稳定状态下，关键是要判定结构中是否存在发生失效的原子通量发散。

关于原子扩散中的通量发散，浓度 C 可以随时间和位置变化，即 $C=C(t,x)$，因此浓度梯度是随时间位置变化的，这就是菲克第二定律。但在电迁移中，电流密度或驱动力在时间和位置上可以恒定，因此原子通量可以保持不变。因此，如果没有微观结构发生变化，则不存在原子通量发散。例如在晶界三相点或突变界面处，即使电流密度恒定，原子通量发散依然存在。原子通量变化在跨越界面时可能是突然的，而不是渐近的。当没有晶格位移时，空洞或晶须会在界面处生长。例如，空位的恒定通量导致了空洞的增长，可以使用第 5 章提到的增长方程对增长进行建模。

当器件结构中由于电流拥挤而出现电流密度不均匀时，电迁移的驱动力在不同位置处并不相同，因此需要考虑由非均匀电迁移力驱动的原子通量发散。当给定边界和初始条件时，可以求解发散方程。从方程的解中可以得到给定位置处空洞或晶须生长的质量通量[5]。

15.3.3 晶格位移对质量通量的影响

前面的章节从驱动力和通量方面讨论了电迁移、热迁移和应力迁移的本质。不可逆过程中它们的相互作用可以用以下 3×3 矩阵方程表示：

$$J_i = L_{ij} X_j \tag{15.1}$$

式中，J、L 和 X 分别代表通量、唯象系数和驱动力。它们结合了菲克定律、傅里叶定律和欧姆定律之间的相互作用。然而，从失效的角度来看，人们关注的是质量通量以及相关的交叉效应。

第 11 章讨论了如果电迁移下的原子通量均匀分布，则失效不会发生。因此，仅仅知道通量是不够的，失效需要质量通量发散，从而可能使空洞形成或晶须生长。根据菲克第一定律和第二定律作类比，可以把式(15.1)作为第一定律，需要考虑失效时 J_i 的散度，其中 J_i 是式(15.1)给出的原子通量。假设在一维条件下，得到

$$J_x = C\frac{D}{kT}\left[-\left(\frac{\partial \sigma\Omega}{\partial x}\right) + Z^* e\rho j + \frac{Q^*}{T}\left(-\frac{\partial T}{\partial x}\right)\right] \tag{15.2}$$

式中，右侧三项分别对应于由于应力迁移、电迁移和热迁移而产生的原子通量。假设扩散通过空位机制发生，存在空位的反向通量 $J_{\mathrm{v}}=J_x$。空位浓度 C_{v} 作为时间和位置的函数可以通过求解连续性方程来获得，

$$\frac{\partial C_{\mathrm{v}}}{\partial t} = -\frac{\partial J_{\mathrm{v}}}{\partial x} + \delta \tag{15.3}$$

式中，δ 是源/汇项，用来表达空位在晶格中的产生和消除。

J. J. Clement 在 $\delta=0$ 和 $\delta\neq 0$ 两种条件下获得了式(15.3)的解。方程的解通

过模拟获得，这里不再赘述[6]。

15.4 倒装焊点电迁移失效的物理分析

了解可靠性失效的模式和机制需要进行物理分析。通常，是通过在测试结构中加速条件下进行电迁移来进行的，例如，比器件工作条件更高的温度和更高的电流密度。失效的器件将被截取横截面并通过 SEM、TEM、X 射线衍射、微探针等检查失效部位。下面通过倒装焊焊料中电迁移引起的失效示例来说明这一点。

15.4.1 焊点结中电流密度的分布

本节给出一个关于倒装焊点可靠性研究的例子[7-10]。首先模拟焊点结中的电流分布。需要分析电荷从焊点中流入和流出的完整过程，因此需要分析一对焊点。图 15.1(a)描述了一个顶部硅芯片和底部聚合物基板之间倒装焊点结的三维模拟示意图。在顶部，两个凸点通过铝互连线连接。箭头表示电子流动方向。它们在底部分别通过基板上的 Cu 片连接到外部。图 15.1(b)描绘了一对焊点的横截面。铝互连件和焊料之间凸点，有一个 UBM 来定义接触开口。如图 15.1(a)中的箭头

(a)

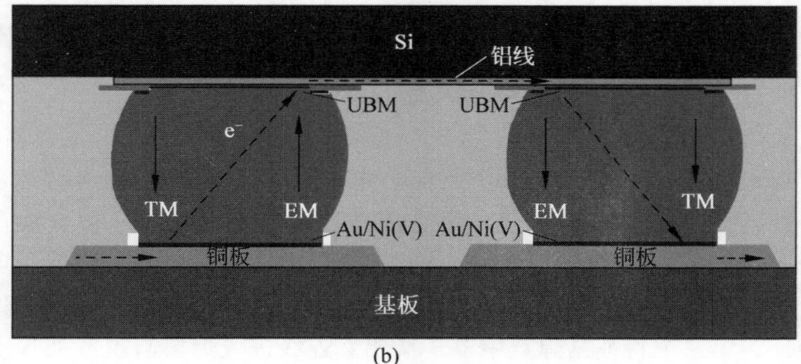

(b)

图 15.1　(a) 一对倒装焊点的三维示意图。箭头表示电子流方向；(b) 顶部硅芯片和底部聚合物基板之间的一对焊料的横截面示意图。电迁移和热迁移方向已指出

所示，电子可以从一个焊盘流入一个焊料凸点，并流过铝互连线，最后从另一个焊点流出。Al 互连、UBM、焊料凸点和 Cu 接合焊盘的尺寸和电阻是已知的。可以分别模拟电流分布以及倒装焊结构中的焦耳热，如图 15.2(a)和(b)所示。

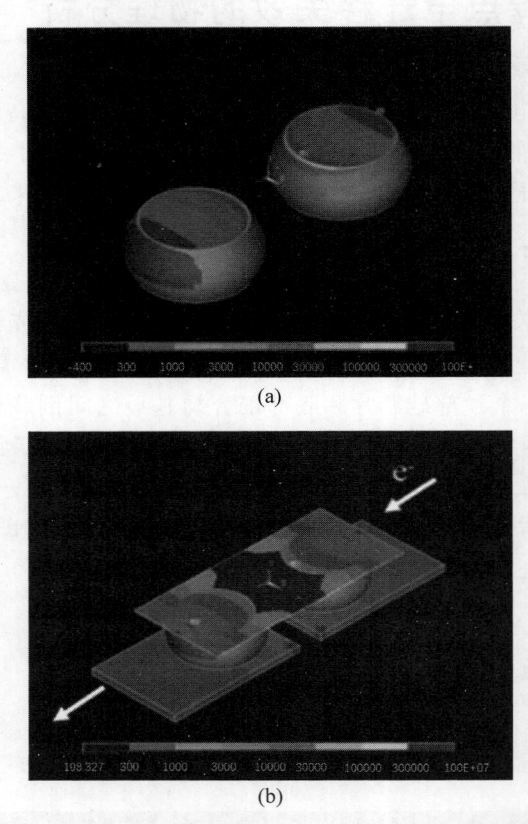

图 15.2 (a) 由焊料凸点结和它们下面的铜线及其之间铝互连线组成的倒装芯片结构中的电流分布仿真；(b) 焦耳热模拟表明铝互连线是热源

从电流分布模拟来看，有两个特征很重要：首先，铝互连线的电流密度最高；其次，焊料凸点中的电流密度分布不均匀。第一个特征表示 Al 是器件运行期间最热的部分，因为焦耳热与电流密度的平方成正比($j^2\rho$)。由于 Cu 键合焊盘中的焦耳热较低，凸点上将会存在温度梯度。在图 15.1(b)中，它表明了两个凸点中电迁移和热迁移的综合影响的差异。在右侧的焊点中，它们的方向相同，在左边的焊点其方向相反。第二个特征是焊点中电子从铝互连线进入焊料凸点或从焊点中流出到铝互连线时存在电流拥挤现象。在电流拥挤区域电迁移将会很严重。

15.4.2　温度在焊点结中的分布

图 15.3 显示了炉温保持在 150℃时，芯片侧和基板侧因焦耳热而导致的升温与电流密度的函数关系。升温通过固定在芯片和基板表面上的蛇形铂丝温度传感器测量。例如，当发现芯片侧的温度比基板面高约 13℃时该温差表示高度为 100μm 的焊料凸点上的温度梯度为 1300℃/cm，即足以引起热迁移。

图 15.4 显示了焊点横截面上的温度分布。施加的电流为 0.5A，由 IR 传感器测量。焊点中温度不均匀，芯片面比基板面热，高度为 100μm 的焊料凸点两端的温差约为 5℃，因此温度梯度大约为 500℃/cm。温度梯度表明热迁移可以发生在焊料凸点中。因此，该凸点中的电迁移将伴随热迁移。也可以使用红外摄像头从芯片的顶部测量温度分布。红外摄像头可以透过芯片并检测升温。从中可以看出铝互连线温度最高。

在 150℃下，当在一对焊点持续施加 $1\times10^4 A/cm^2$ 的电流密度时，50h 后电阻突然增加，发现失效。失效模式是整个接触界面上发现如图 15.1 所示的右侧焊料凸点的芯片侧穿过整个接触面的薄饼状空洞的增长。在这个凸点时，电子从左上角向下流动，当电子从铝互连进入焊料凸点时发生电流拥挤。失效开始于左上角并向左增长。空洞会阻碍电子的流动，所以电子必须沿着铝互连件向前移动并在空洞的前方进入凸点。电迁移将驱动原子向下，空位向上。这些空位将填充空洞使其向左生长，因此空洞生长呈薄饼状。这种薄饼状空洞的生长过程已经被建模和模拟。当空洞扩大到整个触点时，焊点突然失效。当铝线中的传导路径增长，焦耳热也会增加。尽管热迁移伴随着电迁移并且可能同时存在应力迁移，失效速率主要由电迁移决定。

15.4.3　电流拥挤效应对薄饼状空洞生长的影响

图 15.5(a)显示倒装芯片焊点组成的菊花链结构中薄饼状空洞形成的 SEM 图像。凸点 5、凸点 3 和凸点 1 的阴极接触处薄饼状空洞的放大图像如图 15.5(b)所示。

图 15.6(a) 描绘了空位通量发散导致的接触界面上薄饼状空洞的生长。黑色实箭头描绘了电流拥挤驱动的顶部到底部的原子通量。与此同时，虚线箭头线描绘了空位从焊料凸点返回到界面处的反向通量。图 15.6(b)描述了由于薄饼状空洞的生长，电子通量必须迁移到空洞的前面，图 15.6(c)显示在薄饼状空洞生长过程中测量到的焊点电压或电阻的变化。空洞遮盖了整个阴极接触区域前几乎没有什么变化。

下面对薄饼状空洞的生长动力学进行分析，如果空位通量在界面 IMC Cu_6Sn_5 处可忽略，焊料中的空位通量可写为

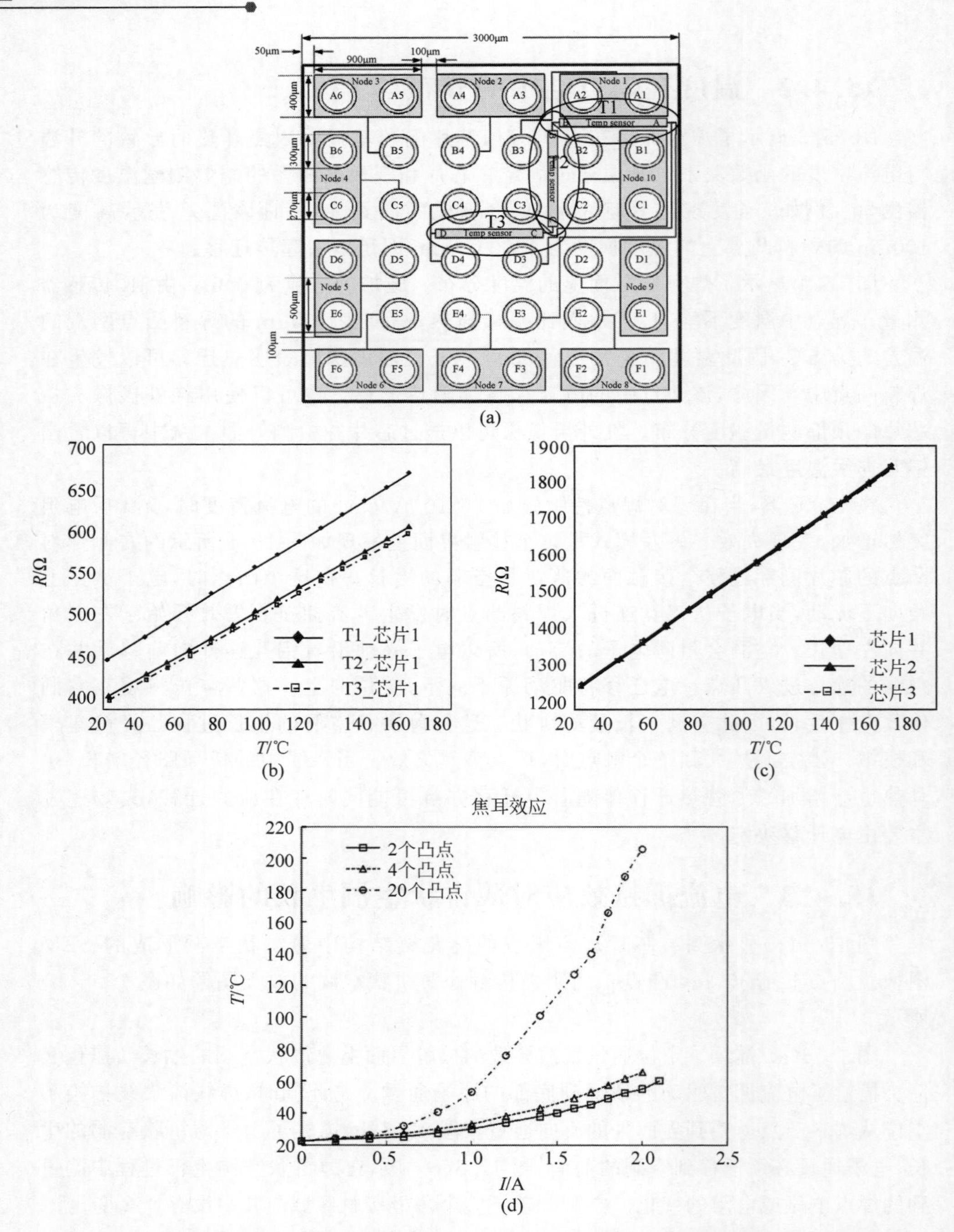

图 15.3 (a) 芯片侧三个 Pt 传感器的示意图；(b) 各 Pt 传感器的环境温度下的校准曲线；(c) 三个 Pt 传感器在环境条件下的温度校准曲线；(d) 由于芯片侧和基板侧的焦耳热效应，温度上升与电流密度成函数关系且温度为 150℃

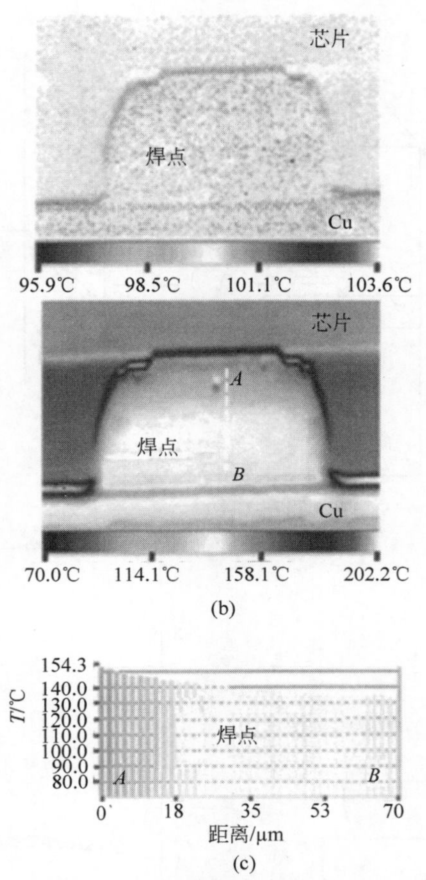

(b)

(c)

图 15.4　当施加 0.5A 电流时，焊点之一横截面的温度分布，由红外传感器测量。(a) 施加电流之前的红外图像；(b) 之后施加 0.5A 的电流；(c) 焊点温度梯度

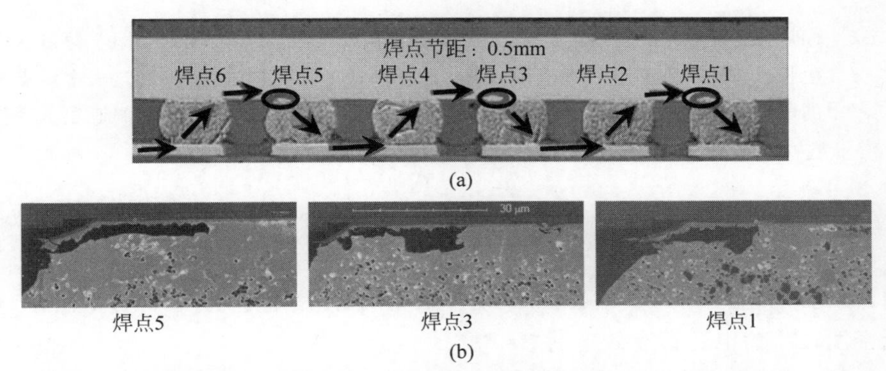

(a)

(b)

图 15.5　(a) 倒装芯片焊点组成的菊花链结构中薄饼状空洞形成的 SEM 图像；(b) 凸点 5、凸点 3 和凸点 1 的薄饼状空洞与阴极接触界面的放大图像

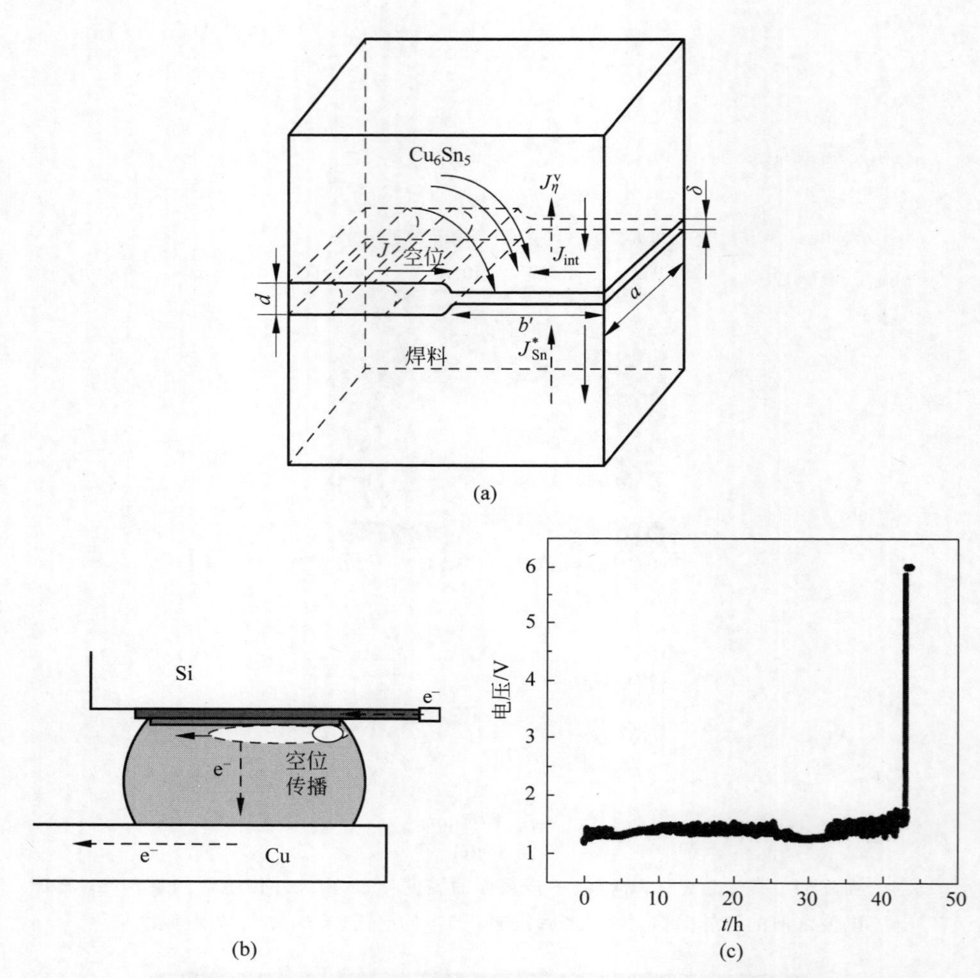

图 15.6　(a) 空位通量的散度导致的接触界面处薄饼状空洞的增长示意图；(b) 薄饼状空洞生长以及电子通量迁移到空洞前方的示意图；(c) 薄饼状空洞生长过程中焊点相应的电压变化或电阻变化。电压或电阻的数值几乎没有变化，直到空洞遮盖了阴极的整个接触区域

$$J_{Sn}^{v}=\frac{C_{Sn}^{bulk}D_{Sn}}{kT}Z_{Sn}^{*}e\rho_{Sn}j \tag{15.4}$$

式中，C 是焊料主体中 Sn 的浓度，D 是扩散系数，e 是电子电荷，ρ 为电阻率，j 为电流密度，Z^* 为电迁移有效电荷数[9]。

焊料-IMC 界面提供了多余空位的传输路径，并使得它们沿着界面扩散。空缺的散度导致沿界面的横向通量可以写为

$$J_{\text{int}}^{\text{v}} = -D_{\text{int}} \frac{\Delta C}{\Delta x} \approx D_{\text{int}} \frac{\Delta C}{b'} \tag{15.5}$$

式中，D_{int} 为界面扩散系数，b' 代表电流拥挤区域宽度，ΔC 为较高电流密度区域浓度与空洞尖端或生长前沿的平衡浓度之间的浓度差。由于空位数量守恒，因此有

$$J_{\text{int}}^{\text{v}} a\delta t = J_{\text{Sn}}^{\text{v}} ab't \tag{15.6}$$

式中，δ 为界面有效宽度，a 为长度单位，t 为时间。

假设空洞的初始宽度为 d，J_{void} 为空洞尖端的空位通量。再次应用通量守恒条件：

$$J_{\text{int}}^{\text{v}} a\delta = J_{\text{void}} ad \tag{15.7}$$

将式(15.6) 代入式(15.7)，增长空洞的通量可以写为

$$J_{\text{void}} = (J_{\text{Sn}}^{\text{v}}) \frac{b'}{\delta} \tag{15.8}$$

J_{void}沿界面传输的质量所对应的体积可以表示为

$$\Delta V = J_{\text{void}} A \Delta t \Omega \tag{15.9}$$

式中，$A = a\delta$，$\Delta V = ad\Delta l$，Ω 为原子体积。

将式(15.8) 代入式(15.9)，空洞的生长速度变为

$$v = \frac{\Delta l}{\Delta t} = (J_{\text{Sn}}^{\text{v}}) \frac{b'}{d} \Omega \tag{15.10}$$

假设 $C_{\text{v}}^{\text{bulk}} \Omega = 1$，可得

$$v = \frac{ej}{kT} (D_{\text{Sn}} \rho_{\text{Sn}} Z_{\text{Sn}}^{*}) \frac{b'}{d} \tag{15.11}$$

为了验证空洞传播的机制，两个关键参数是电流拥挤区域宽度 b，以及空洞的宽度 d。吉布斯-汤姆孙效应可能在形成空洞尖端方面发挥重要作用，

$$C_r = C_0 \exp\left(\frac{\gamma}{r} \frac{\Omega}{kT}\right) \tag{15.12}$$

式中，γ 为单位面积表面能。

通过线性近似，得到空洞宽度为

$$d = 2r = \frac{C_0}{\Delta C} \frac{4\gamma\Omega}{kT} \tag{15.13}$$

由于模型是二维的，空洞宽度假定恒定。另外，从式(15.5) 和式(15.6)，可得电流拥挤区域宽度为

$$b' = \left(\frac{\Delta C}{C_0} \frac{kTD_{\text{gb}}\delta}{ejD_{\text{Sn}} Z_{\text{Sn}}^{*} \rho_{\text{Sn}}}\right)^{1/2} \tag{15.14}$$

在图 15.6(a)所示的二维模拟中，共晶 SnAgCu 焊点的接触窗长度为 224μm，电流拥挤区域大约占整个长度的 15%，因此电流拥挤区域 b 约为 33.6μm。从

图 15.5 中，空洞宽度 d 测量值为 2.44μm。测试温度为 146℃，电流密度约为 $3.67\times10^3\,A/cm^2$，空洞长度为 33μm，空洞传播时间为 6h，因此空洞生长速度约为 5μm/h。

在另一种情况下，如 9.4.1 节所述，共晶 SnPb 焊料凸点在 125℃下的电流密度为 $2.25\times10^4\,A/cm^2$，并且窗口长度为 140μm，电流拥挤区域约为 9μm。在 38h 形成空洞，43h 后失效，所以空洞生长速度约为 28μm/h。

Sn 的扩散系数为 $D_{Sn}=1.3\times10^{-10}\,cm^2/s$，界面扩散系数为 $4.2\times10^{-5}\,cm^2/s$。有效电荷为 $Z_{Sn}^*=17$。Sn 的电阻率为 $\rho_{Sn}=13.25\mu\Omega\cdot cm$。表面能 $\gamma=10^{15}\,eV/cm^2$ 且 Ω 取为 $2.0\times10^{-23}\,cm^3$。有效界面宽度约为 0.5nm。唯一的未知参数是 ΔC 和 C_0 的比率。为了获得合理的结果，我们选择从 1% 到 3% $\Delta C/C_0$ 取值范围。

使用上文提及的参数和实验条件，电流的拥挤区域宽度理论值 b' 由式(15.14)计算得出，空洞宽度 d 来自式(15.13)，空洞生长速度 v 来自式(15.11)。理论值与实验结果较符合，见表 15.1。

表 15.1 电迁移实验中薄饼状空洞生长速率理论值与实验值对比

	理论值	实验值
$b'/\mu m$	25.49～44.15	37.5
$d/\mu m$	0.81～2.42	2.44
$v/(\mu m/h)$	1.24～6.44	4.4

关于薄饼状空洞生长的一个令人费解的发现是它生长在电介质下方。在薄饼状空洞 SEM 横截面图像中，总是发现空洞一直在凸点边界电介质下方延伸。然而，电介质下方的电流非常小。

关于生长的另一个问题是它的成核机制。目前还不清楚成核位点在哪里。使用同步辐射的 X 射线断层扫描可以绘制薄饼状空洞三维图像，因此有望获得空洞成核和生长的更多信息。

15.5 倒装焊点电迁移失效的统计分析

在工业制造中，由于消费电子产品的大量生产，产品质量验证需要进行可靠性测试。除了前面几节讨论的失效模式和失效机制的物理分析，为了预测产品的使用寿命，需要进行故障统计分析。统计分析可以提供有关产品可靠性的两个重要数据。首先，产品在给定的使用条件下的 MTTF，例如，汽车引擎盖下使用的倒装焊器件的寿命。其次，在今后的应用中通过增加现有器件的功能，施加的电流密度可能需要提高，那么重要的是要知道：若使该器件仍然可以在规定的使用寿命内没有失效，可以应用于现有器件的最大电流密度是多少？

要进行统计分析，有两个重要因素。首先必须拥有可以测量大量器件失效的设备，这些失效是时间、温度和对器件施加压力的特定驱动力（如所施加的电流密度）的函数。图 15.7 所示为这样一个用于倒装焊点电迁移下的失效统计分析的器件；它由两个熔炉、四个电源（出于安全原因，施加电流限制为 2A）、多通道控制单元和用于记录的个人计算机组成。其次必须有测试样本。例如，为了实现倒装焊的可靠性，必须在基板上有多个倒装焊芯片用于加速测试，或者必须能够通电连接多个倒装芯片一起进行测试，以便在合理的时间内获得有意义的数据。图 15.8 显示了在这种具有四个芯片的测试板上进行电迁移测试的光学图像。四个芯片之一与电路板之间的焊点布局如图 15.9 所示。芯片尺寸为 0.3mm×0.3mm，其中有 36 个焊球。焊料凸点的直径为 250μm。UBM 的接触开口直径为 200μm。芯片通过 Sn-1.2%Ag 0.5%Cu 成分的无铅焊料凸点安装在印刷电路板上。UBM 是薄膜 Al/Ni(V)/Cu，其中 Al、Ni(V)和 Cu 分别为 1μm、0.3μm 和 1μm。一种固定在 Si 芯片顶表面的蛇形线温度 Pt 传感器在图中可见。

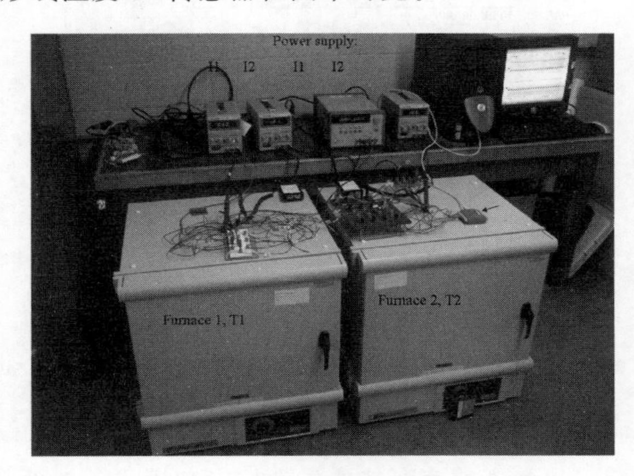

图 15.7　由两个熔炉、四个电源、多通道控制单元和用于记录的个人计算机组成的电迁移测量设备的光学图像

每块板上有四个相同的测试芯片（U_1 至 U_4），如图 15.8 所示，它们是串联在一起的。在每个芯片中，只有焊料凸点结，如图 15.10 所示，通过用于电迁移中的电流连接。四点探针台用于监测电迁移测试过程中电阻的增加。通过仅对芯片上的一对焊料凸点施加电流载荷，会产生更少的焦耳热以减少额外的温度升高。更重要的是，与连接多个焊料凸点的菊花链相比，增加测试结构的电阻对与一种特定的电迁移失效模式直接相关，物理检测可以轻松进行。这对于基于布莱克失效方程及其与电迁移失效模式的相关的建模非常重要。在使用多个凸点的菊花链结构

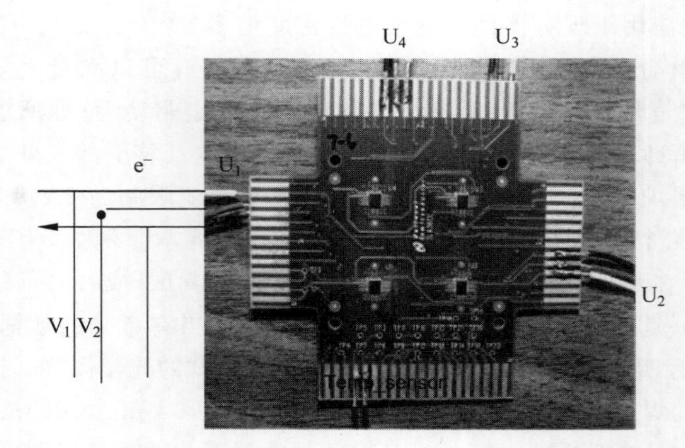

图 15.8 用于电迁移测试的具有四个芯片的测试板的光学图像

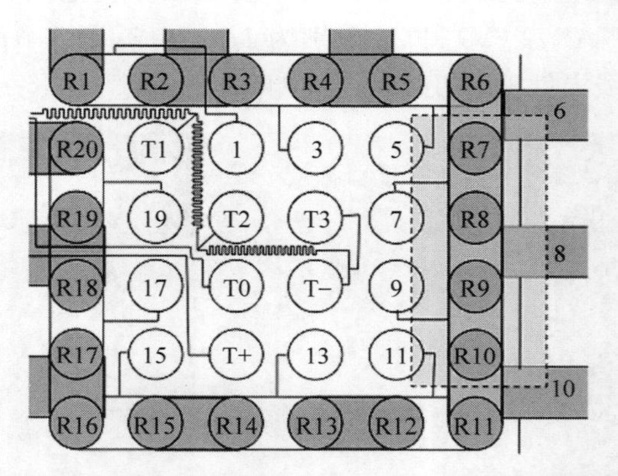

图 15.9 电路板上测试芯片的布局。芯片尺寸为 0.3mm×0.3mm，其中有 36 个焊球。焊球的直径为 250μm。UBM 接触开口直径为 200μm

的电迁移测试中，它可以囊括所有可能的失效位点和模式。然而，对于通过电阻增加记录的失效时间的解释更为复杂，并且很难识别导致电阻增加的某个特定界面的空洞。

图 15.10 显示了电子通过焊球的传导路径。当四颗中的任一芯片出现开路失效，一根勾线会被焊接并重新连接工作电路。例如，如果芯片 C2 失效，发生失效的时间会被记录并且钩线将被焊接以使芯片 C2 短路。在随后的电迁移测试中，C1、C3 和 C4 将被测试，但 C2 不受电流影响，直到其他三个也出现失效为止(图 15.8)。

作为一个示例，这里展示了一个对于一组此类倒装芯片样品电迁移的 MTTF 测量。它们在 $5\times10^3\,A/cm^2$ 和 $1\times10^4\,A/cm^2$ 两种电流密度下以及 125℃ 和 150℃ 两种不同温度下进行了测试。测试系统如图 15.7 所示，用于在总共 64 个芯片上同时运行测试(在一种电流密度和一种温度下每种条件有 16 个芯片,一组条件有 4 种),总共测试了 128 个焊料凸点。电阻变化通过电压变化来监测,计算机大约每 5min 自动测量每个样品并记录数据。数据绘制为电压与时间的关系,从中可以确定每个样本个体的失效时间。

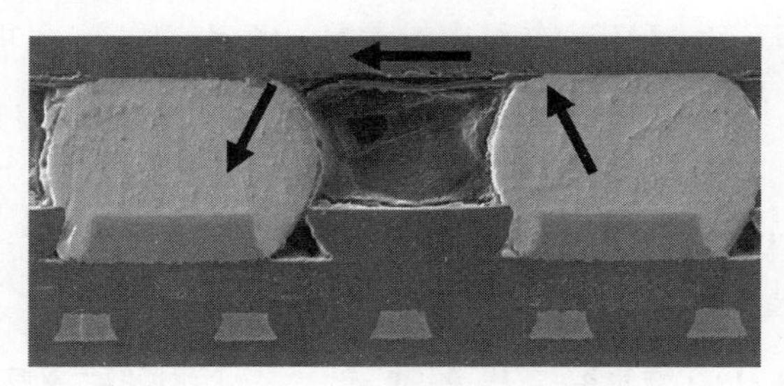

图 15.10　在每个芯片中,电路仅连接两个焊料凸点(R1 和 R2)以进行电迁移。设计了四点探针结构来监测在电迁移测试期间电阻的增加。箭头显示电子通过焊球的传导路径

为了查看芯片下方的焊料凸点阵列并检查在电迁移测试中哪个凸点出现失效,可以使用 X 射线断层扫描。图 15.11 显示了对应于图 15.9 所示焊料凸点阵列的同步辐射 X 射线断层扫描的三维图像,当温度在 125℃时电流密度为 $7.5\times10^3 A/cm^2$。测试中只有左上角有一对凸点进行了测试,4042h 后发现失效。X 射线断层扫描图像显示失效凸点发生熔化,其内有电子从芯片侧进入。由于可以利用软件从三维图像中获取二维图像,可以获得任意一排凸点中失效的凸点的二维横截面图像。

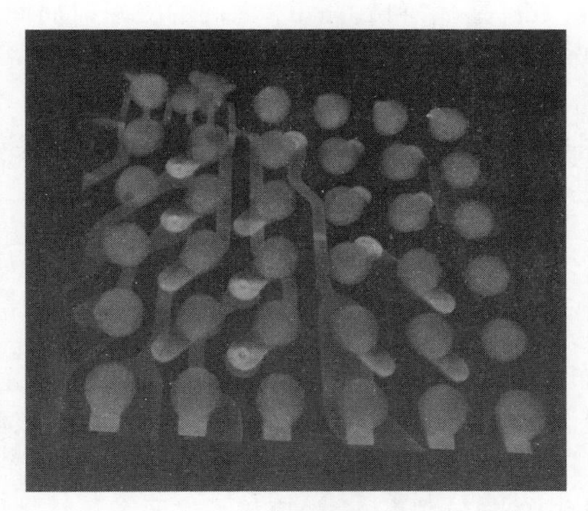

图 15.11　倒装焊点的同步辐射 X 射线断层三维图像。左上角第二个焊点因电迁移而失效

15.5.1 失效时间和韦布尔分布

表 15.2 列出了 16 个样品在 $1\times10^4\ A/cm^2$ 和 150℃下测试的失效时间数据，使用韦布尔(Weibull)分布函数绘制成图 15.12，并计算产生 50%失效的平均失效时间(MTTF)。布莱克 MTTF 方程中的参数：确定前因子、活化能 E_a 和电流密度功率因数 n。韦布尔分布函数表达式如下：

$$F(t)=1-\exp\left[-\left(\frac{t}{\eta}\right)^{\beta}\right] \tag{15.15}$$

式中，$F(t)$是失效样本的百分比关于时间的函数，η 是特征寿命，β 是形状因子或韦布尔图的斜率。更大的斜率表示失效时间分布较窄。

表 15.2 16 个样品在 $1\times10^4\ A/cm^2$ 和 150℃下测试的失效时间数据

样 品	失效时间/h	样 品	失效时间/h
8_T1_I1_U1	47	8_T1_I3_U1	59.5
8_T1_I1_U2	53	8_T1_I3_U2	68.5
8_T1_I1_U3	55.5	8_T1_I3_U3	43.5
8_T1_I1_U4	103	8_T1_I3_U4	58
8_T1_I2_U1	47.5	8_T1_I4_U1	68.5
8_T1_I2_U2	81.5	8_T1_I4_U2	25
8_T1_I2_U3	45.5	8_T1_I4_U3	41
8_T1_I2_U4	48	8_T1_I4_U4	53.5

韦布尔分布失效函数的简单解释是假设一个 $\nu(t_1)$作为失效频率(每单位时间的概率)，这表示 $\nu(t_1)\mathrm{d}t_1$ 是 t_1 和 $t_1+\mathrm{d}t_1$ 之间的极短时间间隔内发生失效的概率。然后在 $\mathrm{d}t_1$ 的极短时间内不发生失效的概率为

$$1-\nu(t_1)\mathrm{d}t_1=\exp[-\nu(t_1)\mathrm{d}t_1] \tag{15.16}$$

这是因为当 x 非常小时，$1-x=\exp(-x)$。反过来，不失效的概率在从 $t=0$ 到 $t=t$ 的区间内，是每个子区间的概率的乘积，

$$P_0(t)=\prod_{i=1}^{N}\exp[-\nu(t_1)\mathrm{d}t_1]=\exp\left[-\sum_{i=1}^{N}\nu(t_1)\mathrm{d}t_1\right]=\exp\left[-\int_0^t\nu(t_1)\mathrm{d}t_1\right] \tag{15.17}$$

韦布尔失效分布函数为 $1-P_0(t)$。在物理上，在需要了解大量倒装焊点的失效分布的情况下，假设由焊点接触处阴极一角附近空洞的成核频率为 $\nu_n(t_n)$以及空洞生长于整个阴极触点上形成薄饼型空洞的频率为 $\nu_g(t_g)$组成的单一失效事件。然后，式(15.16)中的失效频率 $\nu(t_1)$应该是这两个频率之积：

$$\nu(t_1)=\int_0^{t_1}\nu_n(t_n)\nu_g(t_1-t_n)\mathrm{d}t_n \tag{15.18}$$

为了简化该问题，假设生长所需的时间比成核所需的时间少得多，这里取 $\nu_g(t_g)=\delta(t_g)$，其中 δ 是狄拉克函数。然后，

$$\nu(t_1)=\int_0^{t_1}\nu_n(t_n)\delta(t_1-t_n)\mathrm{d}t_n=\nu_n(t_1) \tag{15.19}$$

对于成核事件，假设成核的特征频率为 $1/\eta$，其中 η 是成核的特征时间或孵育时间。因此，$\nu(t_1)=\nu_n(t_1)=1/\eta$，得到

$$F(t)=1-P_0(t)=1-\exp\left[-\int_0^t\nu(t_1)\mathrm{d}t_1\right]=1-\exp\left[-\left(\frac{t}{\eta}\right)^\beta\right] \tag{15.20}$$

在这种情况下 $\beta=1$。需要注意的是，根据失效情况模式，β 可以具有其他值。通过绘制 $\ln\{-\ln[1-F(t)]\}$ 与 $\ln t$ 的关系图，曲线的斜率为 β。

15.5.2　布莱克 MTTF 方程中的参数计算

布莱克的 MTTF 方程中有三个参数：前置因子 A 、电流密度指数 n 和活化能 E_a：

$$\mathrm{MTTF}=A(j^{-n})\exp\left(\frac{E_a}{kT}\right) \tag{15.21}$$

为了通过实验确定这些参数，至少需要在两个温度和两个电流密度下进行电迁移测试。图 15.12 显示了在 $5\times10^3\,\mathrm{A/cm^2}$ 和 $1\times10^4\,\mathrm{A/cm^2}$ 的两种电流密度以及在 125℃和 150℃两种不同温度下测试的失效时间韦布尔分布图。

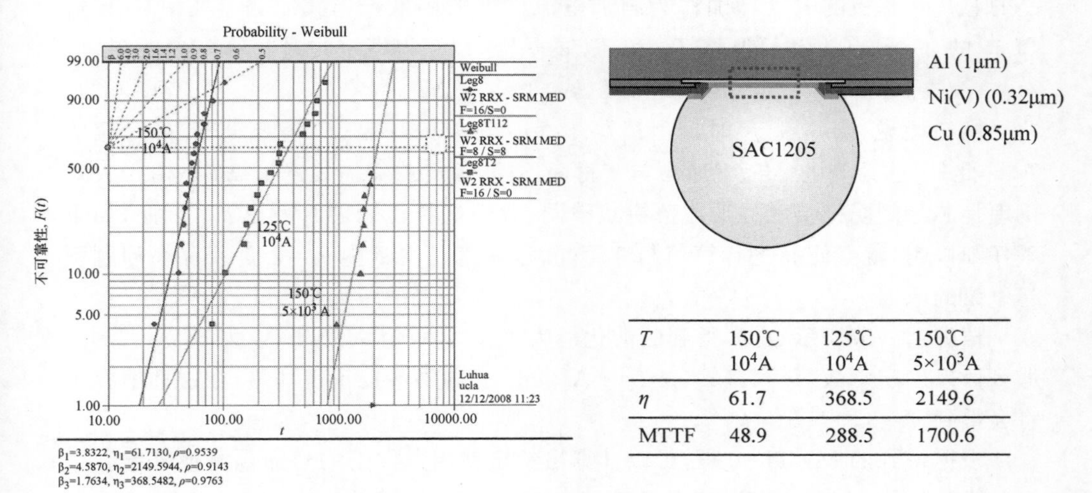

T	150℃ 10^4A	125℃ 10^4A	150℃ 5×10^3A
η	61.7	368.5	2149.6
MTTF	48.9	288.5	1700.6

图 15.12　两种电流密度和两种实验温度下得到的韦布尔分布寿命图

为了算出活化能，我们使用相同电流密度的实验数据和以下关系：

$$\frac{\mathrm{MTTF}_2}{\mathrm{MTTF}_1}=\frac{\exp\left(\frac{E_a}{kT_2}\right)}{\exp\left(\frac{E_a}{kT_1}\right)}$$

$$E_a=\left(\frac{1}{kT_2}-\frac{1}{kT_1}\right)\log\left(\frac{\mathrm{MTTF}_2}{\mathrm{MTTF}_1}\right) \tag{15.22}$$

然后类似地，为了确定电流密度的指数 n，可以使用在两种不同的电流密度下具有相同温度的数据，其关系如下：

$$\frac{\mathrm{MTTF}_2}{\mathrm{MTTF}_1}=\left(\frac{j_1}{j_2}\right)^n \tag{15.23}$$

然而，由于焦耳热，在应用上述两种方法时必须非常小心。当使用式(15.22)计算活化能时，必须采取通过将 kT 更改为 $k(T+\Delta T)$其中 ΔT 是由于施加电流密度下的焦耳热而产生的已被测量的升温，所以式(15.22) 中 kT_1变为 $k(T_1+\Delta T)$ 且 kT_2变为 $k(T_2+\Delta T)$。此次修正很简单。

当使用式(15.21)计算 n 时，情况比较复杂。由于焦耳热在不同电流密度下是不同的，对于在相同炉温下的两种不同电流密度而言很难假设测量温度相同。实际温度并不相同，因此问题并不简单。我们需要知道在不同的电流密度下增加的温度 ΔT 以进行温度校正。图 15.3 显示了使用 Pt 薄膜蛇形线温度传感器测试样品的芯片和基板的温度增加作为施加电流密度的函数。当我们测量完对应于 j_1 和 j_2 的 T_1 和 T_2，需要调整 T_1 和 T_2 的炉温，以获得恒定的温度条件：

$$(T_1+\Delta T_1)=(T_2+\Delta T_2) \tag{15.24}$$

换句话说，当 $j_2>j_1$时，有 $T_2>T_1$，j_2 对应的炉温 T_2需要低于 j_1对应的 T_1。此外，芯片侧的 ΔT 增加为与基材面不同，因此我们需要选择 ΔT。由于失效机理是芯片侧阴极接触处形成薄饼状空洞，我们选择位于芯片侧 ΔT。因此，如果不仔细修正，就会使 n 的计算值与 2 不同，这一直是文献中 $n=2$ 是否存在问题引起争议的原因。

根据上一节所示数据，得到的活化能为 1.15 电子伏每原子数，发现 $n=2.08$。那么可以确定常数 $A=1.5\times10^{-1}\,\mathrm{s\cdot A^2/cm^4}$。如果不校正焦耳热，在这种情况下将会得到 $n=5$。

根据得到的 MTTF 方程，可以计算出给定使用条件下的寿命预测或外推。根据布莱克方程的参数，推断在芯片温度为 100℃且焊点电流为如果密度为 $2000\mathrm{A/cm^2}$，则测试样品的 MTTF 约为 13.2 年。然而，这并不是说可以期望大多数焊点都能工作这么久，没有失效。相反，从失效分布中可以看到前 10%样品会在更早的时间失效，特别是如果韦布尔分布的斜率较小时。

15.5.3 倒装焊点中布莱克方程的修正

1969 年，布莱克给出了他著名的方程来分析铝互连中电迁移引起的失效。尽管如此，布莱克方程是否可以应用于倒装焊点的 MTTF 值得商榷。

倒装焊点中的电迁移失效与铝互连中的电迁移失效不同，因为晶格扩散、阴极接触处的电流拥挤以及芯片侧的铝互连产生大量焦耳热。倒装焊点中的电迁移和热迁移综合作用比铝互连中的大得多。通常，倒装芯片焊点的失效模式是沿着阴极的接触界面薄饼状空洞成核和生长。发现失效时间的大部分不是由接触界面空洞的增长来控制的，而是取决于空穴成核的时间。后者大约占据 90%的失效时间，空洞在整个接触中的传播只需要大约 10%的时间。

由于电流拥挤对薄饼状空洞形成的影响至关重要，因此在 MTTF 分析中不能忽略。电流拥挤的主要影响是大幅度提高焊点入口处的电流密度，并且通过焦耳热增加局部温度。焊点 IMC 形成在阴极和阳极界面处，电流拥挤会影响 IMC 的形成和溶解，IMC 的形成和溶解可能会进而影响失效时间和模式。布莱克确实指出了温度梯度对互连失效的重要性，虽然不清楚，至少不明确他是否在他的方程中考虑到了这些。

Brandenburg 和 Yeh 使用布莱克方程，其中 $n=1.8$ 且 $Q=0.8$ 电子伏每原子数用于共晶 SnPb 倒装焊点。发现方程大大高估了高电流密度下倒装焊点的 MTTF。表 15.3 比较了在三种电流密度和三种温度下共晶 SnPb 倒装焊点的 MTTF 计算值和测量值。在低电流密度 $1.9\times10^4\,A/cm^2$ 下，测量的 MTTF 比计算值稍长，但在 $2.25\times10^4\,A/cm^2$ 和 $2.75\times10^4\,A/cm^2$ 时，测得的 MTTF 比计算出来的短很多。对于共晶 SnAgCu 倒装焊点也是如此。这些研究结果表明，倒装焊点的 MTTF 对微小的电流密度的增加非常敏感，但敏感程度在电流密度约为 $3\times10^4\,A/cm^2$ 时迅速下降。不过值得一提的是，$3\times10^4\,A/cm^2$ 的电流密度用于倒装焊点中的电迁移非常高。如果在 150℃ 的炉子中使用，它可能导致熔化。此外，在如此高的电流密度下，成核和空洞生长的速率可能与较低电流密度下的不同，或者空洞成核和空洞增长所花费的失效时间占比会有所不同，这意味着成核的孵化时间可能非常短，那么熔化可能发生。

表 15.3 共晶 SnPb 倒装芯片焊点的平均失效时间

	1.5A($1.9\times10^4\,A/cm^2$)		1.8A($2.25\times10^4\,A/cm^2$)		2.2A($2.75\times10^4\,A/cm^2$)	
	计算值/h	测量值/h	计算值/h	测量值/h	计算值/h	测量值/h
100℃	—	—	380	97	265	63
125℃	108	573[a]	79.6	43	55.5	3
140℃	46	121	34	32	24	1

注：a 没有失效。

为了确定布莱克方程中的活化能，需要进行高温加速测试。必须注意的是，晶格扩散可能与晶界扩散温度范围重叠，晶界扩散也可能与表面扩散温度范围重叠。对于共晶 SnPb 焊料，由于 Pb 和 Sn 之间高或低于 100℃时优势扩散元素不同，情况比较复杂。

布莱克方程可以被修改以包括电流拥挤、焦耳热和压力的影响，

$$\mathrm{MTTF}=A\,\frac{1}{(cj)^2}\exp\left[\frac{E_a\pm\sigma\Omega}{k(T+\Delta T)}\right] \tag{15.25}$$

式中，参数 c 是由于电流拥挤而产生的，其量级为 10，ΔT 为焦耳热，可高达 100℃，$\sigma\Omega$ 是改变应力区域的空位集中度的应力势。参数 c 和 ΔT 将减少布莱克方程中的 MTTF，也就是说，会使焊点失效得更快。由于 ΔT 严重依赖于 j，修改后的方程比原始布莱克方程对电流密度变化更加敏感。回想一下，因为产热和散热，ΔT 取值将取决于倒装焊点和互连的设计。然而需要注意的是，修改后的布莱克方程本质上是与原来的布莱克方程相同，基本形式没有变化。

15.5.4 韦布尔分布函数和 JMA 相变方程

为什么使用韦布尔分布函数而不是其他分布函数分析失效？看来这是基于分布函数与 Johnson-Mehl-Avrami(JMA)相变正则方程之间数学上的密切相似性。电迁移由于空洞形成开路引起的电路失效可以被视为发生于铝线或产生空洞成核和生长的倒装焊点的阴极端的相变。

在经典相变中，例如，在组成不变的情况下从非晶相结晶到晶相，变换后的相位由 JMA 方程表示为

$$X_T=1-\exp(-X_{\mathrm{ext}})=1-\exp\left[-\left(\frac{t}{\lambda}\right)^n\right] \tag{15.26}$$

式中，X_T 是相变体积的体积分数，X_{ext} 是扩展体积的体积分数，其定义为

$$X_{\mathrm{ext}}=\int_{\tau=0}^{\tau=t}\frac{4\pi}{3}R_{\mathrm{N}}R_{\mathrm{G}}^3(t-\tau)^3\,\mathrm{d}\tau \tag{15.27}$$

式中，R_{N} 是成核速率，R_{G} 是球形转化的生长速率粒子，t 为转变时间。本质上，X_{ext} 的物理意义是不考虑生长冲击，并且幻影成核是从 $\tau=0$ 到 $\tau=t$ 的时期，在其中成核并生长的所有球形颗粒的体积总和。如果成核是随机的，以恒定速率连续成核，并且如果增长是各向同性的且与时间成线性关系，则可以从最后一个方程的积分得出

$$X_{\mathrm{ext}}=\frac{\pi}{3}R_{\mathrm{N}}R_{\mathrm{G}}^3t^4=Kt^4 \tag{15.28}$$

式中，从式(15.28)中看到 $K=\pi/3R_{\mathrm{N}}R_{\mathrm{G}}^3$。就有 $n=4$ 且 $\lambda=(1/K)^{1/4}$。假设一维或二维增长且与时间成线性关系，就有 $n=2$ 或 $n=3$。那么，如果增长率受扩散限

制，就可以有 $n=2.5$ 等。

由于韦布尔分布函数的数学形(式(15.15))，以及JMA相变方程(式(15.26))相似，将两者相比以从相变角度解释韦布尔分布MTTF很有意义。

假设多层互连结构中大量铝带中电迁移引起的失效。铝带在层之间通过互连。磨损失效模式是已知的，其中失效是由于形成空洞造成的，并且它发生在阴极端的铝线和钨通孔之间的界面处。可以把磨损看作是在阴极端的铝中形成空洞而导致的相变，其中空洞的形成需要成核和生长。所有阴极端的成核是一个随机过程。成核率是否随时间恒定尚不清楚。在恒定电流密度下，空洞的生长可以被视为线性。韦布尔分布中失效比作为时间函数 $F(t)$ 可视为阴极端已转变为空洞的部分，空洞大于钨过孔的尺寸导致电路开路。虽然开路后阴极端的空洞不会增长，理论上可以假设出现幻象增长。与此同时，其他阴极端会形成越来越多的空洞，失效的比例将会增加。可以将其与JMA方程中转化后的体积分数 X_T 进行比较。

根据JMA方程，可以构建TTT图和相变 S 曲线。使用TTT图可以解释过冷度对成核和生长以及对总体转变速率的影响。并且成核活化能和生长活化能可以分开，这证明生长动力学可以独立测量，以便单独确定生长活化能。

在布莱克的MTTF方程中，活化能的物理意义并没有被明确定义。它可能是空穴成核或空洞增长的活化能，或两者兼而有之。如果成核是限速过程，则活化能应该属于虚空成核，这很可能是异质事件。这个课题需要更多研究。

15.5.5　失效统计分布的物理分析

通过使用截面FIB/SEM检测，可以进行研究并发现薄饼状空洞传播在芯片侧的阴极是电迁移下倒装焊点的关键物理失效模式。通过使用同步辐射X射线断层扫描，可以在异位或原位非破坏性地检查硅芯片和基板之间的大量倒装焊点，能够观察所有焊料凸点中完全失效和部分失效的分布。

15.6　仿真

在多尺度建模仿真中，根据长度尺度或时间尺度计算，可以从量子力学的原子维度或者第一性原理出发进行经典分子动力学计算，蒙特卡罗能够模拟大量的原子、机械性能的位错动力学、统计力学，以及使用FEA进行的大样本量的连续介质力学。

这些模拟的细节超出了本书的范围。尽管如此，仿真在可靠性分析中不可或缺，并且朝这个方向会取得越来越多的进展[11-12]。

参考文献

[1] M. Ohring, Reliability and Failure of Electronic Materials and Devices (Academic Press, San Diego, 1998).

[2] W. J. Bertram, "Yield and reliability," Ch. 14 of VLSI Technology, ed. S. M. Sze (McGrawHill, New York, 1983).

[3] J. R. Black, "Mass transport of Al by momentum exchange with conducting electrons," Proc. IEEE Int. Rel. Phys. Symp. (1967), 144-159.

[4] M. Shatzkes and J. R. Lloyd, "A model for conductor failure considering diffusion concurrently with electromigration resulting in a current exponent of 2," J. Appl. Phys. 9(1986), 3890-3893.

[5] R. Rosenberg and M. Ohring, "Void formation and growth during electromigration in thin films," J. Appl. Phys. 42(1971), 5671-5679.

[6] J. J. Clement, "Electromigration modeling for integrated circuit interconnect reliability analysis," IEEE Trans. on Device and Materials Reliability 1(2001), 33-42.

[7] S. Brandenburg and S. Yeh, Proceedings of Surface Mount International Conference and Exhibition, SMI98, San Jose, CA, Aug. 1998, pp. 337-344.

[8] Everett C. C. Yeh, W. J. Choi, K. N. Tu, P. Elenius and H. Balkan, "Current-crowding-induced electromigration failure in flip chip solder joints," Appl. Phys. Lett. 80(4)(2002), 580-582.

[9] Lingyun Zhang, Shengquan Ou, Joanne Huang, K. N. Tu, Stephen Gee and Luu Nguyen, "Effect of current crowding on void propagation at the interface between intermetallic compound and solder in flip chip solder joints," Appl. Phys. Lett. 88(2006), 012106.

[10] S. W. Liang, Y. W. Chang, T. L. Shao, Chih Chen and K. N. Tu, "Effect of three-dimensional current and temperature distribution on void formation and propagation in flip chip solder joints during electromigration," Appl. Phys. Lett. 89(2006), 022117.

[11] T. V. Zaporozhets, A. M. Gusak, K. N. Tu and S. G. Mhaisalkar, "Three-dimensional simulation of void migration at the interface between thin metallic film and dielectric under electromigration," J. Appl. Phys. 98, 103508(2005).

[12] Y. -S. Lai, S. Sathe, C. -L. Kao and C. -W. Lee, "Integrating electrothermal coupling analysis in the calibration of experimental electromigration reliability of flip-chip packages," in Proceedings of ECTC 2005 (55th Electronic Components and Technology Conference), Lake Buena Vista, FL, USA, 2005, pp. 1421-1426.

习题

15.1 微电子技术中的良率和可靠性有什么区别?

15.2 什么是老化,以及为什么要做这个实验?

15.3 电迁移一直是微电子器件的主要可靠性问题。为什么几乎从未发现我们的个人计算机、便携式计算机或手机因电迁移而出现失效?

15.4　什么是可靠性加速测试？对于未来纳米级铜互连的电迁移，加速测试的合理温度、时间和电流密度条件是什么？

15.5　在倒装焊技术中，通常在芯片侧使用铝线来互连两个焊料凸点。为什么不使用铜线来连接它们呢？实际上在基板侧确实使用铜焊盘来连接焊料凸点。

15.6　在布莱克方程中，为什么活化能前面的符号是正？

15.7　在布莱克方程中，测得的活化能为 $E=1$ 电子伏每原子数，电流密度的功率因数为 $n=2$，指前因子 $A=10^{-2}$。计算器件在100℃、电流密度为 $2\times10^{3}\,A/cm^{2}$ 下使用时的MTTF。那么，对于下一代器件，当电流密度将增加到 $1\times10^{4}\,A/cm^{2}$ 时，如何计算MTTF？

15.8　在倒装焊技术中，线到凸点的构型是独特的，这表示电迁移可能发生在铝线以及焊料凸点中。假设由于电流拥挤，Al线中的电流密度为 $10^{6}\,A/cm^{2}$，焊料凸点中的电流密度为 $10^{4}\,A/cm^{2}$。哪一个会在100℃时由于空洞的形成而首先失效？

热力学函数的简要回顾

首先回顾具有固定粒子数的封闭系统的一般热力学关系。内能 E、焓 H、亥姆霍兹(Helmholtz)自由能 F 和吉布斯(Gibbs)函数 G 这四个能量函数和四个热力学变量(压强 p、体积 V、熵 S 和温度 T)之间的关系如下：

$$\begin{cases} H = E + PV \\ F = E - TS \\ G = E - TS + pV = F + pV = H - TS \end{cases} \tag{A.1}$$

热力学第一定律将热量的变化($\mathrm{d}Q$)和系统所做的功($\mathrm{d}W$)与内能的变化($\mathrm{d}E$)联系起来：

$$\mathrm{d}E = \mathrm{d}Q + \mathrm{d}W \tag{A.2}$$

热力学第一定律是作为封闭系统内能变化的定义给出的。如果热交换过程是可逆的,则用热力学第二定律将熵增定义为

$$\mathrm{d}S = \frac{\mathrm{d}Q}{T} \tag{A.3}$$

热力学第二定律是作为熵变的定义给出的。如果只对系统做机械功,有 $\mathrm{d}W = -p\,\mathrm{d}V$,当系统体积减小时做功为正。因此

$$\mathrm{d}E = T\mathrm{d}S - p\,\mathrm{d}V \tag{A.4}$$

始于式(A.4),由式(A.1)可得 H、F、G 的微分为

$$\begin{cases} \mathrm{d}H = T\mathrm{d}S + V\mathrm{d}p \\ \mathrm{d}F = -S\mathrm{d}T - p\,\mathrm{d}V \\ \mathrm{d}G = -S\mathrm{d}T + V\mathrm{d}p \end{cases} \tag{A.5}$$

在式(A.4)和式(A.5)中,这四个变量成对出现：p 和 V、T 和 S。从实验上看,在恒压或恒温下进行过程比较容易,但在恒容或恒熵下进行过程比较困难。在

恒熵条件下发生的过程称为绝热过程，即热交换过程被隔离。请注意，虽然很难测量 $\mathrm{d}S$，但可以在定容或定压下测量 $\mathrm{d}Q=T\mathrm{d}S$；因为可以实现热容的测量。

由式(A.4)，定义定容时的热容，

$$c_v=\left.\frac{\partial E}{\partial T}\right|_v \tag{A.6}$$

从式(A.5)中的第一个方程，定义定压时的热容

$$c_p=\left.\frac{\partial H}{\partial T}\right|_p \tag{A.7}$$

对于固体，c_p 的值比 c_v 更容易测量。已知 c_p，就可以求出焓和熵的变化：

$$\Delta H=\int_{T_1}^{T_2} c_p \mathrm{d}T \tag{A.8}$$

$$\Delta S=\int_{T_1}^{T_2} \frac{c_p}{T}\mathrm{d}T \tag{A.9}$$

由于定义了 $G=H-TS$，这意味着当测量 c_p 时，可以得到吉布斯函数在恒温恒压下的变化。吉布斯函数有 T 和 p 两个自变量。它们在实验上很容易控制，并且不依赖于系统的尺寸。因此，在考虑恒温常压下的平衡相变时，可以使用吉布斯函数。吉布斯函数通常被称为吉布斯自由能。已知吉布斯自由能，就可以确定给定温度和压力下的平衡态。这就是热容在热力学中十分重要的原因，也是爱因斯坦和德拜(Debye)建立热容理论的原因。

当假设在一个大气压下发生的液相或固相的化学过程时，可以忽略不计 pV 项，所以吉布斯自由能和亥姆霍兹自由能实际上是相同的。为了计算 pV 项，回顾一下，1atm 对应于 $1.013\times10^6\,\mathrm{dyn/cm^2}$ 的压力和 $1.013\times10^6\,\mathrm{erg/cm^3}$ 的能量密度。如果假设在 $1\mathrm{cm}^3$ 中大约有 $3\times10^{22}\Omega$ 个原子，其中 Ω 是原子体积，有

$$p\Omega=\frac{1.013\times10^6}{3\times10^{22}\times1.6\times10^{-12}}\ \text{电子伏每原子数}$$

$$=0.21\times10^{-4}\ \text{电子伏每原子数}$$

这个值远小于液体或固体中 0.1～1 电子伏每原子数的典型结合能。

对于表面，可能还有另一种做功，即

$$\mathrm{d}W_S=\gamma\mathrm{d}A$$

式中，γ 是单位面积的表面能，这是对抗表面力所增加的功，通过增大表面积 A 来实现。

固体中的缺陷浓度

第 4 章一开始就介绍了扩散相关的内容,该章指出,结晶固体中的扩散是由固体中的缺陷,特别是晶格中的空位和点缺陷引起的。事实上,金属中原子扩散的点缺陷机制已经得到了很好的发展。关键的问题是:既然固体中的缺陷浓度无疑会影响扩散通量,那么固体中的缺陷浓度是多少?与位错、孪晶、晶界等复杂缺陷不同,点缺陷浓度是一个热力学平衡量。而这些复杂缺陷可以作为点缺陷产生的源和汇,但它们在样品中的浓度取决于样品的热处理和机械处理过程。然而,经过良好退火的样品将包含平衡或固定浓度的空位。由于热平衡量可以用统计力学计算,在下面给出一个简单的示例。

首先假设由 N 个晶格位组成的晶格熵,其中 N_v 位置是空的(空位),$N-N_v$ 个位点是原子占据的。晶格的构型熵为

$$S=k\ln\Gamma \tag{B.1}$$

式中,k 为玻尔兹曼常数,Γ 为晶格可能的状态数,或晶格中空位和原子排列的方式数:

$$\begin{aligned}\Gamma&=\frac{N(N-1)\cdots(N-N_v+1)}{N_v!}\\&=\frac{N!}{(N-N_v)!\,N_v!}\end{aligned} \tag{B.2}$$

使用斯特林近似,$\ln x!=x\ln x$,当 x 较大时,

$$S=k(N\ln N-(N-N_v)\ln(N-N_v)-N_v\ln N_v) \tag{B.3}$$

温度为 T 时,有 N_v 空位的晶格的吉布斯函数是

$$\Delta G=N_v\Delta H_{\mathrm{f}}-T\Delta S \tag{B.4}$$

式中，ΔH_{f} 是晶格中空位的形成焓，ΔS 是从基态增加的熵。如果假设基态是唯一的，且它的熵是零(热力学第三定律)，具体来说，如果忽略振动熵的贡献，就有

$$\Delta S = S - 0 = k\ln\Gamma$$

在温度为 T 的热平衡状态下，晶格中空位或原子的化学势是一样的，所以有

$$\frac{\partial \Delta G}{\partial N_v} = 0$$

$$\Delta H_{\mathrm{f}} - T\frac{\partial \Delta S}{\partial \Delta N_v} = 0$$

因此

$$\frac{\partial \Delta S}{\partial N_v} = k\ln\Gamma\frac{N - N_v}{N_v}$$

获得

$$\frac{N_v}{N - N_v} = \exp\left(-\frac{\Delta H_{\mathrm{f}}}{kT}\right) \tag{B.5}$$

由于 $N \gg N_v$，该方程表明平衡空位浓度服从玻尔兹曼分布。

4.9.2 节证明了在 Al 中，ΔH_{f} 的值为 0.76eV。因此，在 660℃熔点附近，有

$$\frac{N_v}{N} \cong 10^{-4}$$

这是实验测得的空位浓度。由于浓度随着温度的升高而降低，可以将样品从接近熔点的温度淬火到较低的温度，从而使样品中的空位过饱和。重新建立平衡的速率可以通过样品中的电阻率变化来测量，同时也能够确定空位运动的活化能。

亨廷顿电子风力的推导

本节将给出亨廷顿(Huntington)电子风力模型的假设和逐步推导过程。

(1) 假设是半经典的情况。将每个电子视为一组波或布洛赫(Bloch)波,平均波矢量 k,群速度为

$$\bar{V}=\frac{1}{\hbar}\frac{\partial E(\bar{k})}{\partial \bar{k}}$$

其中函数 $E(\bar{k})$应从电子能带理论(色散定律)得到。

对于自由电子,$E(\bar{k})=\hbar^2 k^2/2m^*$,对于导带底部的电子,$E(\bar{k})=E_{\min}+\hbar^2 k^2/2m_0$,式中,$m^*=\hbar^2(\partial^2 E/\partial k^2)^{-1}$ 是有效电子质量。注意,$\partial E/\partial \bar{k}$ 表示 k 空间中的梯度,例如,一个矢量的分量为$\partial E/\partial k_x$、$\partial E/\partial k_y$、$\partial E/\partial k_z$。

对于布洛赫波,根据布洛赫定理,周期势 $U(\bar{r}+\bar{R})=U(\bar{r})$ 和 $R=n_1\overline{a_1}+n_2\overline{a_2}+n_3\overline{a_3}$ 中的独立电子的每个量子态可以用平面波和周期势函数的点积 $\psi_{\hbar\bar{k}}=\mathrm{e}^{\mathrm{i}\bar{k}\bar{r}}W_{\hbar\bar{k}}(\bar{r})$来描述,其中 $W_{\hbar\bar{k}}(\bar{r}+\bar{R})=W_{\hbar\bar{k}}(\bar{r})$,$n$ 是能带指数。

(2) $(1/\hbar)[(\partial E/\partial\overline{k'})-(\partial E/\partial\bar{k})]=\overline{V'}-\bar{V}$ 是由于散射导致的电子群速度的变化。

(3) $-\frac{m_0}{\hbar}[(\partial E/\partial k'_x)-(\partial E/\partial k_x)]=-(p'_x-p_x)$是由于独立散射转移到缺陷的沿 x 方向的动量。

(4) $f(\bar{k})$是量子态 $\bar{k}$ 被某些电子占据的概率。k 空间中每一个单元所具备的 k 体积由 $\Omega=(2\bar{\mu}/L_x)\cdot(2\bar{\mu}/L_y)\cdot(2\bar{\mu}/L_z)=8\pi^3/V$(其中 V 为实际总体积)给

出。在平衡状态下，$f_0=1/(e^{E-\mu/kT}+1)$（费米-狄拉克(Fermi-Dirac)分布）。

（5）$1-f(\overline{k'})$是量子态$\overline{k'}$在散射前为自由态或未被占据的概率，因此泡利(Pauli)不相容原理不禁止$\bar{k}-\overline{k'}$跃迁。

（6）$W_d(\bar{k}\rightarrow\overline{k'})$是单位时间内发生这种跃迁的概率。如果$\mathrm{d}t\ll\tau_d$，乘积$W_d\mathrm{d}t$是$\mathrm{d}t$期间的跃迁概率。

（7）根据泡利原理，k空间$\Omega=(8\pi^3/V)$中的每个量子单元最多可包含两个自旋相反的电子，因此每个电子的k体积为$\Omega/2=(4\pi^3/V)$。

（8）现在假设单位体积$V=1\mathrm{m}^3$。

（9）单位k空间的体积为$d_k^3=\mathrm{d}k_x\mathrm{d}k_y\mathrm{d}k_z$中可能的电子态数为$\mathrm{d}^3k/(\Omega/2)=\mathrm{d}^3k/4\pi^3$。单位$k$空间在物理上很小。

（10）单位时间内从电子向单位体积$V=1\mathrm{m}^3$中缺陷传递的沿x方向的动量M_x为

$$-\iint\frac{\mathrm{d}^3k}{4\pi^3}\frac{\mathrm{d}^3k'}{4\pi^3}(p'_x-p_x)f(\bar{k})(1-f(\overline{k'}))W_d(\bar{k},\overline{k'})$$

或

$$\frac{\mathrm{d}M_x}{\mathrm{d}t}=-\left(\frac{1}{4\pi^3}\right)^2\iint\frac{m_0}{\hbar}\left(\frac{\partial E}{\partial k'_x}-\frac{\partial E}{\partial k_X}\right)f(\bar{k})(1-f(\overline{k'}))W_d(\bar{k},\overline{k'})\mathrm{d}^3k'\mathrm{d}^3k$$

（11）用两个积分来表示最后一个方程：

$$\frac{\mathrm{d}M_x}{\mathrm{d}t}=I_1+I_2$$

式中

$$I_1=-\left(\frac{1}{4\pi^3}\right)^2\iint\frac{m_0}{\hbar}\frac{\partial E}{\partial k'_x}f(\bar{k})(1-f(\overline{k'}))W_d(\bar{k},\overline{k'})\mathrm{d}^3k'\mathrm{d}^3k$$

$$I_2=-\left(\frac{1}{4\pi^3}\right)^2\iint\frac{m_0}{\hbar}\frac{\partial E}{\partial k_x}f(\bar{k})(1-f(\overline{k'}))W_d(\bar{k},\overline{k'})\mathrm{d}^3k'\mathrm{d}^3k$$

由于积分是对所有$\bar{k}$和所有$\overline{k'}$进行的，可以将第一个积分中的变量变换为

$$I_1=-\left(\frac{1}{4\pi^3}\right)^2\iint\frac{m_0}{\hbar}\frac{\partial E}{\partial k_x}f(\overline{k'})(1-f(\bar{k}))W_d(\overline{k'},\bar{k})\mathrm{d}^3k'\mathrm{d}^3k$$

此时，在I_1和I_2中，有相同的$\frac{\partial E}{\partial k_x}$，这意味着现在有

$$\frac{\mathrm{d}M_x}{\mathrm{d}t}=(-I_2)-(I_1)$$

$$=\left(\frac{1}{4\pi^3}\right)^2\iint\frac{m_0}{\hbar}\frac{\partial E}{\partial k_x}\times[f(\overline{k'})(1-f(\bar{k}))W_d(\bar{k},\bar{k})-$$

$$f(\overline{k'})(1-f(\bar{k}))W_d(\overline{k'},\bar{k})]\mathrm{d}^3k'\mathrm{d}^3k \tag{C.1}$$

(12) 为了简化最后一个方程的表达式，亨廷顿使用了弛豫时间 τ_d 的概念。这个概念最初是为了分析气体的动力学玻尔兹曼方程而引入的。在一定近似下，对于平衡态分布中分布函数的变化率可以表示为

$$\frac{\partial f(t,\bar{k})}{\partial t}=\frac{1}{4\pi^3}\int\{f(\bar{k})(1-f(\overline{k'}))W_d(\bar{k},\overline{k'})-f(\overline{k'})(1-f(\bar{k}))W_d(\overline{k'},\bar{k})\}\mathrm{d}^3k' - \frac{f(t,\bar{k})-f(\bar{k})}{\tau_\mathrm{d}}$$

对于稳定情况，$\frac{\partial f}{\partial t}=0$，所以

$$\frac{1}{4\pi^3}\int\{f(\bar{k})(1-f(\overline{k'}))W_d(\bar{k},\overline{k'})-f(\overline{k'})(1-f(\bar{k}))W_d(\overline{k'},\bar{k})\}\mathrm{d}^3k' = \frac{f(t,\bar{k})-f(\bar{k})}{\tau_\mathrm{d}} \tag{C.2}$$

在上述方程的右侧，$f(\bar{k})(1-f(\overline{k'}))W_d(\bar{k},\overline{k'})$是跃迁前的状态 $\bar{k}$ 被填充，状态 $\overline{k'}$ 为空情形下单位时间 $\bar{k}\to\overline{k'}$ 跃迁的概率。函数 $f(\overline{k'})(1-f(\bar{k}))W_d(\overline{k'},\bar{k})$是逆跃迁每单位时间的概率。

(13) 将式(C.2)代入式(C.1)，得到

$$\frac{\mathrm{d}M_x}{\mathrm{d}t}=\frac{1}{4\pi^3}\int\mathrm{d}^3k\,\frac{m_0}{\hbar}\frac{\partial E(\bar{k})}{\partial k_x}\frac{f(\bar{k})-f_0(\bar{k})}{\tau_\mathrm{d}}$$

(14) 令弛豫时间与 $\bar{k}$ 无关，τ_d=常数。因此

$$\frac{\mathrm{d}M_x}{\mathrm{d}t}=\frac{m_0}{\hbar\tau_\mathrm{d}}\frac{1}{4\pi^3}\int\mathrm{d}^3k\,\frac{\partial E(\bar{k})}{\partial k_x}f(\bar{k})-\frac{m_0}{\hbar\tau_\mathrm{d}}\frac{1}{4\pi^3}\int\mathrm{d}^3k\,\frac{\partial E(\bar{k})}{\partial k_x}f_0(\bar{k})$$

(15) 显然，平衡态电子的平均矢量速度为零：

$$\overline{V_x}=\frac{1}{\hbar}\frac{\partial E}{\partial k_x}\bigg|_{\text{平衡态}}=\frac{1}{\hbar}\frac{\partial E}{\partial k_y}\bigg|_{\text{平衡态}}=\frac{1}{\hbar}\frac{\partial E}{\partial k_z}\bigg|_{\text{平衡态}}=0$$

因此，

$$\int\frac{\partial E}{\partial k_x}f_0(\bar{k})\mathrm{d}^3k=0$$

因此，

$$\frac{\mathrm{d}M_x}{\mathrm{d}t}=\frac{m_0}{\hbar\tau_\mathrm{d}}\frac{1}{4\pi^3}\int\frac{\partial E}{\partial k_x}f(\bar{k})\mathrm{d}^3k \tag{C.3}$$

(16) 为了将动量变化与力联系起来，有电流密度为

$$j_x=(-e)n\bar{V}_x=(-e)\int\frac{\mathrm{d}^3k}{4\pi^3}f(\bar{k})\cdot\frac{1}{\hbar}\frac{\partial E(\bar{k})}{\partial k_x}\tag{C.4}$$

式中，$n=(\mathrm{d}^3k/4\pi^3)f(\bar{k})$为单位体积内的电子数，其中 $\bar{k}$ 属于 d^3k。当然，$\mathrm{d}^3k/4\pi^3$ 是单位体积内 k 空间 d^3k 的 k 体积中电子数量，$f(\bar{k})$是属于其中。

(17) 联立式(C.3)和式(C.4)，得到

$$\frac{\mathrm{d}M_x}{\mathrm{d}t}=-\frac{j_xm_0}{e\tau_\mathrm{d}}\tag{C.5}$$

它是单位时间每单位体积转移到缺陷(扩散原子)上的 x 方向动量。

(18) 设 N_d 为缺陷密度(单位体积缺陷数)。那么，根据牛顿第二定律，由电子风引起的一个缺陷处的力为

$$F_x=\frac{1}{N_\mathrm{d}}\frac{\mathrm{d}M_x}{\mathrm{d}t}=-\frac{j_xm_0}{e\tau_\mathrm{d}N_\mathrm{d}}\tag{C.6}$$

这种力具有明确的物理意义，假设在原子跃迁过程中缺陷感受到的碰撞远不止一次。一次成功跃迁的特征时间为德拜时间 $\tau_\mathrm{d}\sim10\sim13\mathrm{s}$。因此，要使式(C.4)合理，散射频率 $\nu_{散射}$ 与德拜时间的积必须远小于 1：

$$\nu_{散射}\approx\frac{kT}{\varepsilon_p}\frac{\nu_\mathrm{F}}{l}$$

式中，l 为电子在缺陷附近的平均自由程长度，$\frac{\nu_\mathrm{F}}{l}$为"可能"碰撞的频率，$\frac{kT}{\varepsilon_p}$为根据泡利原理能够散射的电子的比例。

$$l\approx\frac{1}{n\sigma}$$

式中，σ 为截面，约为 $10^{-19}\,\mathrm{m}^2$(根据亨廷顿的估计)

$$n\sim10^{29}\,\mathrm{m}^{-3}\left(n_\mathrm{ex}\approx\frac{kT}{\varepsilon_p}n\approx10^{27}\,\mathrm{m}^{-3}\right),\quad\frac{kT}{\varepsilon_p}\approx10^{-2},\quad\nu_\mathrm{F}=\frac{\hbar k_\mathrm{F}}{m_0}\approx10^{6}\,\mathrm{m/s}$$

因此 $\nu_{散射}\approx10^{-1}\times10^{6}n\sigma\approx10^{-2}\times10^{6}\times10^{29}\times10^{-19}\approx10^{14}\,\mathrm{s}^{-1}$

所以，$\nu_{散射}\,\tau_\mathrm{d}\approx10\gg1$。

(19) 现在用电场的形式表达式(C.4)：$j_x=\varepsilon_x/\rho$，其中 ρ 为金属的平均电阻。根据德鲁德-洛伦兹-索默菲尔德(Drude-Lorentz-Sommerfeld)模型，金属的电阻 ρ 可以写成

$$\rho=\frac{|m^*|}{ne^2\tau}$$

式中，$m^*=\hbar^2(\partial E/\partial k^2)$为有效电子质量。

亨廷顿用同样的表达式表示缺陷的电阻，$\rho_\mathrm{d}=(|m^*|/ne^2\tau_\mathrm{d})$，所以有 $\tau_\mathrm{d}=$

$(|m^*|/ne^2\rho_d)$。

因此,由式(C.4),得到

$$F_x = -\frac{\varepsilon_x}{\rho}\frac{m_0}{eN_d}\frac{ne^2\rho_d}{|m^*|} = -\left(\frac{m_0}{|m|}\frac{ZN}{N_d}\frac{\rho_d}{\rho}\right)e\varepsilon_x \tag{C.7}$$

式中,N 为离子密度,Z 为价电子数,$n=ZN$。这样就得到了有效电荷

$$Q^* = -Z^* e$$

式中,

$$Z^* = \frac{m_0}{|m^*|}\frac{ZN}{N_d}\frac{\rho_d}{\rho} = Z\frac{m_0}{|m^*|}\frac{ZN}{N_d}\frac{\rho_d/N_d}{\rho/N}$$

(20) 现在,假设 τ_d、ρ_d、F_x 随着位置的变化而变化的情况。显然,它们在扩散的鞍点处达到最大值。

设 $F(y)=F_m\sin^2(\pi y/d)$,其中 y 不是 y 轴。相反,它是沿跳跃路径的坐标,通常不与 x 轴重合。功或势垒的变化是

$$U_j = \int_0^{a_j/2} F(y)\mathrm{d}y = F_m\cos\theta_j\int_0^{a/2}\sin^2\frac{\pi y}{a}\mathrm{d}y = \frac{a_jF_m}{4}\cos\theta_j$$

在计算了所有可能的跳跃方向之后,可以得到

$$J_x = C\frac{D}{kT}\frac{1}{2}F_m$$

因子 1/2 是由于积分

$$\int_0^{a/2}\sin^2\frac{\pi y}{a}\mathrm{d}y = \frac{1}{2}\cdot\frac{a}{2}$$

(21) 由此,最终得到有效电荷数如下:

$$Z_{\mathrm{eff}}^* = \frac{1}{2}Z_{\max}^* - Z = Z\left(\frac{1}{2}\frac{m_0}{|m^*|}\frac{(\rho_d^{\max}/N_d)}{\rho/N} - 1\right)$$

弹性常数表及换算

本节旨在简要回顾常用弹性常数的公式和它们之间的关系，并提供第 6 章和第 14 章讨论的弹性材料设计中使用的弹性常数表。

D.1 公式和定义

D.1.1 刚度和柔度张量

对于电子材料，应力和应变可以通过 6×6 矩阵进行关联，如下所示。

$$\left\|\begin{matrix} c_{11} & c_{12} & c_{13} & c_{14} & c_{15} & c_{16} \\ c_{21} & c_{22} & c_{23} & c_{24} & c_{25} & c_{26} \\ c_{31} & c_{32} & c_{33} & c_{34} & c_{35} & c_{36} \\ c_{41} & c_{42} & c_{43} & c_{44} & c_{45} & c_{46} \\ c_{51} & c_{52} & c_{53} & c_{54} & c_{55} & c_{56} \\ c_{61} & c_{62} & c_{63} & c_{64} & c_{65} & c_{66} \end{matrix}\right\| \left\|\begin{matrix} s_{11} & s_{12} & s_{13} & s_{14} & s_{15} & s_{16} \\ s_{21} & s_{22} & s_{23} & s_{24} & s_{25} & s_{26} \\ s_{31} & s_{32} & s_{33} & s_{34} & s_{35} & s_{36} \\ s_{41} & s_{42} & s_{43} & s_{44} & s_{45} & s_{46} \\ s_{51} & s_{52} & s_{53} & s_{54} & s_{55} & s_{56} \\ s_{61} & s_{62} & s_{63} & s_{64} & s_{65} & s_{66} \end{matrix}\right\|$$

简而言之，这些张量通过胡克定律将应力和应变联系

$$\overleftrightarrow{\varepsilon} = \|s\| \overleftrightarrow{\sigma}$$

$$\overleftrightarrow{\sigma} = \|c\| \overleftrightarrow{\varepsilon}$$

式中，$\overleftrightarrow{\varepsilon}$ 和 $\overleftrightarrow{\sigma}$ 分别是应变张量和应力张量。s_{ij} 被称为弹性柔度，c_{ij} 被称为弹性刚度常数。

D.1.2 立方材料

大多数研究人员感兴趣的半导体和金属都是立方材料，即单晶形式是立方晶体。立方材料的特点在于三个独立的值 c_{11}、c_{12} 和 c_{44}。对于立方晶体：$c_{ij}=c_{ji}$，同时

$$c_{11}=c_{22}=c_{33},\quad c_{12}=c_{13}=c_{23},\quad c_{44}=c_{55}=c_{66},\quad c_{45}=c_{46}=c_{56}=0$$

$$s_{11}=(s_{11}+s_{12})/(s_{11}-s_{12})(s_{11}+2s_{12})$$

$$c_{12}=-s_{12}/(s_{11}-s_{12})(s_{11}+2s_{12})$$

$$c_{44}=1/s_{44}$$

$$s_{11}=(c_{11}+c_{12})/(c_{11}-c_{12})(c_{11}+2c_{12})$$

$$s_{12}=-c_{12}/(c_{11}-c_{12})(c_{11}+2c_{12})$$

$$s_{44}=1/c_{44}$$

$$1/(s_{11}+2s_{12})=c_{11}+2c_{12}$$

$$1/(s_{11}-s_{12})=c_{11}-c_{12}$$

D.1.3 各向同性材料

多晶材料和非晶材料通常被描述为“各向同性”。它们由两个独立的参数表征，c_{11} 和 c_{12} 或 s_{11} 和 s_{12}。

在 c 和 s 之间的关系与立方体材料的关系相同的前提下还增加了如下关系式：

$$c_{44}=(c_{11}-c_{12})/2$$

$$s_{44}=2(s_{11}-s_{12})$$

D.1.4 常用弹性常数(各向同性材料)

杨氏模量(Y)

$$Y=(c_{11}-c_{12})(c_{11}+2c_{12})/(c_{11}+c_{12})$$

$$Y=1/s_{11}$$

体弹模量(K)($-V\cdot \mathrm{d}p/\mathrm{d}V$)

$$K=(c_{11}+2c_{12})/3$$

$$K=1/3(s_{11}+2s_{12})$$

泊松比(ν)

$$\nu=c_{12}/(c_{11}+c_{12})$$

$$\nu=-s_{12}Y=-s_{12}/s_{11}$$

线性压缩性(β)($l\cdot \mathrm{d}p/\mathrm{d}l$)$^{-1}$

$$\beta = 1/(c_{11} + 2c_{12})$$
$$\beta = s_{11} + 2s_{12}$$

剪切模量(μ)

$$\mu = c_{44} = (c_{11} - c_{12})/2$$
$$\mu = 1/s_{44} = 1/2(s_{11} - s_{12})$$
$$\mu = Y/[2(1+\nu)]$$

D.1.5　用 Y、ν、μ 表达 c(各向同性材料)

$$c_{11} = Y(1-\nu)/(1+\nu)(1-2\nu)$$
$$c_{12} = Y\nu/(1+\nu)(1-2\nu)$$
$$c_{44} = Y/2(1+\nu) = \mu$$

D.1.6　拉梅常数(各向同性材料)

涉及刚度常数的常用符号是各向同性材料的拉梅(Lame)常数 λ、μ：

$$c_{12} = \lambda,\quad c_{44} = \mu,\quad c_{11} = 2\mu + \lambda$$

D.1.7　杨氏模量-简单立方晶体

在单晶中，杨氏模量不是各向同性的，而是取决于外加应力的结晶学方向。对于立方晶系：

$$1/Y_{l_1l_2l_3} = s_{11} - 2(s_{11} - s_{12} - s_{44}/2)(l_1^2l_2^2 + l_2^2l_3^2 + l_3^2l_1^2)$$

式中，l_i 表示〈100〉轴的方向余弦。对于[100]方向有$(l_1^2l_2^2 + l_2^2l_3^2 + l_3^2l_1^2) = 0$ 和 $Y = 1/s_{11}$，与各向同性材料的值相同。

方向	$l_1^2l_2^2+l_2^2l_3^2+l_3^2l_1^2$	$Y_{l_1l_2l_3}$
〈100〉	0	$1/s_{11}$
〈111〉	1/3	$3/(s_{11}+2s_{12}+s_{44})$
〈110〉	1/4	$4/(2s_{11}+2s_{12}+s_{44})$

D.1.8　弹性应变能

应变 ε 平行于薄膜平面的厚度为 h 的薄膜的能量由 Cahn[6] 给出

$$E_\varepsilon = B\varepsilon^2 h$$

对于普通的电材料，生长通常沿着一个主要的结晶方向：〈100〉、〈111〉、〈110〉。在这种情况下，B 由

$$B = \frac{1}{2}(c_{11} + 2c_{12}) \cdot \left[3 - \frac{c_{11} + 2c_{12}}{c_{11} + 2(2c_{44} - c_{11} + c_{12})(l_1^2l_2^2 + l_2^2l_3^2 + l_3^2l_1^2)}\right]$$

精确给出，其中 l_1、l_2、l_3 是与界面或立方体轴法线方向相关的方向余弦。

	$l_1^2l_2^2+l_2^2l_3^2+l_3^2l_1^2$	B
〈100〉	0	$\dfrac{(c_{11}+2c_{12})(c_{11}-c_{12})}{c_{11}}$
〈111〉	1/3	$\dfrac{6(c_{11}+2c_{12})c_{44}}{c_{11}+2c_{12}+4c_{44}}$
〈110〉	1/4	$\left(\dfrac{c_{11}+2c_{12}}{2}\right)\left(\dfrac{c_{11}-c_{12}+6c_{44}}{c_{11}+c_{12}+2c_{44}}\right)$

请注意，$Y(l_1,l_2,l_3)$ 和 $B(l_1,l_2,l_3)$ 是有区别的。前者是正确的立方晶值，后者是薄膜在双轴应力作用下的应变因子。B 有时被称为“双轴应力下的杨氏模量”。

在“各向同性近似”中，$B(110)=2\mu\left(\dfrac{1+\nu}{1-\nu}\right)$，常用于应变能计算。

D.2 弹性常数表

D.2.1 Ⅳ族半导体

单位：10^{11} dyn/cm^2，300K

	c_{11}	c_{12}	c_{44}
金刚石	107.6	12.5	57.6
Si	16.56	6.39	7.90
Ge	12.88	4.83	6.71

来自 Gray[7]。

	c_{11}	c_{12}	c_{44}
金刚石	107.64	15.2	57.4
Si	16.577	6.393	7.962
Ge	12.40	4.13	6.83

来自 Böer[4]。

D.2.2 Ⅲ-Ⅴ族半导体

单位：10^{11} dyn/cm^2，300K

	c_{11}	c_{12}	c_{44}
AlAs	12.02	5.70	5.89
AlSb	8.77	4.34	4.976

续表

	c_{11}	c_{12}	c_{44}
GaP	14.050	6.203	7.033
GaAs	11.90	5.38	5.95
GaSb	8.834	4.023	4.322
InP	10.11	5.61	4.56
InAs	8.329	4.526	3.959
InSb	6.669	3.645	3.020

来自 Böer[4]。

	c_{11}	c_{12}	c_{44}
$Al_xGa_{1-x}As$	$11.88+0.14x$	$5.38+0.32x$	$5.94-0.05x$

来自 Adachi[1]。

D.2.3　普通金属

单位：10^{11} dyn/cm^2，300K

	c_{11}	c_{12}	c_{44}
Al	10.82	6.13	2.85
Ag	12.40	9.34	4.61
Au	18.6	15.7	4.20
Cr	35.0	6.78	10.08
Cu	16.84	12.14	7.54
Ni	24.65	14.73	12.47
Mo	46	17.6	11.0
W	50.1	19.8	15.14

来自 Huntington[8]。

D.2.4　普通绝缘体

单位：10^{11} dyn/cm^2

	Y	μ	ν
熔融石英[a]	7.26	3.10	0.17
石英玻璃[b]	7.29	3.13	0.17
氮化硅[c]	3.00	—	0.22

a Huntington[8]；

b Bansal and Doremus[2]；

c Battelle[3]。

D.3 常用半导体的有用组合

单位：10^{11} dyn/cm^2

	$Y\langle 100\rangle$	$Y\langle 111\rangle$	$Y\langle 011\rangle$
GaAs	8.53	14.12	12.13
GaP	10.34	16.69	14.47
Si	13.02	18.75	16.89
Ge	10.37	15.51	13.80

来自 Brantley[5]。

D.4 转换因子

从 dyn/cm^2 转换

单位：	乘以
大气压	9.87×10^{-7}
巴	1×10^{-6}
P/in^2	1.45×10^{-5}
N/m^2	0.1
Pa(=1N/m^2)	0.1
HgMm	7.5×10^{-4}

$$1\text{dyn/cm}^2 = 1\text{erg/cm}^3 = 6.24\times10^{11}\,\text{eV/cm}^3$$
$$1\text{N/m}^2 = 1\text{J/m}^3 = 6.24\times10^{18}\,\text{eV/m}^3$$

参考文献

[1] S. Adachi,"GaAs, AlAs, and Al_xGa_{1-x} As material parameters for us einresearch and device applications", J. Appl. Phys. 58, R1(1985).

[2] N. P. Bansaland R. H. Doremus, Handbook of Glass Properties (Academic Press, Orlando, 1986).

[3] Battelle-Columbus Laboratories, Engineering Property Dataon Selected Ceramics, Vol. 1, Nitrides, Metals and Ceramics Information Center, Battelle's Columbus Laboratories (1976). Internal Report-M. C. I. C. -HB-07VolI.

[4] K. W. Böer, Survey of Semiconductor Physics (Von Nostr and Reinhold, 1990).

[5] W. A. Brantley, "Calculatedelasticconstantsforstressproblemsassociatedwithsemiconductordevices," J. Appl. Phys. 44(1973), 534.

[6] J. W. Cahn, "On spinodal decomposition in cubic crystals," Acta. Met. 10(1962), 179.

[7] D. E. Gray(Coord. Ed.), American Institute of Physics Handbook(McGraw HillBook Company, 1972).

[8] H. B. Huntington, in Solid State Physics Vol. 7, eds F. Seitzand D. Turnbull (Academic Press, New York, 1958), 213.

[9] C. Kittel, Introduction to Solid State Physics, 2nd edn (John Wiley&Sons, New York, 1953).

[10] J. F. Nye, Physical Properties of Crystals(Oxford, Clarendon Press, London, 1957).

[11] G. Simmons and H. Wing, Single Crystal Elastic Constants and Calculated Aggregate Properties(MITPress, Cambridge, 1971).

Si MBE的阶梯状分布

7.5 节讨论了 Si MBE 的阶梯周期性。本附录表明,在假设材料通过阶梯生长的情况下,当沉积少量材料时,阶梯状分布的标准差会减小。在这个简化的论证中,进一步假设生长完全是单向的(即所有原子的附着只发生在上升阶梯)。这一关键假设可能并不总成立,尽管阶梯介导结构的成功生长表明该假设在某些情况下是适用的。

考虑一个阶梯尺寸的分布,用于代表一个不规则的阶梯大小的阵列。平均阶梯宽度$\bar{l}$ 为

$$\bar{l} = \frac{1}{N}\sum_{i=1}^{N} l_i \tag{E.1}$$

其中为方便起见,将第一个阶梯和最后一个阶梯剔除。一般来说,元素 N 的数量很大,以至于在这种假设下没有扩散系数。

阶梯状分布的标准差(SD)由下式给出

$$\mathrm{SD} = \frac{1}{N}\sum_{i=1}^{N} (l_i - \bar{l})^2 \tag{E.2}$$

其也是衡量阶梯大小均匀性的一个指标。如果 SD 趋于 0,有一个无限集中的阶梯状分布和一个完美的周期步距。

注意,SD 也可以写成

$$\mathrm{SD} = \frac{1}{N}\sum_{i=1}^{N} (l_i^2 - 2l_i\bar{l} + \overline{l^2}) = \left(\frac{1}{N}\sum_{i=1}^{N} (l_i^2)\right) - \overline{l^2} \tag{E.3}$$

由于

$$\frac{1}{N}\sum_{i=1}^{N} 2l_i\bar{l} = \left(\frac{2\bar{l}}{N}\sum_{i=1}^{N} l_i\right) = 2\overline{l^2} \tag{E.4}$$

假设添加了一小部分单层材料 Q,它扩散到最近的阶梯提升管(图 E.1)。然后平台 l_i 变为了一个新的尺寸 l'_i,由

$$l'_i = l_i - Ql_i + Ql_{i+1}$$

或

$$l'_i = (1-Q)l_i + Ql_{i+1} \tag{E.5}$$

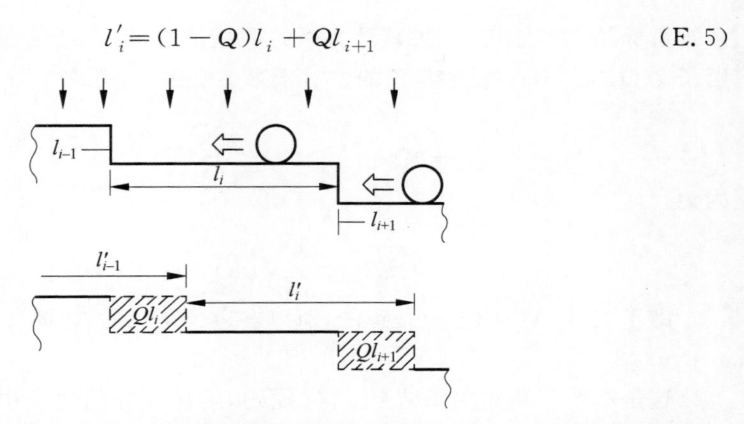

图 E.1　阶梯介导生长过程中表面横截面示意图,其中单层材料 Q 部分导致阶梯长度增加

原始阶梯宽度减小的比例与原始阶梯的尺寸成正比,宽度增大的比例与相邻阶梯的尺寸成正比。新的平均阶梯宽度 $\overline{l'}$变成

$$\overline{l'} = \frac{1}{N}\sum_{i=1}^{N}[(1-Q)l_i + Ql_{i+1}] = \overline{l} \tag{E.6}$$

这里为了方便,取 $l_1 = l_{N+1}$。该结果表明,新尺寸分布的平均阶梯宽度与原分布的平均阶梯宽度相同。这在直观上是合乎情理的。平均阶梯宽度由错切角和晶格常数 $a/\tan\theta$ 决定,其中 θ 为错切角。添加外延材料永远无法改变这种几何关系,因此平均阶梯宽度保持不变。这相当于表明,同质外延既不会增加也不会减少单位长度的步骤数。

现在考虑一下新阶梯尺寸分布的标准差,

$$\mathrm{SD}' = \frac{1}{N}\sum_{i=1}^{N}(l'_i - \overline{l'})^2 = \left(\frac{1}{N}\sum_{i=1}^{N}l'^2_i\right) - \overline{l'^2} \tag{E.7}$$

$$\mathrm{SD}' = \frac{1}{N}\sum_{i=1}^{N}[l_i(1-Q) + l_{i+1}Q]^2 - \overline{l'^2} \tag{E.8}$$

展开平方项,

$$\mathrm{SD}' = \frac{1}{N}\sum_{i=1}^{N}[l_i^2 - 2Ql_i^2 + Q^2l_i^2 + Q^2l_{i+1}^2 + 2l_il_{i+1}(Q - W^2)] - \overline{l'^2} \tag{E.9}$$

第一项和最后一项的和,是式(E.3)中原始分布($\overline{l'} = \overline{l}$)的标准差 SD,所以

$$\mathrm{SD}' = \mathrm{SD} - \frac{2}{N}\sum_{i=1}^{N} l_i^2 (Q - Q^2)^2 + \frac{2}{N}\sum_{i=1}^{N} l_i l_{i+1} (Q - Q^2)$$

$$\mathrm{SD}' = \mathrm{SD} - \frac{2(Q - Q^2)}{N}\left(\sum_{i=1}^{N} (l_i - l_i l_{i+1})\right) \tag{E. 10}$$

目标是 $\mathrm{SD}' < \mathrm{SD}$,如果减号后面的项是正的,那么结论成立。由于 $0 < Q < 1$,因子 $2(Q-Q^2)/N$ 显然是正的。对于第二个因子,考虑

$$\sum_{i=1}^{N} (l_i - l_{i+1})^2 = 2\sum_{i=1}^{N} ({l_i}^2 - l_i l_{i+1}) \tag{E. 11}$$

因为

$$\sum_{i=1}^{N} l_i^2 = \sum_{i=1}^{N} l_{i+1}^2, \quad l_1 = l_{N+1}$$

由于式(E. 11)的左边是正的,所以右边也是正的,因此

$$\mathrm{SD}' < \mathrm{SD} \tag{E. 12}$$

这是本节证明的主要结果:在(优先)阶梯介导的生长中沉积时,标准差会降低。很明显,在持续沉积材料的过程中,每次得到的标准差都会减小并最终接近于零。这对应于接近完美的周期性阶梯分布。

然而由于至少两个影响因素,阶跃分布永远不会变得完美。第一个是生长过程的统计性质。在任意作用过程中沉积的原子数 M 与阶梯尺寸成正比。由于这是一个"类泊松"过程,不确定性将会是 $\sqrt{M}$ 的量级,从而导致生长的不完美。第二个阶梯分布不能变得完美的原因是热涨落。阶跃不会是完全锐利的,而是由于热涨落变得粗糙。这种源于热过程的不完美阶梯也会产生不完美的模板,从而导致完美周期性的缺失。

更为完整的推导(Gossmann 等[1])表明,沉积物质 Q 经过 S 次相互作用后,阶梯宽度相对于初始标准差 SD^S 为

$$\mathrm{SD}^S / \mathrm{SD} = \frac{1}{(2\pi\Theta)^{1/4}} \tag{E. 13}$$

式中,$\Theta = SQ$。请注意,趋近于周期性分布的过程是缓慢的,这是由于重排布的驱动力取决于相邻阶梯的尺寸差异,这将随着生长过程的进行而减少。

关于阶梯尺寸分布和周期性分布演化过程还需注意:给出的推导假设原子只在上升阶梯上粘在一起,而不粘在下降阶梯上。Gossmann 和其他人[1]的工作对这一假设进行了更深入的研究:它的最终证明必须与原子层结构在此步骤中的相关。

决定这种情况的原子层参数可以借由势能图(图 E. 2)获知。E_b 是能垒,可能存在也可能不存在,E_v 是与增强的结合能密切相关的势阱。一些极限情况是很明

显的：如果 $E_b=0$ 并且 $E_v\to\infty$，那么一个原子黏附在台阶上的可能性就不比黏附在台阶下的可能性大，因此周期性结构也无法实现。如果 $E_b\to\infty$ 和 $E_v\to\infty$，则原子只在一个上升阶梯上粘在一起。重要的是需要认识到，如果 $E_b=0$，则不存在优先黏附，沉积时阶梯尺寸分布保持不变。在这种情况下，标准偏差没有减小。如果粘附只是部分优先，最终也会趋向于周期性，但标准差将比这里给出的情况要复杂得多。

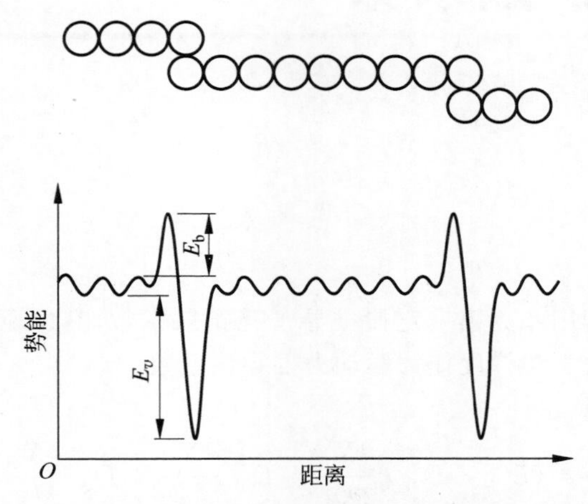

图 E.2　阶梯式平台示意图(侧视图)和吸附原子的势能

参考文献

[1]　H. J. Gossmann, F. W. Sindenand L. C. Feldman, "Evolutionofterracesizedistributionsduringthin-filmgrowthbystep-mediatedepitaxy," J. Appl. Phys. 67(1990), 745.

互扩散系数

在第 5 章中,利用菲克第一定律推导了互扩散系数,其中驱动力为浓度梯度。在本附录中,使用化学势梯度作为驱动力推导该系数。

标记物速度可给出

$$v=(D_B-D_A)\frac{\partial X_B}{\partial x}=D_B\frac{\partial X_B}{\partial x}+D_A\frac{\partial X_A}{\partial x}$$

将 v 代入 J_B 方程,得到

$$J_B=j_B+C_B\left(D_B\frac{\partial X_B}{\partial x}+D_A\frac{\partial X_A}{\partial x}\right)=j_B-X_B(j_B+j_A)$$

在上面的分析中,用浓度梯度表示了通量,得到了标记速度 v 和互扩散系数的一对方程,这样就可以计算出 D_A 和 D_B 的本征扩散系数。所有的扩散系数都表明原子扩散是随浓度梯度进行的,即从高浓度到低浓度。然而,在调幅分解中,它是逆浓度梯度的,扩散系数在浓度场中变为负值。回顾扩散应该是由化学势梯度驱动的。下面,将用化学势梯度来表示原子通量。回顾一下,

$$j=C\langle v\rangle=CMF=CM\left(-\frac{\partial\mu}{\partial x}\right)$$

式中,μ 是合金中的化学势,M 是迁移率。将使用化学势梯度代替浓度梯度作为相互扩散的驱动力。

$$j_B=-C_BM_B\frac{\partial\mu_B}{\partial x}=-CX_BM_B\frac{\partial\mu_B}{\partial x}$$

$$j_A=-C_AM_A\frac{\partial\mu_A}{\partial x}=-CX_AM_A\frac{\partial\mu_A}{\partial x}$$

将 j_B 和 j_A 代入 J_B 方程,得到

$$J_B = -CX_BM_B \frac{\partial \mu_B}{\partial x} + CX_B \left[X_BM_B \frac{\partial \mu_B}{\partial x} + (1-X_B)M_A \frac{\partial \mu_A}{\partial x}\right]$$

$$= -C\left[X_BM_B \frac{\partial \mu_B}{\partial x} - X_B^2M_b \frac{\partial \mu_B}{\partial x} - (1-X_B)M_A \frac{\partial \mu_A}{\partial x}\right]$$

$$= -C\left\{X_B(1-X_B)\left[M_B \frac{\partial \mu_B}{\partial x} - M_A \frac{\partial \mu_A}{\partial x}\right]\right\}$$

在 Gibb-Duhem 方程中，得到

$$X_A \mathrm{d}\mu_A + X_B \mathrm{d}\mu_B = 0$$

$$(1-X_B)\mathrm{d}\mu_A + X_B \mathrm{d}\mu_B = 0$$

因此，有

$$(1-X_B)M_A \frac{\partial \mu_A}{\partial x} + X_BM_A \frac{\partial \mu_b}{\partial x} = 0 \tag{F.1}$$

$$(1-X_B)M_B \frac{\partial \mu_A}{\partial x} + X_BM_B \frac{\partial \mu_B}{\partial x} = 0 \tag{F.2}$$

现在，如果在 J_B 括号中加上式(F.1)减去式(F.2)。换句话说，只是在括号中加上一个 0，减去一个 0，得到

$$M_B \frac{\partial \mu_B}{\partial x} + (1-X_B)M_A \frac{\partial \mu_B}{\partial x} + X_BM_A \frac{\partial \mu_B}{\partial x} - M_A \frac{\partial \mu_A}{\partial x} -$$

$$(1-X_B)M_B \frac{\partial \mu_B}{\partial x} - X_BM_B \frac{\partial \mu_B}{\partial x}$$

$$= M_B \frac{\partial \mu_B}{\partial x} + M_A \frac{\partial \mu_A}{\partial x} - X_BM_A \frac{\partial \mu_A}{\partial x} + X_BM_A \frac{\partial \mu_B}{\partial x} - M_A \frac{\partial \mu_A}{\partial x} - M_B \frac{\partial \mu_A}{\partial x} +$$

$$X_BM_B \frac{\partial \mu_A}{\partial x} - X_BM_B \frac{\partial \mu_B}{\partial x}$$

$$= M_B\left(\frac{\partial \mu_B}{\partial x} - \frac{\partial \mu_A}{\partial x}\right) + X_B(M_A - M_B)\left(\frac{\partial \mu_B}{\partial x} - \frac{\partial \mu_A}{\partial x}\right)$$

$$= [(1-X_B)M_B + X_BM_A]\left(\frac{\partial \mu_B}{\partial x} - \frac{\partial \mu_A}{\partial x}\right)$$

因此，有

$$J_B = -C[X_B(1-X_B)][(1-X_B)M_B + X_BM_A]\left(\frac{\partial \mu_B}{\partial x} - \frac{\partial \mu_A}{\partial x}\right)$$

$$= -CX_BM \frac{\partial}{\partial y}(\mu_B - \mu_A)$$

式中，$M=(1-X_B)[(1-X_B)M_B+X_BM_A]=X_A[X_AM_B+X_BM_A]$

根据化学势的定义

$$dG=\mu_A dC_A+\mu_B dC_B=(\mu_B-\mu_A)dC_B$$

或者有

$$\frac{dG}{dC_B}=\mu_B-\mu_A$$

因此

$$J_B=-CX_BM\frac{\partial}{\partial x}\left(\frac{\partial G}{\partial C_B}\right)=-C_BM\left(\frac{\partial^2 G}{\partial C_B^2}\frac{\partial C_B}{\partial y}\right)=-C_BMG''\frac{\partial C_B}{\partial x}$$

或者有$-J_B/(\partial C_B/\partial x)=C_BMG''=\overline{D}$，这是互扩散系数。

回顾

$$J_B=-\overline{D}\frac{\partial C_B}{\partial x}$$

式中，$\overline{D}=X_AD_B+X_BD_A$ 为互扩散系数。同样如上所示，$\overline{D}=C_BMG''$，所以互扩散系数取 G''的符号。注意 G''在调幅分解区域内是负的，所以 $\overline{D}$ 是负的，表示扩散是逆浓度梯度的，即上坡扩散。在调幅分解区域外，G''为正，互扩散系数为正，如5.3.2节1所示。

各种材料的物理性质汇总表

表 G.1 电子材料中所用元素的物理性质

元素 Z	熔点/℃	密度/(g/cm^3)	电阻率/(10^{-6} Ω·cm)	[℃]	热导率/(cal/cm·s·℃)	[℃]	热膨胀系数/(10^{-6}/℃)	[℃]
Al(13)	659.7	2.7	2.6	0	0.48	18	23.8	0～100
Bi(83)	271.3	9.8	119.0	18	0.019	18	14.0	—
Cr(24)	1785	7.19	12.8	20	0.16	20	6	25
Cu(29)	1083	8.96	1.7	20	0.98	20	16.6	25
Co(27)	1495	8.9	6.3	20	0.16	18	12	25
Ge(32)	936.0	5.4	60* [Ω·cm]	20	0.14	25	5.3	20
Au(79)	1063.0	19.3	2.4	20	0.7	18	14.2	—
In(49)	156.4	7.3	8.4	0	0.057	—	33.0	20
Fe(26)	1536	7.86	10.0	20	0.18	20	12	25
Pb(82)	327.4	11.3	22.0	20	0.083	18	29.5	0～100
Ir(77)	2454	22.5	5.3	20	0.17	20	6	25
Mo(42)	2620±10	10.2	5.7	20	0.34	20	5.1	25～100
Ni(28)	1455.0	8.9	6.8	20	0.14	18	13.0	50
Pd(46)	1552	12	10.7	20	0.17	20	—	25
Pt(78)	1773.5	21.4	10.0	20	0.17	20	9.0	40
Ag(47)	961.0	10.5	1.5	0	0.97	18	18.7	20
Si(14)	1420.0	2.3	4000* [Ω·cm]	20	0.35	—	2.6	40
Ta(73)	2996	16.6	12.3	20	0.13	20	6.5	25
Ti(22)	1668	4.51	41.6	20	—	20	8.5	25
Sn(50)	231.9	7.3	11.5	20	0.15	18	26.7	18～100
W(74)	3370.0	19.3	5.5	20	0.476	17	4.5	—
V(23)	1990	6.1	25	20	—	20	8	25
Zn(30)	419.4	7.1	5.7	0	0.269	0	26.3	0～100

表 G.2 元素周期表原子序数，相对原子质量和结构（20℃）

1	2	3	4	5	6	7	8	9	10	11	12	13	14	15	16	17	18
H 1 1.008																	He 2 4.00
Li 3 6.94 bcc	Be 4 9.01 hex											B 5 10.8 rhom	C 6 12.01 dia	N 7 14.01	O 8 16.0	F 9 19.0	Ne 10 20.17
Na 11 22.99 bcc	Mg 12 24.31 hex											Al 13 26.98 fcc	Si 14 28.09 dia	P 15 30.97 orth	S 16 32.06 orth	Cl 17 35.43	Ar 18 39.95
K 19 39.1 bcc	Ca 20 40.1 fcc	Sc 21 44.96 hex	Ti 22 47.88 hex	V 23 50.94 bcc	Cr 24 52.0 bcc	Mn 25 54.94 cubic	Fe 26 55.85 bcc	Co 27 58.93 hex	Ni 28 58.73 fcc	Cu 29 63.55 fcc	Zn 30 65.39 hex	Ga 31 69.72 orth	Ge 32 72.64 dia	As 33 74.92 rhom	Se 34 78.99 hex	Br 35 79.9	Kr 36 83.8
Rb 37 85.47 bcc	Sr 38 87.62 fcc	Y 39 88.91 hex	Zr 40 91.24 hex	Nb 41 92.91 bcc	Mo 42 95.89 bcc	Tc 43 – hex	Ru 44 hex	Rh 45 101.0 fcc	Pd 46 106.4 fcc	Ag 47 107.9 fcc	Cd 48 112.4 hex	In 49 114.8 tetr	Sn(α) 50 118.7 dia	Sb 51 121.8 rhom	Te 52 127.6 hex	I 53 126.9	Xe 54 131.3
Cs 55 132.9 bcc	Ba 56 137.3 bcc	La 57 138.9 hex	Hf 72 178.5 hex	Ta 73 180.9 bcc	W 74 183.8 bcc	Re 75 186.2 hex	Os 76 190.3 hex	Ir 77 192.2 fcc	Pt 78 195.1 fcc	Au 79 197.0 fcc	Hg 80 200.6 rhom	Ti 81 204.4 hex	Pb 82 207.2 fcc	Bi 83 209 rhom	Po 84 (210)	At 85 (210)	Rn 86 (222)
Fr 87	Ra 88	Ac 89 fcc															

Ce 58 140.1 fcc	Pr 59 140.9 hex	Nd 60 144.2 hex	Pm 61	Sm 62 150.4	Eu 63 152.0 bcc	Gd 64 157.3 hcp	Tb 65 158.9 hcp	Dy 66 162.5 hcp	Ho 67 164.9 hcp	Er 68 167.3 hcp	Tm 69 168.9 hcp	Yb 70 173.0 fcc	Lu 71 175.0 hcp
Th 90 fcc	Pa 91 tetr	U 92 238.0	Np 93	Pu 94	Am 95 hex	Cm 96	Bk 97	Cf 98	Es 99	Fm 100	Md 101	No 102	Lr 103

Si 14 28.09 dia	←Symbol ←Atomic No. ←Atomic Mass ←Structure

表 G.3　物理常数、单位转换和有用的组合

物理常数	
阿伏伽德罗常数	$N_A = 6.022 \times 10^{23}\ \text{mol}^{-1}$
玻尔兹曼常数	$k = 8.617 \times 10^{-5}\ \text{eV/K} = 1.38 \times 10^{-23}\ \text{J/K}$
元电荷	$e = 1.602 \times 10^{-19}\ \text{C}$
普朗克常数	$h = 4.136 \times 10^{-15}\ \text{eV} \cdot \text{s} = 6.626 \times 10^{-34}\ \text{J} \cdot \text{s}$
光速	$c = 2.998 \times 10^{10}\ \text{cm/s}$
真空介电常数	$\varepsilon_0 = 8.85 \times 10^{-14}\ \text{F/cm}$
电子质量	$m = 9.1095 \times 10^{-31}\ \text{kg}$
库仑常数	$k_c = 8.988 \times 10^9\ \text{N} \cdot \text{m}^2/\text{C}^2$
原子质量单位	$u = 1.6606 \times 10^{-27}\ \text{kg}$
重力加速度	$g = 980\text{dyn/gm}$
常用组合	
热能量(300K)	$kT = 0.0258\text{eV} \approx (1/40)\text{eV}$
光子能量	$E = 1.24\text{eV},\quad \lambda = 1\mu\text{m}$
介电常数(Si)	$\varepsilon = \varepsilon_r \varepsilon_0 = 1.05 \times 10^{-12}\ \text{F/m}$
单位转换	
$1\text{nm} = 10^{-9}\ \text{m} = 10\text{Å} = 10^{-7}\ \text{cm}$	
$1\text{eV} = 1.602 \times 10^{-19}\ \text{J} = 1.602 \times 10^{-12}\ \text{erg}$	
1eV/particle=23.06kcal/mol	
$1\text{newton} = 0.102\text{kgf} = 1\text{C} \cdot \text{V/m}$	
$10^6\ \text{N/m}^2 = 146$ 磅/平方英寸 $= 10^7\ \text{dyn/cm}^2$	
$10\mu\text{m} = 10^{-4}\ \text{cm}$	
$0.001\text{inch} = 1\text{mil} = 25.4\mu\text{m}$	
$1\text{bar} = 10^6\ \text{dyn/cm}^2 = 10^5\ \text{N/m}^2$	
$1\text{Wb/m}^2 = 10^4\ \text{Gs} = 1\text{T}$	
$1\text{pascal} = 1\text{N/m}^2 = 7.5 \times 10^{-3}\ \text{torr}$	
$1\text{erg} = 10^{-7}\ \text{J} = 1\text{dyn} \cdot \text{cm}$	
$1\text{J} = 1\text{N} \cdot \text{m} = 1\text{W} \cdot \text{s}$	
1 卡=4.184J	

表 G.4　300K 下 Si、Ge、GaAs 和 SiO_2 的性质

性　　质	Si	Ge	GaAs	SiO_2
原子数每立方厘米	5.0	4.42	4.42	2.27
分子数每立方厘米				
结构	金刚石	金刚石	闪锌矿石	非晶态
晶格常数/nm	0.543	0.565	0.565	—
密度/(g/cm^3)	2.33	5.32	5.32	2.27
相对介电常数 ε	11.9	16.0	13.1	3.9

续表

性　质	Si	Ge	GaAs	SiO_2
介电常数 $\varepsilon=\varepsilon_r\varepsilon_0(F/cm)\times10^{-12}$	1.05	1.42	1.16	0.34
膨胀系数/(10^{-6}/K)	2.6	5.8	6.86	0.5
比热/(J·K)	0.7	0.31	0.35	1.0
热导率/(W/cm·K)	1.48	0.6	0.46	0.014
热扩散系数/(cm^2/s)	0.9	0.36	0.44	0.006
能隙/(eV)(300K)	1.12	0.67	1.424	~9
德拜温度/K	645	347	360	—
杨氏模量 Y(100)/(10^{10} N/m^2)	13.0	10.3	8.55	—
剪切模量 μ/(10^{10} N/m^2)	5.1	4.04	3.26	—
体弹性模量 K/(10^{10} N/m^2)	9.8	7.52	7.55	—
泊松系数/ν	0.28	0.27	0.31	—

Elastic moduli：GaAs：S. Blakemore,J. Appl. Phys. 53,R123(1982)；

Si,Ge：W. E. Beadle et al. ,Quick Reference Manual For Silicon Integrated Circuit Technology(Wiley, New York,1985)。